河出文庫

イチョウ
奇跡の2億年史

P　レイン

河出書房新社

イチョウ　奇跡の2億年史

目次

イチョウ　奇跡の2億年史

エミリーとサムへ
きみたちの時代に長期的な展望が開けることを願って

ギンコー・ビロバ

はるか東方のかなたから
わが庭に来たりし樹木の葉よ
その神秘の謎を教えておくれ
無知なる心を導いておくれ

おまえはもともと一枚の葉で
自身を二つに裂いたのか？
それとも二枚の葉だったのに
寄り添って一つになったのか？

こうしたことを問ううちに
やがて真理に行き当たる
そうかおまえも私の詩から思うのか
一人の私の中に二人の私がいることを

——ヨハン・ヴォルフガング・フォン・ゲーテ　一八一五年九月一五日

まえがき

世界にはおそらく、一〇万種類を超える樹木がある。そのうち最も身近で見分けのつきやすいイチョウは、ユニークな特徴と驚くべき歴史、ヒトとの長いかかわり合いという点で他に類を見ない。扇形をした葉と高く伸びた幹は、世界中の温帯地域で公園や街路、競技場を飾っている。冬が近づくと葉は一気に鮮やかな黄色になり、落ち葉となって足元を黄色の絨毯《じゅうたん》に変える。イチョウは雌雄異株《しゆういしゅ》で、あるものは種子をつくり、あるものは花粉だけをつくる。その種子は他の裸子植物（マツやソテツ、ヒマラヤスギなど）と同じく、胚珠《はいしゅ》がむきだしになっている。種子を包む果肉質の外種皮《がいしゅひ》は、強烈な臭いを放つ。その外種皮と硬い殻《から》をとりのぞいた内側にある胚乳《はいにゅう》の部分は木の実のような味がして、東洋では広く食されている。種子植物のうち、花粉管の中で精子を形成するのはイチョウとソテツしかない。イチョウは古い生殖様式をそのまま残した、驚異の植物なのである。

イチョウの歴史がとりわけ興味深いのは、栽培されずに自生している木が極端に少ないことだ。イチョウは、かつては北半球の全域に生育していたものの、気候変動が起こったり新しいタイプの植生が出現したりするたびに、あちらで途絶え、こちらで途絶え、ついにはユーラシア大陸のほぼ全域と北米大陸すべてから姿を消した。だが、かろうじて中国で生き延びた。遺伝子の研究によれば、どうやら中国南部の山間部にある二か所のイチョウ集団がその生き残りのようだ。長大な時間経過があって生じうる、遺伝的多様性が見られるからだ。一方、中国南部のあちこちにあるイチョウは、メタセコイアがそうであるのと同じように、もともとは自生していたが近くに住む人々によって保護されて生き延びたのだろう。一億五〇〇〇万年前より古い時代に起源をもつ動植物のほとんどが絶滅していることを思えば、イチョウが二億年も基本的に変わらないまま存続したのは、奇跡としかいいようがない。絶滅してしまった植物の中には、現存するイチョウ（ギンコー・ビロバ）が属するグループの仲間もいる。化石の証拠だけから種を特定するのは困難だとはいえ、イチョウが最古の生き残り植物であるという認識は、ほぼ合意に達している。現生種とジュラ紀の化石種に共通する特徴があまりに多いからである。

イチョウはおそらく数千年前からヒトによって崇《あが》められ、大事にされてきたことと思われるが、一〇〇〇年前ごろ、自生地から寺院の庭などへの移植がはじまった。あるいは単純に、中国の森で自生状態を保護されるようになった。八〇〇年前ごろには韓国や日本にも広まった。そして一七世紀後半に日本で西洋人に見出されるや、たった数十年でヨーロッパを制し、さらには全世界の気候の適したところに進出していった。イチョウは大気汚染にも害虫にも病気にも強いため、北半球と南半球の温帯に位置する都市にうまく適応した。ヒトがイチョウの有用性を見出していなければ、イチョウはとっくに絶滅していただろう。たとえ残っていたとしても、風前のともしびだったはずだ。植物の多様性が急速に失われつつある現在、多くの種を未来に残すためにどうしたらいいかを考えるうえで、イチョウの歴史は貴重な手本となる。

本書の終わりのほうでピーター・クレインが力説しているように、四五億年という地球の年齢からすればヒトという種が存在してきた時間などごくわずかで、さらに私たち個人が生きる時間はほんの一瞬でしかない。私たちは数億年の歴史をもつイチョウのような生き物と地球環境を分かち合っている。こうした視野は、私たち自身の命や存在を見つめ直し、未来に対して何ができるのかを考える際に役立つ。私たちの近視眼的な行動は、私たちが住む世界を破壊する。崩壊のスピードは、想像するよりずっと速い。地球の持続可能な供給能力は、人々の年間消費量の三分の二にも届かない。現在すでに数十億の人々が飢餓と貧困にあえいでいるというのに、これから数十年に増える二〇億人はほぼ全員が貧者で、短期的な発展と引き換えに急速に破壊されつつある世界に入ってくる。私たちは遠い過去から学び、地球の資源を持続可能な形で使い、その範囲内で生きていく努力をさらに推し進めていかなければならない。それがまだ、間に合ううちに。

ピーター・H・レイヴン（ミズーリ州セントルイス、ミズーリ植物園名誉会長）

序文

この本の原点をたどっていくと、若いころの私の愛読書に行きつく。植物学者の故チャーリー・ハイザー〔チャールズ・ビクスラー・ハイザー〕が一九七〇年代から一九八〇年代にかけて著した、一連の植物本だ。ハイザーは人々の経済活動と密接に結びついた植物をテーマに、ポピュラーサイエンスの伝統の上に立ちながら、科学と文化、個人的体験を縦横に織りこんだ作品を書いていた。それがこの本の着想となった。長大な歴史を有する樹木であるイチョウを焦点に据えたとはいえ、私の記述はときに本来の専門分野を大きく離れ、科学的に深く掘り下げつつ幅広い視野を提供するというのは想像以上に骨が折れた。だが、その苦労は充分すぎるほどに報われた。

この本の執筆と調査は折に触れ、私の本来の責務を侵害した。それゆえ、過去一〇年に所属していた三か所の機関には多大な恩義を感じている。本書の執筆にとりかかったのはキュー王立植物園の園長をしていたころで、その後シカゴ大学へ、さらにイェール大学へ移って完成させた。正当な科学調査の枠を超えた、職務とは無関係の、どちらかといえば道楽に近いようなこの試みに私が時間を割くことを、これら三か所の機関は寛大にも許してくれた。執筆作業の大半は、二〇〇九年と二〇一〇年、二〇一一年の夏、ソウルでイチョウの木々に囲まれながら進めた。韓国国立研究所による「世界一流大学プログラム」の客員教授として滞在していたときである。梨花《イファ》女子大学校ならびに同校のジェイ・チェとイークワン・ヤンの歓待と支援に心からお礼申し上げる。

本書は、東京の石綱史子の不断の協力なしには実現しなかった。彼女は数度にわたり、日本のイチョウ名所めぐりの旅に私を案内してくれた。そうした旅と、そのとき目にした真に壮観なイチョウの姿は、私にこの本を書くことの価値を再確認させた。南京にいる友人、周志炎にも感謝している。彼は化石記録についての章はもちろんのこと、それ以外のさまざまな点でこの本の指南役となってくれた。最後に、私を鼓舞し続けてくれたアシュリー・デュヴァルの献身がなければ、私の原稿は完成を見ることなくお蔵入りになっていただろう。

本書のストーリーの個々の側面については多くの人々の助力を得たが、以下の方々にはとりわけお世話になった。オーストラリアのハイディ・アンダーソンとアンドルー・ドリナン。オーストリアのヨハンナ・エーデルとミヒャエル・キーヘン。カナダのケヴィン・オーレンバックとスペンサー・バレット。中国のチェン・クワン、ヒ・シャンアン、フ・ヨンホン、ユンペン・ジャオ。クロアチアのブランコ・M・ベゴヴィッチ・ヴィーゴ。デンマークのカイ・ラウンスガード・ペダーセン。ドイツのハンス・カープ。

日本の長谷部光泰、長田敏行、東馬哲雄、高橋正道。オランダのヘラルト・タイシュ。ポーランドのヨランタ・カリーシュ。ルーマニアのアドリアン・パトルト。シンガポールのリー・リン・ヘン。南アフリカのジョン・アンダーソンとブライアン・ハントリー。韓国のヒョシグ・ウォン。スウェーデンのエルス・マリー・フリース。イギリスのジュリア・バックリー、エレノア・ブネル、マーティン・ハミルトン、リズ・イエイガー、スティーヴン・ジュリー、トニー・カーカム、クリスティン・レオン、ブライアン・マシュー、アンドルー・マクロブ、マーク・ネズビット、ジョン・パーカー、マーティン・ポッスル、ヒュー・プレンダーガスト、マリン・リヴァーズ、モクター・サカンデ、アンナ・ソルトマーシュ、ウォルフガング・スタッピー、フィオーナ・ワイルド。アメリカのセレナ・アハメド、マーク・アシュトン、ブルース・ボールドウィン、アロナ・バナイ、ジェレミー・ビューリー、グレイム・バーリン、ケヴィン・ボイス、エリック・ブルックス、ゲアリー・ブルドウィグ、ブレット・バスカーク、エド・ブヤルスキ、ビル・カーヴェル、ジェフ・コートニー、デイヴィッド・ディルチャー、ゲリー・ドネリー、ローラ・ドネリー、マイケル・ドノヒュー、イアン・グラスプール、クリス・ハーフラー、デイヴ・ヘイズ、デイヴィッド・ハイドラー、クリスティー・ヘンリー、パット・ヘレンディーン、ナンシー・ハインズ、ミシェル・ホルブルック、カーク・ジョンソン、トニー・カーカム、ビル・ルフェーヴル、アンドルー・レスリー、ステファン・リトル、クリス・リュー、マリー・ロング、スティーヴ・マンチェスター、グレッグ・マクファーソン、ハーブ・メイヤー、レイチェル・メイヤー、アンドルー・ニューマン、コリーン・マーフィー＝ダニング、ピーター・パーデュ、ジョン・ラシュフォード、ローレル・ロス、ケンバ・シャクール、パメラ・ソルティス、リロイ・スクィアズ、スコット・ストロベル、グレゴリー・ターヴァー、ダグラス・トレイナー、メアリー・イヴリン・タッカー、ウォレン・ワグナー、マリアンヌ・ウェルチ、エリザベス・ウィーラー、ミミ・H・イェンプルクサワン、キンフー・ジャオ。みなさんがアイデアや情報、経験をこの本のために提供してくれたことに感謝する。ビル・シャロナー、パット・ホーム、チャールズ・ジャーヴィス、長田敏行、ピーター・レイヴン、スコット・ウィングによる適切な助言と草稿の査読、ならびにイェール大学出版局のジーン・トムソン・ブラック、サラ・フーヴァー、ダン・ヒートンとライターズハウスのアル・ザッカーマンによる懇意な指導には、大変助けられた。各部の扉絵は、三〇年近く私の研究のイラストを担当してくれた、ポリアンナ・ヴォン・クノリングに描いてもらった。

この本のための調べものは、イチョウに関する散り散りの資料をすでにまとめてくれていた情報源がいくつかあったおかげで、かなりの恩恵を受けた。何より役に立ったのは、コール・クワント主宰のウェブサイト「ギンコー・ページズ」と、ピーター・デル・トレディチによる各種の文献だ。そして西洋の読者にとってとりわけ役立つ貴重な一冊がある。堀輝三、ロバート・リッジ、ウォルター・チュレック、ピーター・デル・トレディチ、ジョスリン・トレモリョー＝ギラー、戸部博が編者を務めたその本は、平瀬作五郎のイチョウ精子発見一〇〇周年記念の一環として制作されたものだ。

最後になったが、この本の「まえがき」を書いてくれた古くからの友であるピーター・レイヴンに特別な感謝を捧げたい。そして、この特別な樹木に対する私の長年の執着を、寛容に見守ってくれた私の大切な家族であるエリノア、エミリー、サムにも。

第1部
プロローグ

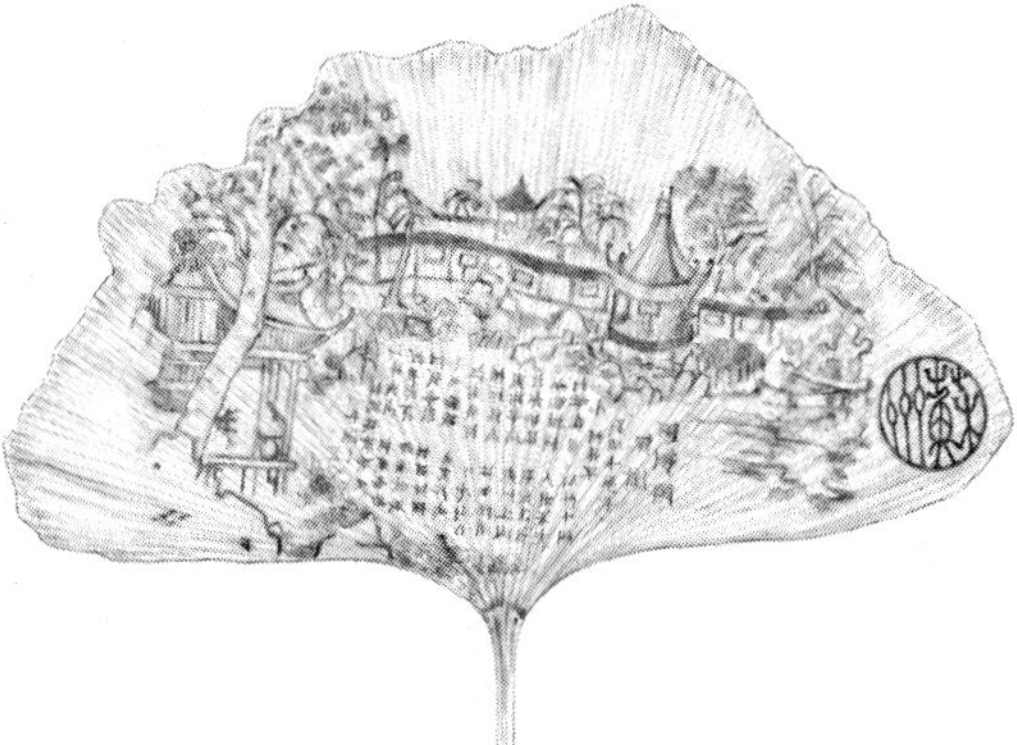

中国、蘇州の網師園の風景画で飾ったイチョウの葉。

1章　長大な時間

四方に枝を伸ばし、葉を茂らせ、すべてを覆い隠すイチョウの巨木があった。その陰に要塞をこしらえ、われわれは議論を続けた。　――アーサー・コナン・ドイル『失われた世界』

イチョウという言葉から多くの人が連想するのは、記憶力をよくすると言われながらも強烈な臭いを放つギンナンや、健康食品店で売られているイチョウ葉エキスかもしれないが、そうしたことはイチョウの独自性の一部でしかない。北京でもロンドンでも東京でもニューヨークでも、街路ですっかりおなじみとなっていて、せわしない現代生活の風景にとけこみ、都会の車や人の往来を日々見下ろしているイチョウが、恐竜とともに育ち、二億年ものあいだほとんど変わらず生きてきたことを思い描くのはむずかしい。だが、イチョウは世界的に見ても特異な植物で、途方もなく長い歴史をもつ。実際、地球とこれほど長く深いかかわり合いをもち続けている現生植物はほかにない。本書は地球生物の略史の一環として、イチョウの進化史と文化史を語ろうとするものだ[1]。

私がイチョウに関心をもちはじめたのは、三五年以上も前になる。だが、その関心がとりわけ高まったのは、一九九九年から二〇〇六年までキュー王立植物園の園長を務めていたときだ。その七年間、私は植物園内の宿舎で家族とともに暮らしていた。すぐそばに、イギリスで最も古く、そしておそらく最も重要なイチョウの木が植わっていた。私たちはこの木の横を毎日通り過ぎ、大事な訪問客を案内するときにはかならずここに立ち寄った。キューが王室の領地だった一八世紀から残っている数本の樹木はオールド・ライオンと呼ばれているが、中でも人々に愛されているのがこのイチョウだ。私たちは季節ごとに変化するこの木の姿を楽しみ、嵐が来ればこの木のことを心配して過ごした。エリザベス二世女王の即位五〇周年にあたる二〇〇二年、このイチョウは樹木審議会が定めた五〇本のイギリスの重要樹木に選ばれた。この木は、キュー植物園に植わっているおよそ一万五〇〇〇本の樹木の中でも特別な存在なのである。(2)

ジークフリート・ウンゼルト著『ゲーテとイチョウ』のことを知るきっかけを与えてくれたのは、ストックホルムのスウェーデン自然史博物館に勤める古くからの研究者仲間、エルス・マリー・フリースだ。私は興味をもち、このウンゼルトの本の核心になっている有名な詩の英語翻訳版を探し出した。その後、二〇〇六年後半にアメリカに戻ったとき、シカゴ大学出版局のクリスティー・ヘンリーからケネス・ノースコット訳の『ゲーテとイチョウ』を贈られた。ウンゼルトの本に魅せられた人々が「この樹木についてもっと知りたい」と思うのと同じ思いに突き動かされたのが、私がイチョウの伝記を書くことになったきっかけであることは間違いない。

イチョウは植物としてはかなりの変わり者で、現生する近縁種が存在しない。かつてはマツやイチイ、ヒノキの親戚だと思われていたが、現在はそうでないことがわかっている。まず、一九世紀初期の植物分類で針葉樹とは異なることが明らかにされた。その後、この樹木の生殖に関する科学的証拠、とりわけ一八九六年の日本での大発見がもたらされると、イチョウは現生植物の系統関係において孤立した位置にあることがはっきりした。そして二〇世紀、植物の世界に進化の概念が入ってくると、イチョウは進化のカギを握る種としてさらに科学的に注目されるようになった。ダーウィンの言葉を借りれば、イチョウは「植物界のカモノハシ」なのである。古植物学者たちは、地質時代をさかのぼってイチョウの系統を探りはじめた。イチョウはこんにち、植物の「生きた化石」の代表となっている――時が置き去りにした樹木として、遠い過去の風景を身近な現代の風景へとつなぐ「架け橋」の樹木として[3]。

　イチョウは地球上に出現してからこのかた、ほとんどの時間をヒトがまだ出現していない世界、こんにちとはまったく違う世界で、とうの昔に絶滅した動植物とともに暮らしていた。イチョウとその仲間の樹木は、私たちの祖先が爬虫類から哺乳類へと変わっていくのをずっと見ていた。イチョウ葉の化石はすべての大陸で見つかっている。大昔の超大陸が大西洋で隔てられる前から、南半球の大陸が南極大陸と分離する前から、イチョウの歴史ははじまっていた。

　過去二億年で地球がどれだけ変わろうと、イチョウは屈しなかった。およそ一億年前に新しいタイプの植物が出現し、陸上植物の勢力地図が変わったときも、六五〇〇万年前に恐竜を絶滅させるほどの大規模な異常事態が生じたときも、生き延びた。イチョウはその後に南半球から姿を消したが、アジアやヨーロッパ、北米では存続した。およそ五〇〇〇万年前の大温暖期には、北極地方まで生育域を広げた。だが地球が寒冷期に入ると退却に転じ、イチョウは北極地方から消えた④。

それでもその後の四〇〇〇万年を、北半球全域で居すわり続けた。あの独特な形をした葉は化石としてたくさん見つかっている。だがいよいよ、まだ完全には解明されていない何らかの理由によって、イチョウの耐久力にもかげりが出てきた。私たちの祖先が現生類人猿の祖先から分岐した七〇〇万年前から五〇〇万年前ごろにはおそらく、イチョウはすでに減退していた。ヒトの出現期である大氷河時代に入るころにはほとんど絶滅寸前になっていた。氷床《ひょうしょう》の発達（南下）が止まって退行に転じたとき、イチョウは氷床の影響を免れていた中国南部に散在する谷間で、やっとのことで生きながらえていた。アフリカを出た現生人類の集団がアジアのこの地域にたどり着いた五万年前ごろ、イチョウはすでに過去の遺物のような存在になっていた⑤。

地球の支配権をヒトが握ることは、イチョウの息の根を止めることになるはずだった。ところが、イチョウはほかの多くの樹木とは異なり、ヒトとともに栄えた。さまざまな利用価値をヒトに提供できたからでもあるのだが、何よりも、ヒトから崇められる存在になったことが大きかった。実際、イチョウは多くの国や地域で敬意を注がれる対象と

イチョウの古木の根元にある、小さな仏陀の祠《ほこら》。韓国、忠清南道、泰安郡の寺にて。

なっている。こうしたことのおかげでイチョウは執行猶予を得た。種子は珍味となり、植物油や薬として使われた。特徴のある葉と長寿を誇るこの木は、仏教や道教、儒教において象徴的な存在となった。イチョウは中国から朝鮮を経て日本へと伝わり、日本古来の神道とも結びついた。中国、韓国、日本のイチョウの巨木は、たいてい仏教寺院か神社の境内に立っている。

イチョウは、ふたたびヒトの助けを得て、アジアから息を吹き返した。一八世紀には日本の長崎、出島に居留を許されていたオランダ人を通じて、ヨーロッパに知られるようになった。ほどなくして、イチョウの種子はオランダやベルギー、イギリスに戻ってくる。たいてい中国や日本からだったが、朝鮮からのものもあったようだ。イチョウは園芸用の新種として北米にもすぐに広まった。キュー植物園のオールド・ライオンは、ヨーロッパで育った初期のイチョウの一本だ。ゲーテの時代に、そして一九世紀後半には、人目を引くめずらしい木として、東洋の象徴として、あちこちに植えられるようになった。イチョウは数百万年前にいちど消えてしまった土地に、一〇〇年という短い時間で帰還したのである。

過去五〇年、イチョウはさらなる繁栄を生んだ。科学研究の対象として、また有用な植物として、それまで以上に注目を集めるようになったからだ。まず、条件の悪いところでもよく育つことから街路樹の代表になった。病気や大気汚染、暑さ寒さに強いイチョウは、いまや世界中の都会の風景に欠かせない存在となっている。ソウルには「イチョウの森」のようになっているところがあるし、ニューヨークのマンハッタンでもイチョウが主要な街路を飾っている。サンフランシスコのゴールデン・ゲイト・ブリッジにも、フランスのジヴェルニーにあるモネの庭園にも、熱帯と寒帯以外の公園や庭園ならどこにでも、イチョウは植わっている。イチョウは医薬品にもなってきた。薬草療法の原料として人気を集めるだけでなく、その薬効成分が生物医学における先進的な研究の対象となっている。イチョウ葉の抽出物はいまや製薬産業のドル箱だ。

本書では、現存しているイチョウの樹木としての生態をまず紹介し、それから二億五〇〇〇万年に及ぶ起源と繁栄、衰退、絶滅寸前での生き残り、ヒトとの出合いによる再生と新たな価値の獲得という、壮大な歴史をふり返ろうと思う。イチョウの伝記を貫く主題は「サバイバル」だ。数々の試練に耐えて生き延びてきたこの木のサバイバル物語は、ほかの多くの植物の未来を照らす希望の光となるだろう。

2章　樹木とヒト

木を植えるのに、いちばんいい時期は二〇年前だが、つぎにいいのはいまだ。
——中国のことわざ

私には、植物学を学びはじめたころの鮮明な記憶が一つある。それはレディング大学構内のまん中にそびえていた、アトラスシーダー〔マツ科ヒマラヤスギ属。欧米では広く植生〕だ。あの光景は一〇年近く、私の人生の一部になっていた。現在でも、枝を平たく広げ、樹冠を断ち切ったような壮麗なアトラスシーダーを見かけるたび、心は若き日々に引き戻される。あのアトラスシーダーは、構内各所に生育しているセコイアオスギや、ホワイトナイツ・ハウスのそばにあったイチゴノキとともに、ウィンストン・チャーチルのご先祖であるブランドフォード侯爵が一八世紀末に植えたものだ。それらの樹木は二〇〇年後の入学生に贈られる、侯爵からの生きた遺産だった[1]。

一九七四年の夏からキューで研究をしていたころは、モクレンとチリマツが私の心を占めていた。一九七〇年代後半にレディング大学の新任講師となったころの思い出は、植物学研究所の近くに植わっていた、いかにもそれらしいプロポーションを誇るオウシュウナラ（オーク）だ――その木は残念ながら、のちに伐採されてしまったが。一九八〇年代前半に渡米し、シカゴでの最初の任についたときは、ミシガン州ウォレンウッズの壮大なアメリカブナとサトウカエデに魅せられた。そこはアメリカ中西部で木材資源の乱伐を免れた希少な森の一つだった。イギリスに戻り、キュー園内に家族で住んだときは、ゲートのそばに植わっていた彫像のようなカサマツを家族全員が心に焼きつけた。代々の園長一五人がやってきては去るのをずっと見守ってきたカサマツである。そうした木々との出合いは、私の人生の区切りとなってくれている。それは私自身のほかの記憶を呼び起こすきっかけにも、私が生まれるよりずっと前の人々の暮らしを想像するきっかけにもなる。(2)

思えば私は幸運だった。植物研究をなりわいとしていたおかげで、この惑星屈指の木々と出合う機会を得られたのだから。一九七五年にはモロッコのミドルアトラス山脈でアトラスシーダーの森を探索し、渡米した一九八一年の夏にはサンフランシスコの北にあるセコイアメスギの森を訪れた。自然の奇跡ともいうべきセコイアメスギとその仲間であるセコイアオスギが、アメリカ国立公園の主唱者ジョン・ミューアを奮い立たせ、多くの人の心を揺さぶったのは想像に難くない。(3)

サンフランシスコ北部の海岸沿いにあるフンボルト・レッドウッズ州立公園では、一〇〇本を超すセコイアメスギが三五〇フィート〔一〇七m〕の高さまで伸びている。これほどの高さにまで成長する木はほかにない。だが、一九九〇年代前半に家族旅行でオーストラリアを訪れたとき、負けず劣らず巨大なユーカリに出合った。そこはタスマニアの温帯降雨林で、何本かのユーカリは高さ三三〇フィート〔一〇〇m〕を超えていた。自然の驚異が生んだこの風景は、トマス・パケナムの写真集のおかげで自宅に居ながら眺めることができるようになったとはいえ、間近で見る体験は何にも替えがたい。ユーカリの木々がつくりだす大聖堂のような空間で、実際に匂いを嗅ぎ、手触りを感じ、謙虚な気持ちになることができる④。

巨木でなくても、樹木が私たちにとって特別な存在となることがある。娘をベビーカーに乗せて歩いた並木道のイチョウや、息子が生まれたとき庭に植えたヌマミズキに、私は特別な親近感を抱いた。同じように住居の周囲にあったレンガやコンクリートブロックに、こうした感情は生じない。樹木への親近感は、おそらくヒトの進化の過程で古くから私たちの中に刻まれている感情なのだろう。ヒトの身体には祖先の樹上生活の記憶が残っている。祖先の世界に摩天楼はなくとも、見上げれば天に向かって伸びる木があった。足元では根が、地の奥深くまで伸びている。木は、太古からの力に導かれるように、ヒトの身体の延長となって天と地をつなぐ。私たちが無性に木登りをしたくなるのは、山登りをしたくなるのとそう変わらないことなのかもしれない⑤。

私自身はつい最近まで、木登りといえば五〇年前に実家の庭の裏手に生えていた小さなハシドイによじ登った記憶しかなかった。めまいを起こしやすい体質だったから、そもそも高いところに登るのが嫌いだったのだ。しかしボルネオ北東部の多雨林で迎えたある早朝には、そんな恐怖症も一時的にどこかへ消えた。熱帯の鳥をぜひ見たいという思いに、仲間内《うち》の圧力も多少あって、私はクームパシアの巨木の幹に縛りつけられた縄ばしごに足をかけた。一歩、また一歩と垂直に一二〇フィート〔三七ｍ〕移動すると、サバ州で最後に残された手つかずの低地多雨林の天蓋《てんがい》に出た。木の幹を登って樹冠に出なければ、この原生林の広大さを実感することはできなかっただろう。(6)

樹木は大切なシンボルとして、人類の文化と固く結びついてきた。旧約聖書の創世記でも、神は陸地の上に、美しく鮮やかな実をつけるさまざまな樹木を生育させ、エデンの園の中央に「生命の樹」を配したとある。アダムとイヴが誘惑に負けて食べたのも「知恵の木の実」だ。古代スカンディナヴィア人は、世界はイグドラシルという大樹に支配されていると考えていた。(7)

ヨーロッパにかぎらず、樹木に対する信仰は世界のあちこちで見られる。ヒンドゥー教では各種のイチジクと並んでクリシュナボダイジュとインドボダイジュが崇められてきた。仏陀は特別なインドボダイジュの下で悟りを開いたという。チチュウカイイチジクは古代エジプトの「生命の樹」である。イチジク属の五つの種はブラジルに連れてこられたアフリカ奴隷に端を発する民間信仰カンドンブレで大切にされ、礼拝所で奉《たてまつ》られている。(8)

樹木は社会文化史にも深いかかわりがある。アフリカから強制移住させられた人々は、バオバブの種子を新世界にもちこんだ。ブラジルという国名は、かつてこのあたりの多雨林によく生えていたパウブラジル（ペルナンブコ）という木に由来する。この木からとれる赤色染料は、初期のポルトガル商人を引きつけた。聖書に何度も出てくるレバノンシーダーはレバノン人の民族の象徴であり、レバノン国旗の絵柄になっている。アメリカ、サウスカロライナ州のパルメットヤシも同じような意味合いをもっている。バルバドスの国名は「あごひげを生やしたイチジク」という意味の樹木名、ベアーディドフィグからきているし、中国でもイチョウを正式な国樹にしようと努力が重ねられている[9]。

　歴史的に重要な人物や出来事と、樹木が結びつくこともある。イギリスのボスコベル・ハウスにあるロイヤル・オークと呼ばれるオウシュウナラ（オーク）は、ピューリタン革命期のウースターの戦いで敗走した国王チャールズ二世が身を隠したとされる樹木の子孫だ。ハットフィールド・ハウスのオークは、そこで女王エリザベス一世が自身の即位を知ったとされる名所になっている。シャーウッドの森にあるオークの大木はロビン・フッド伝説にちなんだもので、毎年五〇万人の見物客を集めている。

　オーク崇拝は、大西洋をはさんだ向こう側にも見られる。テキサス州オースティンには、先住アメリカ人が戦争と平和について協議した聖地がある。そこにあった一四本のカウンシル・オークのうち現在まで生き残っている一本がトリーティ・オークで、いまも尊ばれている。ヴァージニア州ハンプトンのイマンシペーション・オークは、リンカーンの奴隷解放宣言が南部で最初に審議された場所としての記念樹になっている。カリフォルニア州チコのフッカー・オークは、キュー植物園の二代目園長だったジョセフ・ダルトン・フッカーにちなんで名づけられた木だが、映画『ロビンフッドの冒険』の主演男優エロール・フリンを偲ぶ、いわばアメリカ版ロビン・フッド伝説の木となっている。映画の中では「絞首台のオーク」と呼ばれ、その木陰で無法者集団が結成された⑩。

東アジアのイチョウの巨木にも伝説が多くつきまとう。韓国のソウルから車で東に一時間半のところにある龍門寺のイチョウは世界屈指の大きさと見物者数を誇る。一〇世紀ごろ龍門山のふもとの丘に建立されたこの寺に行くには、静かな山林の緩やかな坂道を歩いて登る。寺が視界に入ると同時に見えてくる巨大なイチョウは、急流がつくる渓谷のすぐ上という、申し分のない位置に立っている。下から見上げるように近づいていく参拝者に、イチョウは強烈な印象を与える⑪。

龍門寺のイチョウの由来については、朝鮮の歴史を織りこんださまざまな言い伝えがある。新羅《しらぎ》の僧、義湘《ぎしょう》の杖から生えてきたものだという説もあれば、新羅王朝最後の王、敬順王《けいじゅんおう》の皇太子である麻衣太子《まいたいし》が国の滅亡を嘆いて植えたものだという説もある。どちらの話もそれが真実かどうかは問題でない。要は、この大樹が龍門寺とその僧たちにとって大切な存在であり、朝鮮の人々にとって特別な意味をもつということだ⑫。

樹木と文化の結びつきは、地球上にざっと一〇万種類ある樹木の重要性を示す指標の一つでしかない。樹木は文明の夜明けのころから、燃料として、建材として、食料として、道具や工芸品の材料として、利用されてきた。木はゴムや油や薬を産生するし、世界の多くの場所でいまなお貧しい人々に日々の生計手段を提供している。私たちはキュー植物園で、ブルキナファソの林業省と組んで樹木の保全活動を進めていた。西アフリカに位置する共和国、ブルキナファソでは毎年何万エーカーもの森林が、農地への転用や燃料用の伐採により失われている。

韓国、龍門寺のイチョウへの道案内マーク。木橋の板に彫って黄色く塗られている。

と同時に、この国の人々が家庭用エネルギーの九〇％を木材燃料に頼っていることも忘れてはならない。人々が木をどのように使っているのかを理解したうえで持続可能な使い方を探らないと、実効性のある保全対策にならないのだ⑬。

先進国でも、樹木の重要度は変わらない。アメリカ人一人あたりの木材消費量は年間一トンだ。これはリンゴ箱くらいの大きさの角材四三個分を、野球のバットやベビーベッド、木琴、ヨーヨーとして消費していることを意味する。建築物には大量の木材が使われるし、カードや紙の材料であるパルプも主原料は樹木だ。アメリカは年に九〇〇〇万トンの紙製品を消費している⑭。

私たちが樹木にどれだけお世話になっているかを理解するのに役立った試みの一例として、「ワン・ツリー・プロジェクト」がある。イギリス、チェシャー州タットン公園の、病気になった樹齢一七〇年のオークの木が、切り倒されたのちに七〇名を超すデザイナー、芸術家、職人の手に委ねられた。おがくずは焼かれて陶磁器のうわぐすりになった。樹皮は補強材に、木部繊維は紙になった。木材そのものも多種多様な物品——おもちゃ、彫像、家具、窓枠、はしご、支柱、ボウル、さらには胎児の心音を聞く聴診器まで——に姿を変えた(15)。

樹木は、地球上の生態系の構成要素でもある。石炭の主成分は古代の樹木が化石化したもので、そこに含まれる炭素は現在大気中に増えつつある二酸化炭素のもとになる。森林は局所的な気候や地域全体の気候に影響し、河川の水量や水質を左右する。樹木は地上にも地下にも、さまざまな植生の土台をつくり、そこを棲《す》み処《か》とする動物と微生物の共同体を育む。

しかし、これほど重要な存在であるにもかかわらず、樹木とその未来についての私たちの態度はどっちつかずだ。まず、ありがたみを実感していない。樹木など、どこにでも生えているのが当然のものとみなすか、別に必要なものが出てきたときにはむしろ邪魔なものとみなして、たとえば駐車場をつくるためならあっさり伐採する。『カンザス・シティー・スター』紙のコラムニスト、ビル・ヴォーガンによる「開発業者が樹木を一掃してできた住宅地に、その樹木にちなむ街路名がつけられる」という一節は、じつに言い得て妙である(16)。

その一方で、特定の樹木が脅威にさらされると強い感情が引き出される。ニュージャージー州にあるワシントン・オークは、二度の「プリンストンの戦い」を生き延びた。一度目は一七七七年にジョージ・ワシントンの軍隊がイギリスを打ち負かしたときで、二度目は一九八〇年代に地元の開発業者に切り倒されそうになったときだ。サウスカロライナ州チャールストンの市民は、壮大な老木エンジェル・オークが同じような危機にあったとき、その木を土地ごと市に併合させた。カリフォルニア大学バークレー校では二〇〇七年から二〇〇八年にかけて、構内にあった九〇本のオーク林を撤去して競技場を新設するという大学の方針に反対する、異例の長期にわたる座りこみ運動があった。多数の嘆願、長い法廷闘争、

韓国、龍門寺のイチョウの巨木。

そして一〇〇人が裸になってオークの大枝に座る抗議行動までくり広げられたものの、最終的にアラメダ郡上級裁判所は競技場新設を支持する判決を言い渡した(17)。

同様に、古木の多い森の伐採や多雨林への農地拡張をめぐる議論は、国内政治や国際政治の的《まと》となる。元アメリカ大統領ビル・クリントンもそのことをよく理解していた。クリントン大統領は太平洋側北西部にある古木林の管理計画を進めるにあたり、林業従事者と自然保護論者の相反する要求を満たすよう心を砕いた。最近ではとくに、樹木や森林の扱いは気候変動政策の議論における中心議題となっている(18)。

しかし毎度のことながら、短期的な利害や地元の利害の前では、長期的な展望や遠方の出来事の間接的な影響はいともあっさり見過ごされる。樹木とそれをとりまく生態系は、世界のあちこちで、絶えず脅威にさらされている。脅威はあらゆる方角からやってくる。直接的に突然やってくることもあれば、間接的にゆっくり忍び寄ってくることもある。原生林が切り払われて農地になることもあれば、林は林でもアブラヤシやゴムなど単一種の植林地に変わってしまうこともある。都市化や、燃料や木材を求めての過剰伐採の犠牲になることもある。マホガニーやチークといった市場価値の高い木は、その価値のおかげで狙われやすく、たとえ法で保護しても盗伐される――これはクジラ漁やトラの密猟の植物版のような脅威だ。

樹木は伐採そのものだけでなく、水質汚染や大気汚染、虫害や鳥害、病気の発生など広範な環境変化によっても脅かされている。土壌の組成や水量、水はけ、林野火災の頻度が変わるだけでも影響を受けるし、急激な気候変動や極端な気象災害にも弱い。さらに、樹木の生活環（ライフサイクル）は、私たちをとりまく性急な世界に適合するようにはできていない。種子から芽を出し、充分に成長するまでには何年もかかる。そこに動植物の自然な行き来を分断するような人工物がいきなり出現したら、新世代の適応や移住は追いつかない(19)。

私たちが樹木に惹かれる大きな理由は、その悠久さにある。木々はヒトと比べて、また現代社会のたいていのものと比べて、ずっと長く生きる。変化はあったとしても気づかれないほどゆっくりだ。世代交代を見守るほどの安定性が樹木の代名詞ともなっている。「老人が、その木陰に自分が座ることはないと知りつつ植えた木々が育つころ、その社会は真に成長する」ということわざがあるほどだ。生態学的にみても、樹木は生育場所を見つけたら、そこに文字どおり根を下ろす。風や鳥や小動物によって種子が運ばれてきた土地にとどまる。日々増大する要求に突き動かされ、せわしなく動くヒトがあふれかえる世界において、樹木のこうした悠長な生存戦略は有効とは言いがたい。ヒトの習性は世界をはげしくかき乱す。そんな環境は、速く育ってすぐ繁殖し、すぐ死ぬ雑草のような植物には有利でも、落ち着きと安定を求める長寿の樹木には不利だ。

私たちが樹木に対して抱く尊敬の念や文化的なつながりを何より究極的に示してくれるのが、途方もない長寿と耐久力を誇るイチョウだ。イチョウの歴史は、世代交代を見守るどころか地球の変遷を見守るほどの長きにわたる。私たちにとって身近な樹木であるトネリコやシデ、モクレン、コナラ、クルミにも数百万年、数千万年の歴史があるが、イチョウの歴史はけた違いで、少なくとも二億年前から存在していた。中国のメタセコイアやオーストラリアのウォレミマツも同様に長い歴史をもつが、イチョウには特別な歴史がある。過去のある時点でほとんど絶滅しかけていたときに、すばらしい助け舟が出現するという特別な歴史だ。

イチョウはヒトに救われた。

3章　イチョウの魅力

……見た目におかしなイチョウの木を一本、植えてくださるだけでいいのです。

——ニューヨーク植物園、ルエスター・マーツの記念銘板

キュー王立植物園の初代園長ウィリアム・ジャクソン・フッカーは、一七八五年に生まれた。キュー庭園の中心に立っていたイチョウは、そのころまでにはすっかり成熟していた。この木は半世紀後にフッカーが植物園を創設するためにキューにやってきた時点で樹齢およそ一〇〇年になっており、この木を植えるにあたって指揮をとった国王ジョージ三世とジョセフ・バンクスをはじめとする一八世紀の英雄よりも長く生きていた。フッカーはこの木を毎日眺めて過ごし、とりわけ手厚く見守ったに違いない。そう、一五〇年後に私がそうしていたのと同じように[1]。

ウィリアム・フッカーはちょうどいい時代にいい場所にいて、いい働きをした人物だった。醸造を営む家に生まれながらグラスゴー大学の植物学教授となり、絵画と科学に秀で、先見の明があった。すらりと背が高く、無限のエネルギーに満ち、忍耐力と如才

なさと魅力を兼ね備え、気安く垢抜けたふるまいをした。仕事のうえでも堅実で頼れる管理者で、「彼はどんなことに対しても、軽んじることはなかった」という。[2]

フッカーは一九世紀半ばにキューにやってきて、荒れかけていた地所の一部を管理する仕事に任じられた。キューは一八世紀には王室の気に入りの場所だった。そこからはケイパビリティ・ブラウンが造園したリッチモンド庭園を一望でき、隣には、ウィリアム・チェインバース設計の壮麗な建造物が点在するフレデリック王子とオーガスタ王女の地所があった。しかし、一八二〇年にジョージ三世とジョセフ・バンクスが没したあと、キューとそこに植えられていた植物コレクションは荒れるがままになっていた。[3]

ウィリアム・フッカーは一八四一年にキューの園長に任命されるや、ただちに立て直しにかかった。そして二〇年ちょっとのあいだに、立派な温室と並木道をつくり、一八世紀に流行した景観をとり入れ、世界中から集めた外来植物を植えた。そしてバックヤードでは、自身の収集品を核に図書館と植物標本のコレクションを整備、拡張した。それが現在、キュー植物園が進めている世界規模の植物保全活動や植物研究の基盤となっている。フッカーはこの事業に全精力と政治的手腕をかけ、死去するまでにこの地所の大部分を自ら管轄し、一般市民のための物見遊山の地に仕上げていた。[4]

キューの園長のほとんどがそうだったように、フッカーは科学者だった。だが、教育者でもあったため、学生たちから植物への関心を引き出すにはその植物が人々の暮らしにどう役立っているかを示すのが最良だと知っていた。そこで、グラスゴー時代に自身が講義で使っていた有用植物のコレクションを、キューでの「実用植物学博物館」の核にした。このことは、一国の植物園として別の側面も有していた。自身の立場を固めるだけでなく、ヴィクトリア時代の大英帝国の商業的利益のためにも、有用植物の研究が重要であることを、フッカーはよくわかっていたのである(5)。

七万六〇〇〇点以上の標本を有するキューの実用植物学コレクションは現在、このタイプのものとしては世界最大だ。空調設備の整った重要品保管室には、ありとあらゆる食用植物、薬用植物、染料植物、木材が収納されている。各種植物のパーツを組み合わせてつくられた工芸品も無数にある。漁の仕掛けに丸木舟、美しいネックレスに優美な織物。パイナップル繊維のシャツもあれば、コルク製の山高帽もある。香料、向精神性ハーブ、道具、楽器その他、植物とヒトとの切っても切れない関係を示す標本や物品と並んで、イチョウの利用法を記した文書が残されている。

イチョウの種子の収蔵品も多数ある。中国では、食用となるその種子をとるため一〇〇〇年ものあいだイチョウが栽培されていた。初の日本駐在外交官の一人であるジョン・クインが集めたイチョウ材の見本もあった。クインはキューのコレクションに触発されたこともあって、一八六七年から一八九六年にかけて日本の古い漆器《しっき》工芸を詳細に観察し、その過程を記録し、制作に使われる材料や道具を収集した。その中にある一片のイチョウ材について、クインは「ボウル、ごはん茶碗、丸盆などの材料になる」と記している(6)。

実用植物学コレクションの見た目ににぎやかな物品にまじって、キューの植物学者が先ごろ中国を訪れた際に手に入れたイチョウの乾燥葉が一点ある〔21頁〕。その葉には、中国庭園の風景が線画で描かれており、小さな漢字で書いた詩が添えられていた。左側には、おそらくマツと思われる木が前景に立っている。中央には東屋《あずまや》を囲むように石が置かれている。遠景にはたくさんの木が生えている。ヤナギのように見える木もある。右側には、秦王朝時代の古い漢字による「蘇州」の朱印が押されている。(7)

中国庭園に詳しい人なら、このイチョウ葉に描かれている景色はなじみ深い。この絵は蘇州の有名な庭園、網師園《もうしえん》を描いたものだ。ニューヨークに詳しい人にもなじみがあるかもしれない。メトロポリタン美術館にここをモデルとした中国庭園があるからだ。網師園は、一八世紀中国の小さな民間庭園の典型だ。一二世紀の南宋時代に退官した役人の庭をつくり変えたもので、ここを含めた蘇州の古典中国庭園九か所がユネスコの世界遺産に認定されている。なお、イチョウの古木が植わっている世界遺産はほかにも数か所ある。北イタリアのパドヴァ大学にある世界最古の植物園もその一つである。(8)

あの独特の扇形をした葉のおかげで、イチョウは世界中で強烈な存在感を放っている。最初にヒトを引きつけたのはイチョウの種子のほうかもしれず、そのおかげで絶滅を免れたのかもしれないが、イチョウを単なる食用植物から文化的偶像に変えたのは、間違いなく、あの「葉」だ。イチョウの葉はどんな樹木の葉よりも印象的で記憶に残る。そして、イチョウをとりまく文化史が豊かなのは、この葉がもつ他に類を見ない形状のお

かげだ。(9)

イチョウ葉は、一目で見分けのつくモチーフとしてあちこちで採用されてきた。中国はイチョウの原産地で、最長の栽培史をもつ。毛沢東と同時代の中国共産党員で中国科学院の初代院長であった郭沫若《かくまつじゃく》は、植物や花について多くの詩を書いた人物だが、イチョウにだけは最高の格を与えていた。蔣介石《しょうかいせき》が率いる中国国民党との内戦のさなか、郭沫若はイチョウを中国人の愛国主義の象徴として「東洋の天帝」と呼んだ。

韓国では、イチョウの古木の多くが天然記念物として保護されている。善山邑にある古木もその一つで、村民は毎年、旧正月の一五日にこの木を祭っている。高さおよそ一〇〇フィート〔三〇m〕、幹の直径一六フィート〔四・九m〕の巨木は、冬の裸木《はだかぎ》であっても威風を放つ。いまは廃墟となった寺と市場のそばに、四〇〇年以上前に植えられた木だ。地元の伝説によれば、この木はあまりに神聖すぎて鳥さえとまろうとしないという。(10)

イチョウは日本の文化にも深く根ざしている。人口一三〇〇万の東京都のマークはTokyoの頭文字「T」をもとにデザインしたものだそうだが、イチョウの葉を様式化したようにも見える。相撲の力士が結う髪は「大銀杏《おおいちょう》」だ。一九五八年に二人の日本人科学者が太平洋とインド洋に生息するオウギハクジラの新種を記載したときには、歯の形がイチョウの葉に似ていることからイチョウハクジラ（*Mesoplodon ginkgodens*）と名づけた。日本にはほかにも、イチョウガニ、イチョウタケ、イチョウイモ、イチョウザメなど、イチョウを冠した動植物名がある。食器棚やテーブル、花びん、農作用具、楽器にも、名前の一部にイチョウという語を組みこんだものがある[11]。

世界中で、政府や企業、団体がイチョウの葉をシンボルマークにしている。中国の浙江農林大学、日本の大阪大学、韓国の成均館大学校もイチョウの葉をロゴマークに使っている。西洋に目を転ずると、アーティストのラリー・カークランドは、ワシントンDCの米国科学アカデミーが新設した建物の玄関をデザインするよう委託されたとき、自然科学の発展をめざす機関の玄関にふさわしく、葉と種子をつけたイチョウの小枝をモチーフの一つに選んだ。ほかに選んだのはダーウィンのフィンチ、メンデルのエンドウマメ、モーガンのショウジョウバエなどだ。こうしてカークランドはイチョウを含む九つのモチーフをDNA分子構造に重ね合わせた。同じような考え方で、DNAの二重らせん構造が解明された旧キャヴェンディッシュ研究所の近くにあるケンブリッジ大学植物科学部も、それにふさわしいロゴマークを採用した。一枚のイチョウ葉のまわりをDNAの二重らせんが囲むデザインのロゴである[12]。

シンボルとしてのイチョウ（ギンコー）は学術界のみならず商業界でもよく使われている。ギンコー・カフェはオーストラリアのメルボルンからドイツのフランクフルトまで、世界中のたくさんの場所にある。おしゃれなギンコー・スパやギンコー・レストランも、世界のどこかにある。イチョウを模したデザインは、あらゆるタイプの広告に使われる。マーケティング担当者もブランド開発者も、ギンコーという言葉の響きと独特の形をした葉に、「現代的であると同時に時代を超越している」「エキゾチックだが身近」というイメージを、そしてなにより「エレガント」というイメージを重ね合わせる。

シカゴ郊外のオークパークには建築家のフランク・ロイド・ライトがかつて住んでいた家と仕事場があり、その庭に立派なイチョウの木が立っている。この木はライトがこの土地を買ったときにはまだ若木だったはずだから、家を増築するのに邪魔だと思えば深く考えずに撤去することもできただろう。だが彼はそうせず、イチョウの木を囲むように建物を拡張した。ライトは何度か日本を訪れている。日本で目にしていたであろうイチョウに、彼は特別な思いを抱いていたに違いない。こんにちでは、毎年数万人の観光客が二〇世紀の偉大な建築家の「聖地」を訪れて、そのイチョウの木陰を通り、ギンコー・ブックショップで入場券を買う。屋内では、ギンコー皿からギンコー宝石箱まで、あらゆる種類のイチョウ関連ギフトが売られている。もっとたくさんギンコー・グッズを見たいなら、インターネットで検索すればいい。膨大なイチョウ関連製品がヒットする。この現象は現代だけのものではない。中国や韓国、日本では四

成均館大学校の門に掲げられた、イチョウをモチーフにしたマーク。大学構内には孔子を奉る文廟がある。韓国、ソウルにて。

〇〇年も前から、あらゆる種類の芸術家と職人がイチョウをかたどった作品を制作してきている。[13]

イチョウとフランク・ロイド・ライトの組み合わせは意外でも何でもない。アーツ・アンド・クラフツ運動は、イチョウの葉をモチーフにした当時の製品にとりわけ強く影を落としている。優美でシャープな曲線美をもつイチョウ葉の形は、「機械への抵抗」という美学にぴったり適合した。イチョウはアールヌーボー運動でもモチーフになった。ナンシーとプラハにあるアールヌーボー様式の建物には、イチョウの小枝と葉のみごとなレンダリングがほどこされている。[14]

イチョウはいまなお、芸術家にインスピレーションを与え続けている。二〇〇五年、第五一回ヴェネツィア・ビエンナーレの英国パビリオンでは、ロンドンのイーストエンド出身の二人組アーティスト、ギルバート&ジョージがニューヨークのグラマシー公園で集めたイチョウ葉をもとにした二五点の写真作品を展示し、注目を集めた。鮮やかに彩色して黒いフレームをつけ、本人たちの肖像画を左右対称にくり返しはめこんだ、各々高さ一四フィート〔四・三m〕のパネルはどれも、シュールなステンドグラスの窓を思わせる逸品だった。[15]

中国、日本、韓国では、イチョウは古くから文化と結びついていて、何より古木が人々に愛されている。北京臥《が》佛寺《ぶつじ》——現在は北京植物園の中にある古い寺——の両脇にはイチョウの巨木が二本、立っている。曲阜《きょくふ》の孔廟《こうびょう》にもイチョウがある。仏陀がボダイジュの下に座っていたのと同じように、孔子はイチョウの木の下で読書したり熟考したり、教えを説いたりしたという。山西省にある大きなイチョウの老木は、道教の開祖である老子が植えたものだと言い伝えられている。[16]

韓国では、大きく古いイチョウの多くは仏教寺にあるが、ソウルの成均館大学校の、孔子を奉る文廟《ぶんびょう》にも大きなイチョウの木が二本植わっている。私がそれを見かけたのは数年前の七月のある暑い日、息子と構内を歩いているときだった。大学内で最も古い中庭に左右対称に植えられた二本のイチョウは、数百年前からいい時代も悪い時代も同じ場所に立ち、いまなお壮健であった。

日本でも、国内屈指の仏教寺院にイチョウの巨木がある。京都府の丹波《たんば》国分寺、富山県の上日寺《じょうにちじ》、岐阜県の飛驒《ひだ》国分寺、東京都の善福寺《ぜんぷくじ》などがそうだ。宮城県の姥《うば》神社や千葉県の葛飾《かつしか》八幡宮、さらには政治的に議論含みの靖国神社（東京都）といった名高い神社にもある。[17]

西洋では、イチョウは記念樹となっていることが多い。私の家の近くの公園にも、記念銘板をつけたイチョウが何本かある。世界貿易センターのツインタワー跡のハドソン川をはさんですぐ向かい側、ニュージャージー州ホーボーケンにあるイチョウ林は、9・11テロの犠牲者を追悼する生きた記念碑となっている。デトロイトにはヨーコ・オノが植えたイチョウが、フランスのカーンにはダライ・ラマが植えたイチョウがある。キュー植物園では、一九一六年の嵐で倒れたレバノンシーダーの巨木に押しつぶされる形で、ウィリアム・チェインバースが一八世紀に建てた「太陽の寺院」が壊れたとき、メアリー王妃は寺院跡を示すイチョウを植えた（そのすぐ近くに、王妃の夫の祖母の祖母の代が一五〇年前に植えたオールド・ライオンがある）。インディアナ州モーガンタウンには、南北戦争が終わってすぐの一八八〇年ごろに植えられた一本の大きなイチョウがある。これは、アンダーソンビルにあった悪名高き南軍収容所を生き延びた北軍の捕虜たちを称えたものだ(18)。

イチョウはさらに、世界中の名所を飾っている。ワシントンDCのホワイトハウス、東京の皇居、北京の天安門広場、テキサス州サンアントニオのアラモ砦。カナダの首都オタワにある首相官邸には、かつての中国国家主席、李先念《りせんねん》による一九八五年の訪問を記念するイチョウがある。そして何より有名なのは、一九四五年八月六日の世界初の原爆投下による爆風を生き延びた、広島のイチョウだ。この木は、大いなる破壊と人類の苦難を表すシンボルとなっている。地球の反対側、アメリカのミズーリ州には、原爆投下の命を下したハリー・トルーマン大統領の家の近くにイチョウの木立がある。エンリコ・フェルミ率いる研究チームが世界初の原子炉を開発したシカゴ大学、エリス大通りにもイチョウの街路樹が植わっている(19)。

イチョウは「唯一無二」の象徴ともなっている。モートン・ソルト・カンパニーの創始者でシカゴ郊外にモートン樹木園を開設したジョイ・モートンは、「モートン樹木園はイチョウであり、イチョウはいつまでも残る」と語ったとされている。つまり彼は、他に類を見ない記憶に残る樹木園を開設するという展望をもっていたということだ。園内には、ギンコー・ウェイという街路が走り、イチョウ関連のインテリアで飾られたギンコー・レストランがある。そして美しい緑の景色の中に、世界四〇か所からとりよせた七〇本を超えるイチョウの木が植えられている[20]。

ジョイ・モートンの言葉に間違いはなかった。シャープな葉脈をもつ逆三角形の扇形をしたイチョウ葉は、ほかのどんな植物にも見られない独特なものだ。一七世紀末の日本滞在中、イチョウに注目した初の西洋人であるエンゲルベルト・ケンペルは、その葉がホウライシダ（クジャクシダ）の小葉に似たところがあると気づいた。なお、イギリスでイチョウの俗称となっているメイデンフェア・ツリーは、ケンペルが似ているとしたホウライシダ（メイデンフェア・ファーン）から来ている。しかし、ホウライシダの小葉がどれだけイチョウの葉を連想させようと、本物のイチョウ葉と見間違うことはない。

一八世紀、世界中の植物に名をつけ一覧化しようとしたスウェーデン人博物学者リンネは、イチョウに正式な学名を与えた。リンネはケンペルが日本語から翻字した *Ginkgo* を属名に採用した。不恰好に子音が連なってはいるものの、リンネは気に入ったようだった。そして、イチョウ葉によく見られる特徴で、ときに葉身を二分するほど深い切れ目の入った状態を意味する *biloba* を種小名とした。

数十年後、ゲーテはリンネが名づけたギンコー・ビロバ（*Ginkgo biloba*）の意味を、

『西東詩集』の中の一編の詩に投げかけた。その詩の中節で、ゲーテは問う。

おまえはもともと一枚の葉で
自身を二つに裂いたのか？
それとも二枚の葉だったのに
寄り添って一つになったのか？

ゲーテは、自身が恋いこがれていた親友の若妻、マリアンヌ・ウィレマーへの想いをイチョウに重ね合わせたが、この問いにはそれ以上の深い意味があることを知っていた。彼はマリアンヌへの思慕に苦しんでいただけでなく、植物の構造の背景にある意味を見出したいと奮闘していた。植物の形態学という分野の扉を開いたのはゲーテだ。彼は生物学の研究分野としての「形態学」という用語を使った最初の人物である。(21)

現代の科学は、ゲーテのイチョウ葉についての問いには明白な答えを出せないが、この問いの広義の意味については追究を続けている。イチョウをはじめとする植物の多様さは気が遠くなるほどで、それぞれの系統関係を理解するための体制（ボディプラン）は、いまなお目標水準の高い研究課題である。ゲーテはかつて、「上から下まで、植物はすべて葉である」と述べたことがある。(22) 葉がどのように出現し、その後の数千万年でどう変遷してきたのかは、植物進化を知るうえでの大きなヒントとなる。

第2部
植物としてのイチョウの生態

北金ヶ沢の大イチョウに大量に垂れ下がる、鍾乳石のような「乳」。日本、青森県にて。

4章　エネルギー

どんな成長も行動しだいだ。努力なしには体力も知力も伸びない。そして努力とはすなわち、勤労である。

――カルヴィン・クーリッジ「マサチューセッツを信じる」

イチョウの葉の優雅さは、まず柄《え》の部分にある。イチョウの葉柄《ようへい》は長く、ときに葉身《ようしん》に比べてやや長すぎる感もあるが、葉柄と葉身は流線状につながっている。若葉の葉身が開くとき、葉柄の中に隠れていた二本の管が葉脈となって現れる。二本の葉脈はそれぞれの側の半分の葉身に水分や養分を供給する役割を果たす。葉脈は葉身内でつぎつぎと二股に分かれていくが、葉脈どうしが交差したり合体したりすることはめったにない(1)。

葉はイチョウが生きていくうえで欠かせない存在だ。葉があるおかげで、イチョウはエネルギーを独力で得ることができる。葉は自然界のクリーンエネルギー工場のソーラーパネルだ。そのソーラーパネルには、太陽エネルギーを、動植物が利用できる形の化学エネルギーに変換する高度な生化学装置が搭載されている。天然錬金術の奇跡ともいうべき光合成の作用については、科学の精鋭たちが研究に研究を重ねてきた。おかげで

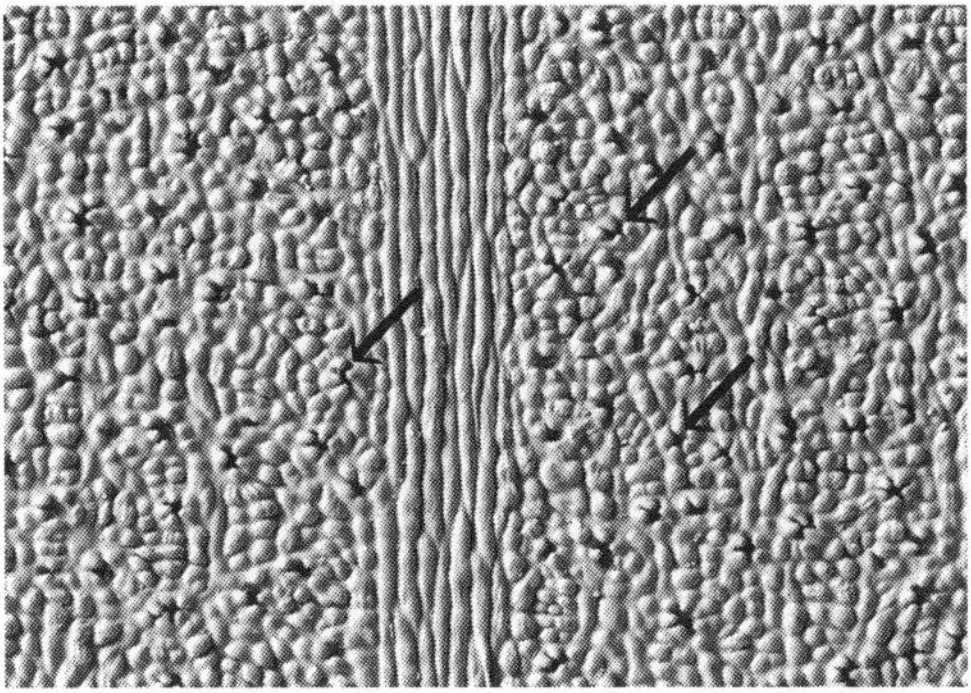

イチョウ葉の裏側に点在している気孔。外側から撮影。周囲の細胞が盛り上がって、気体の出入り口に覆いかぶさっているのがわかる。二酸化炭素は気孔から葉の中に入るので、化石イチョウ葉の気孔の密度は、過去の地球の大気における二酸化炭素量を推定するのに使われてきた。大気中の二酸化炭素濃度が低いと、同量の二酸化炭素を得るのに多くの気孔が必要となる。

分子レベルや原子レベルにおける理解はかなり進んだ。だが、まだよくわかっていないことのほうが多い。イェール大学の私の同僚であるゲアリー・ブルドウィグは、光合成作用の核心部分、つまり原子内のエネルギー伝達について研究している。それでも、二○億年以上前にごく単純な生き物が獲得したこの作用は、世界最高水準の化学実験室でさえまだ人工的に再現できていない(2)。

　イチョウの組成と維持に必要な炭素化合物をつくり出す工場である葉が原材料に使うのは、水と二酸化炭素という、いたってシンプルな物質だ。水は根によって地中から吸い上げられ、幹をのぼり、細かく分かれた葉脈を通じて扇形の葉全体に行きわたる。そのときいっしょに窒素やリンなどの養分も運ばれる。二酸化炭素は、気《き》孔《こう》と呼ばれる呼吸用の開閉可能なバルブを通じて空中からとり入れる。気孔は葉の下面（裏側）に集中している。二酸化炭素の炭素が水の水素と結合すると、各種の糖ができる。こうした糖と、そこに含まれるエネルギーは、多種多様な炭水化物に形を変えられ、それが別の分子と結びついたり作用したりすると、蛋白質など生命活動に必要な各種物質に変わる。なお、私たちにとって不可欠な酸素は光合成の副産物にすぎない[3]。

こうした葉の基本機能は、すべての植物に共通する。光エネルギーを吸収し、それを使って化学エネルギーを生み出す能力は、究極の「環境に優しい化学」だ。いや、それ以上に重要なものと言えるだろう。太古の光合成は、現代社会のベースとなっている石炭や石油をつくり出した。こんにちの光合成は、森林や草原を生んでいる。私たちが利用できるエネルギーには原子力、風力、地熱など光合成以外のものもあるが、それでもやはり、地球上の大半の生態系を支え、農業と文明生活のすべてのエネルギーのもとを生み出しているのは光合成だ。私たちは太陽なしには生きていけない――このことは、私たちより太古の人々のほうがよく理解していたはずだ。光合成は、ヒトを含む地球上の生き物ほとんどすべての命を支えている[4]。

短期的に見ると、光合成で生成された炭素含有分子のほとんどはすぐに酸素と反応して二酸化炭素と水に戻る。この還元プロセスは私たちの体内でも起こっている。ヒトであれ動植物であれ、生き物はさまざまな生命活動において炭水化物その他の化合物の中に含まれているエネルギーを消費するからだ。長期的に見ると、光合成の成果は地質学的時間を超えて還元されることもある。かつての生き物が生成し、一時的に埋められていた炭素含有分子が、あるとき表面に出て大気中の酸素と反応するのである。しかし、こうした炭素化合物が酸素と接触しないまま保存されると、つまり海や沼の奥深くに埋められ閉じこめられると、平衡状態が崩れて余った酸素が大気中にたまっていく。

太古の光合成細菌も少しずつ酸素を放出した。大気中にたまっていった酸素が、二〇億年前ごろ、地球の生命環境を変えるまでに増えた。初期の微生物にとっては毒でしかなかった酸素が、こんどは必須なものとなり、生物進化は別の方向に舵を切った。新しいタイプの生き物が出現する余地ができると、新しいタイプの生化学反応が出現した。光合成の長期的な影響は甚大だ。大気中の酸素濃度の上昇は、地球の生命史における思いがけない大転換点となり、イチョウの祖先やヒトの祖先に道を開くことになった。[5]

光合成の神秘的な力が宿っているのは、植物を緑色にしている分子、クロロフィルだ。そのクロロフィル分子を収容しているのは薄くて小さな楕円形をした葉緑体だ。葉緑体はイチョウ葉を構成している数百万の植物細胞を機能させるのに不可欠な細胞小器官で、細胞一個につき一〇〇個の葉緑体が存在している。一枚の葉には数億個、という計算になる。それぞれの葉緑体において、クロロフィル分子とその複雑な生化学作用は五億分の一インチ未満という薄い膜の中に埋めこまれている。[6]

クロロフィル分子の働きは巧妙だ。まず、他の集光色素の助けを借りながら吸収した光子一つにつき電子一つを放出する。その電子は、数千分の一秒の速さで複雑な媒体の中を通過する。このとき生じたエネルギーがつぎの遅いプロセスを作動させる。大気中から二酸化炭素をとりこんで、水素と結びつけて単糖に変えるというプロセスだ。[7]

　水は光合成の基本原材料だ。水分子が化学分解されると水素原子と電子ができる。その電子は、クロロフィル分子が光を吸収する段階で失った電子の補充となる。もちろん、水は光合成以外の基本的な生命活動にも欠かせない。最初期の植物は海や湖、池、川に棲んでいたから水を得るのは簡単だった。だが植物が進化とともに陸上に出ていくようになると、水をどうやって得るかという根本的な問題に直面する。結論から言えば、植物とその後に続く生き物すべてが陸上生活に移行できたのは、体内の水管理に成功したからだ。

　生きたイチョウ葉は、たっぷり水分を含んではりがある。葉柄もぴんと伸びている。しかし、木からむしりとった葉はたちまちその性質を失ってしおれる。かつてしゃきっとしていた葉身が、だらりとしてくる。葉にはりを与えていたのは無数の細胞に含まれていた水の圧力だ。水が失われる一方で補充されなくなると、葉はしなびる。動物と同じく植物も、水不足は命にかかわる一大事だ。エネルギー生成その他の機能を維持するために、葉にはいつも水分がなくてはならない。

　たいていの樹木の葉では、太い葉脈が細い葉脈へと階層的に水を運び、葉脈どうしがつながって網の目状の水分配ネットワークを形成している。この方式は冗長性があり、一部が損傷してもその先に、迂回ルートで水を届けることができる。また、葉脈の太さが違うので、一本の大きな管からたくさんの小さな管へと水を分配することができる。しかし、イチョウの葉では勝手が違う。イチョウ葉の水供給方式は独特だ。葉脈に階層性はほとんどなく、すべての葉脈はもとをたどると葉柄の中を通っている二本の脈に行きつく。葉脈どうしにつながりの見られるイチョウ葉は一〇枚に一枚の割合でしか見つからないし、見つかったとしても葉のごく一部にしか見られない。配水管方式というより点滴灌漑《かんがい》を思わせるような、特異な水供給方式である。葉脈を形成する細長い細胞から漏れ出す水が、葉脈と葉脈のあいだにある組織をうるおしていく[8]。

　葉の水分を適量に保つのは、気候が最適な時期でさえ簡単な仕事ではない。土が乾燥して水不足になっていれば、なおのこと困難だ。水分は葉から蒸散するし、気孔からも失われる。水分がたっぷりあって気候が温暖なときはいい。植物版の発汗作用によって葉はいつも冷たいままでいられる。葉から水が失われると、幹は根から水を吸い上げ、それをすべての枝や短枝、小枝、そして樹冠のてっぺんにある葉にまで届ける。しかし、この全行程で均衡を保つ必要がある。水が失われたまま補充されなくなると、まず葉がしおれ、やがて樹木全体が弱る。

　陸上生活をするたいていの植物にとって厄介なのは、二酸化炭素をとり入れるために気孔を開くとそこから水分が失われることだ。この相容れない生理学的事実に対処するため、イチョウをはじめ多くの木は、葉の上面（表《おもて》側）を防水処理した表皮（クチクラ層）で覆って水分の蒸散を抑えている。気孔は熱や直射日光があたりにくい葉の裏側だけにある。そして水の補充が減ってくると、気孔の穴は閉じられる。

成木のイチョウ葉の上面は、濃い緑色でつるつるしている。上面の表皮は頑丈で無色で、ほとんど水を通さない。表皮のすぐ下にある層の細胞も無色なので、太陽光線はその下の、クロロフィルに富んだ細胞に直接届く。イチョウ葉を構成する細胞は多々あるが、葉緑体をふんだんに含んだこうした細胞こそが真のエネルギー工場だ。

葉の下面（裏側）はまた違う。灰色がかった緑色に見えるのは、上面のそれより薄い防水表皮を覆うように、繊細なワックス層が重なっているからだ。下面の表皮には気孔の穴が開いていて、それぞれの穴は葉内部の空気室につながっている。空気室には高度な仕組みが備わっていて、おかげで二酸化炭素や水蒸気は葉を構成する各所の細胞にすばやく届く。一見すると複雑だが、光合成用の二酸化炭素をとり入れるのに欠かせない重要な仕組みである。

成木のイチョウ葉は、ほかの多くの木の葉と比べると頑丈で、そう簡単には腐食しない。葉を覆う表皮と葉脈間にある粘液状の樹脂繊維が、分解にかかる時間を長引かせるからだ。落ち葉で堆肥をつくるとき、イチョウ葉は最後まで残ることで有名だ。イチョウ葉が状態のいい化石として出てくることが多いのは、この耐久力のおかげでもある。日本では、全国に街路樹として植えられているイチョウが五〇万本あり、秋になると大量の葉が落ちる。東京だと街路樹のおよそ一二％がイチョウだ。落ち葉の腐食にあまりに時間がかかるため、東京都では効率的な堆肥づくりについて研究チームを結成したこともあるという[9]。

イチョウの巨木に何枚の葉がついているか数えたことのある人は、私の知るかぎりではいないようだが、小さな木でも葉の枚数はかなりの量になるはずだ。現在はアメリカ国立自然史博物館の館長をしているカーク・ジョンソンは、イェール大学の大学院時代に、高さ五〇フィート〔一五m〕のアメリカハナノキを切り倒して葉の枚数を数えたことがあった。彼は、一般的な森で面積あたりどれだけの葉ができるのかを知ろうとしたのだ。カークが選んだアメリカハナノキは、背丈はあったが細身で、幹の直径は人間の胸の高さのところで一一インチ〔二八cm〕しかなかった。それほど大きな木とは言えないものの、すべての葉を数えるのに二人がかりで八時間を要した。結果は九万九二八四枚。高さが二倍でもっと枝の多いイチョウの大木なら、三〇万枚から五〇万枚になるだろう。中国や日本、韓国にあるような古い巨木ともなれば、一〇〇万枚くらいあってもおかしくない。

イチョウ葉の一枚一枚は、DNA鎖に暗号で書かれた複雑な指示を忠実に翻訳して組み立てられた、モジュール設計の勝利である。私たちは長い道のりを経てようやくDNA言語の読み方を知るところまできたが、多数の分子による高度な振りつけをしたダンスの中で、葉をつくるためにDNAがどう翻訳されているのかという部分については、いまなお暗中模索である。それでもイチョウは、複雑な仕様に従い、高度な品質管理基準のもとに、わずか数か月で葉をつくる。それだけの努力の結実がすべて、冬が近づく

11 月中旬、鮮やかな黄色の葉が足元の芝生を覆う。コネチカット州ニューヘヴン、イェール大学総長公邸の庭にて。

と散ってしまうというのは驚き以外の何物でもない。毎年、数十万枚の葉をつくっては捨てることができるのは、光合成パワーの証明にほかならない。そしてそれは、大木ならではの生産性の高さの証明でもある。

春になると、前年に苦労して手に入れたエネルギーは若葉を育てるために投資される。葉は夏のあいだ、高収益を上げてくれる。日当たりがよく温暖で水の供給が充分であれば、葉は自身が消費する以上のエネルギーをつくり出す。だが、暗くて寒い冬になると、複雑な生化学機構はうまく働かなくなり、冷えた土壌から水を吸い上げるのも困難になる。樹木本体が生き延びるのに必要なエネルギーを節約するには、葉の存在は負担だ。そこで、イチョウはためらうことなくすべての葉を捨てる。これは落葉樹が成長するために採用している経済学だ。葉をつくるために使ったエネルギーと栄養は、一部を再利用して残りは捨てる[10]。

秋、落葉の直前にイチョウは一年でいちばん美しい姿となる。このころまでにすべての葉は鮮やかな黄色になっていて、低い角度から射す秋の日光を浴びて「ヤマキチョウのようにきらきらと輝く」。黄色くなるのはたいてい葉の先端部分からで、その後ゆっくり葉身全体が染まっていく。色の変化はそれぞれの葉の内部で複雑に厳重に管理されており、引き金になっているのはどうやら、寒冷期への突入というより日長時間の短縮のようだ。黄葉がはじまると葉緑体が変性し、クロロフィルが分解され、光合成は減速する。無駄にはできない貴重な栄養素、とりわけ窒素とリンは、葉から枝のほうに回収される。クロロフィルの緑色が消えるにしたがって、別の集光色素である黄色が優勢になってくる。葉の色はグリーンからゴールドになる[11]。

この二週間ほどのあいだ、イチョウは庭という庭で真価を見せつける。たった一本のイチョウが庭の表情すべてを変える。イェール大学対ハーヴァード大学の毎年恒例のアメリカンフットボールの試合がおこなわれる一一月初旬、自然愛好家たちがニューイングランドの秋色を名残惜しんでいるころ、イェール大学総長公邸の庭に誇らしげに立つ一本のイチョウは見ごろの最盛期を迎える。残念ながら、壮観さという点でイェール大学のイチョウはハーヴァード大学アーノルド樹木園のイチョウには勝てない。

大量のイチョウをまとめて植えれば、それだけで見物人を集めることができる。東京の明治神宮外苑の、一四〇本のイチョウが二列に植わった歩道は大人気の名所だ。一九二〇年代に植林されたときは高さ二〇フィート〔六m〕ほどだったのが、現在ではいちばん高いところで一〇〇フィート〔三〇m〕近くになっている。この並木道は、日本で有数の西洋式景観をもつ建造物がある場所のため、入念に維持管理されている。晩秋の情景は圧巻だ。午後の日がかげり、冬が近づくこの時期に、見物客は並木道に見とれ、炒《い》ったギンナンをつまみ、お茶をする。(12)

明治神宮外苑では、いや、世界中どこででも、イチョウ葉が散る時期はある日いきなりやってきて、あっという間に終わる。落葉のタイミングについては、とくに何かが引き金になっているようには見えない。ウィスコンシン州モンローのドルシュ記念図書館にあるイチョウの大木は、リンカーン大統領就任式に出席した中国大使から医師のエデュアード・ドルシュに贈られた種子を植えたものだとされているが、その木をめぐっては長年、落葉がいつはじまるかを予想するコンテストが催されていた。(13)

イチョウは、私が知るどんな樹木よりも落葉のタイミングが同期している。落葉の大まかな仕組みはわかっている。葉柄の基部にある細胞層に変化が起き、最終的にそこの細胞が死ぬと細胞層もろともはがれ落ちる、つまり葉が散るというわけだ。だが、細かい仕組みまではまだわからず、また、なぜイチョウの木々は不気味なほどいっせいに葉を落とすのかについては不明のままだ。かつて米国桂冠《けいかん》詩人の栄誉を与えられたハワー

ド・ネメロフも不思議に思い、こんな詩を詠んだ。(14)

一一月下旬のたった一日の
まだ凍えるほど寒くない夜に
イチョウの木々はいっせいに葉を落とす
雨でも風でもなく、時だけに合わせるように
きょう、芝の上に散乱する黄金の葉は
きのうは枝の上ではためく光の扇であったのに

星からどんな合図が来るのだろう
木は何をもって決断を下すのだろう
葉を襲い、葉を落とせという合図に
反抗すべきか降伏すべきかという決断を
だが、それが定めなら、免れることなどできようか
時が教えてくれることを知って何になる
さあ、いまだ、と星が命じてくれるのなら

5章　成長

木は、落とした葉をふたたび茂らせる。
——アイルランドのことわざ

イェール大学ブリティッシュ・アート・センターの学芸員であるマシュー・ハーグレイヴスは、一八世紀後期から一九世紀中期のころ、「画家の素質をテストするなら人間を描かせるよりイチョウを描かせたほうがいい」と言っていたという。たしかに観察眼のある画家なら、イチョウの樹形がふつうでないことにすぐ気づく。イチョウは葉がない季節でも、独特の姿かたちをしている。長い寿命の最初の二、三〇年、樹冠はすかすかだ。とげの刺さった細長い指をぱっと広げたように、枝はまばらに空間をあけて伸びている。そのシルエットは他のどんな木とも違う。アメリカニレとは反対に、イチョウの樹形は葉形に比べると優雅さに欠ける[1]。

イチョウの成木の枝ぶりは、別の面でも独特だ。樹齢二、三年もすれば枝にはけづめのような横向きの突起ができる。これは「短枝」と呼ばれるもので、一年にごくわずかしか成長しない。一方、短枝をつけている「長枝」のほうはぐいぐい成長する。長枝は一つ芽を出すとワンシーズンで一フィート〔三〇cm〕以上伸びる。こうした短枝と長枝の成長度合いの違いは、リンゴなど他の多くの樹木にも見られる。樹木全体を大きくする枝と、たくさん葉をつける枝とを分けて分業体制にすれば、より広い空間に葉を茂らせることができる。イチョウでは、この分業体制がことさら目立つ。数の上で少ない長枝は先へ先へと伸びて、そこに多くの短枝をつけていく。イチョウのシルエットがとげとげしているのは、こうした独特な成長様式のせいだ。

短枝はイチョウのシルエットにさらなる特徴を加える。短枝はせいぜい一インチ〔二・五cm〕の高さの突起で、毎年、前年の夏の葉が残した傷痕（葉痕）を積み重ねていく。古い枝の、そこそこ大きな短枝なら、過去数十年につけては落とした一〇〇枚以上の葉の傷痕を残している。ヨーロッパと北米の植物学者はよく、葉のない冬でも樹木の種類を言い当てられることを自慢する。樹皮や落葉の跡、枝ぶりのパターンなどをしっかり観察し、記憶しているからこそできる芸当だ。だがイチョウだけは、よほど経験不足の学生でないかぎり、だれでも見分けられる。短枝の短い円筒形は、イチョウにしか見られない特徴だからだ(2)。

春、前年の秋から裸になっていたイチョウの枝に生命が吹き返す。通常四枚から六枚の葉からなる一房《ひとふさ》が、ミニチュアの状態で短枝の先にあるつぼみから顔を出す。これらは前年にすでに用意されていて、保護用のつぼみの中に小さくたたみこまれて冬を越す。

イチョウ古木の長枝についた短枝から現れる、若葉と花粉錐。日本、九州にて。

新芽は短い葉柄と、内側に丸められたミニチュアの葉身からなる。すでに「葉の形」になっているということは、春先からすぐに仕事の配置につけることを意味する。春の暖かさとともに、つぼみの鱗片《りんぺん》が折り返されて新芽が出てきて、丸まっていた葉身が開く。葉柄の長さが伸びるのに合わせて、葉身の面積も速やかに増える。

つぼみから出てくる葉は小さく、ライムグリーン色で、デリケートで、寒の戻りには脆弱だ。二〇〇七年四月、シカゴをはじめとするアメリカ中西部はマイナス三四℃の寒波に見舞われた。新芽が出た直後のことで、ほとんどの芽は生き残らなかった。二、三週間後、木々はもう一度エネルギーをかき集めて芽を出したが、こうした自然災害が数年続けば消耗して枯れてしまう[3]。

充分に生い茂ったイチョウの場合、ほと

んどの葉は短枝から出てきて、その葉が樹木全体に必要なエネルギーの大部分を生産してくれる。短枝は樹木成長の経済学における効率的な増産工場だ。長い枝を建設するという設備投資は不要で、いい収益を上げてくれる葉を数枚、養うだけでいい。短枝はその数枚の葉で相当量のエネルギーを生産する。幹その他の組織への長期投資は最小限で済む。また、こうした枝の配置なら樹冠が開けるので、密集した葉に光が遮られる心配がない。夏、若いイチョウの長枝は、羽毛のような葉の房をつけた棒のように見える。一本の長枝には、数百の短枝と数千の葉がつく。

短枝は、エネルギーを生産することはできても、樹高を伸ばすことも、成長しすぎた隣の木から自身を守ることもできない。樹木全体を大きくするのは長枝の役目だ。長枝は成長シーズンに急速に伸びて、その全体にわたって葉を互い違いにつける。翌春につぼみが開くころ、前年に長枝の葉を出していた付け根の部分に残されていた小さな突起が、新しい短枝となる。こうして、長枝は枝の長さを伸ばして樹冠を広げ、短枝はその樹冠を葉で埋めていく。

樹木全体の統制もすばらしく柔軟だ。長枝になるか短枝になるかの合図はシンプルだ。長枝の先端にある頂芽《ちょうが》から送られてくる化学信号によって、短枝は成長を抑えられる。短枝はボスがいるうちはボスに従う――化学信号を介した厳格な規律に従う。しかし、長枝の頂芽が損傷を受けるか欠けるかして信号を送らなくなると、抑制から解き放たれた短枝の一つがすぐに成長を開始し、新しいボスとなる。[4]

長枝につく葉と短枝につく葉はわずかに違う。短枝の葉は扇形で、葉身の切れこみはほとんど見られない。葉のふちはなめらかで、ぎざぎざがあったとしてもごく浅い。シーズンはじめに長枝の先端から出てくる最初の数枚の葉もそんな感じだ。しかし、シーズン後半に長枝にできる葉には、葉身の三分の二にまで達するような深い切れこみがある。ゲーテに詩想を与え、リンネに二裂葉を意味する種小名の「ビロバ」を採用させたのは、深い切れこみが入ったほうの葉である。(5)

長枝と短枝の葉の違いについては、一九世紀のシーボルトとツッカリーニが著した『日本植物誌』にあるイチョウのイラストに美しく描かれている。葉の違いは、おそらく葉が発生するときの条件の違いによって生じるのだろう。短枝の葉と長枝から最初に出てくる葉は、どちらもきつく閉じたつぼみの内部で発生する。しっかり保護された場所でゆっくり形づくられ、冬のあいだはほぼ活動停止状態で生き延びる。あとからできる長枝の葉は、春の成長シーズンに入ってから発生する。ぐんぐん伸びつつある長枝のつぼみの中で、大急ぎでつくられる。

同じ要因が、長枝と短枝の葉の内部構造や、運ぶ水の量にも違いをもたらしているようだ。短枝はすでに成熟しており、成長を急ぐ必要がなく、葉に水を行きわたらせる組織も充分にできあがっている。一方、長枝は未熟で、活発に成長中であり、葉身の通水組織が未完成であるにもかかわらず、多くの水を求める。詳細な測定をしたところ、長枝の葉は短枝の葉より通水効率がいいことが示された。成長中の長枝の葉はつねに水不足の状態にあるからだろう(6)。

イチョウの背丈がそれほど高くならない理由は、おそらく、葉に充分な水を供給し続けなければならないからだろう。葉に必要な水はすべて土から吸い上げる。細い根から

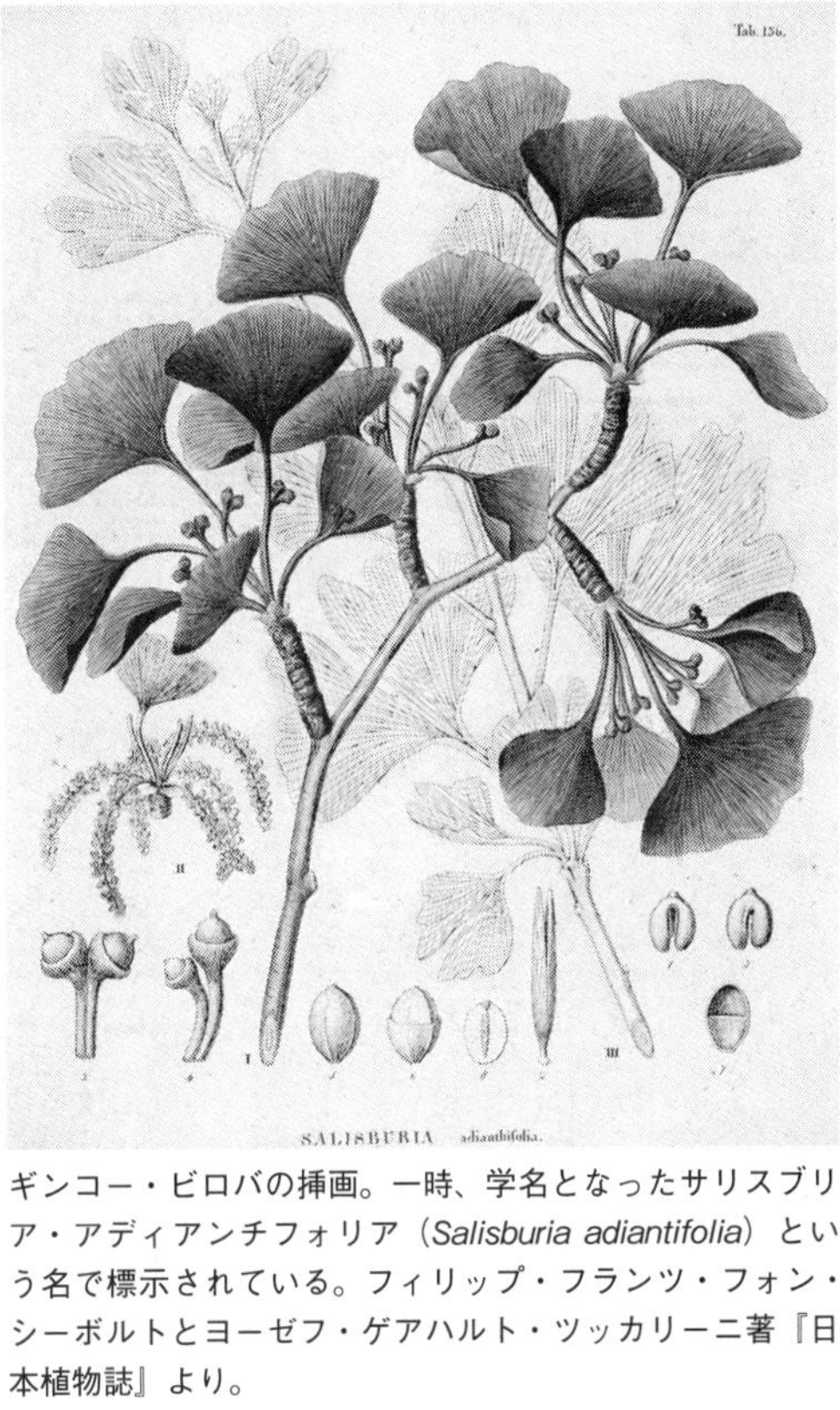

ギンコー・ビロバの挿画。一時、学名となったサリスブリア・アディアンチフォリア（*Salisburia adiantifolia*）という名で標示されている。フィリップ・フランツ・フォン・シーボルトとヨーゼフ・ゲアハルト・ツッカリーニ著『日本植物誌』より。

分子単位でこつこつと集められた水は太い根に移され、幹の中にある水輸送管を通って上昇し、それぞれの枝へ、そして葉へ届けられる。水は安定的に、途切れなく供給されなければならない。水分は気孔からどんどん失われるし、少量とはいえ表皮からの蒸散や光合成の過程でも失われるからだ(7)。

植物の水の輸送で何より驚きなのは、これが水の張力頼みという完全に受け身の作用だということだ。木は、どこかにマイクロポンプを潜ませたりはしていないし、そもそも水の輸送のために何一つエネルギーを割いていない。水の通り道である細長い細胞は死んでいて、空洞になっている。幹と根に蓄えられた糖が出動しようと樹液が上昇しはじめる初春以外は、下からの持続した圧はほとんど生じない。葉で水分が失われたり蒸散したりすると、すぐ下にある茎から水が引き寄せられる。茎の水が減ると、さらに下から水が引き寄せられる。この連鎖反応が根までつながっている(8)。

大木《たいぼく》の水分を保つのに必要な水の量については、その木の種類や生育している場所によって違いはあるにせよ、かなりの量になると思われる。フランス東部の植林地に生育する樹齢三〇年のフユナラであれば一日半ガロン〔二・二ℓ〕の水ですむが、ベネズエラのアマゾン熱帯雨林に密生している大木、マメ科のエペルアともなれば、その五〇〇倍もの水を必要とするだろう(9)。

水はすべて、根から吸い上げる。木が高いほど吸引力が必要となり、内部圧力は高まる。重力に反して揚水《ようすい》するには陰圧でなければならない。重力は、高さが三インチ

〔七・六cm〕上がるごとに一平方インチ〔二・五cm²〕あたり一ポンド半〔六八〇g〕増加する。樹高のある木なら、水の通り道となっている細胞にかかる圧力は途方もない。水の通り道となる細長い細胞は、その巨大な圧力で破裂しないよう、丈夫な細胞壁と厚い内張りを備えている。

こうした圧力がつくり出すさらなる厄介ごとは、すぐ隣の空洞の細胞内の空気が水の通り道に吸いこまれてしまうことだ。空気の泡がつまって水の通り道が塞がれたら、それは植物版の塞栓症ということになる。さいわいイチョウでは、隣接する細胞につながる小さな孔《あな》が塞栓症を予防してくれる。その孔は、水を通すにはちょうどいいサイズだが、空気の泡は通せない。この例からもわかるように、樹木には水力工学の粋《すい》が集められている。どれもみな、数百万世代をかけた変異と自然淘汰によってつくりあげられたものだ⑩。

イチョウその他の木の幹を形成している木部は、水の輸送だけでなく支持材の役目も果たしている。イチョウは木部を足場にして、葉を太陽に向け、近くの植物の陰にならないよう配置する。光を求める競争は、樹木の進化における究極の原動力だ。単純に高く大きくなりさえすればいいというものでもない。大きくなれば、水その他の樹液の輸送がむずかしくなる。距離が延びるうえ、水を通す細胞にかかる内圧も増すからだ。大木になれば重量もかかる。土砂降りの雨を受ければさらに重くなる。幹にはその重量を支えるに充分な強度が必要だ。

エネルギー配分も問題になる。一本の木の生命活動において、幹や枝の建設に多くのエネルギーを投じれば、生殖やほかの成長要素に使えるエネルギーは少なくなる。生命活動を維持するために必要な最小限のエネルギーコストは、木のサイズに比例して増える。けたはずれに大きな木が育つ場所が限られているのには理由がある。活動を停止しなければならない冬期がなく、一年中水に不自由しない環境でなければならないからだ。気温が下がって土壌の水分が凍りついて外部からのエネルギー供給が途絶える季節にまで、膨大な枝と葉を維持するのは賢い戦略とはいえない。

自然界のたいていのものがそうであるように、木の高さはさまざまな要素の兼ね合いで決まる。水を運ぶ能力の有無。大きさを確保、維持するためのエネルギー投資とそれによる便益。物理的な強度の必要性とそれが樹形に与える影響。イチョウにも例外なくそのすべての要素がからんでいるが、面積の広い葉とあの独特な枝ぶりを考えれば、水の安定供給を維持することはとりわけ重要だ。イチョウはほかの巨大植物と比べると、葉の水分維持と水供給という点であまり効率的とはいえない。韓国、龍門寺のイチョウをはじめとする巨樹のイチョウが大きい理由の一つは、その根が豊富な水源に達しているからだと考えられている。

6章　構造

……大工が木を彫るように、賢人は自身の知性を彫刻する。
——仏陀『法句経』

プッチーニのオペラ『蝶々《ちょうちょう》夫人』は、一九世紀の日本が舞台で、長崎港を見下ろす小さな家の縁側のシーンからはじまる。ジョン・ルーサー・ロングの小説をもとにプッチーニが曲をつけたこの悲劇は、当時の西洋人が抱いていた日本への憧れを体現していた。当時の日本は、ペリー提督の黒船到来をきっかけに世界に門戸を開いてから数十年たっていた。ロングの小説のモデルとされた人物たちについては、さまざまな憶測がされてきた。一八八五年夏に長崎に滞在していたフランス海軍士官のピエール・ロティが著した『お菊さん』との関連や、一九世紀後期に長崎に暮らして日本の近代産業化に貢献したスコットランドの商人トマス・グラヴァーとの関連、あるいは一八二〇年代と一八五〇年代に長崎にいたフィリップ・フランツ・フォン・シーボルトとの関連などだ。もちろんシーボルトは、ロングの小説に出てくる海軍士官ピンカートンではない。だが、プッチーニのオペラを見る人は、それをシーボルトの人生の一部に重ねて見るかもしれない(1)。

日本では、一六世紀中期からペリー来航まで、天然の良港である長崎だけが西洋との接点だった。貿易は、オランダ東インド会社による独占という形で制限されていた。オランダの船は西洋の贅沢品を日本に運び、日本から陶磁器その他の物品を積んで戻る。そうした品々がヨーロッパにジャポニズムへの熱狂をもたらした。アムステルダムやロンドン、パリの富裕層は、九州の窯《かま》で焼く日本の陶磁器を一式、オーダーメイドで注文することもあった。シーボルトがオランダ貿易網の最東端の基地である長崎に医者としてやってきた一八二三年は、そんな時代だった。シーボルトは、同じくオランダ東インド会社に雇われていた二人の前任者、エンゲルベルト・ケンペルとカール・ペーター・ツンベリーに並ぶ、日本の植物を調査した初期の探検家だ。シーボルトはヨーロッパにおける日本学研究の先駆者でもあった。

ドイツのヴュルツブルク大学で医学を学んだシーボルトは、フランクフルトのゼンケンベルク自然史協会の会員で、アレクサンダー・フォン・フンボルトの探検と文献に強い影響を受けていた。夢は最果ての地でフンボルトに匹敵するような探検をすることで、軍医として日本に送られることになったとき、このチャンスに飛びついた。日本滞在中は、余暇を利用して日本の動植物、文化、出合った人々についての情報を詳細に集めた。

彼が長崎に七年間滞在していた一八二〇年代、日本はまだ鎖国状態にあった。オランダ人は長崎港の出島に閉じこめられ、荷物の出し入れは厳しく監視され、地元住民と接触する機会はほとんどなかった。しかし医者であったシーボルトは、眼科と産科の西洋医学の専門知識をもっていたこともあり、出島から外に出て日本人の患者を診たり薬草を集めたりできる自由が与えられていた。自分の知識を伝授しようと日本人の弟子を募り、その弟子たちの助けを受け、土地を買って日本初の西洋式医学塾を開校することまでやっていた(2)。

長崎で往診をしているとき、楠本滝という女性に出合い、恋に落ちた。滝にはソノギという呼称が与えられていた。二人が出合ったとき、シーボルトは二七歳でソノギは一六歳だった。シーボルトは祖国の親戚に宛てた手紙の中で、「私は心優しい一六歳の日本女性と親しくなった。西洋人の女性では彼女のかわりにならないだろう」と書いている。ソノギは出島の中に留まることを許された数少ない日本人の一人で、シーボルトはオタクサ（お滝さん）と呼んで可愛がり、もうけた娘をオイネ（おイネ）と名づけた(3)。

若き日のフィリップ・フランツ・フォン・シーボルト（1796-1866）の像。日本、長崎のシーボルト記念館にて。

シーボルトは、本来ならオランダと日本を往復できる立場にあったが、ある事件がそれを阻んだ。発端は一八二六年、オランダ公使一行が江戸参府したときだ。毎年恒例のこの行事にはオランダ商人の代表団が同行し、将軍に贈り物を献上する。かつて同行したことのあるケンペルとツンベリー同様、シーボルトは江戸参府を、長崎以外の土地を見て日本人の暮らしを見て回るめったにない機会ととらえていた。一八二六年に参府したときも、これまでそうしてきたように日本文化をよく知ることのできる物品をたくさん収集したが、この年はとりわけ収穫があった。友人で、幕府の書物奉行で天文学者だった高橋作左衛門から、日本と朝鮮の詳細な地図を分けてもらったのだ。シーボルトはお返しに、ロシアで発行された最新の世界地図を作左衛門に渡した。地図の交換はシーボルトにとっては知識欲の一環でしかなかったが、幕府にとっては大問題だった。国家機密にもかかわる地図は、個人が所有することすら禁じられており、それを外国人に手渡すことは極刑に値した。(4)

シーボルトは自分のしていることの危険性をわかっていたはずだ。だが、ケンペルとツンベリーも似たような文書をヨーロッパにもち帰っている。シーボルトも、地図を荷物に入れて長崎を出る船に乗った。そのままであれば地図が見つかることもなかっただろう。だが彼の乗った船は悪天候に遭い港に戻ってきた。所持品は船から降ろされ検査を受け、地図とともに別の禁制品、徳川家の家紋が入った羽織が見つかった。このことはもちろん幕府に知らされ、シーボルトは取り調べを受けた。江戸参府中にシーボルトが接触した約四〇人の日本人と、通訳や弟子など五〇人もの関係者も尋問された。とくに高橋作左衛門は厳しく追及され、捕らえられてほどなく獄死した。(5)

シーボルトに対する評定は一年以上あとになった。彼がスパイだという証拠は見つからなかった。シーボルトの日本での奉仕ぶりが認められた。ヨーロッパの雇い主からの嘆願もあった。それでも一八二九年一〇月に下った処罰は厳しいものだった。友人の日本人数名が投獄されたり島流しにされたりした。シーボルト自身も日本から終身国外追放となり、一八二九年一二月三〇日に出島を去った。彼は長崎港を出るコルネリウス・ハウトマン号から、ソノギとオイネ、教え子の高良斉と二宮敬作に別れを告げた。ソノギとオイネの肖像画と二人の髪を入れた小さな漆《うるし》の箱を抱えて。そのときオイネは二歳八か月で、シーボルトは娘の安寧と教育を高良斉と二宮敬作に託した。(6)

なお、シーボルトが長崎を去ったとき日本はまだ鎖国中だったが、歴史は彼に、開国がもたらした日本の変化をほかの西洋人のだれよりも間近に眺めることのできる機会を与えることになる。一八五九年、ペリー来航から六年後の日本に、シーボルトはオランダ貿易会社の顧問としてふたたびやってきて、ソノギやオイネと三〇年ぶりの再会を果たすのだ。シーボルトはヨーロッパに戻ってから結婚し、五人の子どもをもうけていた。ソノギは二度、結婚していた。そしてオイネは日本ではじめての女医になろうとしていた。(7)

シーボルトは、最初の日本滞在中に集めた大量の標本、書物、工芸品——江戸参府の機会に集めたものもあれば、診療のお礼として受けとったものもある——をもとに、ヨーロッパに帰るや日本の自然誌と文化について三部作の文書にまとめた。これらは日本を多面的に研究したはじめての文献となった。中でも、豊富な図版入りの『日本植物誌』は、日本の植物の研究に大きな影響を与えた一冊としていまなお歴史に刻まれている。(8)

キュー図書館に所蔵されている『日本植物誌』は、もともとウィリアム・ジャクソン・フッカーが入手したもので、フッカーの死後は彼の書斎にあった残りの書物といっしょに国に買い上げられた。『日本植物誌』にも植物画が豊富に入っていたが、フッカーが集めた本にはエレットやバウアー兄弟その他が描いたすばらしい植物画が添えられていた。そうした書物を中心に、やがて世界最大級の植物画コレクションが築かれる。

一方、キューの実用植物学コレクションの中にも興味深い植物画が存在する。とりわけ貴重なのは二六点セットの木製図版で、それぞれに彩色した植物のイラストが載っている。これらの図版も『日本植物誌』と同様、シーボルト関連のものだ。(9)

図版の一点一点は、縦一フィート〔三〇cm〕、横九インチ〔二三cm〕ほどで、木の枝を材料にしてつくられた額に収まっている。額と、植物画が描かれている板は、どうやら「描かれている植物」が材料になっているようだ。その一つに、漢字とカタカナの下にアルファベットで「*Ginkgo biloba*, Linn.」と書かれたラベルがついているものがある。

この不思議な木製図版がいつどこで制作されたものか、どのようにしてロンドンに来たのか、キューの記録にはない。だが、似たような木製図版コレクションが東京の小石川植物園、ベルリン゠ダーレム植物園、ハーヴァード大学植物標本室、イギリスの個人収蔵品の中に存在しており、そこからヒントが得られる。そうした木版図版の多くは裏面に、小石川植物園（現、東京大学付属植物園）に雇われた初の植物画工である加藤竹斎の、同一の朱色の篆刻《てんこく》印が押されている。印には「春の新作」の文字と、明治一一年（一八七八年）の年号が入っている。(10)

キューとベルリンにはイチョウを描いた木製図版がある。ベルリンのものには「通称、祖父と孫の木、もう少し正式には銀杏」という文章が漢字で記されている。葉と若い珠《しゅ》柄《へい》がついたイチョウの枝を描いたキューとベルリンの図版の絵柄は互いによく似ており、また加藤竹斎が一八八一年に小石川植物園のために制作したイチョウの絵にも似ている。これら三点の絵に描かれている小枝の一部と短枝はほぼ同一で、珠柄についた種子の描かれ方はまったく同じだ。キューの絵にはベルリンの絵に欠けている二、三の細かい部分が見られるが、加藤が描いた小石川の絵にはすべてがそろっている。(11)

加藤竹斎が師事していた東京大学付属植物園の開設当時の教授、伊藤圭介は、一八二六年に若き日のシーボルトと会っている。加藤は、シーボルトが長崎にいたころシーボルトのために挿絵を描いていた絵師の川原慶賀の影響も受けていたようだ。その結果、これら三点のイチョウの絵は日本とヨーロッパの伝統が融合した様式となり、日本が西洋文化を貪欲にとり入れようとしていた時代を映し出すものとなった。枝の描き方はいかにも日本的だが、空いたスペースに植物学的に興味深い部分の図を挿しこむという画法は、シーボルトがもちこんだ西洋の伝統的な学術挿画の様式だ。

イチョウの木材でつくられた板に描かれたイチョウの絵。額縁は若いイチョウの枝でできている。加藤竹斎が 1878 年、東京大学のために制作したもの。

キューとベルリンの木製図版の板に使われたイチョウの木材は、たいていの樹木と同じ基本構造をしている。イチョウの木を切り落とすと、その幹の見た目はふつうの木となんら変わらない。イチョウの木材を、マツやスギの木材と見分けられるのは専門家だけだ。外側を囲んでいるのは樹皮で、そのすぐ内側にもう少し軟らかい組織の層がある。残りの幹は木部である。

木部は、水と栄養が運ばれている外層部分は明るい色をしているが、水の輸送を担っていない幹の中央にある心材は濃い色をしている。心材の細胞はさまざまな長年の堆積物で塞がっていることが多い。それでも心材は、樹木になくてはならない存在だ。密度と強度のある心材が幹の中央を貫いているおかげで、樹木は支えられている。

イチョウの成木を構成している組織のほとんどは、幹も大枝も小枝も同じ方式でできている。樹皮を除くすべての組織は、もとをたどると細胞一個分の厚さしかない生きた細胞の円柱に行きつく。専門用語で形成層と呼ばれるこの円柱は、たいていの樹木で樹皮の内側の軟らかい組織の層と木部のあいだにある。樹木が成長するとき、この形成層にある細長い細胞は、幹の円形断面に接するところで休むことなく分裂する。細胞分裂により、形成層の外側と内側に新しい細胞ができる。

形成層の内側にできる新しい細胞は、完全にできあがった時点で死ぬ。そして木部の一部となって幹の質量を増やすのに貢献する。この死んだ細胞は木部細胞という。木部細胞が死んだあとに残る細胞壁は、根から葉まで水を輸送する管になる。一方、円柱の外側に分裂してできる細長い細胞は生き続け、樹皮のすぐ内側の軟らかい組織を形成する。こちらは師部細胞という。木部細胞がすでに死んでいて、水を根から各所に届ける働きをするのに対し、師部細胞は葉で生産した糖を茎や根に運ぶ働きをする。

同じく活発に分裂している層からつくられる組織がもう一つある。ただし、幹の垂直方向ではなく水平方向に走っていて、縦に並んだ死細胞のあいだを縫うようにあちこちに散在している。こちらは放射組織と呼ばれている。細胞壁が薄く、細長い形をした細胞でできた組織だ。木の大部分を構成している死細胞とは違って、放射組織の細胞は生きている。樹液を水平方向に運ぶ働きをしており、冬期にでんぷんを貯蔵することもある。(12)

若いイチョウの樹皮を近接撮影したもの。幹の外周付近で活発に分裂している形成層がつくり出した細胞の歴年の層である。韓国、ソウルの往来の激しい道路沿いに立つこの木の樹皮は、頻繁に人にぶつけられる部分がつるつるになっている。

幹の中の形成層の円柱が外側と内側に細胞分裂することで、水輸送細胞は環状に縦に連なる。環状の縦列はそれぞれ、形成層がくり返す細胞分裂の名残だ。しかし、ところどころに一つの縦列が二つに分かれたように見えるところがある。これは、形成層の細胞がときどき放射状に分裂していることを示している。木の幹が太くなるのはこのためだ。形成層の細胞がときどき放射状に分裂するおかげで、形成層の円柱は直径を広げ、その内側にある木部の質量を増大させることができる。形成層の円柱の直径が増えると幹の円周も増大する。それは結果として、樹皮の亀裂となって表れる。

樹皮は、形成層の円柱のうちもう一つの、あまり明確に境界が定まっていないコルク形成層がつくり出す。コルク形成層の細胞が生む樹皮の質と肌理《きめ》は樹木の種類によりまちまちだ。ブナの樹皮のようにつるつるしたものはコルクがほとんど含まれておらず、幹の周囲に均等に育つ。コナラの樹皮のように深い刻み目の入ったごつごつしたものは、コルク形成層があちこちで盛んに細胞分裂した結果だ。イチョウの樹皮は風合いとしてはその中間にあたるが、近づいてよく見ると、コルク形成層が毎年の成長に合わせて周期的な層をつくっているのがわかる。[13]

　イチョウの木部になっている個々の細胞は、直径が数十万分の一インチに満たないの

に長さが半インチ〔一・三cm〕になるものもある。イチョウと針葉樹の幹の大部分を形成しているこの種の細長い細胞は、水を輸送するのに効率が悪いと長年考えられていた。一般的な樹木の場合、この種の細胞が端と端でつながるように並び、その両端の細胞壁に孔が開いているため、ひとつながりの長い管となる。この、いかにも洗練されているように見えるシステムと比べると、イチョウや針葉樹の水輸送が非効率に見えるのも当然だ。しかし最近になって、イチョウと針葉樹の水輸送細胞も同じくらい洗練されていて、ただ異なるシステムを採用しているだけだということがわかってきた。イチョウと針葉樹の細胞には数千の微小な弁がついていて、通水性がある。その弁は、水の供給が少ないときは閉じている。だが、水が豊富なときは弁を開き、効率的に水を通す。よくあることだが、生物進化は同じ問題に複数の解決策を編み出すものなのだ。[14]

　イチョウは季節の変化に対応するため、私たちに見えるところでは葉を落とす。見えないところでは、形成層の細胞分裂速度を落としたり止めたりしている。その違いは木部で顕著に表れる。秋にできる木部の新しい細胞は、春や夏にできる細胞より直径が小

さい。そして樹木全体が休眠状態に入ると、細胞分裂は止まる。冬のあいだは内側にも外側にも新しい細胞はできない。春になって新たな成長シーズンがやってくると、新しくできる細胞はふつうのサイズに戻る。シーズン終盤にできる直径の小さな細胞と、翌年のシーズンはじめにできる直径の大きな細胞の差は年輪となり、肉眼でも確認できる。キューにあるイチョウの木製図版の、額の左上の角に使われている若い枝は、およそ一一年たっていることが年輪からわかる⑮。

イチョウは林業用の植林こそされていないものの、木材としての用途はある。イチョウ材は、理論上はマツやトウヒと同じ「軟材」にあたるが、構造的には「硬材」とほとんど変わらず弾力性がある。イチョウ材は湿度の上がり下がりの影響を受けることが少なく、簡単に縮んだり亀裂が入ったり反《そ》ったりしない。一九世紀末の日本駐在外交官ジョン・クインが記録したように、イチョウの木材は漆器の土台に使われる。縮まない性質のおかげで、上に塗る漆に亀裂や剝離が生じないからだ。中国では、イチョウ農園の生産性が落ちると木を切り倒して細かく切断して、パーティクルボードの材料にする。日本では大きな角材から、まな板や家具、鋳型《いがた》、仏具に加工される⑯。

樹木の構造がシンプルなおかげで、イチョウ材は肌理《きめ》が細かくなめらかで、加工がしやすい。イェール大学の同僚で木工旋盤の使い手であるスコット・ストロベルは、イチョウ材はほかのどんな木材よりも扱いやすいと語ってくれた。のみを打ちつけるときも、「バターにナイフを入れるときのように」すっと入るという。道教の道士は、古いイチヨウ材に祈禱文を彫って封印し、霊界と交信していたとされている。韓国、海印寺にある毘盧遮那仏《びるしゃなぶつ》、文殊《もんじゅ》菩薩、普賢《ふげん》菩薩の仏像も、イチョウ材に彫刻したものだ。そこまで豪華ではないが充分に印象的なイチョウ材による木仏を、日本の新潟県、小千谷市の山間部に建つ小さな寺〔木喰《もくじき》観音堂〕で見ることができる[17]。

その寺は、スギ林を縫うように曲がりくねった険しい道を行った先にある。途中、谷を見下ろすすばらしい眺望が待っている。仏閣は、伝統的な日本式のひさしをつけた屋根をもつ、地味で四角い木造建築だ。冬期には、豪雪で押しつぶされないよう厚い板で保護される。建物内部も地味なつくりだが、入り口に向かい合う壁ぎわに、三五体もの木仏が並んでいる。どれも観音像で、太陽に見立てた円盤が後頭部についている。いちばん大きな高さ五フィート〔一・五m〕の像は右手をほおにあてていて、頭の周囲には木炭で碑文が書かれている。右側と左側にはサイズだけ小さくした同じような像が二体あり、さらにその両側の小室に一六体ずつの像が置かれている。像は一体ごとに少しずつ違っていて、それぞれ象徴的な意味をもっている。

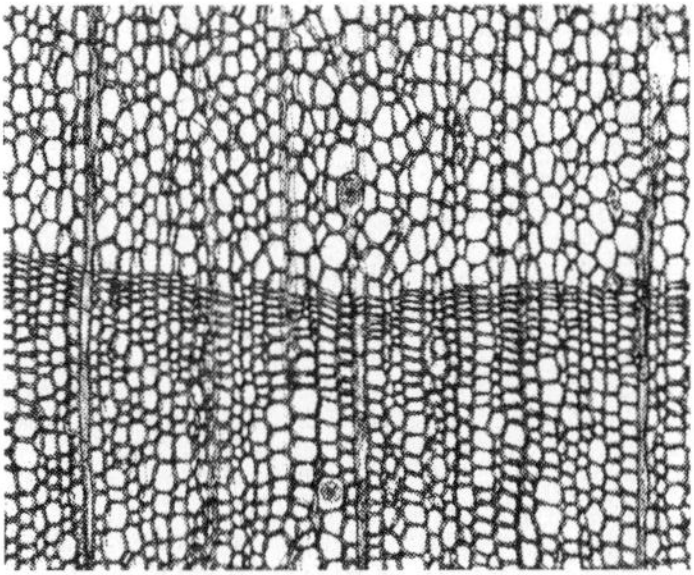

イチョウの木の横断面。春と夏にできる直径が大きな水輸送細胞と、成長シーズン後期にできる直径が小さな細胞が見える。年輪は、季節による成長パターンの違いから生まれる。

これらの彫像は、一八世紀の日本で名をはせた僧、木喰上人《もくじきしょうにん》の作品だ。木喰上人は一七一八年に生まれ、二〇代前半に仏門に入り、江戸で二〇年以上を寺僧として過ごした。その後は仏教の一宗派に傾倒し、肉や魚、米の食事を断ち、木の実や葉、果物しか口にしないという宗旨を守った。六〇歳になってから一八一〇年に死去するまで、中部日本の寺から寺へと旅してまわり、一〇〇〇体を超える木仏彫刻を制作した(18)。

木喰上人が小千谷の寺を最初に訪れたのは、すでに八〇歳になろうかというときだった。数年後に再訪すると、その古寺は不慮の火事により焼け落ちてしまっていた。再建するならほかにない独特な新寺にしてはどうかと切り出すと、町の人々が、以前に遠い谷で切り倒したという巨木のイチョウ材をもってきた。木喰上人は一八〇三年八月のわずか三週間で、小千谷の木喰観音堂の心髄となる仏像群を彫り上げた。

7章　有性生殖

われわれは存続機械——遺伝子という利己的な分子を残すよう盲目的にプログラムされたロボットの乗り物である。
——リチャード・ドーキンス『利己的な遺伝子』

現生するイチョウはみな、無数の世代を超えて続く「生命の連続性」という切れ目ない鎖でつながっている。ダーウィンに続く生物進化の研究者たちのおかげで、私たちは、現在あるイチョウはすべて二億年以上前に出現したイチョウの祖先の子孫であること、それは生殖を通じて自己再生を続けるという生き物本来の性質によって維持されているのだということを理解している[1]。

植物における生殖は、ヒトの生殖がそうであるように両性が絡む。いつもそうとはかぎらないが通常は、二親《ふたおや》の生殖細胞が融合したものが胚になり、新しい個体を発生させる。雄の生殖細胞（精子）と雌の生殖細胞（卵）には染色体がそれぞれ一対しかない。その二つが融合してできた胚の染色体は二対になる。父由来のものが一つと、母由来のものが一つだ。この点で、イチョウに特段めずらしいところはない。だが、ここから先、イチョウのセックスの話は長く複雑になる。

イチョウには私たちと同様、雄の個体と雌の個体が別々に存在している。生殖細胞の融合（受精）に先立って、春に花粉が雄木《おぎ》から雌木《めぎ》に運ばれる。これが受粉だ。受精は晩夏か初秋になる。受精すると新しい胚が形成され、それが種子になる。さらに一、二か月たって、その種子は地上に落ちる。通常、受粉から新しい種子の発芽までにかかる期間はおよそ一年だ。

二つの生殖細胞の染色体が合わさって成立する有性生殖の最大の特徴は、その結果できる子が親と完全に同じにはならないことだ。ＤＮＡレベルでの入り組んだ仕組みを経て新しくできる生物の形質は、両親の形質を組み合わせたものとなる。加えて、生殖細胞の発生過程においても染色体上のＤＮＡがかき混ぜられる。精細胞や卵細胞になった時点で、そのＤＮＡはすでに親とは異なる組み合わせが生じているということだ。兄弟や姉妹がかならずしも似ないのは、この理由によるところが大きい。イチョウの雄と雌にとっても同じことが言える。一本のイチョウの雌木にできる種子の中にある胚の遺伝子構成は、すべて異なる。

もう一つ、生殖細胞の発生過程で重要なプロセスがある。それは染色体の数を半分に減らすことだ。これがなされないまま合体すると、両親の染色体数の倍、つまり四対の染色体をもつ胚になってしまう。イチョウであれ、ほかの植物であれ、染色体数を半減させるプロセスはＤＮＡのかき混ぜと同時に進行する。イチョウであれば、雄木では花粉が形成されるとき、雌木では胚珠の中で卵が形成されるときである。

一七世紀ドイツの科学者ルドルフ・ヤコブ・カメラリウスは、種子をつくるには花粉の転移が欠かせないことを科学的に解明しようとした初の人物だ。もちろんそれ以前にも、ジョン・レイやネヘミア・グルーなど同じような仮説を提唱していた植物学者はいたが、それを証明できずにいた。カメラリウスはクワを調べていたとき、雄木から遠く離したところで育てた雌木は果実をつけても種子ができないことに気がついた。そこで、花粉をつくる部位を切除したトウゴマとトウモロコシを使って実験し、やはり種子ができないことを確認した(2)。

人類はイチョウと出合ったときから、種子をつける木とつけない木があることに気づいていただろう。科学的な理屈はわからなくても、種子を採取するにはその二種類の木が必要だということにも気づいたはずだ。中国でイチョウについて書かれた最古の文献は一〇世紀のもので、そこには「イチョウの雄木と雌木を近くで育てると実ができる」という記述がある(3)。

イチョウは種子植物にしてはめずらしく、雄の生殖器と雌の生殖器が別々の木に形成される。ほかの種子植物、たとえばマツでは、花粉（雄の部分）と種子錐（雌の部分）が同じ木にできる。つまり、マツは雌雄同株だ。さらに、サクラやモクレンなど花をつける樹木では、雄の部分と雌の部分が同じ器官の中で近接しているのがふつうであり、その場合、同じ花の中に種子をつくる雌の部分の周囲に、花粉をつくる雄の部分が配置されている。

それでも完全に雌雄が別の個体になっている植物のほうが有利なのではないか、という説を最初に唱えたのはダーウィンだ。彼は、状況さえ整っていれば、生殖細胞の生産を分業制にするほうが効率的だと考えたのだ。以来、雌雄同株から雌雄異株に切り替わると有利になるのはどんな条件下か、という疑問が詳細に研究され、現在では、被子植物においてはそうした切り替えが、別々の出来事として少なくとも一〇〇回は起こったことがわかっている。基本的な考え方は単純で、ある植物において雌雄を分業化すれば次世代により多くの遺伝子を残せるとなった場合には、自然淘汰はその方向への進化を押しすすめる、というものだ(4)。

植物では生殖器官の配置が変わるだけでも結果に違いが出る。ダーウィンは、セイヨウミザクラやモクレンのように同じ花の中に雄の部分と雌の部分がある樹木で、自家受粉と自家受精が起こりやすいことに気づいた。雌雄同株植物の多くは自家受粉を予防する巧妙な仕組みを進化させているにもかかわらず、それでも起こってしまうのである。同じ木に雄の球果と雌の球果が別に存在するマツの場合、自家受粉の機会は減るだろうが、その可能性は多く残っていて、そのまま自家受精してしまうことがある。しかし、イチョウのような植物の場合、生殖にはかならずパートナーが必要となる。自家受精することは物理的に不可能だ。

イチョウの雄木の成木は、ちょうど若葉が出るころ、短枝に花粉を形成するための球果状のもの（花粉錐）をつける。花粉錐は短枝の先のつぼみから複数出てくる。それぞれに短い茎（主軸）がついていて、若葉が出てくるのとまったく同じところから現れる。一本の短枝につき五、六本の花粉錐という割合で、それが若葉の群れに交じる。当初、花粉錐はわずかに肉厚で、長さは〇・二インチか〇・三インチ〔五〜八mm〕しかない。主軸のまわりにびっしり側枝がついていて、それぞれの側枝には下向きの黄色い袋が二個ついている。この袋の先端で花粉がつくられる。[5]

春の暖かく乾燥した数日間に、主軸はすばやく成長し、花粉錐は伸長し、かたまっていた側枝どうしの間隔が開く。すると花粉袋は縦方向に裂けて、花粉を放出する。袋の破裂を促しているのはどうやら、側枝の先にある、二つの花粉袋が合わさっている部分の三角形の隆起部のようだ。二、三日のうちに大量の花粉粒が空中に放出され、風に乗って飛ばされる。空《から》になった花粉錐はほどなく地面に落ちる。木の下には花粉錐の抜け殻の敷物ができる。花粉錐の今年の仕事はこれでおしまいだ。当該イチョウが雄木かどうかは、この時期を逃すと翌春に新しい花粉錐が現れるまでわからない——その木に種子がなっていないこと、または木の下に種子が落ちていないことを確認するという消極的な方法以外には。

花粉粒は長さおよそ一〇〇〇分の一インチでラグビーボールのような形をしている。花粉壁は、一か所だけ細い楕円形に薄くなっているところを除いて、強靭かつ柔軟だ。見た目に変わったところはなく、ソテツの花粉粒や一部の被子植物の花粉粒とよく似ている。放出されたあとの花粉粒は水分が抜け、花粉壁の薄くなっているところは内側が折りたたまれて全体としてさらに細長い形となり、それ以上の水分喪失を抑える。[6]

一年のうちほんの二、三日に一本のイチョウの雄木から出る花粉粒の量は驚くほど多い。シカゴ大学のかつての私の同僚、アンドルー・レスリーは、大学構内にある中くらいのサイズ（樹高三五フィートから四〇フィート〔一一～一二m〕）のイチョウでおおまかに推定してみた。一つの短枝につく七つの花粉錐から放出される花粉粒は五九〇〇万個くらいになるだろう、と彼は見積もった。中くらいのサイズのイチョウには短枝が一万七五〇〇本あるとして、一本の木が一年でつくり出す花粉の生産量はざっと一兆個だ。途方もなく大量であるが、それくらいは必要なのだ。一個一個の花粉粒が風に吹かれるところを想像してみてほしい。その花粉が雌木で発生中の胚珠にたどり着く確率が、どれだけ低いかがわかるだろう。[7]

雄木で花粉錐が形成されるのと同じころかほんの少しあとに、雌木は胚珠を形成する。胚珠はその中で卵細胞を育てる。花粉による受精が成立すれば、それはいずれ種子になる。胚珠は葉柄に似た柄（珠柄）の先端にできる。珠柄は花粉錐と同じく若葉が芽を出すところから出る。イチョウの胚珠は特徴的で、ほかの現生植物のそれとはまるで似ていない。イチョウの胚珠を花と間違える人はいないだろうし、針葉樹やソテツのいわゆる「松かさ」様のものとも違う。通常、二個の胚珠が一本の珠柄の先にできる。それぞれの胚珠は周囲に襟のような縁をつけていて、上向きに、外側へと首をもたげている。

受粉と受精を経さえすれば、どちらの胚珠も種子になりうる。[8]

花粉が風に乗って漂っているまさにそのとき、若い胚珠はその先端に珠孔液という液体をつけてきらきらと輝く。この液体は空中を舞う花粉を捕らえるためのもので、ここで捕らえられた粒子を何であれ内部にとりこむ。珠孔液は花粉粒を胚珠に引きこむまで、一日に何度も吸収と再生をくり返す。[9]

自ら動いて伴侶探しができない植物にとって、受粉は生殖における最もリスキーな部分だ。中でもイチョウのような雌雄異株の植物の場合、雌木と雄木で珠孔液と花粉の産生をぴったり同じタイミングに合わせなければならない。これを同期させられるかどうかですべてが決まる。受粉に成功した花粉粒の中で精子細胞が育ち、それが数か月後に胚珠の中にある卵に受精させると胚ができ、それが育つと種子になる。しかし、タイミングが少しでもずれれば成果はゼロだ。種子はできず、次世代の子孫を残せない。雄木と雌木の絶妙の同期作業が自然淘汰によって調整し尽くされてきたことは想像に難くない。

ふつう、胚珠は一本の珠柄の先に二つついているが、育つのは一方だけだ。もう一方が育たないのは受粉しなかったからなのか、母木から栄養やエネルギーを確保する競争に負けたからなのか、もともと母木にはすべてを育てるだけの栄養やエネルギーがなくて片方を流産させるからなのか、そのあたりはよくわからない。しかし、ときどき二つの胚珠が両方育つことがある。さらにまれな例として、一本の珠柄に三つも四つもの種子が実ることもある。たいていの胚珠は二、三個の卵細胞を用意しているが、受精する卵細胞、あるいは受精後に育つ卵細胞は通常、一個だけである。二個以上の卵が受精し、二個以上の受精卵が育つ割合は一〇〇分の二ほどである。こうした希少な例では、種子が発芽すると二つの幼植物が出現する。(10)

イチョウの種子はアンズ（杏）のような構造をしている。典型的なもので長さおよそ一・二五インチ〔三・二cm〕、幅一インチ〔二・五cm〕で、その中に発生中の胚が収まる。完全に熟した淡い黄色の「実」には特徴的な銀色の光沢がある。中国語の「銀杏」はここから来ている。いちばん外側が果肉質の外種皮で、その内側に硬い殻がある。その殻の中で、かつて卵細胞を育てていた栄養に富んだ組織に囲まれて、胚は育つ。

イチョウは種子から簡単に育つ。果肉質の外種皮がはがれ落ちると、種子を休眠状態にしておく要素はなくなる。冬のあいだは単に育つ速度が遅くなるか止まるかしているだけで、春になって気温が高くなれば成長速度を上げる。胚は発生開始直後から上下が明確に決まっている。胚珠の先端方向にあるところは根になる。反対側の、珠柄につながっていたところには活発に分裂する細胞が集まっていて、そこがのちに地上に出る部分となる。まずつくられるのは二枚の子葉で、これは種子の栄養豊富な組織の中にしまいこまれている。不思議なことに、この子葉は外に出て葉を開く前から緑色をしている。種子の頂上から根が伸びてきて、つぎに反対側から二枚の子葉が出てきて開くと、子葉と同じ側に種子から新たに茎頂《けいちょう》が出てくる。この茎頂は緑色で、重力に逆らって上向き

に、光のある方向に伸びる。子葉以降の葉は、茎（最初の長枝）から一枚一枚交互に出てくる。(11)

イギリスの樹木に関する二〇世紀後期の第一人者、アラン・ミッチェルは、雌木がはじめて種子をつけるのは樹齢二五年から三〇年だと推定した。雄木もおそらく同じくらいの年数を経て生殖可能になる。それより若いイチョウでは、雌木か雄木かの判断は私たちにはできない。だが、イチョウはその二、三〇年を無駄に生きているわけではない。樹木そのものを大きくし、エネルギーの蓄えを増やしているのだ。枝を茂らせるほど花粉粒や胚珠の数は多くなる。茎や新しい葉をつくる活性細胞の集団は、胚から芽が出たときには一か所にしかなかったが、枝に新しいつぼみができるたびに増えていく。樹齢二、三〇年になるころには、そうした頂端の分裂組織は数万

晩秋のイチョウの雌木にできる、アンズに似た種子の房。

か所になる。そのそれぞれが新しい茎や葉をつくり続ける。そして条件が整ったところで、生殖細胞を内蔵した花粉粒や胚珠を用意する。生殖細胞はそれぞれの親由来のＤＮＡを新しい組み合わせに変えて、新しい世代を生み出す準備をする。

8章　性別

われわれは、何も知らないのをいいことに、自分は一人でも生きていけると思いがちである。

――マヤ・アンジェロー
ルイジアナ大学創立一〇〇年に向けての式辞にて

イチョウなど雌雄異株の植物が雌木と雄木を分けているのは、自家受粉に引き続いて起こる自家受精を回避するためだというのが、最も一般的に受け入れられている説明だ。自家受精でできた植物が他家受精でできた植物に比べて弱く、また次世代を残す確率が低いことは、大量の証拠によって裏づけられている。この原則に立てば、ダーウィンが見つけたように、同じ花の中に雄と雌の生殖器をもつ植物に自家受粉を予防する仕組みが備わっているのは驚きでも何でもない。自家受粉を防ぐという意味では、イチョウのように個体間で雌雄を分けるのは究極の解決策だ。この方法なら、次世代の遺伝子はどちらの親の遺伝子ともかならず異なるものになる。[1]

親とは違う子孫を残すことは、子孫世代が親世代と異なる環境条件に直面したときに役立つ。直接役に立たなくても、移ろいやすい世界ではいろいろな選択肢を用意しておくことが長い目で見て有利になる。ダーウィンが気づいたように、多様性は進化の原材料だ。遺伝子組成が少しずつ違う子孫をつくることは、候補を多めに用意して選別するという戦略と組み合わせると、その時々の環境変化に対応しながら個体群を維持するチャンスを高めることができる。生育地の条件が変われば選ばれる形質も変わる。イチョウの個体群は年月とともに少しずつ遺伝子組成を変えていく。これが自然淘汰の本質だ。

しかし、たとえ遺伝子の多様性を確保するという長所があっても、雄木と雌木に分かれているという融通の利かない方式には、どうしようもない短所もある。自分から動いて相手を探しに行けない植物にとって、この方式では近くに異性の木が存在しないかぎり子孫を残せないことになる。多くの植物は他家受粉を確実にする仕組みを発達させているが、他家受粉がうまくいかない万一の場合に備えてほかの方法も採用できるような選択肢を残している。イチョウには、そんなほかの選択肢がない。少々皮肉なことに、イチョウは遺伝子の多様性を促す方式をもっているように見えるが、進化による変化がほとんどない、いわゆる「進化の停滞」生物でもある。長大な地質学的時間を生き延びてきながら、ほぼ同じ状態にとどまっているのだ。(2)

イチョウは雌雄の違いがはっきりしているため、植物における生殖の仕組みを理解したいとする研究者の関心を集めてきた。カメラリウスが雌雄異花植物のトウモロコシとトウゴマを使って実験したように、一九世紀初期のウィーン大学植物学教授ジョセフ・フォン・ジャカンは、イチョウを使って植物の性別を決めているのは何かを調べる実験に乗り出した。[3]

イチョウがヨーロッパで移植、栽培されるようになったのは一八世紀だ。ジャカンはヨーロッパでのイチョウに関する初期の文献を洗い直し、生殖可能な段階に達したイチョウの初報告が一七九五年であることを知った。キューにあった二本のイチョウ（うち一本はオールド・ライオン）が花粉錐をつけたという記録だ。それより前の一七八一年、イギリスからイチョウの挿し木が数本、ハプスブルク帝国のシェーンブルン宮殿に贈られていた。ウィーンに植えられた初のイチョウである。現在のウィーン大学植物園で大樹に育っているイチョウの雄木は、おそらくジャカンの父であるニコラウス・フォン・ジャカンが、シェーンブルン宮殿のイチョウから移植したものだろう。[4]

植物の枝や茎に水が輸送される仕組みは、一八世紀初期にイギリスの牧師スティーヴン・ヘイルズが研究して以来、よく知られていた。そこでジャカンは、雌木の枝を雄木に接ぎ木すれば性別が変わるだろうかと考えた。彼は、ヨーロッパではじめて雌木であることが確認されたイチョウの切り枝を入手し、ウィーン大学植物園の雄木のイチョウに接ぎ木した。[5]

接ぎ木はうまくいき、接いだ枝はよく育った。だが、その枝は雌の性質を変えなかった。雄木にくっついているにもかかわらず、種子をつくり続けたのである。この枝は別の面でも独立性を保った。毎年、この枝の若葉はほかの葉の二週間遅れで現れ、秋にはほかの葉が黄色になってもまだ緑色だった。[6]

ジャカンの実験は単純で、予想外というほどのこともなかったが、それが意味するところは深遠だった。植物はある程度の自立性を備えたパーツでできていることが示されたのである。もう一つ示されたのは、植物の性別その他の特徴は、動物のように個体丸ごとの単位で決まるのではなく、どうやら各部位の組織の単位で決まるらしいということだ。このことは、樹木というのは鳥やヒトのような「丸ごとの生き物」なのか、それともサンゴの群生のような「潜在的に独立した生き物の集合体」なのか、という二つの概念上の衝突を浮かび上がらせた。この違いは、実用面ではもっとはっきり現れる。たとえば動物のクローン化にはじめて成功した「羊のドリー」は、科学の粋《すい》を集めて一九九〇年代半ばにやっと誕生した。一方、植物のクローン化は数千年も前からごくふつうにおこなわれている。庭いじりをする人なら、挿し木をすれば新しい植物を得られることなど常識だ。

遺伝学が確立するのは二〇世紀初期だが、植物の性についての研究は、それを待たずにつぎの段階に進んだ。グレゴール・メンデルによるエンドウマメ実験の再発見がきっかけとなり、さらには一八九〇年代のオランダ人科学者ユーゴー・ド・フリースによる新研究が加わって、「雄らしさ」や「雌らしさ」の形質は「粒子性のもの」によって親から子に継承されることがわかってきた。それ以前は、遺伝は何らかの「混ざり合い」で生じるのだと思われていた。二つの親の中間のような特徴が子に現れるという観察から、ダーウィンもそう思っていた。ダーウィンの『種の起源』刊行から三〇年後、ド・

フリースは「粒子性のもの」が何であるかは不明のままとして、それまでしてきた遺伝研究を文章にまとめた。その「粒子性のもの」は目で見て確認できるものではなく、あくまで自身の研究とメンデルの研究から推測したものにすぎないが、ド・フリースはそれを「パンゲネ（パンジーン）」と呼んだ。それはいま、私たちが遺伝子と呼んでいるものである。[7]

ド・フリースが土台を敷いてくれたおかげで、二〇世紀初期の遺伝学は急速に発展した。一九〇二年にテオドール・ボヴェリとウォルター・サットンが別々に打ち立てた、粒子性の遺伝的要素は染色体にある、という説はのちに、ニューヨークはコロンビア大学のトマス・モーガン率いる研究チームによって実証されることになる。モーガンらがよりどころとしたのは、一九〇五年にネティー・スティーヴンスとエドムンド・ビーチャー・ウィルソンが、ゴミムシダマシのような昆虫でも雄と雌の細胞にある染色体が異なることを発見した研究だった。このときはじめて、生き物の見た目の相違と、染色体の見た目の相違とが関連づけられた。ジャカンが接ぎ木したイチョウについても説明が可能になった。接ぎ木した枝の細胞にある染色体には「雌らしさ」の遺伝物質が含まれており、それ以外の木の細胞にある染色体には「雄らしさ」の遺伝物質が含まれているのだ、と。[8]

ネティー・スティーヴンスは、ゴミムシダマシの雌の幼虫には大きな染色体が二〇対あるのに、雄の幼虫には同じ長さの染色体は一九対しかなく、残りの一対の染色体は片方が短いことを見出した。彼女は不揃いなペアになっている染色体の短いほうをY染色体、長いほうをX染色体と名づけた。彼女とエドムンド・ビーチャー・ウィルソンは、XY型は雄に、XX型は雌になることを確認した。私たちは現在、ヒトでも同じメカニズムが作用していることを知っている。[9]

メンデルの法則の再発見、染色体の重要性の認識、性染色体の発見、そしてショウジョウバエを使ったモーガンの研究。これらはすべて、イチョウへの関心の高まりとほぼ同時期に出てきたものだ。イチョウは染色体を調べられた初の植物群の一つとなり、いまではイチョウの全細胞に一二対、二四本の染色体があるという事実が周知されている。二四本の染色体のうち一二本は花粉粒の中で発生した精子細胞から来たもの、残りの一二本は胚珠の中で発生した卵細胞由来のものである。[10]

私が学生のころ教えられたのは、イチョウにもヒトやゴミムシダマシのように性染色体が存在するが、たまたま長さが同じなだけだという説だった。しかし、過去数十年どれだけ観察を重ねても、イチョウのX染色体とY染色体と思われるものに明らかな違いは見られなかった。また、ほかの植物で性を決めるとされている、いわゆるサテライトDNA断片がイチョウのX染色体とY染色体にも付随しているにもかかわらず、イチョウではこれらのDNA断片に一貫性がなく、成木の性の決定要素になっている可能性は低いこともわかった。[11]

ただ、目で見えるかどうかにかかわらず、イチョウの雄木と雌木の染色体には遺伝子レベルでの違いがあるはずだ。これは、ヒトと同じくイチョウも胚の性別は卵が受精した瞬間に決まるという考え方だ。一方で、そんな考え方を打ち消すような証拠も報告されている。イチョウの性別はどうやら一般的な動物ほど強く固定されるものではなさそうで、木の一生においてすら性別は一定しないのではないかと考えさせられるような形跡があるのだ[12]。

二〇〇六年の夏、キュー植物園にあるオールド・ライオンのイチョウの雄木で、一本の枝が自発的に三個の種子をつけたことがあった。私がこのことをその年の『キュー・マガジン』誌に発表すると、数人の研究仲間から「それは木の一部が性転換したわけではなく、その枝が昔に接ぎ木されたものだったのではないか」という内容の手紙や電子メールが届いた。その可能性はある。一九世紀後期や二〇世紀初期には雌木の枝を雄木に移植することが流行していた。単なる好奇心からでもあるし、種子を収穫したいという実用的な目的からでもあったのだろう。実際、一九一一年にはキューの雄木にそうした接ぎ木がなされ、たくさんの種子を実らせたという記録もある――もっともその接ぎ木された枝は、その後に熱烈な樹木マニアに誤って切り落とされてしまったが。同じように、過去の接ぎ木が関係しているのかどうか不明なのがドイツ、イエナにある植物園の樹齢二〇〇年の大きな雄木だ。このイチョウは一九九〇年代初期に、一本の枝だけに種子を実らせはじめたという[13]。

ところが、明らかにヒトの介入がないのに自発的に種子を実らせたイチョウの雄木の例がある。私はキューにいたころ、そこで園芸学を勉強していた学生の一人、アメリカのケンタッキー州出身のマーティン・ハミルトンから興味深い話を聞いた。アメリカ東部と東南部には、記念碑的な樹木が歴史的に重要な墓地にあることが多い。ケンタッキー州ルイスヴィルのケイヴ・ヒル墓地もその一つだ。ここは一八〇〇年代中期以降の貴重な樹木が集まっていることで有名だ。その中に、北米有数の樹高と壮観さを誇るイチョウの雄木がある。その樹冠高くに、枝や小枝が異常に密生する天狗巣《てんぐす》があり、そこがどういうわけか雌化して、毎年大量の種子を生産しているというのだ。種子は完璧な胚を有していて、正常に発育する。似たような部分的な性転換は、日本でも古いイチョウの雄木で見られたことが数回、記録されている[14]。

この現象に関して、同じように信頼性の高い証拠がヴァージニア州ボイスのブランディ試験農場のイチョウ植林地から報告されている。ここにある六〇〇本以上のイチョウはすべて、ヴァージニア大学構内に立つ大きな雌木でとれた種子を一九二九年から一九四七年にかけて植えたものだ。およそ半分が成木にまで成長し、二、三〇年後に花粉錐または胚珠をつけはじめた。このイチョウについては、一九七〇年代後期から一九八〇年代初期にかけて性別調査が実施された。そして一九八二年五月には、機械式リフトを使って樹冠近くまで徹底的に調べた[15]。

それ以前に性別が判定できた雌木は一五七本、雄木は一四〇本で、比率はほぼ半々だった。しかし、一九八二年の調査では驚くことが見つかった。それまでの調査で、種子の存在を根拠に雌木と記録されていた四本が、じつは雄木だとわかったのだ。この四本についてはその年に詳しい追跡観察がなされ、うち三本が、一個から七個の種子をつけたことが確認された。

性別をあいまいにさせている原因を突き止めるのは簡単ではないが、雄木がときどき数個の胚珠をつけることに関しては、それほど驚くことではないかもしれない。周囲にまったく雌木がない状態で雄木がこの離れ業を使えるなら、長い目で見たとき役に立つ。それにこの離れ業は、性別をきっちり分けて異系交配を確保するというイチョウ本来の戦略を台無しにするほどではない。雄木が数個の胚珠をつけたところで、その胚珠に自家受粉する花粉粒はごくわずかなもので、残りの大部分の花粉粒はほかの雌木をめざして飛んでいける。とりあえず数個の胚珠をつけておいてそれが種子になれば、万一周囲に雌木がなかった場合、その種子が世代継承を代行してくれるかもしれない。

反対に、雌木がときたま花粉錐をつけるというのは進化的に見てあまり有利にはならない。たとえ二、三個の花粉錐でもその中には大量の花粉粒が含まれている。そんなものが雌木の枝についていたら、あちこちで自家受粉が発生し、わざわざ雄木と雌木を分けていた本来の戦略が無意味になるだろう。「雌化する雄木」より「雄化する雌木」のほうが見つけにくいから私たちが見逃しているだけだ、という可能性もないではない。花粉錐が見られる期間は一年のうちごくわずかしかないからだ。しかし、現時点で言えるのは、ほとんどのイチョウの個体は雌雄がはっきり分かれており、それがあいまいになるとすれば雄木が種子をつける方向であり、その逆ではないということだ。これは、ほかの雌雄異株植物に見られる傾向にもあてはまるし、「雄化する雌」より「雌化する雄」のほうが多いという生物全般の理論予測とも一致する。[16]

9章　泳ぐ精子

おまえに時間の種子を見分けることができ
どれが育ってどれが育たないかがわかるのなら
この私にも報告せよ
——ウィリアム・シェイクスピア『マクベス』

キューにあった古いイチョウの雄木のことを、私はいまも懐かしく思い出す。あれは世界有数の名木、わざわざ見に行く価値のある木だ。国王ジョージ三世とジョセフ・バンクスにゆかりのあるイチョウとして、西洋に最初のころにやってきたイチョウとして、あの木には語り尽くせないほどの話がある。しかし、同じくらい特別なイチョウが地球の反対側、東京大学の小石川植物園で育っている。そのイチョウは江戸時代からあった。明治時代になって東京大学教授に任命された伊藤圭介は、着任する前からこの木のことを知っていたはずだ。伊藤はシーボルトの教え子だった。いまでは樹齢三〇〇年、樹高八〇フィート〔二四m〕になったこのイチョウは、一九二三年の関東大震災も、第二次世界大戦の東京大空襲も生き延びた。そしてこの気高い老雌木は、日本の近代科学発展にかけがえのない貢献をした。(1)

小石川植物園は、かつて徳川幕府の薬草園だったところに設立された。一八六八年、日本の激動期にここの土地は明治新政府に移管され、できたばかりの東京大学の付属植物園となった。しかし、この移管は新体制に反発する者たちにとっては不愉快なことだった。一八六〇年代に日本を吹き荒れた変化に、士族の一部はあの手この手で抵抗を示し、小石川薬草園においては大木を切り倒すという暴挙に出た。そのイチョウもそのときあやうく失われるところだった。(2)

社会の急激な変化とそれにともなう摩擦は絶えなかったが、一九世紀後期のこの時代は、日本の科学が未来に向けて発展していく揺籃《ようらん》期でもあった。明治政府が樹立され、近代的な教育制度が敷かれると、日本の科学者は西洋の科学者と共同研究する機会をはじめて得た。植物学では、まずドイツの一流植物学者たちとのつながりができた。東京大学の初代植物学教授である矢田部良吉はアメリカのコーネル大学を卒業し、松村任三は一八八〇年代後期にドイツに留学した。数十年後、三好学も先例に倣って留学し、帰国後は植物生理学の分野を開設した。ミュンヘンでゲーベル教授のもとで学んだ藤井健次郎もイチョウを対象に重要な研究をし、日本の科学学術誌『キトロギア』を創刊した。(3)

明治維新以降、小石川植物園のイチョウは世界中の著名な科学者たちから訪問を受けてきた。その中に、とりわけ鮮烈な人生を送った女性植物学者がいる。一九〇七年から一九〇八年に小石川で研究生活を送った若きイギリス人、マリー・ストープスだ。ストープスは藤井健次郎との縁で東京にやってきた。二人は一九〇三年、ミュンヘン大学で知り合い、その後は北海道で植物化石の共同研究をした。どちらも小石川植物園の大きなイチョウの雌木のことをよく知っていた[4]。

マリー・ストープスといえば、先駆的な家族計画推進運動で本国イギリスに賛否両論を巻き起こした人物としてのほうが有名だ。大きな反響を呼んだ著書『結婚愛』は、一部の人にとっては猥褻《わいせつ》なセックス指南書と受けとられ、アメリカでは一九三一年まで禁書となっていた。この本は、二〇世紀の名著ランキングで、マルクスの『資本論』よりやや下位、アインシュタインの『相対論の意味』よりやや上位につけたこともある。マリー・ストープスは、女性の権利と結婚生活が女性にもたらす幸せを説いて、イギリスの女性たちを禁欲的なヴィクトリア時代から解放し、性の知識を身につける啓蒙時代へ導いた先駆者と評されている[5]。

しかし、マリー・ストープスの職業人生のスタートはもっと地味だった。植物の研究である。彼女は一八歳でユニヴァーシティ・カレッジ・ロンドンの科学奨学金を得て、たった二年で植物学と地質学の学位を二重取得した。ソテツの生殖で博士号をとり、二五歳でイギリス最年少の科学博士となった。すぐにマンチェスター大学から講師として招かれた。何種類かの絶滅種植物をテーマに業績を上げ、燃料として使われている各種の石炭について古典的な論文を書いた。女性が科学の仕事を続けるのがとてつもなく大変だった時代に、彼女は地質学および古生物学に大いなる貢献をした[6]。

ストープスと藤井はミュンヘン大学のゲーベルの下で研究したが、当時、植物の生物学と進化を研究するもう一つの学者集団がボン大学にあった。そちらを統率していたドイツ人植物学者エドアルド・シュトラスブルガーは、一八九〇年代にイチョウの生殖について関心をもちはじめた。ウィーン大学の植物学教授リヒャルト・フォン・ヴェットシュタインは、同大学のイチョウの種子（胚珠）をシュトラスブルガーに送った。何十年も前にジョセフ・フォン・ジャカンが雄木に雌木の枝を接ぎ木した、あのイチョウにできた種子だ。種子は六月から九月初旬にかけて二週間おきに送られた。シュトラスブルガーはそれを題材に、イチョウの有性生殖のあれこれを記載した。しかし、彼の記載には重要な点が欠けていた。その穴をすぐさま埋めたのが、小石川植物園で働いていた平瀬作五郎である。(7)

平瀬は熟達した技術者で画工であった。一八九五年、彼はイチョウの種子内で胚がどのように発生するのかを詳細に報告して発表した。そして一八九六年の夏じゅう、平瀬は小石川のイチョウに育つ種子を採取しては精査するという研究をくり返した。その年の九月九日、彼はそれ以前の研究者が見つけられないでいたイチョウの有性生殖の最終段階を、はじめて観察した人物になった。

平瀬が見たものは、植物学の世界を震撼《しんかん》させた。珠孔液に付着して種子（胚珠）内にとりこまれた花粉粒は、種子の先端にある組織の中で根のような管を一本、伸ばしていた。種子内にぶらさがる形になっているその管の、根元のふくらんだところには、一対の大きな精子細胞が宿っていた。平瀬は、二個の精子細胞が種子先端の空洞内に放出されるところを見たのだ。精子は、数千の繊毛をらせん状の帯にしたものを同期させて動かし、短い距離を泳いで卵に到達した。この奇妙な受精方法は当時知られていたほかのどんな植物の受精方法とも違う、と平瀬はすぐさま気づいた。精子が泳ぐ場面はシダ類やコケ類などではよく知られていたが、それまで種子植物で観察されたことはなかった[8]。

平瀬の発見から二か月もしないうちに、ソテツで同じく泳ぐ精子の観察が報告された。発見者の池野成一郎は帝国大学農科大学に所属しており、平瀬の研究を手助けしていたこともあった。どちらの発見も画期的で、日本人科学者の名が国際舞台にのぼる最初の二つの研究成果となった。一八九七年、池野と平瀬は研究結果を英語の共著論文にして世界に向けて発表し、一九一二年には二人そろって帝国学士院恩賜賞を受賞した初の生物学者となった[9]。

植物の進化を探るという点で、池野と平瀬の発見は予期せぬ突破口を開いた。それ以前は、イチョウやソテツの受精は針葉樹と同じく、花粉粒から伸びる管を通して精細胞が卵に届けられる、と考えられていた。泳ぐ精子が発見されたということは、イチョウとソテツの生殖方法は針葉樹よりもシダ植物に近いことを意味する。これは、植物進化の初期においては生殖に水が必要だったことを思い起こさせる。

マリー・ストープスは平瀬がイチョウの精子を発見した数年後に東京帝国大学にやってきた。彼女は日本での滞在経験を綴《つづ》った日記を出版し、その中で何度か平瀬の発見を再現したときの興奮に触れている。一九〇七年九月一七日にはこう書いてある。「今日

平瀬作五郎。1896年にイチョウの精子が泳いでいるところをはじめて観察した日本人科学者。

か明日がイチョウの精子が泳ぐのを見られる最後の機会と聞いて、研究所で幸せな数時間を過ごす。それは滴虫類のように動き、らせん状の繊毛の王冠をひくひく震わせる。みずみずしいギンナンを何十個と切開するのもまた楽しい」

一年後の一九〇八年九月九日の日記には、イチョウの受精の瞬間をとらえるのがどれだけ大変かを書いている。「朝早く研究所に行くと、イチョウのまわりに興奮が渦巻いていた。いままさに、精子が泳ぎはじめたところだった。精子が泳ぐのは一年にたった

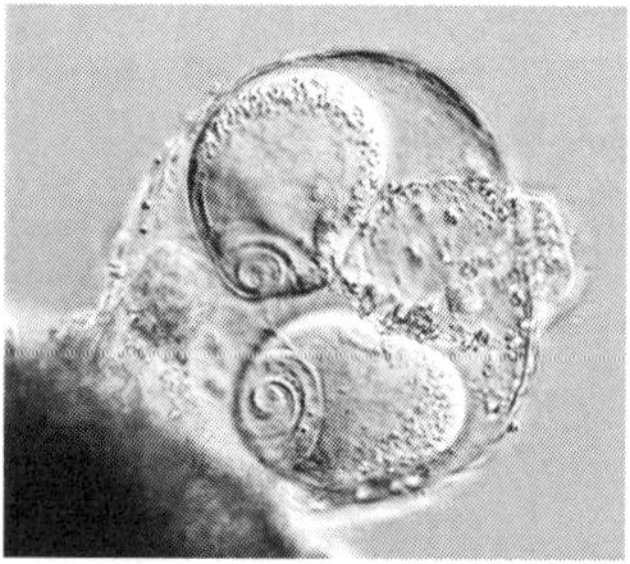

放出される直前の、泳ぐ2個の精子の接写。精子はそれぞれ直径60マイクロメートルで、らせん状に並んだ数千の繊毛が同期して動くことで推進力を得る。

の一日か二日。その瞬間をとらえるのは簡単ではない。一〇〇個のギンナンを切開して、五個に精子が入っていればかなりの幸運。一個あっただけでも大収穫。丸一日研究室で過ごして三個しか見つけられなかったこともあった。花粉管が未熟なものなら、いくつか見つかるのだけれど。何よりの楽しみは、精子が泳いでいるところを眺めること。繊毛の動きは力強い」。ストープスは翌日も、翌々日も、「イチョウの精子のハンティング」をして過ごした[10]。

平瀬と池野の発見が布石となり、数年後にはイギリスで古植物学の大発見があった。植物学者たちには長年の謎があった。ヨーロッパや北米の石炭層から見つかる大型のシダ葉の化石には、現在のシダ葉の裏側にある胞子嚢が見当たらないことが多かったからだ。一九〇三年、ユニヴァーシティ・カレッジ・ロンドンのF・W・オリヴァーと、キューの研究員だったD・H・スコットは、種子の化石と結びつけることによってこの謎を解いた。シダ葉の化石と思われていたものの多くはシダではなかった、と示したのだ。こうして、シダ植物と現生種子植物の中間体にあたる何種類かの絶滅した植物の存在が確認され、シダ種子類と呼ばれるようになった。平瀬のイチョウと池野のソテツの発見に加え、オリヴァーとスコットの発見は、現生シダ植物と現生種子植物の進化の空白地帯をせばめた[11]。

この理論は、見た目にごくふつうのイチョウ葉の縁《ふち》にときどき種子や花粉嚢ができるという異常な樹木の報告によって、現実味が増してきた。藤井健次郎は一八九六年に、

机で作業中の若きマリー・ストープス。1904年撮影。この数年後に東京帝国大学で植物研究をしていた。人生後半は、故国イギリスで家族計画運動の先導的役割を果たした。

山梨県身延にあった三本のそのような木について報告した。以後も、同じような現象がほかからも報告されるようになった。藤井は、葉の端に種子や花粉嚢が形成される場合があることと平瀬が発見した受精様式を重ね合わせ、イチョウはシダ様植物の祖先から進化したのではないかと推論した[12]。

一部の植物学者のあいだでは、さらなる疑問が生じた。イチョウの受精はほかの現生種子植物と同じように種子がまだ木についているうちに起こるのか、それともフランスの古植物学者ルイ・アンベルジェが提唱したように、種子が地面に落ちてから起こるのか、という疑問だ。アンベルジェの説は、いろいろな意味でシダ植物にありそうなシナリオだった。しかし、イチョウではさすがにそういうことは起こらない。イチョウの受精は晩夏か初秋で、種子が落ちるのは一、二か月後、胚が充分に育ってからだ。もちろん、地上での受精がまったくないわけではないだろう。受粉はしたが受精はまだという段階で、種子のほうが完熟サイズまで育ってしまい、そんな状態で、たとえば八月ごろにたまたま木から落ちてしまったら、そしてそれが精子の放出前だったら、地上で受精して種子になると言えるかもしれない(13)。

シカゴでは、ほとんどのイチョウの木は一一月中旬か下旬の、一気に寒くなるころ種子を地面に落とす。わずかだが、冬のあいだに少しずつ種子を落とす木もある。しかし、それが晩秋に落ちようが冬の嵐や寒波で落ちようが、地上に層をなすイチョウの実をアンズやプラムと間違える人はいない——臭いが強烈だからだ。植物化学の専門家なら、高濃度の酪酸のせいだと説明する。一般の人なら嘔吐《おうと》物の悪臭のようだと言うだろう。ロンドン西南部で区議をしている友人は、地元住民から悪臭への苦情が来たとき、その原因がイチョウの雌木であることを説明するのに苦労したという。住民たちは鉄道駅でどんちゃん騒ぎをする酔っぱらいやフーリガンが吐いたものの臭いだと信じて、区に対策を求めてきたのだ。たとえ臭いを我慢できたとしても、落ちたイチョウの実にじかに触れるのはやめたほうがいい。果肉質の外種皮にはアレルギーを引き起こすイチョウ酸が含まれている(14)。ウルシと同じで触れると肌がかぶれる。万一、目に入ったときには迷わず病院に行こう。

10章　復元力

強さとは……不屈の意志力からもたらされるものである。
——マハトマ・ガンディー『無抵抗不服従運動』

ブライアン・マシューは、キュー植物園で一生を過ごすことをたまらなく魅力的に感じている植物マニアの一人だ。体に植物の血が流れているような人は、職業人生すべてをキューに捧げることが多い。リタイアしたあとも、友人や植物を通じてキューとのつながりをもち続ける。ブライアンの場合、仕事の時間のほとんどを、キューの膨大な標本コレクションとともに過ごした。ウィリアム・ジャクソン・フッカーが基礎を築いた植物標本コレクションは、いまではおよそ八〇〇万点の乾燥標本を収蔵するまでになった。ブライアンの役目は、この世界最大級の収蔵資料を利用して、キューの園芸家たちが園内で育てた植物の正確な名前を調べ上げることだ[1]。

キューにいる多くの人がそうであるように、ブライアンにとって植物を相手にすることは仕事であると同時に趣味であり、植物への情熱はいろいろな形で現れる。彼はサフランやマツユキソウに代表される球根植物に精通している。そのため、野生の球根植物を集めて園芸市場に輸出しているトルコやグルジア（ジョージア）の保全活動に参加したこともあった。数点の本を著して好評を得たこともある。そしてもちろん、彼はキューにいる多くの人と同様、庭いじりが大好きだ。

一九九九年、ブライアンは地元の友人から、教会のまわりにつくる庭の設計と植栽を頼まれた。めったなことでは「ノー」と言わない性格で、そうでなくても日ごろから進んで人助けをするブライアンが、その頼みを引き受けないはずがなかった。造園のための資金はゼロだったが、何人かのボランティアが手を貸してくれたり、樹木の寄贈を呼びかけたりしてくれた。そうして集まった寄贈の申し出の中に、若いイチョウの木があった。自宅の庭に植えたものの、庭を圧迫するほど育ってしまったのだという。樹高一〇フィート〔三m〕とまだそれほど大きくないが、すこやかで、よく茂っていた。たとえ小さな木でも、植え替えるのは外から見るよりずっと大変なことだとブライアンは知っていたが、挑戦してみることにした。根系《こんけい》がそれなりに発達していれば、樹木全体が不活性化する冬期に掘り出す方法でもちこたえてくれそうに思えた。ブライアンの計画は、まず鉢に移して一年間大事に育てて、翌シーズンに土に植え替えるというものだった。

机上の計画としては簡単だったが、実際にやるのは大変だった。最初に直面した問題は、長年のうちに幹の周囲の土が盛り上がっていたことだ。ブライアンは盛り上がった土の部分を掘り返してみた。だが、主根の塊の底を見つけるどころか、掘っても掘っても根が出てこなかった。穴は深さ数フィートにまでなった。これ以上掘ると周囲の植物の根に被害が出るというぎりぎりのところまできてやっと、イチョウの幹から出ている数本の小さな側根が見つかった。その下には木の幹がまだ地中深く潜っている。この時点でブライアンはそれ以上掘るのをやめた。寄贈を申し出た人の好意に応えようとすることは、その人の庭を破壊することになるとわかったからだ。そこで、この木はおそらく生き延びられないだろうと前もって申し伝えたうえで、側根が出ているところの下で幹を切り、大きな鉢に植え替えた。長年の経験から、この若い木が生き残るわずかなチャンスを最大限にするためには、樹冠の枝を大幅に減らさなければならないということもわかっていた。春になって若葉が出たとき、すべての枝の葉に水を届ける仕事を一本や二本の根でこなせるはずがないからだ。ブライアンは心を鬼にしてイチョウを刈りこみ、鉢を直射日光のあたるところに置き、待った。

驚いたことに、翌春、鉢の若木は芽吹いた。剪定しなかった枝から元気に若葉を出し、そのまま夏も秋も問題なく過ごした。ふたたび冬がやってきて、ブライアンはこのイチョウを就学前の子どもたちの遊び場近くの土地に植え替えた。そこを選んだ理由は、イチョウ葉のユニークな形が子どもたちの好奇心を育むだろうと考えたからだ。鉢の中で根はよく伸びていて、根の塊もしっかりできていた。前年にあれほど切り刻まれたにもかかわらず、若木はすくすくと育っていた。

夏になると、また若葉がきれいに出た。残念なことに、幼児と幼木はあまりいい組み合わせではなかったようだ。若木は幹のまん中あたり、地上四フィート〔一・二m〕のところで折られてしまっていた。残ったのは裸の幹だけで、枝も葉もない。これではどうしようもない、「集中治療」に戻そうと、ブライアンはもういちど木を掘り返し、鉢に植え、立ち直るのを待った。木はふたたび活力をとり戻した。今回は地面すれすれのところ、損傷した茎の周囲から芽が出た。それらの芽はやがて数本の新しい幹となった。立ち直りは速く、長もちした。

ブライアンが世話したイチョウの復元力《レジリエンス》は、イチョウ全般に言えることだ。そもそも、イチョウは乱暴に扱われても平気だから街路樹に利用される。イチョウは小さな挿し木でもすぐに根を出し育ってくれる。イチョウがはじめてヨーロッパにもちこまれて、庭園から庭園へとあっというまに広まったのも、復元力があるからだ。ブライアンが気づいたように、イチョウは主要部分に損傷を受けても成長を続行するような、不思議な仕組みをもっている。つまり、イチョウには、複雑でリスクが大きく失敗する可能性の高い有性生殖以外に、自身を複製する別の手段があるということだ。

ヤナギなど、数種の樹木ではそうした自己繁殖の仕組みがよく発達している。川のほとりに生えていることの多いヤナギは、野生状態でやすやすと存続する。折れた枝が川を下り、たどり着いた土手ですぐ根づくからだ。ヤナギの仲間であるヤマナラシもその点では負けていない。ヤマナラシは根から新しい枝を出す。見た目は別の個体のようでも、地下でつながっていて遺伝子的には同一だ。イチョウの場合はヤナギやヤマナラシのようにはいかないものの、自身を存続させるための似たような方法を内蔵している。おかげでイチョウはいったん確保した場所を長期間占有できることになり、またブライアンが見てきたように、主要部分に損傷を受けてもすぐに新しい枝を出して生命活動を続行する。(2)

一部のイチョウ、とりわけ古いイチョウには、どういうわけだか下向きに成長する枝ができるという特徴がある。下向きに成長する以外は正常で、変わったところはない。こうした枝は鍾乳洞の天井からぶら下がる鍾乳石のように、下へ下へと育つ。一本の枝に沿って数本の枝が下向きに伸びることもあり、何やらダリの作品にあるような、溶けかけた蠟製の枝のようにも見える。下向きに伸びる枝、あるいは節《ふし》ともいうべきこの枝は、長さが六フィート〔一・八ｍ〕以上にもなることがある。下向きの枝は地面に到達するとふたたび芽を出し、その芽はこんどはふつうに上向きに成長して新しい枝になる。それがさらに成長すると実質的に新しい幹となり、親木から分かれることもある。ひじょうに古い木になるとこうした新しい幹がたくさんできていて、もともとの幹を見つけるのが困難になるほどだ。

日本では、下向きに成長する枝のことを乳《ちち》と呼ぶ。垂れ下がったようすが乳房に似ているからで、イチョウの乳に祈った女の人は母乳の出がよくなるという民間伝承がある。中国では鍾乳石と呼んでいる。何がきっかけとなって乳が形成されるのかは、まだわかっていない。だが、木の成長にともなって枝の木部に埋まっていた小さな芽が、のちにどういうわけか再活性化してできるものであることは、詳しい観察によりわかってきた。すべてのイチョウ葉は、葉柄の付け根のところに新しい茎になる可能性を秘めた小さな芽をつけている。枝が太くなるにつれ、表面に出ていたその小さな芽が周囲の組織に埋まってしまうことがある。イチョウの乳は、そうとう古い木にならないとできない。そうした古い木は、埋めこまれていた芽を再活性化させる可能性を保持したまま、樹齢を重ねているようだ[3]。

ハーヴァード大学アーノルド樹木園に勤務するイチョウの世界的権威、ピーター・デル・トレディチは、このような埋めこまれた芽は、実生《みしょう》の段階、つまり種子から発芽したばかりの状態からすでにあること、イチョウの成長における正常な特性であることを示した。イチョウのすべての実生には小さな芽がついている。この芽は、種子から出芽したときのはじめての葉である子葉の付け根にかならず存在するが、不活性の状態を保ち、苗木の成長に合わせて組織の中に埋まる。もし苗木が何らかの形で損傷を受けると、たとえばブライアン・マシューが世話した木のような目に遭うと、使わないまま残っていた芽のうち一つが幹の根元から下向きに成長し、木質の塊、いわゆるリグノチューバー（木質塊茎）をつくる。このリグノチューバーからは新しい根はもちろん、新しい幹や枝ができる。デル・トレディチは、リグノチューバーが不安定な土壌において錨《いかり》のような役割を果たしているのではないかと推察している[4]。

旺盛な自己繁殖能力をもち、大量の乳を伸ばしたイチョウがどうなるかは、日本の青森県に育つイチョウの巨樹群を見ればよくわかる。中でも壮観な北金ヶ沢の大イチョウは、住宅密集地と海岸沿いの国道にはさまれた狭いスペースで育ち続けている超巨木だ。この木が繁茂しているのは、険しい山の斜面と細長い海岸沿いの平野が接する地点だ。海からそれほど離れていないというのに、イチョウの根は天然湧水源に伸びていて、そこから淡水を吸い上げている。また、そこは大戸瀬崎という迫《せ》り出した岬の陰に隠れるような場所になるため、冬に吹き荒れる西風からも守られている。

地元の観光局が見学者のために設置した小さな駐車場から眺める北金ヶ沢の大イチョウは、いかにも健康そうだ。樹冠は巨大でふさふさと生い茂っており、枯れた枝や黄ばんだ葉はほとんど見えない。だが、それはあくまで離れた場所から見た場合だ。近づいてみると内側の樹冠にはたくさんの枯れ枝があり、内部の足場が統制を失い、木の無軌道な成長を抑えられなくなっているのが見える。ぽきんと折られたような幹や枝があっちにもこっちにもあるのは、この木が数百年ものあいだ豪雪や台風、そしておそらく地震によって痛めつけられてきたことを物語っている。土がすかすかになったところでは、もつれ合った根が丸見えだ。堆積腐植層は観光客に踏まれてすり減らされている。

世界最大のイチョウであっても、セコイアメスギの巨大さやイガゴヨウマツ（ブリスルコーンパイン）の長寿にはかなわない。しかし、北金ヶ沢のイチョウのように真に大規模なイチョウは、これぞ自然の驚異としか言いようがない。観光客はこの木の下を歩くというより、この木の中に歩いて入ってゆける。内側に入ると、複雑に絡まった上向きの大枝と横向きの大枝、太い幹から下向きに垂れ下がる乳に囲まれる。あちこちで元気な細い枝が幹や大枝から芽を出して、上向きに伸びている。この細い枝は吸枝《きゅうし》という。

巨大なイチョウの太い幹。根元から細い吸枝がびっしりと生えているのが見える。中国、上海周辺のイチョウ巨木のひとつ。

北金ヶ沢のイチョウは一本の木というよりも、一つの雑木林のようだ。すべてを合わせた幹の周囲は七二フィート〔二二m〕を超える。その中には実質的に「新しい幹」と呼べるものが三本ある。新しい幹にはすでに、母木の成り行きをうかがいながら機会に乗じて芽を出した吸枝が多数、生えている。独立して生きていける潜在能力をもつ新しい幹の存在は、将来に何かあったときのためのいい保険になる。[5]

そう、イチョウは進化を通じて「リスク回避戦略」を磨いてきた。生存と繁殖の方法を複数用意するという戦略だ。受粉、受精、分散、発芽、定着というイチョウの生活環は、一見、脆弱に見える。成功するかどうかは、花粉と胚珠の発生タイミングを同期させることや、苗の発生と成長に好条件がそろうことにかかっている。しかし、地質時代の証拠を見るかぎり、イチョウの戦略は成功している。イチョウの生活環は途切れることなく続いてきた。そしておそらく、イチョウの生活環は二億年前の種と現生種でそれほど違わないはずだ。イチョウの雌木は、近くに雄木がたった一本しかなくても大量の種子を実らせることができる。イチョウにかぎったことではないが、生き物の「雄」というのは多かれ少なかれ、使い捨ての消耗品のようなものだ。イチョウはその雄の側に「安全装置」を用意した。ごくたまに、二、三個の種子をつくるというバックアップ体制である。そして、確率としてはごくごく低いものの、一個の種子から雄木と雌木という二つの次世代植物を産み出す可能性まで保持している。

さらに、イチョウは外部から加えられる物理的な損傷に耐える力がある。このことは、時間を味方につけられることを意味する。近くに有性生殖の相手がいなければ、現れるまでじっと待っていればいい。内部に埋めこんでいた芽から、新しい茎や枝を生やしてもいい。いや実際、イチョウが何百万世代も存続しているのはこの自己保存能力の高さゆえだ。

北金ヶ沢の大イチョウは、この生物種の復元力を示す好例だ。地元の人たちはこの木が世界一大きなイチョウだと信じているが、国の天然記念物に指定されたのは二〇〇四年九月になってからだった。どういうわけか初期の巨樹調査では見過ごされたようだ。

現在では、この木は日本で四番目に大きな木で、日本一大きなイチョウであることが認められている。ギネスブックに載せようとデータ集めをしている愛好家もいる。しかし、ヒトの活動により多くの環境が移り変わるこの世界において、世界記録より重要なのは地元民とこの木との結びつきの強さだ。地元民にとって、さらには自然を愛するすべての人にとって、この偉大なイチョウの木は不屈の力と永続する力を約束してくれるものなのである。

第3部
起源と繁栄

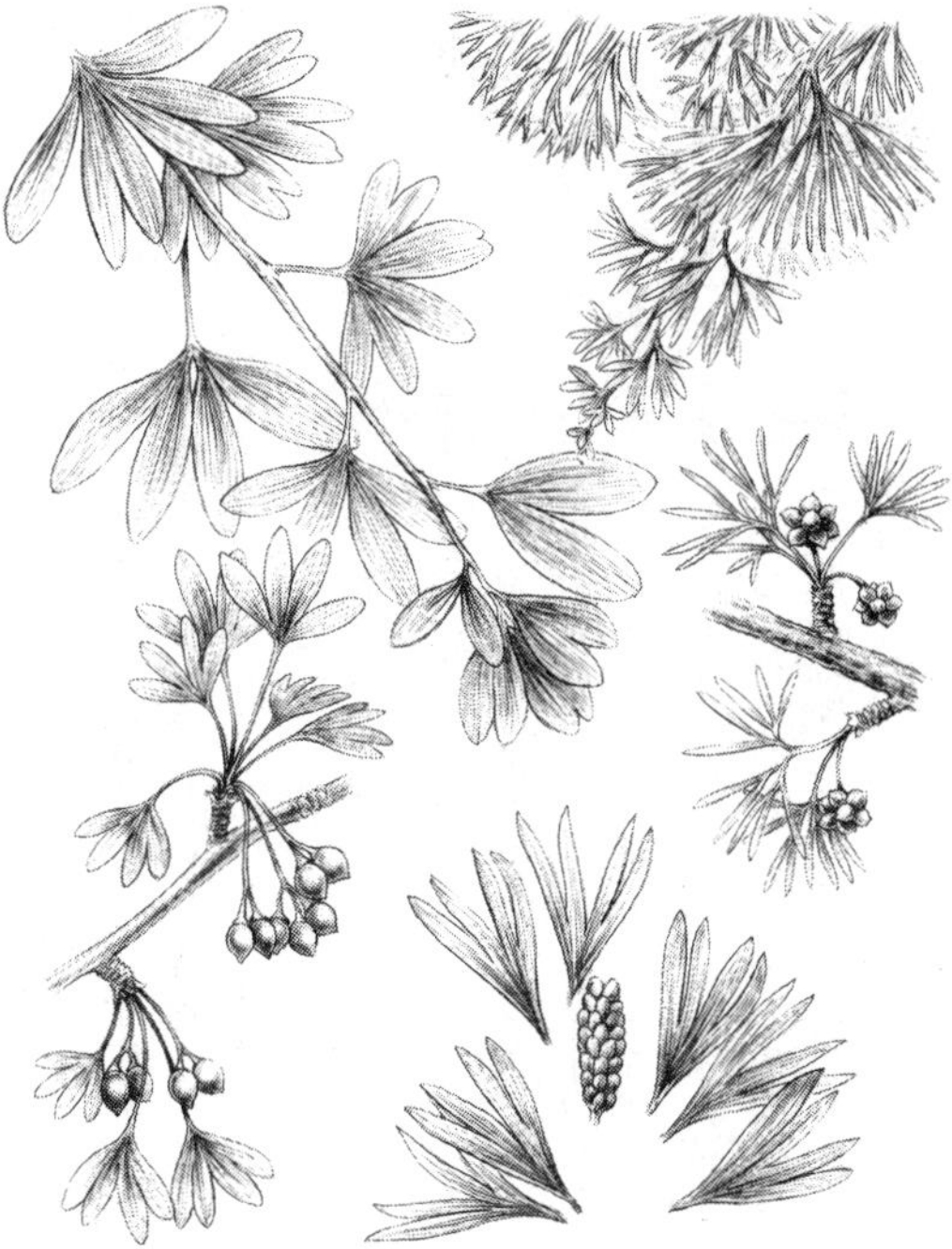

絶滅した3種類のイチョウ様植物の復元図。中国河南省、義馬炭鉱の1億7000年前のジュラ紀中期の地層より周志炎が発見、記載したもの。左はギンコー・イマエンシス、右上はイマイア・レクルバ、右下はカルケニア・ヘナネンシス。

11章　初期の陸上植物

すべての物事には季節があり、天の下におけるすべての営みには時機がある。生まれるのにも時機があり、死ぬのにも時機がある。

――伝道の書（三章一節―二）

一八世紀の博物学者にしてギンコー・ビロバの名づけ親、カール・リンネはスウェーデンを代表する科学者としてアレニウスやセルシウスと並び称される。ストックホルムのアーランダ空港に降り立つと、スウェーデン出身の有名人をモチーフにしたコラージュ作品の中から、リンネが「ようこそわが故郷へ」と出迎えてくれる。リンネは一〇〇クローナ紙幣の中にもいる。リンネの名は世界中に知られている。本人は生涯ヨーロッパの外に出ることはなかったが、恐れを知らぬ彼の教え子たちが世界の海に乗り出して、植物を採集してまわった。リンネは、一八世紀のヨーロッパ人が地球のすみずみまで探検してもち帰った動植物について、爆発的に増えつつあった知識を体系化しようと試みた先導者だった。

リンネは国内でもあちこちで力をふるっていた。ウプサラ大学で数十年間、権力の座に君臨し、王の主治医として王室に出入りし、教師として教え子たちの崇拝を集めた。彼が引率するウプサラ郊外への野外見学会は伝説にまでなっている。音楽や豪華な食事を用意されたその遠足で、リンネは樹木や花、鳥、昆虫についてとうとうと語ったという。虚栄心が強く尊大な男ではあったが、その比類なき知力と活力について異論の余地はない。

リンネはスウェーデン王立科学アカデミーの創立メンバーでもある。スウェーデン王立科学アカデミーといえば、こんにちでは物理学や化学におけるノーベル賞の選考をしていることで有名だが〔医学生理学賞の選考はカロリンスカ研究所〕、生物学も健在で、ことに植物多様性の研究に関しては、近隣にあるバルギオンスカ植物園とそのネットワークの支援を受け、いまもめざましい活動をしている。やはり近隣にあるスウェーデン自然史博物館からは人的支援を受けている。ストックホルムの北部、フレスカティに群居するこの三機関――スウェーデン王立科学アカデミー、バルギオンスカ植物園、スウェーデン自然史博物館――は、イチョウの生態と系統の解明に多大な貢献をしてきた(1)。

スウェーデン自然史博物館は世界有数の化石植物コレクションを擁している。一八八四年に新設された造卵器植物および化石植物に関する研究部門の教授に北極探検家アルフレッド・ナトホルストが就任したのを皮切りに、一流の古植物学者たちがここを拠点に研究を重ねてきた。古植物について現在私たちが知っていることの大部分は、もとをたどるとナトホルストの発見と彼が開発した化石研究技法に行きつく(2)。

私の古くからの研究者仲間であるエルス・マリー・フリース教授は、スウェーデン自然史博物館でナトホルストが就いていた地位にいて、ナトホルストとその後継者たちが集めた化石植物の膨大なコレクションの監督責任を負っている。こんにち、世界中から集めた二五万点の標本が、ナトホルスト自身が設計に手を貸した建物の三階分のスペースの、数百のキャビネットの七〇〇〇段を超える引き出しの中に収められている。ここのコレクションの量と範囲と質に匹敵するのは、ロンドンの自然史博物館か、あるいはワシントンDCのスミソニアン研究所に属する国立自然史博物館のコレクションくらいだろう。他の博物館や大学の収蔵品も含めたこれらの植物化石のコレクションは、世界中の科学者に利用されている。そしてこれらは、イチョウその他の植物の歴史を理解するのに欠かせない物的標本でもある。

ストックホルムのコレクションには、ナトホルストがグリーンランドその他を探検したときにもち帰ったイチョウ葉の化石が含まれている。スウェーデン南部で石炭鉱業が全盛期だった一八世紀後期にナトホルストが集めた、保存状態が良好な標本もある。だが、ストックホルム自然史博物館に収蔵されているイチョウ葉の標本で何より美しいのは、一九七〇年代にアフガニスタン中部のイシュプシュタで採集された灰色のシルト岩の石板である。これはドイツ人古植物学者ハンス・ヨアヒム・シュワイツアーから遺贈されたもので、完全なイチョウ葉が八枚、黒く輝く印影となって貼りついている。シュワイツアーと研究仲間のマルティン・キルシュナーはその化石に、ギンコー・コルディ

アフガニスタン、イシュプシュタのジュラ紀初期（1億9000万年前）の岩石から出た中生代のイチョウ、ギンコー・コルディロバタの葉の化石。

ロバタという名をつけた。[3]

イチョウ葉が刻印されたこのアフガニスタン産の石板は、およそ一億九〇〇〇万年前のジュラ紀初期岩石から出てきた。葉はどれも六つの区画（六裂）に分かれていて、それぞれの区画は深い切れこみが入った二裂葉になっている。こうした形の葉は、現生のイチョウでは成木より幼木によく見られる。ともあれ、この化石葉をもつ植物がイチョウであることに疑問をさしはさむ人はいない。専門家でなくても、ひと目で街路や庭園でよく見るあの木だとわかる。この石板だけでもイチョウの血筋の古さを物語るのに充分ではあるのだが、そもそもの疑問が浮かび上がる。イチョウはどこからきたのだろう？

現生植物と化石植物の研究を通じて、

植物の進化史における主要な出来事についてはそこそこはっきりした輪郭が把握できており、そうした出来事が起こった時期についてもだいたいの推測はついている。植物進化のパズルでは、別々のピースとピースをつなぐ失われた環《ミッシングリンク》を化石が埋めた例がいくつかある。たとえば、ジュラ紀の地層から出た始祖鳥が現生鳥類と肉食恐竜のつながりを示したことは、みなさんもご存じだろう。そこまで有名ではないものの、始祖鳥（Archaeopteryx）に綴りの似た植物化石のアルカエオプテリス（Archaeopteris）も、現生の種子植物と奇妙な絶滅植物――種子ではなく胞子で繁殖していた昔の樹木――のつながりを示す助けとなった。もう一つ、カナダはブリティッシュ・コロンビア州のバージェス頁岩《けつがん》から出てきた保存状態のいい動物化石のおかげで初期の動物進化の理解が進んだことも、みなさんはご存じだろう。同じように、イギリスのスコットランドにあるライニー・チャートから出た保存状態が秀逸な植物化石のおかげで、植物進化の初期段階についての理解が進んだ。

ライニー・チャートは、地質学者のウィリアム・マッキーが一九一二年に発見した。スコットランドのアバディーンからそう遠くないライニーという小さな村の近くの、草で覆われた斜面の下に横たわっていた硬い堆積岩だ。チャートは地表からは見えなかったが、マッキーはフィールドに経験のある地質学者ならではの好奇心で、野原に散在したり石壁にはめこまれたりしていた岩石に気づき、出どころを探った。やがて、トレンチ（試掘坑）を掘っていくうちライニー・チャートに行き当たった。もっと最近では、アバディーン大学の研究チームがこの独特な堆積岩の形成過程を知ろうと一連の掘削調査をしている。[4]

ライニー・チャートは、古くは四億年前からの、さまざまな年代の泥炭地で化石化した遺骸を保存していた。それぞれの層には、クモのような各種動物や、最古のものとして知られる昆虫のほかに、植物、藻、菌類など、生態系全体がそっくり残されていた。すべての生き物がかつて生きていた姿そのままに、硬いガラス様のシリカに埋めこまれている。そしてその化石の多くは、申し分のない精度で保たれていた。[5]

古生物学者のスティーヴン・ジェイ・グールドは、一冊の本をまるまる使って初期の動物を知るうえでバージェス頁岩がいかに重要であるかを説いた。ライニー・チャートはグールドのような支援者こそ得られなかったが、初期の植物を知るうえで同じくらい重要な役割を果たした。一九一七年から一九二一年にかけて英国地質研究所のロバート・キッズトンとマンチェスター大学のウィリアム・H・ラングがライニー・チャートの化石植物について著した五本の論文は、植物学の古典となっている。この二人に続き、ミュンスター大学のウィンフレッド・レミーをはじめとする研究者たちが、二〇世紀末までに初期の陸上植物の種類や進化の手がかりを明らかにしていった。

ライニー・チャートは、植物が四億年前にすでに沼や水辺、海岸を出て陸上へと進出していたことを、詳細な証拠として残していた。そこにある植物はどれも一フィート〔三〇cm〕に満たない小ささで、現在の植物と比べていかにも単純な構造だ。細い枝でできていて、ときおり枝の先に胞子をつくる袋（嚢胞）をつけている。現生の蘚《せん》類やツノゴケ類を思わせるような特徴を見せているものもあれば、現生ヒカゲノカズラ（またはイワヒバ類）によく似たものもある。後者には、ライニー・チャート植物群の代表種の一つであるアステロキシロンが含まれる。しかし、これらの単純な小植物には、「木」になる能力がないのはもちろん、現在のシダやソテツ、イチョウにあるような大きく複雑な「葉」をもっていないのも明らかだ。ライニー・チャートは植物進化において、樹木や葉や、私たちが現在の世界で当然視している他の多くの特徴が出現する前の、ある一瞬をカプセルに閉じこめた。(6)

ライニー・チャート以前に水中生活から陸上生活へと移行中の植物があったという証拠としては、耐久性のある頑丈な壁《へき》をもつ胞子の記録がある。最古の記録は四億五〇〇〇万年前のオルドビス紀中期の胞子で、これは現在のコケ植物の胞子に似ている。その少しあと、四億二〇〇〇万年前のシルル紀末になると、小さく断片的な植物化石が出てくる。それらはピンの頭ほどのサイズしかなかったが、胞子を産生する単純な植物がたしかに存在したという直接的な証拠となった。おそらくこうした植物がライニー・チャート植物の祖先だったのだろう。(7)

ライニー・チャートは熱水泉の近くで形成されたと思われる。こんにちのアメリカのイエローストーン国立公園や、ニュージーランドのロトルアのようなところだ。泥炭地で育っていた植物は、周期的に熱水を浴びてすばやくシリカの中に閉じこめられた。すでに死んでいて化石化される前に腐敗していた植物もある。しかし、生きた状態で閉じこめられ、数日もしくは数時間のうちに化石化したと思われる植物もある。瞬間的な「閉じこめ」により、現生植物で観察するのでさえむずかしいようなデリケートな構造と、生活環の一段階が保存される。

ライニー・チャート植物にはどれも、植物の陸上生活を可能にした特別な構造が備わっている。水分蒸散を防ぐための蠟質の耐水性被膜である表皮（クチクラ層）や、二酸化炭素と水蒸気、酸素を出し入れするための気孔などだ。ライニー・チャート植物の大半は、茎の中央に細長い細胞が存在している。現生植物から類推するに、こうした細胞の内側では土から地上へと水が運ばれ、外側では光合成で生成された糖が回収されて植物全体に分配されていたのだろう。つまり、四億年前ごろにはこんにちの陸上植物に見られる基本的な構造や作用の多くができあがっていたということだ。なお、こうした特徴がほぼすべての陸上植物に共通することから、植物は——動物とは異なり——陸地への進出という出来事をたった一度で成し遂げたと考えられる。

ライニー・チャートに保存されているような小さく単純な植物を、樹木へと進化させた原動力は、おそらく光を求める競争だ。生存競争においては、周囲の植物より背が高いほどいろいろな点で有利になる。胞子散布のチャンスが増えるというのもその一つだ。しかし、それより何より、植物の生育に不可欠な日光をより多く浴びることができる。デボン紀にはいくつかの植物グループが、構造そのものを抜本的に変えるなどしてサイ

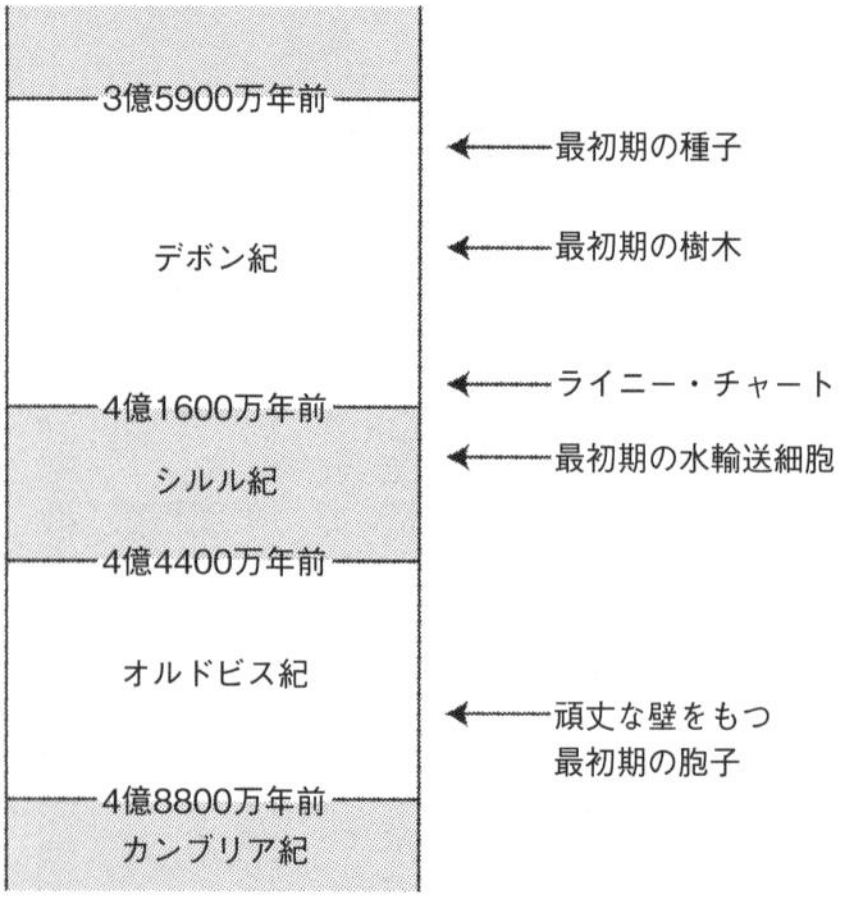

5億年前から3億年前ごろの陸上植物の進化史を知るための早見表。

ズを大きくする方向にむかった。大きく複雑な葉を発達させたグループもあった。イチョウやソテツ、シダの葉があのような形状になったのは、太陽エネルギーをとり入れるのに効率がいい形を推し進めた結果だろう。単純な枝状でしかなかったライニー・チャート植物は、試行錯誤しながら進化したのに違いない。

現在の時点から過去をふり返ると、葉の出現や樹木の出現といった抜本的な革新が進化の突破口を一気に開いたかのように見えるかもしれないが、実際には、ダーウィンのいうところの自然淘汰を積み重ねながら、ゆっくりと変わっていった。たとえば、ライニー・チャートのアステロキシロンには、茎の中央にある細長い細胞に、現生植物の水輸送細胞に特徴的な――しばしばらせん構造のようになった――内《ない》壁肥厚《へきひこう》が存在する。四億年前に生育していた植物の暮らしにおいて、水の供給が安定しないことはよくあっただろう。そんなとき、水輸送細胞の内壁がわずかでも厚い植物は、そうでない周囲の植物よりわずかに水を運びやすくなったはずだ。細胞の内壁が厚くなれば、圧力に負けてぺしゃんこになるのも防いでくれる。

生存に有利なわずかな差を得て生き残った者は、それを次世代に手渡す。年月がたつうち、細胞内壁はどんどん厚くなっていったはずだ。肥厚化した細胞をもつ植物は、そうでない植物より大きな茎を支えられるから、これも自然淘汰で生き残る。当初は細胞がぺしゃんこになるのを防いでいた肥厚化は、こんどは構造支持の点でも優位性を発揮するようになる。こうした細胞が特性に磨きをかけ、量を増やすようになり、通水効率と荷重耐性が向上すると、植物は立ち木になり、葉を大きくできるようになった。

植物の生殖が陸上生活に適応するようになる過程でも、同じような偶発的なプロセスの積み重ねがあった。乾燥に耐えられる機能を有した植物なら、小さな淡水の池や湿地が干上がったときでも死滅せずにすむだろう。そう考えれば、ライニー・チャートの陸上植物やその祖先にあたるオルドビス紀やシルル紀の植物に、頑丈な壁《へき》をもった胞子を産生する能力があったことは不思議でも何でもない。乾燥に強く、風や水に乗って拡散できる胞子があってこそ、初期の陸上植物は困難な時期を生き延びることができ、世代交代のたびに別の場所へと移動することができるのである(8)。

移動先の条件がよければ、胞子は発芽し、自由遊泳ができる植物になる。だがこの段階では、胞子ではなく生殖細胞をつくる（なお、胞子をつくるときは固着性で自由遊泳はできない）。驚いたことに、ライニー・チャートでは、こうした胞子植物の生活環における「生殖体形成」の段階の化石が見つかった。その中には、雄の生殖器の内部で若い精子が育っているのがわかるものまであった。この精子細胞は、こんにちの蘚類やコケ植物、ツノゴケ類、ヒカゲノカズラ（イワヒバ類）、シダ類がそうしているように、土壌の液体の中を泳いでいって卵子に受精させていたのだろう。ライニー・チャート植物に見られる運動能力を有した精子は、まさに祖先が水中生活をしていたことの名残であり、同じことはイチョウにもヒトにもあてはまる。

それまでのシンプルな有性生殖に新たな複雑さが加わった「種子」への進化は、ライニー・チャート植物にも見られる。種子の創出は、水のないところでの生殖を可能にした。胞子を微妙に改良した花粉粒ができると、雄の生殖体は事実上、空中を移動できるようになった。さらに種子方式なら、卵細胞を生産する胞子を親株にとどめて保護することができる。つまり、胞子を育てるのに、ひいては胚を育てるのに、親株の栄養やエネルギーを使えるのである。この革新的な創出は、生活環における「自由遊泳しながら生殖体を形成する段階」を不要なものにしたので、受精させるために雄の生殖体を土の中で泳がせる必要がなくなった。次世代植物をパッケージ収納した種子という、新たな分散器官の誕生である。

新しい繁殖方法を獲得した種子植物は、三億六〇〇〇万年前のデボン紀後期ごろ出現する。それらはイチョウに見られる有性生殖方式の兆候を示している。実際のところ、イチョウの系統をさかのぼっていったとき最古の限界となりそうなのがこの時代だ。最新の限界は、アフガニスタンで見つかったギンコー・コルディロバタの葉が生きていた、一億九〇〇〇万年前くらいだろう。イチョウの起源を探るという試みの一つは、イチョウの系統の年代をさらに正確に特定することだ。もう一つの試みは、現生するイチョウの正しい進化的位置を、他の樹木との類縁関係の中で特定することである。

12章　イチョウの祖先

サルの血が入っているというのなら、
それは彼の祖父の側なのか、それとも祖母の側なのか？
——サミュエル・ウィルバーフォース
一八六〇年六月三〇日の対ハクスリーの討論会にて

現生するイチョウと、三億六〇〇〇万年前から一億九〇〇〇万年前ごろまで存在して滅びた種子植物の関連性を知る昔ながらの方法は、祖先をたどることだ。まずは現代のイチョウに明らかに関連していると思われる化石を調べ、つぎにその周辺や前後の、別の種子植物に関連しそうなほかの化石についても調べる。前章で写真とともに紹介した、アフガニスタンで見つかったギンコー・コルディロバタは、現生イチョウに似た葉をもつ植物がジュラ紀初期（二億年前から一億七五〇〇万年前ごろ）にすでに出現していたことを教えてくれる。似たような葉はもう少し古い三畳紀後期の化石からも出てくる。そうしたものの中でとくに興味深いのは、南アフリカのカルー盆地、モルテノ層の岩石から出た豊富で美しい化石植物群だ[1]。

南アフリカ共和国プレトリアの国立生物多様性研究所のジョン・アンダーソンとハイ

ディ・アンダーソンは、モルテノ層の化石を長年かけて採集、研究している。二人が集めた二万七〇〇〇点を超える大量の標本は、カルー盆地の北はリトル・スウィザランドとゴールデン・ゲイトから、南はアスケアトン、アースヴォールバーグ、バンボースバーグまでの楕円圏内、七〇か所の産地で見つけたものだ。それらの化石は、黄色がかった灰色の粘土や泥土に黒っぽい刻印となって美しく保存されている。保存の質という点ではそれより古いライニー・チャートのほうが勝っている。モルテノ化石は構造の細部までわからないという短所があるからだ。しかし、利用可能な標本の量と、それだけの量を集めるにいたった献身は、その短所を埋め合わせるに充分だ。

モルテノ植物化石の収集は、アンダーソン夫妻にとって一生をかけた仕事だった。二人は共に南アフリカで育ち、アパルトヘイト政策の壁に阻まれながら生きてきた。科学界から孤立同然の数十年におよぶ職業生活の中で、二人は数えきれないほどの週末と夏休みを利用して、農民や農場主と親しく交わりながら、彼らの土地に新しい化石産地を探した。採集した標本はプレトリアの研究室にもち帰り、そこで入念に分類、記載、写真撮影をくり返した。最初の主要論文は、モルテノ層でよく見られる化石に焦点をあてた。二番目の論文は、モルテノ化石を、南アフリカで産出したほかの植物化石すべてと比較するという観点で書いた。そして近年、すばらしい図版集を二点、出版した。二人はその中で、絶滅した種子植物とシダ類を広範囲に紹介した。この地は現在でこそアフリカ大陸南端の乾燥地帯になっているが、かつては豊かな森と氾濫原だった。(2)

モルテノ層の化石産地では、五か所に一か所の割合でイチョウ葉化石が出てきた。アンダーソン夫妻は六種類の化石種を見つけ、念のため、それらをギンコー属そのものではなく、ギンコイテスという似た名の属に分類した。ギンコイテス属は、イチョウの葉に似た「葉」の化石に対して古植物学者が使う分類群だ。モルテノ層のイチョウ葉化石のうち、たとえばギンコイテス・コニンゲンシスやギンコイテス・マタチエンシスなどの葉は、シュワイツアーとキルシュナーがアフガニスタンで見つけたギンコー・コルディロバタによく似ている。それほど似ていないものもある。ギンコイテス・ムリセルマタは、もっと先のとがった葉の形をしている。ギンコイテス・テレマクスもその派生型で、葉のふちに不規則な刻み目が入っている。しかし、どの葉も現生するイチョウと関連性があることは一目瞭然で、その近くには種子らしきものや花粉錐らしきものがときどき見つかった。ジョンとハイディは前者をアバチアと、後者をエオアステリアと名づけた。私たちが知るかぎり、アバチアもエオアステリアも現生イチョウの当該器官とあまり変わらないので、互いに類縁関係にあることはほぼ間違いないと考えていいだろう。

モルテノ化石は二億二〇〇〇万年前ごろ（三畳紀後期）のものなので、イチョウの化石史をギンコー・コルディロバタ（ジュラ紀初期）からさらに三〇〇〇万年古い時代に延ばしたことになる。ほぼ同じ時代のイチョウ葉化石は、北極圏カナダや北米大陸東部、アメリカ南西部、メキシコ北西部など世界各地で見つかっている。アリゾナにある「化石の森国立公園」のすぐ近くで、イチョウのような樹木の化石が見つかった例も記載されている。しかし、それより古い時代になると、イチョウの化石はぱたりと見つからなくなる。アンダーソン夫妻の文献によれば、南アフリカで出た最古のイチョウ葉化石は、二億四〇〇〇万年前の三畳紀中期の前半のものだという。初期のイチョウは南半球全体に分布していて、その最初期の記録は二億四五〇〇万年前の三畳紀前期末のものがオーストラリアのシドニー盆地から出ている。北半球でもそれより古い記録はないので、明らかにイチョウとわかる植物の化石史は、このあたりが最古の限界だろう(3)。

イチョウの祖先をこれ以上さかのぼるのはむずかしい。現生イチョウの形態からどんどん離れていくし、それにつれて類縁関係もあいまいになる。だが、三畳紀よりさらに古いペルム紀の化石植物が現生イチョウの祖先だと指摘した人物がいる。二〇世紀を代表する古植物学者でスウェーデン王立科学アカデミー会員、バルギオンスカ植物園園長のルドルフ・フローリンだ。フローリンは、フランスの偉大なる古植物学者ガストン・ド・サポルタが七〇年以上前に記載した化石植物に着目した。

ルドルフ・フローリンは、どちらかといえば現生針葉樹の歴史と系統についての業績のほうがよく知られている学者だが、一九四九年にイチョウの祖先に関する重要な論文を発表したことでも有名だ。それは、サポルタが七〇年前にトリコピティス・ヘテロモルファと名づけていた化石植物とよく似た三つの化石を調べた結果に基づいた論文だ。トリコピティスのオリジナル化石はすべて(フローリンが調べたものも含めて)、フランス南部、ロデーヴ周辺の古い炭鉱から出たものだ。そこはペルム紀前期の地層で、二億九〇〇〇万年前から二億七五〇〇万年前の化石が出ることで有名な産地だ。サポルタはトリコピティスについて報告したとき、すでにイチョウとの関連性を示唆していた。根拠としたのは、トリコピティスのリボン様の葉と、もっと新しい時代の岩石から出ている切れ目の深い、しかし明らかにイチョウに見える葉が似ていることだ。フローリンは、そのサポルタの考えに同意し、新たな根拠をつけ加えた。新たな根拠とは、トリコピティスの葉の根元に小さな柄《え》がついているように見えること、その小さな柄の先に種子がついているように見えるものまであることだ。そして種子をつけたように見える柄と、現生イチョウの種子柄《しゅしへい》を比較し、さらに、現生イチョウの種子柄にはときおり最大一〇個もの種子がつく場合があるという事実を提示した(4)。

一九八六年の夏のある暑い日に、私はパリ自然史博物館でサポルタが記載したロデーヴ産トリコピティスのオリジナルをじっくり見る機会を得た。ロシア屈指の古植物学者でペルム紀植物の専門家、セルゲイ・マイエンにお供させてもらったのだ。私たちはその前にモンペリエの会議に出ていた。そのときセルゲイが、帰る途中でパリに寄って標本を見る気はないかと誘ってくれたので、私はついて行った。トリコピティスの化石は、太古の針葉樹その他の植物といっしょに灰色の硬い石板の上にあった。保存状態は良好とはいえなかった。細かいところは判別できず、化石かどうかも簡単にはわからなかった。私たちはしばらくのあいだ、ああでもないこうでもないと頭を絞った。多くの業績を残したフローリンその人を尊敬する気持ちに変わりはない。しかし、目の前にあるトリコピティスの構造はフローリンの説明に合致しているとは思えず、これだけでイチョウの祖先だとは断定できない、というのがセルゲイと私が出した答えだった。

第一に、もっと詳しい情報が出てくれば別だが、現状では〈明らかにイチョウ様である三畳紀の葉〉と〈ペルム紀のトリコピティス〉の系統的なつながりは疑わしい。絶滅した植物のほかの分類群にも似たような形の葉をもつものがあることを思えば、なおさらだ。第二に、これはセルゲイが指摘したことだが、フローリンが「深い切れこみの入った葉の基部についている分岐した種子柄」と解釈したものは、少なくともパリ自然史博物館で私たちが見た標本においては、「同じように深い切れこみが入っているが平たくなってしまった葉の断片」と考えるほうが自然だった。フローリンがトリコピティスとイチョウの関連性を主張した根拠は、葉の基部にある柄が現生イチョウの種子柄に似ているという点なのだが、その根拠自体に疑問符がつく。[5]

トリコピティスはイチョウの祖先だと長く考えられてきたが、こうした未解決の問題がある以上、〈三畳紀のイチョウ様化石〉と〈ペルム紀のトリコピティス〉の系統的なつながりは、いまのところ保留としておくべきだろう。実際、ペルム紀の化石がどんどん産出されるにつれて、トリコピティスは同時代の数ある不可思議な種子植物の一つにすぎないという見方が広がってきている。もちろんこうした不可思議なペルム紀の化石は、古生代の種子植物と中生代の種子植物をつなぐ道筋のどこかに何らかの形でかかわっているのだろう。しかし、それらが互いにどんな系統でどうつながっているのか正確にはまだわからないということだ[6]。

セルゲイ・マイエンは、ロシアその他のペルム紀植物化石に関する無比の知識を使って、この問題と格闘した。彼は人生の最終局面に向けて、種子植物の進化について包括的な見通しを立てようと鋭意努力し、単に現生する種子植物の系統をさかのぼるだけでなく、ペルム紀にあった種子植物の多様性や絶滅してしまった系統についても調べた。彼はその包括的な研究の中で、イチョウをとくに重要視し、「できるだけ多くの情報を考慮した統合的な分析」をもとに、イチョウを中心にまとめた分類群を「イチョウ綱」と呼ぶことにした[7]。

セルゲイは多大な時間と精力をかけて自身のアイデアを発展させたが、彼の考えるイチョウ綱の概念はあまりに広く、特徴に大きな違いが見られる植物まで含めている。このグループの中心的な化石植物でさえ、多くはあまりよくわかっていない。葉のみ、あるいは種子がついているように見える葉だけで判断されているのがせいぜいだ。現生イチョウの各部位と逐一比較できるような標本はほとんどない。実際、部分でしか判断できないというのはイチョウにかぎらず化石植物全般に共通する問題で、これは現生植物との関連性を探るうえでの大きな障害となっている。

過去三億五〇〇〇万年の化石記録のうち、すべての部位がそろった植物が保存されているという例はめったにない。ライニー・チャートのような初期段階の陸上植物の化石なら、植物自体がどれも小さく単純なので、すべてそろった形で残っていることが多い。

それならこちらも理解しやすい。しかし、植物が大きく複雑になるにつれて、葉はここに、種子はあっちに、茎と花粉錐と花粉粒はどこか別の場所に、というように化石の記録はピースごとにばらけがちだ。森林が化石化するところを想像してみてほしい。何種類かの樹木の葉や枝、果実や種子が何らかの出来事によって押し流されて湖の底に沈み、堆積層となり、数百万年後に岩石から削り出されたとき、どのピースがどのピースと同じ樹木のものなのか、どうやって判断すればいいのだろう?

言うまでもないことだが、この問題は化石を用いて植物進化を理解しようという試みを、とてつもなくややこしくする。たとえば、トリコピティスが生きていたころの三億年前から二億七〇〇〇万年前ごろのペルム紀には、イチョウの祖先を知るカギになりそうな化石がほかにもいくつかある。ロシアの古植物学者セルジュ・ナゴルニクは、ウラル山脈で見つかった三畳紀のイチョウ様の葉と関係ありそうな種子の房について記載している。彼は同じ地域の別の場所でケルピアという化石葉も見つけており、こちらはもっとイチョウの葉に似ている。問題は、どちらの標本も本体から分離したピースでしかないことだ。残りの部分がわからなければその植物の全体像をつかむことはできないし、ましてやイチョウとの関連性を考えることなどできない[8]。

そのため植物進化に関心のある古植物学者は、ばらばらのピースから植物の全体像を組み立てようと多大なる時間を費やすことになる。私の研究仲間にこの作業をハンプティ・ダンプティ・ゲームと呼ぶ者がいた。壊れた卵の人形を元に戻す作業という意味だ。

化石の保存状態がいい場合、または運よくピースが互いにくっついた状態で見つかった場合には、どの葉がどの種子または花粉錐と同じものかを推測することができる。うまくいけば、茎と葉、生殖器官、そしてその絶滅種が放出していた花粉までひとまとめにできることもある。このようにラッキーにも復元できたものが、ほかの古代植物の破片や部品の束から植物進化を推理するための「よりどころ」となってくれる。

ペルム紀の植物に、そこそこ理解が進んでいてイチョウの進化と関係ありそうなグループが一つある。グロッソプテリドと呼ばれているものだ。セルゲイ・マイエンもグロッソプテリドをイチョウ綱に入れた。一般的にはグロッソプテリス属に分類されているグロッソプテリドの葉は比較的シンプルで、すべてほぼ同じ太さの葉脈がたくさん走っている。この葉はいろいろな意味でイチョウの葉と似ている点があるのだが、一つだけ決定的な違いがある。葉脈が網目状に走っているのだ[9]。

グロッソプテリドの葉は一世紀以上も前から古生物学者によく知られていた。一九一二年に南極点到達を果たしながら帰還する途中で死亡した、ロバート・ファルコン・スコットとその隊員たちの遺体から回収された標本の中にもあった。ちなみに、グロッソプテリドの葉は南半球の全大陸で見つかったため、大陸移動説が提唱された当初、同説の根拠としてこの葉が重要な材料の一つとなった[10]。

植物学の観点からすると、グロッソプテリドはトリコピティスよりずっと理解が進んでいる。グロッソプテリドの葉の基部には種子や花粉をつくる器官があるのがはっきり見え、そうした器官は多くの場合、葉の基部と一体化した状態で見つかっている。グロッソプテリドは木質の幹でできた大木で、一目でそれとわかる長枝と短枝をもっていたことも私たちは知っている。その長枝と短枝は現生イチョウのそれと大きくは変わらない。オーストラリアで見つかった保存状態の良好な標本には、平瀬作五郎がイチョウで観察したのと同じような精子細胞をグロッソプテリドが産生していたことを示す痕跡まで残っていた[11]。

ほかにも初期のイチョウの仲間入りをしそうな競合相手が、アンダーソン夫妻が南アフリカのモルテノ植物群として記載した植物の中にある。二人がカンナスコッピフォリアと名づけた化石の葉は、グロッソプテリス属の葉よりもずっとイチョウに似ている。その葉はくさび形で、深い切れこみが入ってい

イチョウの遠い昔の親戚かもしれないカンナスコッピアの復元図。部分的に切れこみの入った葉（カンナスコッピフォリア）と、小さく反り返った雌性生殖器官（カンナスコッピア）を多数つけている。南アフリカにて産出。2 億 2000 万年前、三畳紀後期のもの。

る。また、アンダーソン夫妻がこの属に割り当てたすべての標本は、葉脈が多かれ少なかれ網目状になっており、網目のパターンは二人が認識できた一〇種の葉の化石で少しずつ違っている。中には、現生イチョウのように網目状の葉脈がほとんど見られない種（葉）もある。さらに、カンナスコッピフォリアには、二人がカンナスコッピアと名づけた雌性の生殖器官が葉の根元についている。しかし、このカンナスコッピアについては構造が現生イチョウのそれとかなり違って見える。この生殖器官は反り返った杯のような形をしており、入り組んだ枝に大量についている。それぞれの杯の中にはおそらく一個かそれ以上の種子が入っていたと思われるが、詳しいことはわからない。同じ植物のものと思われる花粉錐らしき器官には、カンナスコッピアンタスという名が与えられた。こちらも見た目は奇妙だ。花粉嚢らしきものがついているところの構造が、手のひらに押しつけた四本指のような形に湾曲している[12]。

グロッソプテリドやカンナスコッピフォリア／カンナスコッピアの互いの関係や、現生イチョウとの関係を判断する際に大きな壁となっている問題は、トリコピティスを含めたこうした比較的理解の進んでいる植物でさえ基本的な情報がまだまだ足りないということだ。たとえば、グロッソプテリド以外は種子の内部構造についても、花粉についても、茎の内部組織についてもまるでわかっていない。同様に、カンナスコッピアンタスのようなものについては、その化石の構造をどう解釈すべきかさえわかっていない。情報不足、理解不足の現状では、これらの古代植物どうしを比較することさえままならないのに、現生植物との関連性まではとても断定できない。理論的にも問題がある——これらの植物は互いに似ている点もあるが、似ていない点も多くあるからだ。たとえばグロッソプテリドと現生イチョウでは、花粉嚢と花粉粒の細部がかなり違う。したがって、イチョウの起源をさかのぼるには、関連しそうな化石植物についてもっと多くの情報が必要となるのと同時に、類似と相違のパターンを決めている要素が何なのかを知る方法も必要となる。

13章　分岐分類学――類縁関係を探る

母であることは事実に基づくが、父であることは見解に基づく。
――ことわざ

イチョウの起源のヒントになりそうな植物化石、とくにペルム紀や三畳紀の化石は、それなりに多く見つかっている。だが、グロッソプテリドやカンナスコッピフォリア／カンナスコッピア、トリコピティスの話になると、どこまで関連性があるのかを判断するのはむずかしい。化石そのものが不明瞭で比較できない場合もあるし、目で見てわかる類似点と相違点をどう解釈すればいいかわからない場合もある。たとえば、葉の形が似ていることを重視すべきなのか、それとも種子が似ていることを重視すべきなのか。イチョウの祖先をグロッソプテリドの系統に見る説と、カンナスコッピフォリア／カンナスコッピアの系統に見る説のように、競合する考え方が複数あるときはどちらを選ぶべきなのか。単に化石記録を見比べるだけでは、これらの問いに対する答えは出てこない。別のアプローチが必要だ。

部位の見た目で祖先を探すかわりに、現生植物または化石植物の「グループ間の近縁度」を問うてみてはどうだろう。たとえば、イチョウは針葉樹よりソテツに近いのか？　その逆か？　あるいは、イチョウはソテツや針葉樹より絶滅種のグロッソプテリドやカンナスコッピフォリア／カンナスコッピアに近いのか？　このように疑問の枠組みを決めてから証拠を評価していくと、種子植物のグループ間の類縁関係を別の観点で整理できるようになる。現時点でわかっていることとわからないことを明確にし、それにより、競合する複数の考え方の中から優先すべきことを選んでいくのである。この、生物グループ間の相対的な近縁度を調べていくというアプローチは、現在、生物学全般でこの種の起源問題（哺乳類の起源であれ、ＨＩＶウイルスの起源であれ）を扱うときの基本となっている。

生物の進化上の類縁関係を評価するための近代的な手法を開発したのは、ドイツ人昆虫学者ヴィリ・ヘニッヒだ。ヘニッヒの専門は現生のハエと化石のハエで、研究生活に入ったのは一九三〇年代だが、彼の名を最も有名にした分岐学理論の研究に着手したのは第二次世界大戦後にイギリスで捕虜となっていたときだ。ドイツ語で書かれた『系統遺伝的システム理論の原理あるいは分岐分類学の基礎理論』が世に出たのは一九五〇年で、シカゴのフィールド博物館が翻訳を請け負った英語版は一九六五年に出版された。

その後、ヘニッヒの考え方は一九七〇年代と一九八〇年代にニューヨークのアメリカ自然史博物館とロンドンの自然史博物館の関係者を中心とした、活気ある、ときに過激な議論を通じて発展し、磨かれていった。一九七〇年代後期から一九八〇年代初期に大西洋をはさんだ両側でこの分野について学び、教鞭をとった若輩科学者にとって、あのころの科学革命を間近に見ることができたのは、いつも気持ちのいいことばかりではなかったとはいえ、すばらしい経験だった。あれは進化生物学における真のパラダイムシフトで、そのうねりの端っこのほうにしかいなかった私でさえ、酔いしれるような興奮があった。ともかくその結果、進化上の類縁関係の謎を解明するための新しい理論基盤ができあがった(1)。

ヘニッヒが開いた突破口は、生物が共有しているさまざまな特徴には階層があり、単純な進化モデルにおいてはこの階層で説明できる、という考え方だ。ここでいう特徴とは、形態的構造かもしれないし、DNA配列かもしれないが、ともかく生物は、あるグループが別のグループの内側に含まれるというように、入れ子式に階層分けしていくことができる（マトリョーシカ・モデル）。外側のグループと、そのすぐ内側のグループは、類縁関係において一段階の差がある。そこからさらに内側のグループには、同じく一段階の差がある。

これは実用面でいうと、類縁関係を相対的な関係で定義できることを意味する。たとえば「イチョウと針葉樹」の関係は、「イチョウとコケ」または「針葉樹とコケ」の関係よりも近いとみなされる。なぜならイチョウと針葉樹はどちらも維管束植物――水輸送用に細胞壁を強化した通水組織を有する植物――というグループに属しているからだ。

つぎに、イチョウも針葉樹もシダも維管束植物だが、「イチョウと針葉樹」の関係は、「イチョウとシダ」または「針葉樹とシダ」の関係よりも近いとみなされる。なぜなら、イチョウと針葉樹はどちらも幹に木部組織をつくって立ち木になる能力を有する植物のグループであり、対するシダは木部組織をつくることも立ち木になることもできない植物のグループだからだ。さらにもう一階層進めると、「イチョウと針葉樹」は生殖に胞子ではなく種子を使うので、種子植物というグループにまとめられる[2]。

ただし多くの場合、特徴の階層はそれほどはっきりしておらず、相対的な近縁度を測るのは簡単ではない。ときには別の特徴が別の階層性を示すこともあり、そうなると相反する類縁パターン（分岐図）の候補が複数生まれる。そこに重要な情報が欠けている化石が加わると、状況はもっと複雑になる。さらに、同じデータでも別の解釈をすれば別の階層が出現するから、考慮する材料が増えれば増えるほど分岐図の候補は急増する。四つのグループ間であれば考えられうる分岐図は一五通りしかないが、一〇のグループ間で考えられうるイチョウとその他九つのグループの分岐図は、三四四五万九四二五通りになってしまう[3]。

このような状況で、数ある候補の中から最適な分岐図を選び出すとき頼りになるのは、説明はシンプルであるほどいいという標準的な科学原則だ。この原則を生物進化学にあてはめると、ひとくくりの植物とひとくくりの特徴を前にしたとき、それらの特徴を獲得するのに必要な個々の進化事象《イベント》の数ができるだけ少なくなるような説明が好ましいと

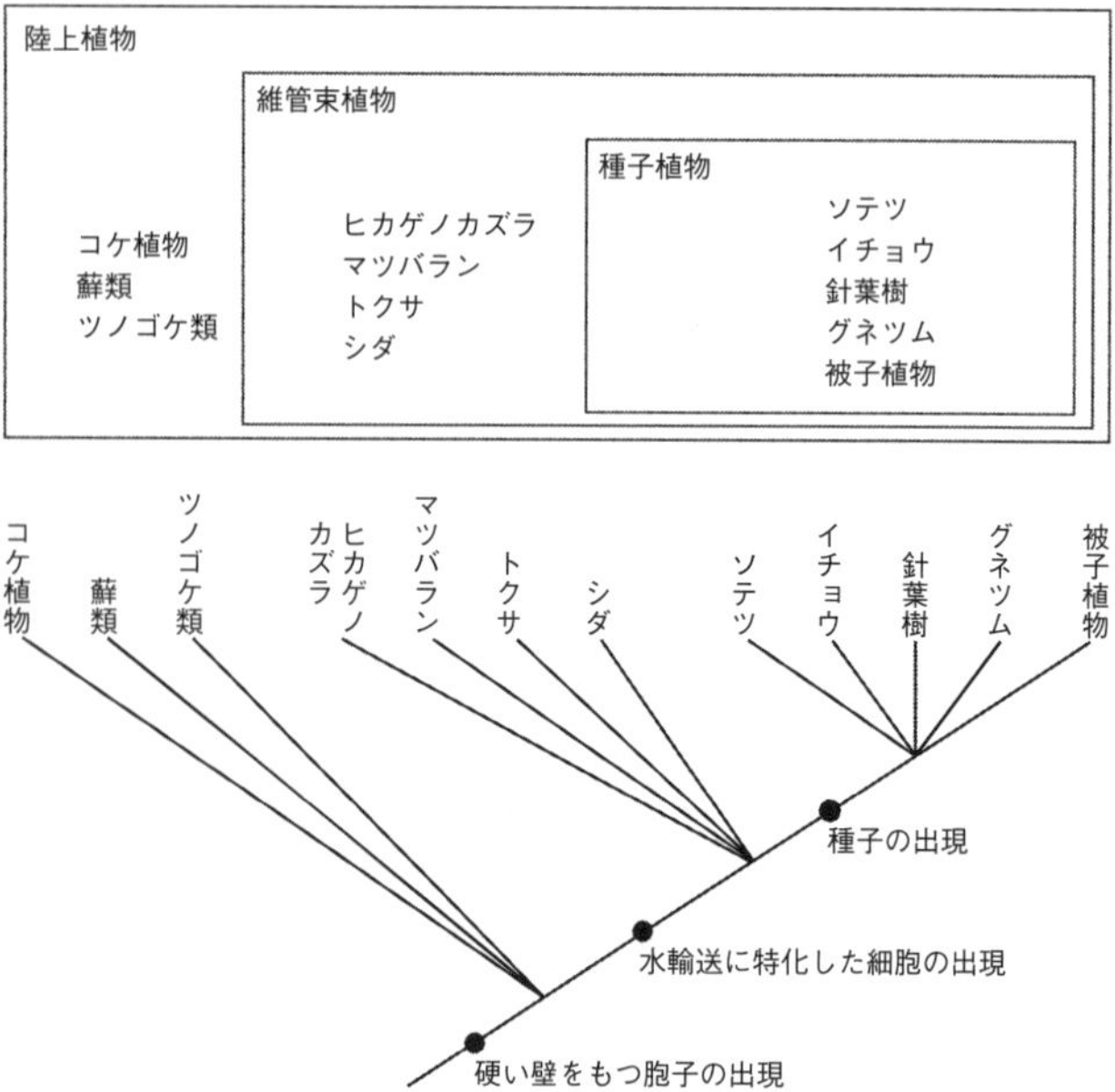

現生植物のおもな12種類のグループ。まず大きくは3つの階層に、入れ子式に分けられる（上の図）。この入れ子式の関係は、進化系統樹に似たツリー図で表すこともできる（下の図）。

いうことになる。たとえば、木部組織や種子をつくるようになるという進化は一度しかなかったという前提での説明のほうが、複数の別の場面で同じような進化があったという前提を必要とする説明よりもシンプルだ。

　当然ながら、多くの植物と多くの特徴、そして考えられうる大量の説明が入り乱れている中で、真にシンプルな説明を見つけ出すのはむずかしい。説明のシンプルさが同等またはほぼ同等なパターンが複数並立する場合もある。こうして、ヘニッヒの考え方は、コンピュータを使って巨大なデータのまとまりを分析するというソフトウェアの開発を促した。いちばんシンプルな説明を見つけようとすれば、どれほど効率的な方法を用いても気の遠くなるような複雑な計算と網羅的な分析が必要となる。多くの異なる特徴を、膨大な数の考えられうる分岐図——系統図または単に「ツリー」と呼ばれることもある——に落としこむ作業は、ほんの数種の植物と数種の特徴を分析するだけでも人の手でやるのは不可能だ。(4)

もっと素朴な問題もある。構造や生態が大きく異なる生き物どうしをどうやって比較すればいいのか、という問題だ。イチョウと蘚苔類《せんたいるい》や、ウニとサメというようなあまりにも違いすぎる生き物を比較するのはどう考えても簡単ではない。そもそも、部位ごとに比べるということができない。そこで、異なる生物種から抽出した比較的短いＤＮＡ配列を比べるという方法に拍車がかかった。ふさわしい分析ソフトウェアさえあれば、簡単に、しかも確実な答えが得られそうに思えたからだ。被子植物においては、ヘニッヒの考え方を適用した大規模なコンピュータによるＤＮＡデータ解析が一九九〇年代にはじまり、以来、異なる植物グループ間の相互関係がどんどん解明されてきている。たとえば、モクレンはスイレンよりもゲッケイジュに近いことが、ハスはスイレンやイネ科植物、あるいはヤシ類よりも、ケシやスズカケノキ（プラタナス）に近いことが判明した。三五万種を超える被子植物については現在、それをもとに植物進化の別の側面か

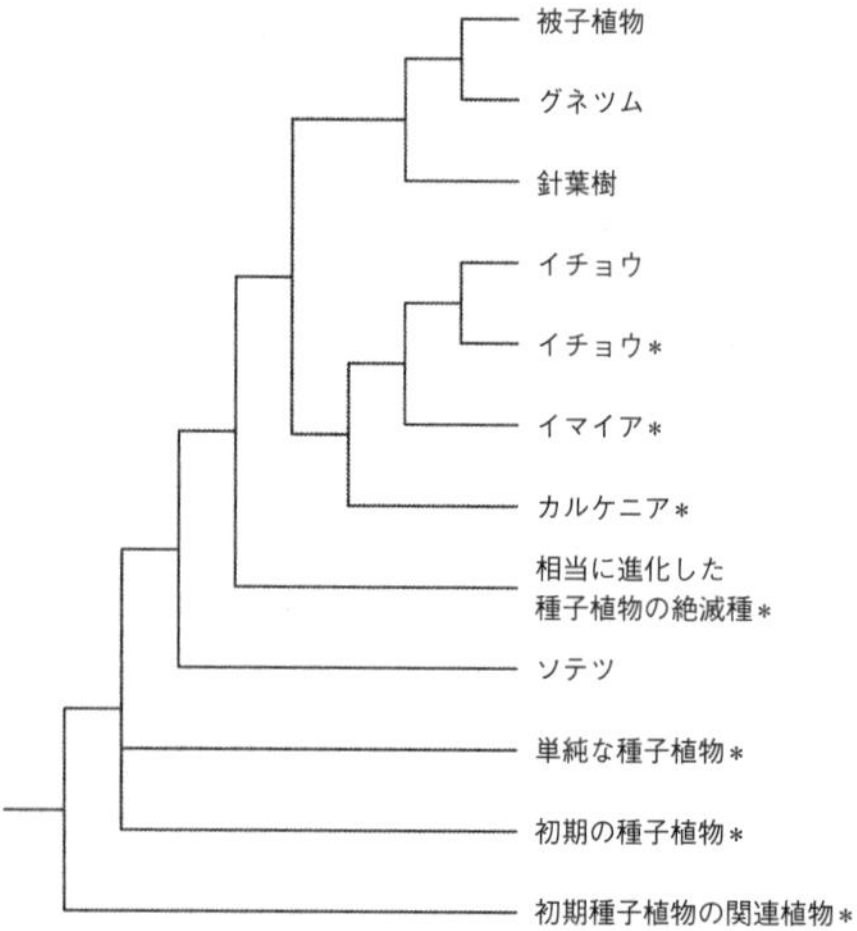

現生種子植物と絶滅した種子植物の、考えられうる相互関係を示した分岐図の例。＊は絶滅したグループ。イマイアとカルケニアについては15章を参照。

らの研究や化石の比較研究を可能にするような、まあまあ裏づけのある類縁関係の枠組みができている[5]。

大量の種が属する被子植物でこれだけ急速に解明が進み、幅広い合意が整ったのなら、種子植物内でのイチョウの位置を見つけ出すのはそうむずかしいことではなさそうに見えるかもしれない。なにしろ、現生する種子植物の中ではイチョウのほかに四つのグループしかない。四つとは針葉樹、ソテツ、被子植物、そしてグネツムと呼ばれる風変わりで謎の多い植物のグループで、それにイチョウを加えた五グループ間の、ＤＮＡ配列における類似と相違についての情報は相当量が集まった。ＤＮＡ解析の費用は急激に下がり、より長い配列を、ときには全配列を読むことが苦ではなくなってきたからだ。五グループ間で考えられうる一〇五の分岐図の中から一つの最適解を選び出すことなど、簡単なはずだった[6]。

この五グループ間における相互関係については、この問題にDNA解析技術が用いられるようになるよりずっと前から各種論文が発表されており、多大な注目を集めていた。しかし、いまだに合意は形成されていない。DNA解析はこれまで、おもに被子植物内の類縁関係を理解すること、ひいてはその起源を知ることにかなり役立ってきた。だが種子植物内となると、少しずつ違う分析法またはデータによって導き出される分岐図の候補のうち、実際の進化経路にいちばん近いものを選び出すのは容易でない。絶滅した種子植物のグループまで加えると——当然ながら絶滅種のデータは化石から得られる情報に限定されるので——またもや異なる候補が浮かび上がる。DNA配列に基づく数々の分析と、化石を含めた分析を総合すると、イチョウはどうやら現生種子植物の他の四グループのうち、針葉樹のグループにいちばん近いという結果が出た。しかし別の分析では、針葉樹とグネツム間の距離がいちばん短く、つぎにイチョウと針葉樹およびイチョウとグネツムが同程度の距離にあるという結果が出ている。

イチョウにいちばん近いのは針葉樹、ソテツ、被子植物、グネツムのどれであるかという疑問を解くためにすでに注ぎこまれてきた多大な努力を思えば、今後どれだけ多くの分子データが集まっても、この問いの決定的な答えはけっして出てこないように思える。しかし、もっと重要なのは、たとえ現生種子植物内の相互関係が解明されたとしても、その答えは私たちの真の望みをかなえてくれる助けにはなりそうもないということだ。私たちがほんとうに知りたいのは、現生している植物と絶滅した植物の多様性を一望する大きな地図の中で、イチョウがどこに位置するのか、イチョウの独特な特徴の数々がどのように進化してきたのかである。これらの謎を解くには、イチョウとそれ以外の種子植物の類似点と相違点について、もっと深くもっと徹底的に、しかも統括的な方法で調べる必要があるだろう。とくに化石でしか知られていない種子植物については、これからもっと調査をしていかなければならない。相反するように見える手がかりについても、別の角度から見た証拠に照らし合わせて、実際の進化の道筋に合致しそうな分岐図にあてはめてみるという試みも必要だろう(7)。

私たちはイチョウの起源について、いまのところ、古生代後期に多様化した「比較的単純な葉と平らな種子をもつ種子植物」のグループのどこかにあるのだろうという、明確でない一般論に頼ることしかできない。カンナスコッピフォリア／カンナスコッピアやグロッソプテリド、そしておそらくトリコピティスを含むこれらのグループは、三億年ほど前にはじまった種子植物の進化における第二段階に相当する。ちなみに、それより前の段階にあるのがデボン紀やカンブリア紀の種子植物だ。あまりにももやもやとした風景ではあるが、現状ではこれ以上のことを見通すのは不可能だ。最善の努力をもってしても、植物進化の全体像におけるイチョウの位置はいまも定まらない。

14章　グリーンランドと北海沿岸の化石

多すぎる光は、あの手の男たちの目を見えなくする。
彼らは木を見て森を見なくなる。

——マルティン・ウィーラント
『ムザーリオン、または美の哲学』

イチョウについて文献を残した有名な古植物学者は多いが、イチョウの遠大な進化史に光をあてた人物を一人だけ挙げるとすれば、周志炎をおいてほかにない。中国の古植物学者である周志炎は、一九八〇年代に一連の画期的な業績を上げたのを皮切りに、初期のイチョウ様の植物をいくつか発見した。葉の形だけでなく種子その他の部位も調べて新しい化石種だと判断し、そしてその新発見を、以前の研究者たちが積み上げてきた幅広い知識と照らし合わせた。おかげで、いまではイチョウの歴史について多くのことが知られるようになった。と同時に、イチョウの歴史が三〇年前に考えられていたよりずっと複雑で興味深いこともわかった。一九九四年、周志炎の研究は中国科学院から最優秀賞を授けられ、翌年には本人も学士院会員に選出された。会員に選ばれることは、科学が高く評価されている中国で最高の栄誉に値する。周志炎は中国の植物化石研究に

トム・ハリス（1903-1983）。地質時代のイチョウその他の化石植物の知見に多大な貢献をしたイギリスの古植物学者。1980年夏、レディング大学にて撮影。

おける第一人者で、彼の研究は、現生するイチョウについてすべてを知ることを目標にしている①。

周志炎は研究人生の前半を中国で過ごしたあと、一九八〇年にイギリスに渡り、レディング大学のトム・ハリス教授の下に入った。これは周志炎にとって大きな節目となった。イギリス滞在中の彼の最優先事項は中国で採集した化石を研究することだったが、後半の研究人生をイチョウに捧げるとわかっていたら、イギリスでの時間をもっと別のことに使っていたかもしれない。ハリスはハリスで、イチョウの化石について多くを見出した人物だ。この二人なら、いくらでも話すことがあっただろう②。

ハリスはレディング大学が設立された一九三四年に教授として着任し、一九八三年に死去するまで同学で研究を続けた。周志炎が渡英した一九八〇年代初期に、年齢はすでに七〇代後半に達していたが、相変わらず一目を置かれていた。毎日のように地質学部に通い、熱心に最新の植物化石を調べていた。ひょろりと背が高く、強烈な個性の持ち主であるハリスは、世界を白と黒で瞬時にとらえる力をもっていた。

ハリスは基本的に周囲に友好的で、レディング在学中の私に対してもふつうに優しく接してくれたが、悪ふざけのようなものは嫌っていた。そして世界をグレーにしか見られない人間には容赦ない攻撃をした。彼は明晰な頭脳で精力的に化石を集め、二〇世紀中期に名声を打ち立てた。研究論文を途切れることなく発表し、その期間はじつに六〇年に及んだ。彼の最高傑作は――といっても職歴後半で最高のものではあるが――全五巻の大著『ヨークシャーのジュラ紀植物群』だ。彼は第二次世界大戦後の数十年間、イギリスの古植物学界を牽引した。彼の研究成果の蓄積が及ぼした影響ははかりしれない。[3]

ハリスは医学の博士号をめざしてケンブリッジ大学に行ったが、その前から天才的だった。レスターの自宅から毎日ノッティンガム大学に通っていた一八歳のとき、すでに理学士号をもっていた。ノッティンガムでH・S・ホールデンに会ってから、その影響で化石に関心をもちはじめた。ホールデンはイギリスの古生物学の拠点であったマンチェスター大学出身で、化石への興味はそこで育まれたものと思われる。ハリスは医学をやめ、植物学に転向した。[4]

ハリスはケンブリッジで、A・C・シーワードを中心とした集団に加わった。当時、最も輝いていた古植物学者がシーワードだったからだろう。シーワードは、チャールズ・ダーウィンの死から二〇年後にダーウィンと息子フランシスとの書簡集を編集したこともあったが、興味の中心はあくまで化石植物で、それを題材にあらゆる角度から大量の文献を書いた。研究者としてだけでなく経営者としての資質もあったシーワードは、ハリスが知り合うころには地位も人望も人脈も築き上げていた(5)。

シーワードは古植物学のさまざまな分野で多大な貢献をし、世界各地の化石を研究したが、被子植物の化石にとりわけ魅せられた。ダーウィンはかつて、被子植物の起源を「忌まわしい謎」と呼んだことがあったが、この言葉を世間に広めるのに一役買ったのがシーワードだ。シーワードのおかげでこの言葉は、ダーウィンが想像もしなかったほど何度も、というよりダーウィンが望みもしなかったほど何度も、くり返し引用されることになった(6)。

シーワードは一九二〇年代に、一億年前の化石被子植物に興味をもった。とくに、そのころ西グリーンランドのデンマーク人地質学者たちの探査によって利用可能になっていた岩石に保存されていた化石に引きつけられ、みずから一九二一年夏に現地に出向くことまでした。ほどなく、ケンブリッジのシーワードのところに一五箱分に梱包された化石植物一式が届いた。グリーンランドの東海岸の中ほどを覆っていたフィヨルドの、氷冠の反対側にあるさらに古い岩石だった。ハリスによれば、何かの手違いで送られてきてしまったのだそうだ。その岩石はデンマーク人地質学者ニコライ・ハーツによる初期地質調査隊が一九〇〇年に集めたものだとわかった。ハリスはこの機をとらえ、この岩石試料をケンブリッジでの研究題材にしようと決めた。そして、脇目もふらず突き進んだ(7)。

一九二五年、ハリスはストックホルムに赴き、スウェーデン自然史博物館のアルフレッド・ナトホルストの後継者だったトール・ハレ教授を訪ねた。ハリスはそこで、岩石試料から植物化石を抽出する技法を学び、その技法をほとんど改変することなく終生、自分の仕事に利用した。翌年、ケンブリッジのシーワード宅での晩餐で、ハリスはデンマーク人地質学者ラウゲ・コッホと出合った。ハリスはそのときのことをこう回想している。「コッホは大柄で精悍《せいかん》な顔つきをした男で、グリーンランド地質調査機関の責任者だった。彼は私に、来月から一年間、東グリーンランド遠征に行くんだが、つき合わないか、と言った。人生には、考えずに結論を出したほうがいい場面がある。このとき、私はまさにそんな場面にいるとぴんと来て、はい、行きます、と答えた(8)」

一九二六年夏、コッホ率いる調査探検隊はコペンハーゲンに立ち寄ったあとグリーンランドの東海岸に向けて三週間の船旅をし、スコアズビー湾に上陸した。探検隊のメンバーは、コッホとハリスのほかに、デンマーク人地質学者で技師のアルフレッド・ローゼンクランツと、二人のエスキモー猟師のみだ。それ以外には、そりを引かせるためのイヌが約五〇頭いた。目的は、東グリーンランドのこのあたりの地質を理解するのに役立ちそうな化石を広範囲に採集すること、とくにニコライ・ハーツが基礎を築いた化石植物のコレクションを拡充させることだった。

探検隊には冬を越せるだけの充分な物資があったが、孤立したところでの暮らしはつらかった。気候は厳しく、地形は険しく、永久凍土の表面はすべりやすい。最低限の生活の中、ハリスたちはその一年で――ほとんどが冬期で簡素な機材しか使わなかったにもかかわらず――厚さ三〇〇フィート〔九二m〕の地層断面から大量の化石植物を集めることができた。「各層に、近接する層にはない化石種が最低一つ、多いときは一ダース見つかることがよくあった」とハリスは言う。一部の地層からは、現在のイチョウ葉とよく似た化石の葉がどっさり出た。探検隊は翌年の夏を迎えて活気をとり戻した。イチョウ葉その他の植物を保存した大量の岩石試料を積んだ船は、イギリスに戻った。

結局、ハリスは東グリーンランドの化石を相手におよそ一〇年を費やし、その一〇年が彼の古植物学者として最も多産な時期となった。彼はシダ、トクサ、ヒカゲノカズラ（イワヒバ類）の多様な種を記載した――針葉樹やソテツ、絶滅したさまざまな種子植物についても。こうして確立された東グリーンランド植物群は世界で指折りの化石植物群となり、ハリスの名声を確固たるものにした。彼は三一歳でレディング大学に、初の植物学教授として移籍した。

ハリスは東グリーンランドから出たイチョウ様《よう》の葉について詳細に記載し、現在のギンコー・ビロバの葉よりも切れこみが深く規則的であることを認めた。彼はそうした葉をギンコイテス・タエニアタと名づけ、その葉はイチョウの成木の葉よりも、幼木の葉や再生した茎から出る若い葉に似ていると書きとめた。ハリスは、トール・ハレから習い、のちに周志炎に教えることになる古典的だが過激な技法で、グリーンランドからも ち帰った岩石試料を処理した。まず強い酸、つぎに強いアルカリにさらして化石の葉から石炭様の物質を溶かしてしまう。すると、葉の裏と表《おもて》の表皮（クチクラ層）だけが残る。こうして、葉の形やサイズが異なっても細胞レベルで類似性があることを根拠に、イチョウ様の葉はどれも単一の種である可能性が高いことを示した。彼はまた、ギンコイテス・タエニアタの葉のそばで見つけた種子も同じ木のものだろうと推測した。ハリスはそれを証明することこそできなかったが、別の産地でもかならず葉の近くから出ていること、クチクラ層が似ていることを根拠に、その種子と葉は同じ植物のものだと確信していた。(9)

グリーンランドの仕事が終わると、つぎの研究題材を決めなければならなくなった。この時点でハリスはすでにレディング大学に移っていた。彼はグリーンランドの岩石試料を追究するのではなく、別のことに目を向けた。イギリスのヨークシャー産の、みごとな保存状態のジュラ紀の植物を総合的に見直すことにしたのだ。ヨークシャーの化石は古植物学が科学になったころから採集され調査されてきて、一九三〇年代初期にはすでに多くの研究者がかかわっていた。ストックホルムのナトホルストも、ハリスのケンブリッジ時代の先輩にあたるヒュー・ハムショウ゠トマスもここの産地に手をつけていた。とくにトマスは広い範囲の実地調査をし、新しいコレクションをつくり上げていた。しかし、ハリスにはそんなことは気にならなかった。彼から見れば、やるべきことはまだまだあった。それに、ヨークシャーなら東グリーンランドより「産地通《がよ》い」が容易だ。

ハリスは二度とグリーンランド産の化石の研究をすることはなかった。もっとも彼自身、何年もあとになってから、少しばかり未練を漏らしたこともある。ハリスはかつて私にこう語った。グリーンランドの化石研究を続けていたら、もっと面白い発見をたくさんできたかもしれない、と。だが彼は、いつものにやっという笑いと首を縦にふるしぐさで、こうつけ加えた。でもそうしていたら、ヨークシャーでの休暇を楽しむことはできなかっただろうね、と。彼は自身の休暇の多くを、家族を連れての化石採集に費やした。昔ながらの産地を訪ねる一方で、ノースヨークシャー・ムーア（泥炭地）を歩いては、新しい情報や新しい化石植物種が出てきそうな地層を探索した。

トム・ハリスはヨークシャーのジュラ紀植物群の研究を通じて、現在は北東イングランドにあたる一億五〇〇〇万年前の海岸地帯の河口、後背湿地、氾濫原に育っていた植物の知見拡大に貢献した。このあたりの海岸は、現在でこそ北海からの寒風が吹き荒れているが、当時はもっと温暖で、針葉樹にソテツ、シダ、そしていまでは絶滅してしまった多くの植物が生い茂っていた。現在ならいるのがあたりまえの哺乳類や鳥類、チョウ、ハチ、その他の生き物の姿はない。そこは恐竜や翼竜の世界で、昆虫としては甲虫と原始のハエが主役だった。ハリスは職業人生の大半を、この太古の生態系における植物を解明することに捧げた。それ以前の知見を土台にハリスが積み上げて固めていったヨークシャーの化石植物群は、同時期のほかの化石植物群と比較するときの基準にされるほど質が高い[10]。

イチョウ葉はヨークシャーの昔ながらの化石産地でも出ているが、スカーバラのすぐ北の海岸に露出しているスカルビー・ネスの地層でとくに多く出る。一九七四年秋に、私もここではじめてイチョウ葉化石を採集した。ハリスと、ハリスのかつての教え子ジョアン・ワトソンと、彼女が教えるマンチェスター大学の学生たちに同行させてもらったのだ。以来、何度か同じ場所に行っているが、期待はずれに終わったことは一度もない。

ギンコー・フトニの化石葉。ヨークシャー州、スカルビー・ネスにて産出。1億7000万年前ごろ、現在の北海に注いでいた川の砂州から採集。

スカルビー・ネスの断崖は、かつて曲がりくねりながら海に注いでいた川の砂州を、断面にして見せてくれる。化石植物は、大昔の砂州に生えていたその場所で、かたまって倒れた状態で見つかる。いまのところいちばんよく出てくる化石植物は、深い切れこみの入った葉、ギンコー・フトニだ。ハリスは、現在のイチョウの種子によく似たものもスカルビー・ネスで見つけている。その化石種子はグリーンランドで採集したものとも似ており、ハリスは、ギンコー・フトニの葉をつけていたのと同じ植物についていた種子だろうと考えた。彼は、現在のイチョウの花粉錐とよく似た構造のものも一点見つけており、そのことを記載している[11]。

トム・ハリスが東グリーンランドとヨークシャーで見つけて記載したイチョウ様のさまざまな化石種は、まず間違いなく、いまのギンコー・ビロバにつながる系統の一部だ。いや実際、そうした化石種と現生イチョウの関係のほうが、ほかの現生植物種と現生イチョウの関係より近いのだろう。しかし、これらの化石種についての私たちの知識はいくつか重要な点で不完全だ。とくに、種子に関しては決定的な証拠がまだない。ハリスの苦心の研究は、化石の葉と現生イチョウの葉の類似性を明らかにした。だが、それがイチョウの化石種の葉だと断定するにはまだまだ情報が足りないことを、彼自身、だれよりもよくわかっていた。ハリスは機会あるごとに、化石植物全体を集めることが最優先課題だと力説していた。葉以外の部位がすべてそろわないかぎり、現生種と化石種の比較は有益なものとならない。これは彼の生涯を通じてのテーマであり、教え子全員に伝えた哲学であった。そうした教え子の一人が周志炎だった。

15章　中国の化石

生めよ、増やせよ、地に満ちよ。——創世記（一章二八節）

周志炎は一九八〇年の九月にレディング大学にやってきて、私とほぼ一年間、同じ研究室で共に働いた。私は二〇代半ばで、植物学部での初仕事を終えようとしていた。周志炎は四〇代後半で、南京の中国科学院、地質学古生物学研究所の上級研究員だった。彼が中国の外に出たのはこのときがはじめてだ。当時の中国では留学の機会は狭き門で、周志炎は毛沢東が死んだ翌年に海外へ出ることを許された初の中国人科学者の一人だった。彼は中国から化石植物を持参しており、さしあたりの目的はそれを研究することだったが、もっと広い目的もあった。学べることは何でも学んで、失った時間をとり戻したいと考えたのだ。彼は、彼が言うところの「専門外の活動」に、それまで多くの時間をとられてきた。政治集会や肉体労働その他、科学と無関係の活動をしながら文化大革命期を耐え抜いた。(1)

周志炎は一九三三年、上海に生まれた。一九五〇年代初期に南京大学で学び、地質学古生物学南京研究所（当時）で職を得た。専門はトム・ハリスと同じく中生代の化石植物だったが、ハリスが最初から植物学者だったのに対し、周志炎は地質学者としてスタートした。最初のころの研究目的はあくまで地質の理解であり、化石植物は地質年代を測定するのに便利な指標としか見ていなかった。ゆくゆくは、中国の経済成長に欠かせないエネルギー源、石炭についての研究をするつもりだった。周志炎は研究人生の後半になって、とくにイギリス留学後、植物学を追究するようになった。現在の彼を有名にしている、イチョウとその類縁の歴史を追うというテーマもその一つだ。イチョウの進化を理解するのに、周志炎ほどの貢献をした人物はいない。彼は彼ならではの地味で穏やかな向き合い方で、二億二五〇〇万年前から六〇〇〇万年前のイチョウ様の化石葉を調べ、現生種として一種のみしか生き残らなかったイチョウがたどった歴史を解明してきた。

理論のみを追いかける研究者か、他人が集めた岩石試料を素材にする研究者でないかぎり、古生物学者の仕事には「運」が必要となる。保存状態がよく、新しい情報や有益なヒントを与えてくれる標本に、うまくめぐり合えるかどうかがすべてだ。一方で、これはどんな分野にもあてはまるかもしれないが、古生物学における運は「受けとる準備ができている人」のところに降りてくる。優秀な古生物学者はつね日ごろから、何か面白い素材はないかとアンテナを張っており、予期せぬものが目の前に現れたとき、それにどう対処すればいいかを知っている。当初は地質学の観点からイチョウを調べていた周志炎も例外ではない。ふさわしい素材にふさわしいタイミングで出合ったとき、彼はすぐさまその重要性に気づき、やるべきことをやった。

イギリスから戻って間もない一九八〇年代半ば、周志炎は河南省義馬市で働いていた鉱山技師の章伯東から連絡を受けた。章は地質学の専門家で一帯の炭鉱に精通しており、熱心な化石ハンターで、とくに植物化石に興味があった。章とその家族は、余暇を利用しては義馬の大規模な露天採掘場に出向き、積み上げられた廃石から化石植物を集めた。やがて、投じた時間に見合う、まとまった化石イチョウ葉のコレクションができあがった。その多くは、落ち着いたグレーのシルエットになって美しく保存されていた。

中国人古植物学者、周志炎。彼の中国その他での化石研究は、イチョウの歴史に対する私たちの理解を根本的に変えた。中国科学院地質学古生物学研究所の博物館の屋外にて、2009年初頭に撮影。

周は、章が集めたものの潜在的な価値をすぐさま見抜いた。それは一億七〇〇〇万年前のジュラ紀のもので、周がそれまでに集めた標本――レデイング大学に持参したものを含めて——よりもずっと保存状態がよかった。北京近郊の炭鉱をはじめ、中国で見つかったジュラ紀の植物化石は、たいてい埋まったあとに高温と高圧を受けた岩石の中から出てきているため、押しつぶされて形は崩れ、化学成分も変性しており、そこから詳細な情報を得られる望みはほとんどなかった。しかし、義馬産の化石はあまり深くない場所に埋まっており、それほど硬くない岩石に保存されていた。周がイギリスで見た、ヨークシャーのジュラ紀地層から産出した化石に匹敵する保存状態のよさだ。葉のクチクラ層や、葉以外の部位まである。適切な技法で処理してやれば貴重な情報源になる、周はそう確信した。

何より最優先すべきは、現地を訪れてもっと多くの化石を集めることだった。一九八六年、周は教え子の揚学林をともなって河南省に行き、数日間、義馬炭鉱で標本採集をした。さらに、章とその家族が集めた大量のコレクションを精査し、美しく保存されたイチョウ様の葉にまじって種子とその関連部位まで残っているのに気づいた。葉と種子とその関連部位がこれだけ多く見られるのなら、どれも同じ植物のものであることにほぼ間違いはない。

周志炎と章伯東は、新発見を予告するような報告書を発表した。義馬産の化石植物に、二種類の新しいイチョウ様の種子を見つけたと考える、という内容だ。「詳細な研究をするにはかなりの期間を要するため、われわれはここに重要な特徴を発表し、予備的な評価を提示することとした。イチョウの歴史に関心のある研究者の参考になればさいわいである」と彼らは書いた。そして、この二種類の種子はまったく新しい発見であり、義馬産の化石にはほかにも何種類かのイチョウ様植物が保存されていることを確信している、と結んだ。[2]

こうして、周と章は二種類の発見のうち、葉と種子の構造からいかにもイチョウの仲間とわかるほうの化石植物から先に詳しく調べた。彼らはその葉をギンコー・イマエンシスと名づけた。周と章は、その葉と種子が同じ植物種に属するものだという当初の考えをさらに固めた。根拠として、葉と種子が義馬炭鉱の特定の地層からいっしょに、しかもたくさん見つかるという事実だけでなく、葉と種子のクチクラ層の構造が現代の樹木のそれと、同一ではないにせよ似ているという事実を挙げた。さらに周と章は、ギンコー・イマエンシスの葉が「ギンコー・ビロバの葉より深く裂けている」こと、いっしょに見つかる長い柄《え》の先には五、六個の種子がついていることを書き添えた。[3]

つぎに、周と章は予告的に発表していた義馬産のもう一つの化石植物に目を向けた。二人はその種子に、イマイア・レクルバという名をつけた。それはシンプルな柄の先に、八つか九つの種子の房をつけていた。いっしょに見つかった葉は、イチョウ葉にはあまり似ておらず、細く裂けている。その葉は、一世代前の中国人古生物学者、斯行健がすでに記載していた。斯はその葉に、バイエラ・ハレイという名を与えていた――トム・ハリスを助け、中国の化石植物研究に多くの影響を与えたスウェーデン人古植物学者、トール・ハレにちなんだ名だ。バイエラ・ハレイの葉の切れこみは深く、裂けて細長くなった葉の断片はむしろイネ科植物の葉身のように見える。

なお、周と章がバイエラ・ハレイといっしょに出てきた種子につけた属名、イマイアは、産地の義馬《イマ》にちなんでいる。この植物に関しては、葉（バイエラ・ハレイ）と種子（イマイア・レクルバ）だけでなく、長枝と短枝をもつ「枝」の化石も出てきている。義馬炭鉱では、ギンコー・イマエンシスが見つかった地層の少し下で、植物のいろいろな部位がまとまって出てきた。周と章は論文を書いた時点で、イマイア・レクルバおよそ五〇点とバイエラ・ハレイ数百点の標本を集めていた④。

河南省のジュラ紀中期のギンコー・イマエンシスとイマイア・レクルバの原記載をしたあと、周志炎は同じ時代の似たような化石植物を、中国の別の場所で続々と見つけていった。周志炎をはじめとする中国人研究者らは、一八年間のうちにイマイアという属名をもつ化石数種を記載し、「イマイア」のグループをイチョウの古い親戚の一つとして確立させた。一連の研究の結果、イマイア様の植物は二億年前から一億六〇〇〇万年前の中生代中期にヨーロッパから中国までの北半球で広く分布していたという全体像が浮かび上がった。さらに、その同じ時代の同じ太古の風景は、イマイア以上に現生イチョウに似ているギンコー・イマエンシスなどの植物の生育地と重なっていた⑤。

一九八〇年代後半に義馬炭鉱の化石植物を調べはじめたとき、周と章は二つのイチョウ様植物を見つけたわけだが、彼らは一五年後、さらに三つ目の仲間まで見つけた。周はこの三番目のイチョウ様植物にカルケニアの属名を割り当てた。カルケニアという化石植物のグループがはじめて記載されたのは一九六〇年代半ばで、記載したのはアルゼンチンの先駆的な古植物学者セルヒオ・アルチャンヘルスキ、産地はアルゼンチンのサンタクルス州チコにある白亜紀初期の地層だ。アルチャンヘルスキも若いころトム・ハリスとともに働いたことがあり、ハリスから、散り散りになっている部位を集めて古植物を復元することの重要性をくり返し叩きこまれた研究者の一人だった[6]。

チコ植物群は一億三〇〇〇万年前のころのもので、保存状態がすばらしい。中でも多く出てきたイチョウ様の葉に、アルチャンヘルスキはギンコイテス・チグレンシスという名を与えた。同じところから出てきた種子の化石に、アルチャンヘルスキは新たに考案した属名をつけて、カルケニア・インクルバと名づけた。カルケニアには興味深い謎があった。まず、葉のほうは、深い切れこみの入った現在のイチョウ葉によく似ている。ここから類縁関係を推察するのは簡単だ。一方、いっしょに出てきた種子の構造はかなり違う。あまりにも違うため、私は一九八〇年代半ばにこの化石の文献をはじめて読んだとき、現生イチョウと関連性があるようにはとても思えなかった。種子は一〇〇個以上がぎゅっとひとかたまりになっていて、まるで球果のようだ。現生イチョウの、種子柄の先に一個か二個の種子をつけただけのシンプルな構造とはずいぶん違う。さらに、カルケニアの種子にはそれぞれ、外向きに反った個別の柄がついていて、種子の先端は内側に、円錐の中心軸に対して戻るような方向を向いている。しかし、葉の形がイチョウに似ていることには議論の余地がなく、また、この葉と種子が同じ植物のものである

古いイチョウの親戚の葉、ギンコー・アウストラリス。オーストラリア、ヴィクトリア州、白亜紀初期のクーンワラ堆積層より。1億3000万年前ごろ。

可能性は、アルゼンチンや中国その他の場所から同じような葉と種子の組み合わせが出ていることからますます強まった。セルヒオ・アルチャンヘルスキがこの葉と種子を同じ植物のものとした当初の推論は、のちの研究で裏づけられることになるが、それはいまになってふり返ると、現生イチョウの歴史を知るうえで大きな一歩となった。

周志炎らが中国で見つけたカルケニアは、ギンコー・イマエンシスやイマイア・レクルバに比べると、義馬の化石植物群での産出点数がずっと少ない。カルケニアが出てくるのは、イマイアが記載された石炭層より少し下の層だ。見つかった種子は五点しかないが、この発見は、中生代のイチョウ様植物が多様だった証拠を補強した。中国北東部の別の炭鉱でも周志炎は三つの化石植物を発見しており、その三つはどれも、どんな現生植物よりも現在のイチョウに近い[7]。

カルケニアが北半球と南半球にあったのなら、もっと現生イチョウに近い植物、あるいは絶滅したイマイアの化石も南半球に存在したのだろうか、という疑問がもちあがった。単にイチョウ葉に似た化石葉というだけなら、アフリカ、オーストラリア、南米のあちこちで発見されている。かつて南半球の大陸塊の一部であった、インドでも見つかった。しかし、これらの化石葉のうち、いかにも現生イチョウの仲間と呼べるような葉や、イマイアのような生殖器官は見当たらない。すべてカルケニア様の植物かもしれないし、あるいは私たちがまだ知らないイチョウの古い親戚かもしれない(8)。

周志炎は、数十年前にイチョウ様の化石植物を発見するという偉業を達成したあとも、別の産地で見つけた新しい岩石試料を使って詳細な説明を加えていく作業を続けた。新たに見つけた化石は、義馬産の化石を使って提示した全体像を固めることには役立ったが、広げるところまではいかなかった。だが二〇〇三年、周志炎はイチョウ化石の歴史を知るうえでの新たな突破口を見出す。

一九九〇年代には、中国北東部の化石堆積層から画期的な古生物学の発見が相次いだ。遼寧省の義県層で採集された、いわゆる熱河生物群は、一億二五〇〇万年前から一億二〇〇〇万年前ごろの白亜紀前期の化石群だ。すばらしい動物化石がつぎからつぎへと出てきて、そのたびにニュースの見出しを飾った。とくに注目されたのは初期の鳥類とそれに関連する恐竜の化石で、中には明らかな羽毛の形跡や、羽毛の前兆となりそうな綿毛様の構造を残した化石もあった。ほかにも初期の哺乳類や両生類、さまざまな昆虫、そしてシダや蘚類など各種植物の化石が出てきた。針葉樹などの多様な種子植物はもち

南極大陸から分離した南半球の大陸の、1億年前ごろの相対的な位置関係。似たようなイチョウ様の化石葉が、南米、インド、オーストラリアで発見されている。

ろん、貴重な情報源となる最初期の顕花《けんか》植物の化石までであった[9]。

意外なことに、イチョウ様の植物はジュラ紀と白亜紀には広く存在していたにもかかわらず、この義県層からはイチョウの歴史に関連する化石がなかなか出てこなかった。しかし二〇〇三年、周志炎と鄭少林が義県層から出たはじめてのイチョウ化石を記載した。これにより〈真に古い時代のギンコー・イマエンシス〉と〈基本的に現代のイチョウ〉とのあいだにあった空白地帯に橋がかかった。同じ義県層でも、動物化石の産地として以前から有名だったのは錦州に近い尖山溝層だが、新しく見つけたイチョウ化石の産地は頭道河子《とうどうかし》村近くの山の斜面に露出している磚城子《せんじょうし》層だ。この二つの地層はほぼ同じ年代のものと考えられているが、そこに含まれる化石植物の種類はわずかに違う。

新しく見つかった化石からは、議論の余地のないイチョウ葉が数十点と、成熟度が少しずつ違う段階で保存された雌の生殖器官七点が現れた。葉は長さ一インチ〔二・五cm〕ほどで、現在のイチョウ葉と比べてかなり小さく、深い切れこみが入っている。生殖器官の柄《え》は小さく、どれも枝分かれしていない。先端には三つから六つの小さな種子がついていた。柄の先には未成熟な種子をつけたもののほかに、大きな種子をつけたもの、種子が落ちて大きな跡を残したものがあった。周志炎と章伯東は、その葉と種子にギンコー・アポデスという名をつけた。

ギンコー・アポデスの重要性は、一億七〇〇〇万年前のギンコー・イマエンシスの化石と、六五〇〇万年前の実質的に現代のイチョウと同じものの化石の空白にぴたりとはまることだ。さらに好都合なことに、両者の中間的な構造をしている。ギンコー・イマエンシスの生殖器官は、三つか四つに枝分かれした柄があり、それぞれの柄の先に一個の種子をつけている。ギンコー・アポデスの生殖器官はほとんど枝分かれしておらず、三個から六個の種子が先端についている。これは現代のイチョウにかなり近い。ちなみに現生種のイチョウの生殖器官の先には、通常二個の種子しかついていない。イチョウの進化において、少なくとも生殖器官の構造については、枝分かれしていた柄が分かれなくなり、種子の数が六個から二個になるという退縮傾向があったと周志炎は結論づけた。[10]

16章　多様さの増減

花のない惑星から来た人は、私たちがいつも身辺に花を置きたがるのを、奇妙に思うだろう。

――アイリス・マードック『完全に名誉なる敗北』

四半世紀前の周志炎による義馬炭鉱の研究を皮切りに、イチョウとその親戚の化石記録についての知見は飛躍的に増えた。新しい情報と新しい発見がどんどんたまっていき、イチョウにはかつて驚くほど多くの仲間がいたことが明らかになった。過去に予想外の多様性があったとわかったことは、現在は一種しか存在しないイチョウの進化に対する私たちの見方を変えた。地質時代にイチョウ様の植物が多様だったことは化石葉の調査からある程度の予測はついていた。しかし、種子その他の葉以外の情報が集まるまでは、「植物」としての全体像をつかむことはできず、現生樹木との比較もむずかしかった。周志炎たちの研究は、そんな停滞した状況に突破口を開いたのだ[1]。

　知見が増えるにともなって、研究は現生イチョウとその古い親戚がどんな進化をたどったかを検討する段階に入った。この段階で道を切り開いたのも、周志炎その人だ。彼は、関連する化石についての膨大なデータをもとに、いくつか単純な分析をおこなった。

まず、イチョウ様植物の多様さの移り変わりをつかもうと、周志炎はイチョウの長い化石史の中で異なる属として区別されてきたイチョウ葉の「グループの数」を年代ごとに示すグラフをつくった。イチョウの系統かどうかよくわからないトリコピティスその他のペルム紀の植物は保留とした。イチョウ様の葉は、三畳紀の五〇〇〇万年間でグループの数を増やしていた。三畳紀初期に四グループだったのが三畳紀中期は六グループ、三畳紀後期には一二グループになっていた。二億年前から一億年前のジュラ紀と白亜紀初期も、七グループから一一グループという多様さを保っていた。その後は減少に転じ、白亜紀後期には四グループ、古第三紀と新第三紀にはわずか一、二グループになっていた。イチョウ様植物の生殖器官の化石は葉の化石よりグループ数も少ないが、傾向は同じだった。三畳紀後期に五グループあったが、白亜紀初期に三グループへと減り、一億年前には一グループになってしまった。葉についても生殖器官についても、ごくおおざっぱではあるものの、多様性の増減の傾向を充分に表している(2)。

ただし、これらの化石葉がイチョウの系統にほんとうに関係しているのかについては不明だ。周志炎は慎重な姿勢をとって、先の傾向が別の統計でも裏づけられるかどうかを確かめることにした。彼は、自分がいちばんよく知っている義馬産の化石葉にしぼって、こんどは「化石種の数」を年代順に追いかけることにした。イマイアの葉であるバイエラと、ギンコーの葉であるギンコイテス、カルケニアの葉であるスフェノバイエラ

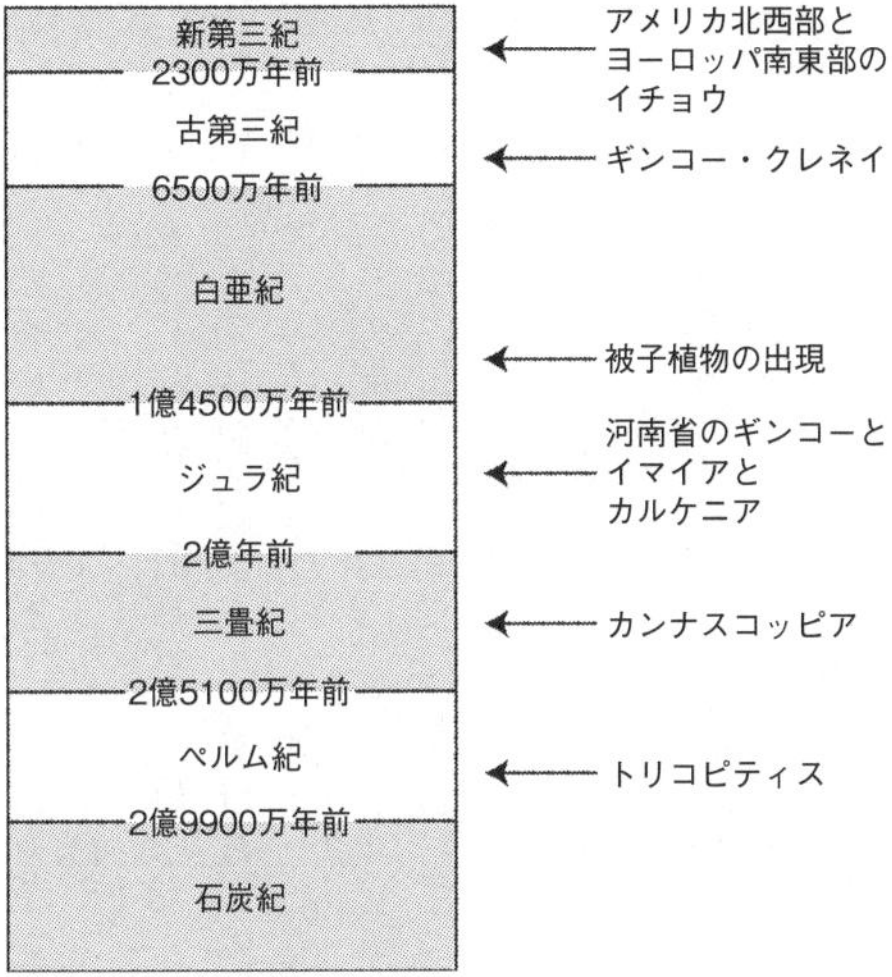

イチョウとその仲間の歴史、過去３億年にわたる年表。

という化石葉の三グループに属する種の数である。すると、化石種の数が多かったのは中生代半ばの三畳紀後期から白亜紀前期にかけてで（二億二五〇〇万年前から一億年前）、その後は急速に減っていた。白亜紀前期の中国にはギンコイテスの葉が二二種、バイエラの葉が一〇種、スフェノバイエラの葉が一〇種あったが、白亜紀後期にはギンコイテスの葉一種を残してすべて消滅していた。この単純な統計結果は、どこからどう見てもイチョウ様植物の「種の数」が減少傾向にあることを示していた。およそ一億年前の白亜紀半ばのどこかの時点で、イチョウの世界は変わりはじめていたのだ。[3]

イチョウ様植物の化石種の数が減少するのと並行して、それぞれの年代の植生におけるイチョウとその仲間たちの勢力も衰えてきているようだった。イチョウとその仲間は、中生代の風景から少しずつ消えていったものと思われる。このことは、化石記録として公表されたものだけで判断するのはむずかしい。だが周志炎は、中国で化石葉を産出している「地域の数」を追うことで、イチョウ様植物の分布傾向をつかむことができた。数える単位には中国の行政区分「県」およびその下の区分「郷」を使用した。白亜紀前期、ギンコーの化石記録があったのは八つの郷で、ギンコイテスは三一郷、バイエラは一八郷、スフェノバイエラは一一郷だった。その後の白亜紀後期以降はバイエラとスフェノバイエラの記録はゼロで、ギンコイテスの記録は一つの郷、ギンコーそのものの記録は五つの郷にしかない。またもやおおざっぱなとらえ方だが、結論は明らかだ。白亜紀半ばが変わり目となっている。

イチョウ様植物は、一億年前ごろから明らかに減少している。このことの背後に何があるのかは、推測の域を出ない。だが一つの可能性として、被子植物との競争が考えられる。被子植物は進化的に大成功した新しい植物グループで、白亜紀半ばに急速に分布域を広げたからだ。もちろん、白亜紀半ばにはほかにもいろいろ環境の変化があった。たとえば大陸移動の速度が上がり、陸や海の新しい地形ができ、大洋や大気に新しい循環が生まれ、気候が変わったという可能性もある。そうだとしても、白亜紀に被子植物が爆発的に仲間を増やし繁栄したことが、それ以前に優勢を誇っていたイチョウ様植物に何の影響も与えなかったとは考えられない。白亜紀後期には、イマイアとカルケニア、およびその同類の植物は姿を消したようだ。かつて繁栄を謳歌したグループとしてのイチョウの仲間は消え、そこで生き残った種だけがこんにちの単一現生種につながる系統となったのだろう(4)。

被子植物が急拡大した一億年前から六五〇〇万年前は、陸上生物の歴史において興味深い期間だ。私たちにとってなじみのある植物がなじみのない動物のそばで育っていた時代、モクレンがトリケラトプスの食料で、ハドロサウルスがスズカケノキの木立に巣づくりをしていた時代だ。このころ、既知の哺乳類の四分の三は、絶滅した多丘歯類《たきゅうし》に属していた。多丘歯類は、齧歯類《げっし》とともに栄えた有袋類に似た小型動物のグループだ。なお、こうした小型哺乳類がイチョウの実を食べて拡散していたのではないかという推測もある(5)。

恐竜の終焉時代の生態系を想像するのに最適な材料として、カナダ、アルバータ州中南部のホースシュー・キャニオン層に保存されている化石がある。ここの岩石は、ティラノサウルス・レックスやアルバートサウルスなどの肉食恐竜からトリケラトプスやステゴザウルスなどの草食恐竜まで、高い知名度をもつ恐竜の化石を産出してきたことで知られている。同じ地層から出る化石植物のほうはあまり注目されてこなかったが、恐竜その他の動物が生きていくための究極のエネルギー源という意味で重要な素材であることに変わりはない。ホースシュー・キャニオン層の植物は、保存状態も好都合だった。押しつぶされてぺしゃんこになったものも一部にはあるが、ほかの多くは方解石やリン酸塩、シリカなどの鉱物によって石化されていたからだ。

古植物学者のケヴィン・オーレンバックは、ホースシュー・キャニオン層にコケ、ヒカゲノカズラ、トクサ、シダ、そして数種類の種子植物の化石があることを明らかにした。被子植物ではサトイモやショウガ、現在のユーカリやハンカチノキ、シデに似た樹木があった。現在のメタセコイアやイトスギ、コウヨウザンに似た針葉樹も、現生イチョウのものとよく似た葉や種子といっしょに存在していた。これらの針葉樹の現生の親戚の多くはいまも中国の東部と南東部の、現生イチョウの自生地からそう遠くない地域に生育している⑥。

ホース・キャニオン層からはかなり離れているが、アメリカのモンタナ州とノースダコタ州にもイチョウは分布しており、古い氾濫原に横たわる砂とシルトでできたヘル・クリーク層に保存されていた。ヘル・クリーク層は、白亜紀末の大量絶滅期に姿を消す直前の恐竜化石をいくつか産出している。動物進化という視点で見ると、白亜紀末の大量絶滅の影響は甚大だった。まるで特定の動物グループを狙ったかのように、陸上動物と海洋動物の多くのグループを地球上の広範囲の地域で消滅させた。その損失は、動物進化の軌跡に修復不可能な傷跡を残している。

興味深いことに、植物に対する白亜紀末の大量絶滅の長期的な影響はそこまで大きくなかったようだ。もちろん、短期的にはそれまで栄えていた植物の多くが失われている。古生物学者のピーター・ウィルフとカーク・ジョンソンがノースダコタ州南東部で詳しく調べたところ、それまでに存在していた植物種のほぼ三分の二が消えたという。しかし、これらは地域絶滅であり、特定の植物グループが地球全体の規模で消えるようなことはなかったようだ。

ノースダコタ州南東部では、白亜紀末の大量絶滅期以前の既知の植物のうち、この時期を生き延びた植物はほんのわずかしかない。その一つがイチョウだ。イチョウ葉化石はヘル・クリーク層の多くの化石産地に保存されていて、大量絶滅期の地層より数フィート下の地層から採集されてきた。しかし、イチョウは大量絶滅期のあとで、いちど戻っている。上にのっかっているフォート・ユニオン層の暁新世《ぎょうしんせい》の地層からも出てくるからだ。このことは、イチョウのサバイバル能力の高さを表しているとも言えるが、イチョウの長期的な増減パターンからすると、大きく衰退したのは白亜紀の中期であり、白亜紀末の動物の大量絶滅期とは一致しない。ここで言いたいのは、植物進化と動物進化はいろいろな意味で別物だということだ。どうやら植物と動物はそれぞれの進化ダンスを別々のリズムで踊っているらしい[7]。

イチョウ様植物の進化を鳥瞰的に広範囲に眺めたことで、私たちは現生イチョウの進化をどう考えるべきかという視野を広げることができた。私たちはこれまで、イチョウの祖先を一つずつさかのぼっていけば、ペルム紀かそれ以前に生きていたトリコピティスのような古代植物に行き着くのではないかと考えていた。しかし、こんにち、周志炎その他の研究により、まったく別の進化像が見えてきた。その進化像は、以前は気づかなかった多様性が見えてきたおかげでかなり複雑になっている。私たちはいま、イチョウ様植物の多くの種が過去の同時期に生きていたこと、そうした複数の種が同じような植物共同体の中で共存していたらしいことを知っている。一億七〇〇〇万年前の中国北部の石炭湿地で生育地を共有していたギンコー・イマエンシスとイマイア・レクルバ、カルケニア・インクルバがいい例だが、おそらく、二億二五〇〇万年前から一億年前ごろのほかの多くの植物共同体でも、イチョウとその仲間は生育地を共有していたのだろう。

多数の生物グループの化石記録を精査していくうちに今回のイチョウのような状況が明らかになる、という例はめずらしくない。たとえば、現在のウマは、たった一つの古来の系統がはしごのような段階をたどって一つの現生種にたどり着いたわけではない。何種類もの絶滅したウマの化石が見つかっており、しかもその一部は同じ風景の中でいっしょに草を食べていたことがわかっている。ウマの化石記録から浮かび上がるのは、多くの近縁種が共存していた時代から一つまた一つと消えてゆき、やがて幸運な一種のみが生き残るというパターンだ。

周志炎によるイチョウ様各種化石の調査と全世界の化石記録分析のおかげで、イチョウにおいてもウマと同じく、いちど多様化したあと多くが滅びて一つの勝者のみ生き残ったという進化像が浮かび上がってきた。ジュラ紀以降、あるいは三畳紀後期からすでに、現生イチョウと似た植物が存在していたという有力な化石証拠はある。だがその化石植物の系統は、当時あった数ある系統の一つにすぎない。そう、一〇〇万年前から五〇万年前の東アフリカのサバンナで、未来の私たちにつながる系統が、ホミニン〔絶滅種を含む人類の総称〕の数ある系統の中の一つにすぎなかったのと同じように。かつてのイチョウ様植物にはほかにもいくつか系統があり、それぞれに複数の種を含んでいた。ウマの進化史もイチョウの進化史もヒトの進化史も、パターンは同じだ。思いがけず出現して、わっと多様化し、その後は不可避的に容赦なく淘汰され、ほとんどの種が脱落する。イチョウもウマもヒトも、一種のみが生き残った(8)。

17章　現生種とほぼ同じイチョウ

我慢強い性格……これこそが、強い人間と弱い人間を分ける。
――トマス・カーライル『チャーチズム　過去と現在』

イチョウの伝記についての知見の蓄積には、この私も少しばかり貢献している。それはトム・ハリスや周志炎が研究した三畳紀とジュラ紀の化石より、もっとずっと若い化石についての知見である。発端は一九八二年の晩夏で、そのとき私は同僚のデイヴィッド・ディルチャーと長期の化石採集旅行を終え、インディアナ大学に戻ろうと車を走らせていた。私はデイヴィッドの研究室での一年間の研究成果をまとめたところで、秋からシカゴのフィールド博物館に移ることになっていた。私たちはオレゴン州東部の乾燥地帯での化石狩りからスタートし、その後、アイダホ州、ワイオミング州、コロラド州をぐるりと回った。最後にノースダコタ州にやってきて、夏の終わりが近づき、私は気持ちを切り替える準備をしていた。イチョウのことはずっと頭の片隅にひっかかっていた。その夏に訪れたどの化石産地にもイチョウの形跡がなかったからだ[1]。

最後に、もう一か所だけ立ち寄ることにした。そこは、インディアナ大学のデイヴィッドの同僚ルディ・ターナーが大学に提供した植物化石一式の採集地だという話だった。ルディは熱心な日曜化石コレクターで、商業コレクターやアマチュアコレクターが開催する鉱物・化石展のあちこちで、そうした植物化石を目にしていた。ルディはその出所をたどり、ノースダコタ州ビスマルクの少し西にある、新しく発見された採集地を知ったのだという。

ノースダコタ州を東西につっきる州間高速道路九四号線を降りてみると、ほんとうにこんなところに化石採集地があるのかと不安になった。道は平らな農地のあいだを北に延びている。化石が出てきそうな切り通しも荒れ地もなく、ひたすらヒマワリ畑が続く。そしてやっと当該の場所に着くと、男が一人、道路わきに身をかがめていた。男の前にはとがった黄褐色の頁岩《けつがん》が積まれている。男は車を停めると、彼はにこやかに私たちに話しかけた。そして彼が見せてくれた化石の最初の一個が、硬い頁岩の上に完全無欠な状態でみごとに保存さ

古いイチョウ葉、ギンコー・クレネイ。ノースダコタ州アルモント、約5700万年前の暁新世後期のもの。

れていたイチョウ葉だった。

イチョウ葉化石は地元の化石収集家たち――現場の作業員たち――の人気の的だった。イチョウ葉の化石は魅力的で、けっこうたくさんあり、すぐに見分けがついた。黄土色の背景に赤茶色に浮き出る細い葉脈まで保存されているものもある。ノースダコタのこの地域の、いまではほとんど樹木のない景色の中で、五七〇〇万年前のこうした特徴的な植物化石に収集家の人気が集まるのは当然のように思えた。

のちにアルモント産地と呼ばれるようになるここをはじめて訪れたとき、地元の収集家たちの狙いがイチョウ葉だったのは、イチョウを探していたデイヴィッドと私にとってありがたかった。しかし私たちの関心はイチョウ以外にもあり、ここには捨てられた岩石片の中に興味深い各種の植物化石が、それも保存状態の良好なものがたくさんあった。とくに多かったのは、空飛ぶ円盤型をしたアジアサワグルミの実だ。円形の輪郭をした直径一インチ〔二・五cm〕ほどのアジアサワグルミの実は、何よりもデイヴィッドの関心を引いた。ほかにもここで目立ったのは、すでに絶滅したハシバミとシデの昔の親戚の、葉と花粉錐、そして特徴的なとげだらけの実だ。それらはあとになって、ほぼ同時代のイングランド南部の産地で私が一、二年前に記載していた化石と似たものであることがわかった。その日の午後の化石採集は、これまでの人生で指折りの心躍る体験となった。頁岩の岩石片一つひとつに何かしら新しいものが見つかった。ここには興味深い化石がたくさんあり、とくに化石の果実と種子の種類が豊富だ。これはもっと本腰

を入れて研究すべきだ、と私たちは思った。(2)

アルモント頁岩の化石には、イチョウ葉と同じく見分けやすいイチョウの種子があった。これだけイチョウ葉があり、またほかの種類の果実や種子があるのだから、イチョウの種子が見つからないほうがおかしい。一つの岩石片から葉と種子の両方が出てくることもよくあった。残っているのはたいてい内側にある硬い殻の部分だけだ。長さ半インチ〔一・三cm〕の種子の殻には、縦に走る独特な隆起である稜《りょう》と、小さくとがった先端が見える。しかし、中にはごくまれに、硬い殻の周囲に現在のイチョウの種子と同じようなすべすべした外皮がついたままのものも見つかった。

葉と種子が共に、赤茶色の見た目と光沢のある革のような質感をもっているのも驚きだった。おそらく厚い防水性の外皮と、化石化する前の組織にあった樹脂のせいでそんな質感が保たれているのだろう。ともかく、この葉とこの種子が落ちる前に同じ種類の木についていたのは明らかだ。木から落ちた葉と種子は、何らかの形で昔の氾濫原の小さな池に押し流され、泥の中に埋まり、五七〇〇万年後の八月の午後に私たちに採集されるまで仲よく保存されていた。

地元の収集家たちが見捨てた岩石片の選り分けをして数時間、太陽が沈みそうになったころ、私たちは最後の岩石片を最後の箱に梱包した。アルモントは古植物学のお宝の埋蔵所だ。このまま去るのはいかにも惜しい。化石はすばらしい保存状態で、部分的にシリカで石化されていた。古植物学の詳しい情報を得るなら、その夏に巡検してきたど

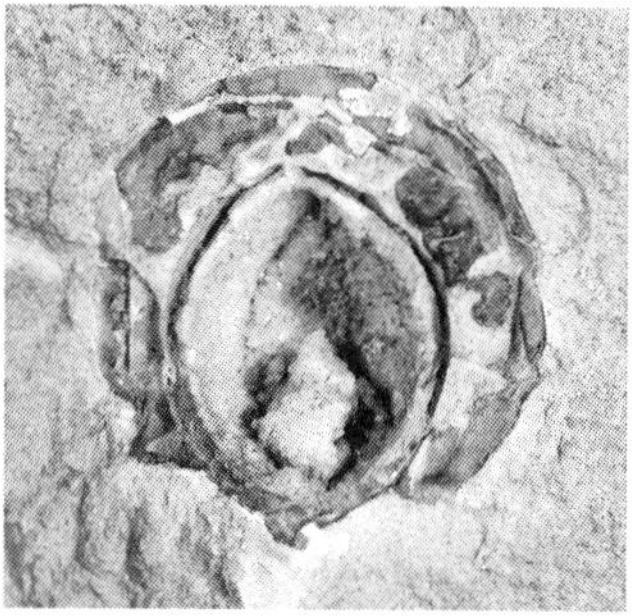
ギンコー・クレネイの種子。ノースダコタ州アルモント、約5700万年前の暁新世後期のもの。

の化石産地よりもアルモントが適地であることは明らかだ。保存の質も、世界中のどの同時代の化石産地よりもすぐれている。私たちは翌朝、現地に引き返してさらに数時間採集し、うしろ髪を引かれる思いで州間高速道路に乗り、シカゴとインディアナへの帰路についた。デイヴィッドのおんぼろオールズモービルは、サスペンションが沈んで車高が下がっていた。

その後数年間、私は何度かアルモントを再訪した。フィールド博物館から小人数のチームを送りこんだことも二、三度あった。シカゴからの長距離ドライブ採集旅行だ。ほかの古植物学者たちも何らかの経路でこの産地を見出した。採集はたやすく、土地の所有者はいたって寛大で、化石は私たちが一九八〇年代初期に予見したとおり、多くの情報を与えてくれた。最終的に、デイヴィッド・ディルチャー、スティーヴ・マンチェスターと私の三人は共著でアルモント化石植物群の概要を発表した。その中ではイチョウの葉と種子についてだけでなく、成熟した種子がこの古い化石植物にどのように実っていたのかという新情報――イチョウの歴史にとって重要な情報――についても詳細に論じた(3)。

じつは、アルモントにはじめて行ったときとその後に再訪したとき、私たちは説明のつかない多くの植物断片を集めていた。説明がつかないのは研究調査が足りないからで、その化石が何なのかその時点でわからないからといって、それを採集しない理由にはならなかった。私たちは不可解な断片をすべてもち帰り、研究室であれこれ調べた。そうした化石の中に、とくに謎めいたものがあった。それはイチョウの葉や種子に関連しているはずだと感じた。質感や色が同じで、一見するとイチョウの葉柄のようだが、やはり違う。まず、葉身につながっていない。さらに、片方の端に奇妙なこぶのようなものがついている。

私はシカゴに戻り、顕微鏡で調べて少しばかりヒントを得てもみたが、ここはやはり野外に出なければと思い直し、現生のイチョウの木の下に散らかっている落ち葉の中を探した。この方法は前近代的に見えるかもしれないが、過去何年も私の研究に役立ってくれている。書籍は植物の細部にわたる構造まで図解していることが多い。だが古生物学者からすると、そうした図版はきれいに処理されすぎている。化石を解釈しようとするなら、現生する樹木で各部位がばらばらになったときどう見えるのか、どの部位が先に落ちてどの部位が残るのか、落ちた部位が腐りはじめたときはどんなふうに見えるのかを知らなければならない。それがわかれば、樹木のどの部分が化石になりやすいかもわかる。

古いイチョウの雌木の下を、ほんの数分かき回しただけで私は必要な情報を得た。腐った果実にまじって、アルモントで集めたのと同じタイプの「こぶつきの柄」が落ちていた。落ち葉その他の残骸の中にもまじっていて、それが何であるかはすぐにわかった。熟した種子を支えていた柄だったのだ。現生のイチョウでは、種子と柄が落ちるときは同時に落ち、落ちたあとそれぞれ分かれる。化石のイチョウでもそうだったということだ。また、アルモントのイチョウの柄の先には、現生イチョウと同じく大きくえぐられた跡が一つだけついている。これは、一個の種子だけが熟し、その種子が落ちたことを示している。しかし、化石イチョウの柄にも、現生イチョウの柄と同じように熟さなかった種子の跡が残っているのが見えた。化石種も現生種と同じように、柄の先に種子を二個つけておいて一個だけを発達させていたことがわかった。

アルモント化石に見つけた小さな謎を解いたというささやかな満足感はさておいて、五七〇〇万年前にノースダコタで育っていたイチョウが現生種とまったく同じ方法で種子をつけていたというのは、有益な新情報だった。葉の形や種子の大きさ以外にも、この化石種と現生種に共通する点があるということがわかったからだ。おかげで、この化石イチョウ葉にギンコーというラテン名を使ったことを正当化する証拠がまた一つ増えた。この点は、研究が進んでもっと詳しいことが判明したあかつきに、この化石種はほかの点でも現生種とほとんど違わない結果になるだろうという重要な意味合いを含んでいる。(4)

ところで、シカゴ大学での同僚だった故トム・ショップには「生きた化石」への興味があり、彼は晩年、各種動植物の「生きた化石」と思われる種について解説記事を書いている。動物界の「生きた化石」の代表はシャミセンガイだ。シャミセンガイは貝のような無脊椎動物で、いまもヨーロッパ北東部の冷たい浅瀬に棲んでいるが、四億五〇〇〇万年前のシルル紀から見た目がほとんど変わっていない。脊椎動物の「生きた化石」ではシーラカンスが有名だ。シーラカンスは、三億五〇〇〇万年前の岩石で化石種が見つかったのが先で、その後、インド洋のコモロ諸島やマレーシア、南シナ海など沖合の深海で現生種が発見された。ほかに、カブトガニ、ヘラチョウザメ、カモノハシなども「生きた化石」として知られている。[5]

トムはこの記事で、こうした「生きた化石」が私たちに植えつけた生物進化に対する先入観に、いくつか疑問を呈した。とくに、長大な地質学的時間を変化しないまま生き残ってきたように見えることは、現実なのかそれとも幻想なのか、という点をとりあげた。もっとたくさんの情報があれば現生種と化石種の違いが明確になるかもしれないものを、情報が足りないために私たちは現生種と化石種は同じだと思いこんでしまう。こうした生物も時間とともに大きく変化しているはずだが、その変化が化石の形で見えなければ気づかれないだけなのではないか、とトムは論じた。

ウェールズ大学の古植物学者ダイアン・エドワーズは同じことを、小型車「ミニ」にたとえて説明している。一九五九年にイギリスの国産車として初登場し、現在はドイツのＢＭＷが製造しているミニは、一九六〇年代の型も二一世紀の型も外見はほとんど変わらないが、内部が変わっていないはずがない。エンジン内のコンピュータ・チップから、計器盤の液晶ディスプレイまで、現在のミニのテクノロジーは当初のものとはまったく違う。それでも外観の写真しか見せられなければ、私たちは同じだと思ってしまうだろう。

シルル紀とこんにちのシャミセンガイの「殻」が同じに見えたからといって、内部も同じだということにはならないのではないか、とトムは問う。もし、顕微鏡と研究室の装備一式を携えてタイムマシンに乗って五七〇〇万年前に戻ったら、何を見つけるだろう？　アルモントのイチョウは現在のイチョウとまあまあ同じだろうか、それともまったく違うだろうか？　私自身は、まあまあ同じだろうと思う。五七〇〇万年前の景色には多少違和感を感じるかもしれないが、イチョウに関しては、少なくとも私たちがこれまで得た証拠から考えるかぎり、よく知っている植物だと思えるだろう。古植物学者が昔の植物を眺めるときに使うレンズは不完全だということは認めるが、それでもアルモントのイチョウについてさらなる情報が集まれば集まるほど、現在のイチョウとの類似性がますます強まるだろうと私は考える。そう、アルモントの化石種と現生種の種子柄が似ているという発見が、その方向性での証拠をまた一つ増やしたのと同じように。

もちろん、未来の研究によって、花粉錐や花粉、木部の構造などに決定的な違いが見つかる可能性はある。それでも私はやはり、アルモントのイチョウについて新しい発見があれば、それは現生イチョウとの類似性を固める方向の発見になるはずだと信じている。次世代の古植物学者たちがこの問題にどう取り組んでいくのか楽しみだ。たとえば、スティーヴ・マンチェスター、デイヴィッド・ディルチャーと私が記載した小さな植物断片の中に、追究するのを早くにあきらめてしまった標本が一つあった。いまになって思えば、あれは現生イチョウから落ちた花粉錐と似ていた。同じような状況で、私たちは化石の花粉らしきものを抽出したこともあった。だが、それは不明瞭すぎて花粉とは特定できなかった。こうした化石についてもこれからもっと詳しく調べるべきだろう。もし、化石種のイチョウの花粉錐が出てきたなら、その構造と花粉粒もおそらく現生種とほぼ変わりないとわかるのではないだろうか[6]。

イチョウの構造が数千年にわたって実質的に不変だったと思うのと同様に、イチョウをとりまく生態系の様相もほぼ同じだったと私は思う。ウェズリアン大学のダナ・ロイヤーとイェール大学のレオ・ヒッキー、アメリカ国立自然史博物館のスコット・ウィングは、アルモント産地とほぼ同じ年代の六五〇〇万年前から五五〇〇万年前に相当する、北米大陸西部の四八か所の化石産地を分析した。すると、二か所をのぞくすべての化石産地の地質が似ていた。イチョウの化石が出ているのは、河川系の中または近くに堆積した泥土や砂地だ。湖の堆積層や三角州などからイチョウの化石が出ることはない。たとえあったとしてもひじょうに少ない。ダナ・ロイヤーたちは、当時のイチョウは一定して河川近くの生育地を好んでいたと断定し、そうした環境は現在のイチョウにとっても生育しやすいという情報を補足した。

現在のイチョウは基本的に、ほかの植物の陰になることを嫌う。一部あるいは全部に日光があたる、開けた環境を好む。現に中国で自生しているイチョウは、険しい岩山の斜面や崖の端、そして川の土手――これこそ化石が発見されたのと同じ環境――に生えている。イチョウは部分的に開けていて、部分的に陰になっているような場所が好きなのだ。そして、韓国の龍門寺をはじめ、アジアでイチョウの巨木が残っているところはどこも、根の届くところに豊かな水源がある。六〇〇〇万年前にアメリカ西部に生えていたイチョウもおそらく同じで、部分的に開けた場所、とりわけ川沿いで栄えたのだろう。さいわい、葉や種子やその他の部位が、近くを流れる川の泥土や砂地に堆積した。一定の生育地を好み、頑丈で見分けのつきやすい葉をもっていたおかげで、イチョウは貴重な化石記録を残してくれた(7)。

18章　イチョウが好む環境

世の中のすべてのものは、なんとか持続するものだが、繁栄というやつだけは長続きしない。
――ヨハン・ヴォルフガング・フォン・ゲーテ

ジョン・スターキー・ガードナーは、一九世紀の「真に偉大な古生物学者」ではないかもしれないが、古生物にかけた情熱と才能でひけはとらない。彼は一八七九年ごろから一八八七年にかけて『イギリスの始新世植物群』をはじめとする化石植物について数点の出版物を制作し、それからいきなり古生物学の仕事をやめて、鉄細工装飾の専門家になった。ロンドンのハイドパークのヴィクトリア門や、エディンバラのホーリールード宮殿の鉄門と仕切りを制作したのも彼である。そんな急激な人生の方向転換からもわかるように、ガードナーは目標を定めたら一心に突き進む男だった[1]。

一八八〇年代に、ガードナーはドイツの古植物学者コンスタンティン・フォン・エッティングスハウゼンと、科学誌『ネイチャー』で激しい誌上論争をくりひろげた。ガードナーが攻撃したのは、エッティングスハウゼンの最新の研究についての科学的信頼性だった。二人は以前、イギリス南部のシダや針葉樹、イチョウの化石研究で手を組んだこともあったが、ボーンマス（現ドーセット州、当時はハンプシャー州）の断崖沿いでガードナーが掘り出した大量の化石葉コレクションを科学的にどう扱うかをめぐって衝突し、決別した。なお、ボーンマスで産出する化石葉は五〇〇〇万年前から四〇〇〇万年前の始新世中期のものである。ここの化石産地はその後に造成されて生まれ変わり、いまでは人気の海浜リゾートになっている(2)。

ガードナーが我慢ならなかったのは、エッティングスハウゼンのずさんな仕事のしかただ。エッティングスハウゼンは、まだ充分に調べてもいない化石を新種だとして学名をつけ、大急ぎで発表しようとする。二人で見つけた化石の葉に関しても、あまりに安易に結論を出そうとしていた。エッティングスハウゼンが広葉樹各種の葉の葉脈パターンに関する知識において当代随一であること、また現生植物の葉のデリケートな葉脈パターンを「骸骨化」させて見せる美しい図版集を出版したことは事実だ。その本の挿画は印象的な白黒のシルエットを浮かび上がらせていた。しかし、ガードナーの非難は正しい。エッティングスハウゼンは、多面的に比較することなく化石の葉を現生植物の葉と見比べるだけで同定していたからだ。外形と葉脈パターンが似ているというだけで、すぐさまその化石は現生植物と同じだと公言することを、ガードナーは承服できなかった。化石と比較しなければならない植物は多々あるはずだ。類縁種とは呼べないほど遠い関係の植物どうしで葉が似ていることもよくある。このままでは大量の誤ちを犯す可能性がある。科学的手法を重んじるガードナーは、エッティングスハウゼンとこれ以上の共同研究はできないと思った。

白亜紀中期以降に化石として多く出てくる被子植物の葉には、これといった特徴のないものが多い。それに比べ、化石イチョウの同定にはこうした問題は生じにくい。古植物学者から見てイチョウがすばらしいことの一つは、その葉の形が独特なことだ。見逃したり、ほかの何かと見間違えたりすることはまずない。それを思うと、ガードナーがボーンマスで集めた大量の化石葉の中にイチョウ葉らしきものが一つもなかった、という点は意義深い。ジュラ紀と白亜紀にイチョウの分布域がどれほど広かったかを考えればなおさらだ。ガードナーとエッティングスハウゼンは仲たがいする前に化石のイチョウ葉について記載したことがある。だが、その化石はスコットランド産だ。ボーンマスで集めた数百万点の標本は現在、ロンドン自然史博物館の何十段もの引き出しを占領しているが、そこには一点のイチョウ葉もない。

始新世の化石植物コレクションとしてはボーンマス産よりも大規模で重要なところがイギリス南部にもう一か所あるが、そこにもなぜかイチョウ葉はない。ロンドン中心部から東に四〇マイル、テムズ河口のシェッピー島の海岸から採集された化石はロンドン・クレイ植物群と呼ばれ、五五〇〇万年前から四五〇〇万年前ごろの植物の暮らしを信じられないほど詳細にのぞき見ることのできる「窓」となっている。ここの化石は科学としての古生物学が誕生したころから集められてきた。とくにエリノア・レイドとマージョリー・チャンドラーという二人の先駆的な女性古生物学者の骨折りのおかげで、始新世の化石植物群として他の追随を許さないコレクションになった。レイドとチャンドラーがまとめ、一九三三年に自然史博物館によって刊行された『ロンドン・クレイ植物群』は重厚な書物だ。この本は、四〇〇種以上の化石植物を挿画とともに説明しており、現生種と化石種を比較する際の信頼性ある資料としての地位を確立した。そしてこの本には、化石の葉よりも、化石の果実と種子の研究をベースにしているという意義があった。(3)

ロンドン・クレイの化石は、金鉱石によく間違えられる硫化鉱物である黄鉄鉱の中に、三次元で保存されている。化石はシェッピー島北部の海岸線に沿うチョコレート色の軟土の断崖が風雨にさらされるところにあり、さらに潮流や波に洗われる水ぎわに集中している。シェッピー島のコレクションは量の多さで抜きん出ているが、似たような植物化石は数こそ少ないもののイギリス南東部のほかの海岸、たとえばケント州のハーン・ベイや、ウェストサセックス州のボグナー・リージス、エセックス州のウォルトン・オン・ザ・ネイズなどからも出てきている。これらの化石産地はすべて粘土層で、明らかに海に堆積したものだ。サメやエイの歯、海生巻貝の殻、石化したカニやエビの残骸にまじって、果実や種子が出てくるのである。ふつう、植物化石は太古の淡水湖や池、陸上の河川系の泥土や砂地に保存されていることが圧倒的に多い。ロンドン・クレイについては、果実や種子は川から海へ流れついて沈み、海底のヘドロに閉じこめられて石化した。

このような特殊性をもつロンドン・クレイ植物群は、世界各地の太古の氾濫原を産地とする化石植物群と比べて、いくつかの優位性がある。第一に、ロンドン・クレイで見つかる化石の果実や種子は漂流して海に達したものなので、海岸付近のみならず、そこに注ぐ河川の土手まで含む広域の植物標本となる。第二に、黄鉄鉱に保存されているということは、果実や種子の組織まで残っていることを意味する。外側だけでなく内側も、ということだ。内部構造の詳細が目に見えるほどはっきり残っているものもあり、そうした標本は現生の対応種と比較するときひじょうに役に立つ。

ロンドン・クレイ植物群の第三の優位性は、一五〇年以上をかけてこつこつと集められてきたことだ。数えきれないほど大勢の人が、はかり知れない時間をシェッピー海岸その他で化石探しに費やしてきたおかげで、数千点もの標本が集まった。ロンドン・クレイ植物群は現在知られている中で最も情報量の多い始新世の植物群となっている。しかし、ボーンマスと同じくここでもイチョウは出てきていない。イチョウの実の内側にある硬い殻は見た目に特徴的で保存にも適しているため、もしシェッピー島にあったなら、エリノア・レイドかマージョリー・チャンドラーか、あるいはほかのだれかがきっと見つけていたはずだ(4)。

ガードナーのボーンマス・コレクションにもロンドン・クレイのコレクションにもイチョウがない理由の重要な手がかりは、シェッピー島の海岸でことのほか目立つ植物化

現生ニッパヤシを描いた19世紀の植物画。ニッパヤシはこんにち、東南アジアの海岸、熱帯マングローブ林に生育しているが、テムズ河口のシェッピー島のロンドン・クレイで多くの化石が見つかった。このことは、当地の5000万年前の気候が温暖だったことを示している。

石にある。地上茎をもたない、ニッパヤシの果実だ。ニッパヤシはこんにち、熱帯地方の東南アジアに自生しており、その分布は半塩水の潮間帯にあるマングローブの生育域に限定されている。ロンドン・クレイにそんな海岸植物の化石が出るということは、現生の親戚の生態系から察するに、ここが昔は熱帯気候またはそれに近い気候にあったことを意味している[5]。

ロンドン・クレイからは、ヤシやバンレイシの植物化石もよく出てくる。そうした植物化石の存在は、テムズ河口の気温がこんにちよりずっと高かったことを示している。ほかにはブドウ科やクマツヅラ科などのつる植物、マングローブまである。植物群全体で見ても、現在の東南アジア固有の植物が突出している。ほかには、厳密には熱帯の植物ではないものの温暖な気候を好む、ゲッケイジュやモクレンなどもある。太古の海岸平野が亜熱帯から熱帯の植生に青々と覆われていたようすが目に浮かぶ。始新世の気候が中緯度地方まで温暖だったことを、ロンドン・クレイ植物群その他のヨーロッパの化石植物群は教えてくれている。

　しかし、北のほうにある、もう少し寒冷な気候で堆積したと思われるもう少し古い岩石では、状況が異なる。スコットランドのマル島の南西海岸沿いに、柱状の玄武岩が露出しているところがある。アイリッシュ海をはさんで反対側、北アイルランドのアントリム州ジャイアンツ・コーズウェイにも玄武岩がある。どちらの玄武岩も六五〇〇万年前から六〇〇〇万年前ごろの暁新世初期のもので、いずれ北大西洋を形成することになる地殻の裂け目から、くり返し噴出した溶岩でできたものだ。ジャイアンツ・コーズウェイとマル島、そしてフィンガルズ・ケイヴのあるスタファ島では、冷やされた溶岩が背の高い六角柱の玄武岩層になっている[6]。

　マル島の南西端に近いアルドタン・ヘッドは、重くて黒い柱状の玄武岩の層でできている。一八五一年にはすでに、崖に露出している岩石の断面が詳しく報告されている。報告したのはその土地の所有者で、芽生えたばかりの地質学に熱中していたアーガイル公爵だ。彼は玄武岩層のあいだにある軟層と、そこに保存されている化石植物に注目した。アーガイル公爵が記載した地質断面のおもな特徴は、いまなお現地ではっきり見ることができる。厚さ一〇フィートから四八フィート〔三～一五ｍ〕の玄武岩層が大きく三つあり、そのあいだには、火山活動ではなく水の作用によって堆積したシルト岩がはさまっている。現在のアイスランドやハワイ島がそうであるように、溶岩が冷えるとその上には植物の群落ができる。新しい「土地」には川や池、湖ができ、その泥の中に葉その他の植物の部位が埋まり、化石化する。長い長い時間がたち、その上に、新たに噴出した溶岩がおおいかぶさる。(7)

マル島の玄武岩にはさまった軟層に保存されていた化石に、ジョン・スターキー・ガードナーはボーンマスで化石採集をしたときと同じ情熱で臨んだ。ガードナーはマル島の重厚で硬い玄武岩を切り出すのに、絶大な効力を発揮するダイナマイトに頼ることもあった。マル島の植物化石は現在、ボーンマスで採集されたものといっしょにエディンバラの王立スコットランド博物館、グラスゴーのハンテリアン博物館、ロンドンの自然史博物館その他に収蔵されている。ガードナーがマル島で集めた化石には、イチョウのほかにコダイハシバミ、カシ、ゲッケイジュ、カツラの葉があった。どれもロンドン・クレイ植物群より寒冷な気候で育つ植物である。(8)

イギリスでは、イチョウの化石が熱帯に近い植物群には見つからず、寒冷な気候の植物群に見つかっている。このパターンは、ヨーロッパ全域の六五〇〇万年前から四〇〇〇万年前の化石産地にほぼ共通する。たとえば、ドイツのフランクフルトからそう遠くないメッセルの、油母頁岩《オイルシェール》の採掘場からもイチョウの化石は出てこない。メッセルはすばらしい保存状態の動物化石が出ることで有名だ。皮膚や毛、消化管の内容物まで残した哺乳類の化石や、羽毛つきのハチドリの化石が出てきている。コウモリとワニの化石が豊富であることから、ここも熱帯のような状況だったと思われ、そのことはヤシやシダ、サトイモといった植物化石によっても裏づけられている。近年、若い古植物学者のセリーナ・スミスが何年も前から謎とされていた植物化石の正体を突き止めた。それは、こんにちでは南米の熱帯地方でのみ生育している植物グループの一種であるパナマボウヤシの果実の軸であった。[9]

北米に目を向けてみよう。ここでもパターンは同じだ。ケンタッキー州とテネシー州の始新世の化石植物群は、一〇〇年以上も前から広く採集されてきた。とくに、二〇世紀初期のE・W・ベリーとその研究仲間による採集は有名だ。もう少し最近の一九六〇年代から一九八〇年代にかけては、デイヴィッド・ディルチャーとその教え子が大量に採集した。ケンタッキー・テネシー始新世化石植物群から出た何万点もの標本は、アメリカ各地の博物館に収められている。ワシントンDCの国立自然史博物館とシカゴのフィールド博物館のコレクション、そして現在はフロリダ自然史博物館に属するディルチャー・コレクションはとりわけ充実している。だが、イチョウ葉の化石は一点もない。カーク・ジョンソンとデンヴァー自然史博物館の研究チームがデンヴァー近郊のカッスル・ロックで集めた始新世化石葉コレクションにも、イチョウはない。ここの産地は一九九〇年代初期、デンヴァーからロッキー山脈のフロント山脈に延びる州間高速道路の拡幅工事をしようと掘削しているときに発見された。カッスル・ロックの化石植物は明らかに熱帯の様相を呈しており、多くの種が熱帯植物らしい大きな葉をしているが、ここにもイチョウの葉はない。コロラド州、ユタ州、ワイオミング州にまたがるグリーンリバー層から産出した化石植物の大規模コレクションの中にもない。この堆積層からはヤシその他、暖かな環境を好む植物はたくさん出てくるし、「化石湖」からはワニやカメが出てきているが、やはりイチョウは一点もない⑩。

しかし、北米で最も研究調査が進んでいる始新世の化石植物群に、かろうじてイチョウがあった。それはオレゴン州東部のフォッシルという町からそう遠くないところにある、クラルノという泥流層だ。クラルノの化石植物は、近くの火山活動で生じた泥流にのみこまれた果実、種子、葉がごたまぜになって保存されている。ロンドン・クレイに保存されている果実や種子と同じく、ここの化石も文字どおり石化している。ただし、よどんだ海底で黄鉄鉱に閉じこめられたのではなく、火山帯の熱水によって溶けたシリカに閉じこめられている。

クラルノの果実と種子は、数十年かけて忍耐強く集められた。採集にとりわけ貢献してくれたのは、故トム・ボーンズとオレゴン科学技術博物館が運営するプログラムに参加した代々の高校生たちだ。標本の記載を担当したのは、同プログラムの修了生で現在はフロリダ自然史博物館で教授をしているスティーヴ・マンチェスターだ。これまでに何千点という化石の果実と種子、何百点という葉の標本が集められてきたが、いまのところ、イチョウの明らかな証拠としては、石化したイチョウの木部の断片が一つと、見まがいようのないイチョウ葉が一つだけだ。ここの植物群は暖かい環境を好んだようで、ヤシの実やバンレイシの仲間、さらにロンドン・クレイと同じようなつる植物が豊富に出てきた。イチョウも育っていたようだが、かなり希少だったと思われる。(11)

クラルノ層からあまり遠くないところにある年代的に同じ岩石からもイチョウは出ている。それは、カスケード山脈が隆起しつつあったころの昔の湖に保存された化石植物群だ。火山灰や火山性砕片が少しずつたまっていったこのあたりの湖は、魚や昆虫、ときには哺乳類、そして近くで育っていた植物の葉やその他の部位などを保存してきた。こうした「化石湖」は、アメリカのワシントン州北部からカナダのブリティッシュ・コロンビア州の国境にまたがって点在しているが、これまでにいちばん詳しく調べられてきたのはワシントン州北東部のコロンビア川が国境を越えるあたりにある、リパブリックという小さな町の周辺だ。

クラルノの化石植物と同じく、リパブリックの化石植物も広く採集されてきた。集めたのは、専門家のチームだけでなく、シアトルにあるワシントン大学バーク博物館を拠点に研究していた故ウェス・ウェアーが引率した大勢の学童たちだ。じつに多才で愛すべき人物だったこの男のおかげで、リパブリック産地からは数万点もの標本が集まった。その中にはみごとな化石がたくさんあった。ここの化石植物群は、クラルノやグリーンリバーと比べると温帯性の環境にあったようだ。ヤシや熱帯性のつる植物にかわってフサスグリやマンサクが、そしてカバノキやニレ、コナラ、バラ、クルミの系統の昔の親戚が出てきた。イチョウも、葉の断片が一、二点と、ひじょうに希少ではあるが出てきている。同じ時代のイチョウを含む植物群は、中国の遼寧省にもある。(12)

イチョウの化石がグリーンリバー層とケンタッキー・テネシー植物群からまったく出ず、リパブリックとクラルノからかろうじて出ている理由は、おそらく後者のほうが緯度が高いことに加えて標高も高く、そのため気温が低かったからだと考えられる。イチョウの葉が流れついたころのリパブリックの湖は、海抜二三〇〇フィートから三〇〇〇フィート〔七〇〇〜九〇〇m〕にあったとされている。イチョウはこのくらいの少し寒冷な気温を好むようで、この傾向は、同じ始新世のころには北極圏内の高緯度地域で育っていた事実からも裏づけられている。(13)

北極圏カナダのエルズミア島で、サスカチュアン大学のジム・ベイジンガーと故エリザベス・マクアイヴァーは、高緯度の泥炭湿地とその周辺で育っていた昔の植物の中にイチョウを見つけた。より南にある植物群と比べると、ここの植物群は豊かではないが、それでも初期のモミやマツ、そして疑う余地のないメタセコイアの葉にまじって、二、三の広葉樹が出てきている。五五〇〇万年前に北極圏にイチョウを含む森があったということは、私たちが忘れがちなある事実を思い出させる。極地方は永遠に氷に閉ざされ、南北の回帰線にはさまれた地域は一年中暑いという私たちの固定観念は、過去二億年の地球史において標準ではなく例外でしかない、という事実である。(14)

第4部
衰退と生き残り

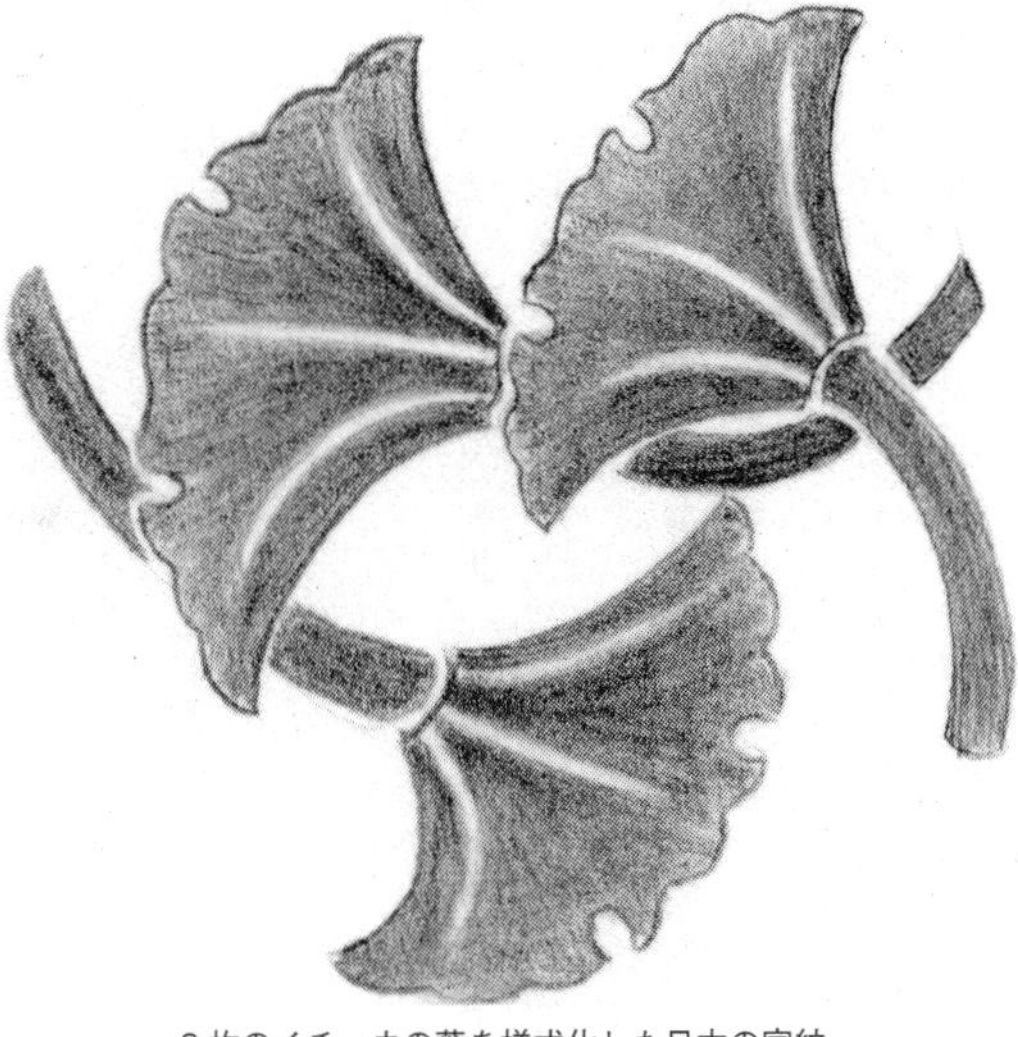

3枚のイチョウの葉を様式化した日本の家紋。

19章　分布域の条件

私を殺さないものは、私を強くする。
——フリードリヒ・ニーチェ『ニーチェ対ワーグナー』

こんにち、イチョウはヨーロッパやアメリカ、東アジアなど世界のあちこちで苦もなく育っているが、その範囲は基本的に温帯に限られている。たとえばヨーロッパでは、フランスなら北はパリから南はモンペリエまで繁茂しているし、ゲーテの家があったドイツでも全土で育っている。しかし、フィンランドの大部分や、それとは逆方向の、気温が高く乾燥しているシチリア島やギリシアの島々では育たない。オーストラリアではメルボルンやシドニーの街路で生き生きとした姿を見せているが、ケアンズやダーウィンの街路には見当たらない。イチョウが生育する緯度の範囲は決まっており、そこをはずれたところに植えてもうまく育たず、いずれは枯れる。イチョウの生育には、極地と熱帯に向かない、複数の条件の組み合わせがあるようだ。[1]

イチョウその他の樹木の分布域を決めている気候条件は単純ではない。距離的にそんなに離れていない二地点でも、標高、淡水源または塩水源への近接度、局所環境や微気候、土壌からの養分と水分の得やすさが違うことはよくある。園芸家ならだれしも、ある場所である植物が育つか育たないかに、さまざまな要素が関係していることを知っている。それでも、イチョウが極地と標高の高いところで育たない理由が低温であることははっきりしている。北米の園芸家向けにアメリカ農務省が発表している、特定の植物の生育可能な区域を示した指針では、イチョウの北限は年間の最低気温が平均してマイナス二九℃までのゾーン五となっている。

中国のイチョウ生育域は、年間平均気温が一〇℃から一八℃で年間降雨量が二四インチ〔六一〇mm〕から四〇インチ〔一〇一六mm〕という、まあまあ広い範囲に相当するが、北米の生育域を見るかぎり、イチョウはもっと広範囲に耐性があることがわかる。イチョウは冬のかなりの低温や夏のかなりの高温を、とりあえず短期間であれば耐え抜くことができる。おかげで、冬にマイナス三三℃、夏に四二℃にまでなるシカゴでも平気で育っている。冬の寒さがもっと厳しくもっと長いミネアポリスとセントポールでもなんとかなっている。それでも、明らかに限界はある。イチョウは北米のゾーン一とゾーン二では生き延びられない。冬の気温がマイナス四三℃から四六℃にまで下がるようなところも無理である。(2)

イチョウは――その環境がイチョウにとって幸せかどうかは別にして――アラスカを含むアメリカ五〇州のすべてで生きることができる。北米の東海岸では、サウスカロライナ州のチャールストンからカナダのケベック州、モントリオールまでよく育っているが、ラブラドル半島とフロリダ州の最南端には見当たらない。ハワイでは、イチョウが育つのは山地だけだ。北米西海岸ではサンディエゴからカナダのヴァンクーヴァーまで、アラスカ州北部やカリフォルニア半島には見つからない。アラスカ南部ジュノーにある種苗園の経営者によると、その地でイチョウは数年なら何とか育つが、繁茂するところまではいかないという。そして、もっと北のフェアバンクスではまったく育たない。

ヨーロッパも似たような状況だ。デンマークのコペンハーゲンやスウェーデン南部のルンドでは、イチョウは特別な保護をしなくても屋外で育つが、そこからほんの少し北に行ったスウェーデン中部のストックホルムやウプサラでは屋内でしか育たない。北緯六〇度のサンクト・ペテルブルクにあるコマロフ植物研究所の庭に植わっているイチョウは、ヨーロッパ最北端のイチョウと言えるだろう。しかし、そこより緯度の低いモスクワではイチョウは屋外で育たない。内陸にあるモスクワは、バルト海に近いサンクト・ペテルブルクより寒いからだ。

イチョウがかなりの低温に耐えられる理由の一つは、落葉するという性質にある。組織に氷の結晶ができて傷ついたり、地下水が凍っている時期に葉から水分が失われたりするのを、温帯広葉樹は葉を落とすことによって防いでいる。すべての葉を越冬させるより、若い葉だけ冬芽の中に閉じこめて守るほうが簡単だからだ。イチョウの冬芽は、丸くて小さな薄茶色の薄いうろこ状の膜にしっかり包まれて守られている。温帯樹の中

早春、冬のあいだ守られていた若葉の房がつぼみから出てきたところ。前年の葉痕には、葉に水を供給していた２本の通水組織の跡が見える。

には、冬芽をあえて過冷却して氷晶の形成を最小限に抑える仕組みをもつ種も存在する。イチョウにもこの仕組みが備わっているのかもしれない。しかし、この仕組みもマイナス四〇℃以下になると働かなくなるようだ。さすがにここまで低温になると、氷晶ができて組織を傷つける。どうやら、屋外でイチョウが生育できる極地側の限界は、翌年の若葉を冬芽の中で守っておけるぎりぎりのところということになりそうだ[3]。

冬の気温はイチョウ生育域の極地側の限界を決める一要素だが、成長期の日数も同じくらい重要だ。短い夏に、葉が「維持費」をまかなうのに充分なエネルギーを得られないようなら、毎年その場所で生き続けるのはおそらく不可能だ。緯度や標高がこれ以上高くなると樹木の生育が不可能になるという限界は、たいていの場合、冬の低温よりも、むしろ成長期の日数不足と気温の低さが制限要因となっているようだ。この推測は経験的な観察にも合致する。多くの樹木種は低温でも光合成をするが、低温時は活動量そのものが少ないので、余ったエネルギーを貯蔵している。[4]

イチョウその他の樹木が極度の低温から影響を受ける度合いは、その木が成長のどの段階にあるかで違う。幼木は成木に比べて影響を受けやすいので、極度の低温にさらされる頻度やタイミングによっては生育が大きく妨げられる。すでに大木になっていたら、晩霜で葉を数枚失ったとしても貯蔵してあるエネルギーを使って新しい葉を出すことができるだろう。しかし芽生えたばかりの段階だと、葉はもともと数枚しかないし、エネルギーの蓄えもない。キュー植物園では、ユーカリなど霜に弱い樹木においてこんな観察がされている。たまたま暖冬のときに苗木だったユーカリはしっかり育ち、翌年以降が厳冬でもほとんど生き延びる。その逆もまた真だ。イギリス南部は二〇一〇年初頭、数十年に一度という厳冬に見舞われた。キュー植物園のかつての仕事仲間が、その年に屋外で育てていたイチョウの苗木のほぼ半分を失ったと知らせてくれた。[5]

イチョウの場合、さらに複雑なのは、成長期と休止期の長短が種子内の胚の発育に影響することだ。成長期が長く、胚の発育がよければ、そこから芽生えた苗木もよく育つ。ピーター・デル・トレディチは、胚の発育度がその後の生育度を左右することを明らかにする研究をした。ピーターは根気強い観察と簡単な実験により、北緯四二度にあるマサチューセッツのハーヴァード大学アーノルド樹木園で育つイチョウと、北緯二五度にある中国の貴州省で育つイチョウを種子の発育度合いと発芽の時期という点で見比べ、その違いによってイチョウが自生できるかどうかが決まることを示した⑥。

ピーターはその二か所で、屋外に生えている木から落ちたままの種子と、温室内で越冬させた種子の経過を観察した。温室で保護した種子は、マサチューセッツでも貴州省でも受粉から発芽までの期間は二三三日ないし二三四日で同じだった。受精から発芽までの胚の成熟期間も似ていて、どちらも一〇〇日前後だった。温室内では冬のあいだも、胚はいっときも休まず発育し続け、いわゆる自然な休止期間はない⑦。

しかし、温室で保護せず屋外に放置したままだと、種子は気温の違いをまともに受ける。マサチューセッツでも貴州省でも、気温が低い期間は胚の発育が遅くなったり完全に止まったりする。冬の長いマサチューセッツでは長期間発育が止まり、発芽の時期が遅れる。冬の短い貴州省では発育の休止期間が短く、早く発芽して、長い成長期を享受する。

マサチューセッツのイチョウは五月中旬に受粉して九月の終わりか一〇月のはじめに受精する。その一、二か月後に木から種子が落ちる。種子は落ちたあとも地上で胚の発育を続ける。しかし、マサチューセッツでは一か月もすると寒い季節がやってくるので、胚は発育途中で止まってしまう。続きは春にもち越されるが、なにしろ春の訪れも遅いので、胚がきちんと発育して発芽できるようになるのは六月中旬から下旬だ。受粉から発芽までの全行程に一三か月かかっており、苗木がつぎの冬を迎えるまでには残り五か月しかない[8]。

貴州省のイチョウの生活環との対比は明らかだ。貴州省では成長期が早くはじまる。受粉は三月中旬から四月初旬で、マサチューセッツより二か月早い。種子は九月中旬に落ちて、翌年の三月中旬に発芽する。受粉から発芽までの全行程は一二か月なので一三か月より一か月早いだけのように見えるが、それより重要なのは、胚の発育が早く完成するおかげで三か月も早く発芽することだ。早くに発芽した貴州省の苗木は、八か月かけてしっかり成長してから、最初の冬を迎えることになる（マサチューセッツでは五か月しかない）。また、幼木にとって、貴州省の冬はマサチューセッツほど厳しくない。以上のことを総合して考えると、イチョウが自力で世代をつないでいくのに気温は重要な要素だということになる。もちろん、気温の影響は土壌の状態や水源への近接度などと作用し合って、複雑な形で表れる[9]。

イチョウの生育に関係なさそうな要素としては、年間の光照射がある。高緯度地域の日照は独特だ。冬は数か月、暗いままで、夏は数か月、明るいままになる。地球の自転軸の角度が現在と大きく異なっていないかぎり、この光照射パターンは五五〇〇万年前も同じだったはずだ。北緯七〇度にあたるアラスカ州の北極海沿岸や、北緯八〇度のエルズミア島やスピッツベルゲン諸島から化石が出てきていることを思うと、イチョウその他の樹木は夏の白夜と冬の極夜を過ごすことに何の問題もなかったようだ。ピーター・デル・トレディチの実験は、始新世にはこうした高緯度地方でも冬が穏やかだったた

こと、少なくとも芽生えたばかりのイチョウをだめにするほど寒冷でなかったことも示唆している。(10)

こうして、こんにちのイチョウの北限は、成長期の短さや冬期の低温、耐えなければならない厳寒期の長さなど気温関連の要素で決まることがわかったのだが、逆側の限界についてはあまりよくわかっていない。北米大陸をざっと眺めると、さすがにニューオーリンズや一年中暑いフロリダ南部では、イチョウが繁茂している場所は見当たらない。フロリダ中央部にあるディズニー・アニマル・キングダムの恐竜ワールドは、恐竜時代に栄えたイチョウを植えるのにうってつけのテーマ・パークだ。だが、ここに植わっているイチョウはあまり幸せそうに見えない。ディズニー・アニマル・キングダムの植栽責任者のジェフ・コートニーによれば、ここでイチョウを育てるコツは、直射日光があたらず水が豊富にある場所を見つけてやることだという。

メキシコでは、標高の高い首都のメキシコシティでイチョウはよく育っている。メキシコシティは冬が寒く、一月の平均最低気温は六℃だ。同じメキシコでも低地のチアパスやオアハカにイチョウは見あたらない。ブラジルでは、南部のサンパウロ州、ミナスジェライス州、リオグランデ・ド・スル州で屋外の広場や日本庭園にイチョウが植えられている。一五〇万人の日系ブラジル人がいるこの国ならではの光景だ。しかし、アマゾナス州や、高温乾燥気候のバイア州の内陸部では育たない。アジアでも状況は似ている。香港やシンガポールでは中国料理にギンナンがよく出されるが、すべてよそから輸入したものだ。

中国では、貴州省や雲南省など南部の温暖な省でイチョウは幸せそうに育っているが、ラオスやミャンマーとの国境近くのシーサンパンナ〔西双版納〕タイ族自治州では見当たらない。イチョウがどれほどタフな植物だといっても、熱帯気候には耐えられない[11]。

極地側への限界を決める要素と同様、熱帯側への限界を決める要素も複雑であるに違いない。気温と水源が重要なのは当然のこととして、世界のワイン製造業者にとって常識とされている要素も関係する。私たちは夏の暑い日に、日陰で心地よくワイングラスを傾けながらブドウ畑のことを思うとき、冬という季節を忘れがちだ。ブドウはたしかに夏の盛りによく育つ。だが、一年中暑い場所ではうまく育たない。成長サイクルの一部に寒い時期を必要としているのだ。実際、果樹の多くは寒い時期、つまり園芸家が「春化処理」と呼んでいるのと同じ一定の低温段階を経ないと、翌年に花を咲かせて果実を熟させることができない。温帯の落葉樹を熱帯の植物園に植えてもよく育たず、無秩序に葉が落ちて、やがて枯れてしまうのはそのせいだ。たいていの温帯の植物は、霜がまったく降りないような気候のもとで長くは生きられない[12]。

なぜ寒い時期を必要とするのかについてはまだよくわかっていないが、おそらく、春に一気につぼみを開かせたり花を咲かせたりするのと同じ体内調節メカニズムが関係しているものと思われる。温帯の落葉樹の多くは、最低気温が五℃以下になる時期を一、二か月ほど経ないとつぼみを開いて若葉を出すというプロセスが正常に働かない[13]。

水も不可欠の要素だが、それだけでは決まらない微妙なところがある。一定の雨量が必要なのはもちろんだが、それ以外に、一年のうちどの時期に雨が降るか、その水が土壌にどう蓄積されるかという要素がかかわってくる。やせた砂地は雨が降っても水がたまらないので、つねに水不足の状態で樹木の成長には適さない。全般的に水はけのいい土壌になっているキュー植物園では、長く乾燥した夏に対処するため樹木は葉を早く落とす。ときには大枝ごと落とすこともある。逆に、水分を長期にわたって蓄えられるローム質の土壌なら、雨不足が続いても木々に与える水分量を平準化できる。イチョ

ヨーロッパの歴史と文化の中心地で、かつてゲーテの家があったドイツのワイマールにて繁茂するイチョウ。イチョウはヨーロッパの冬に耐えることができ、温暖な夏には力強く成長する。

ウは多湿な土地にも微妙な反応を示す。なぜなら、その根は一年中湛水《たんすい》している状態には耐えられないにもかかわらず、しっかり成長するには水を絶対的に必要とするからだ。

まとめると、こんにちのイチョウの分布域を制限している要素で重要なのは、気温、四季の変化、水の得やすさのようだ。過去でも同じような要素がイチョウの分布域の移り変わりに影響していたことだろう。しかし、こんにち世界中で植えられているイチョウは、どこでなら育つかを示しているだけで、自生状態で生き延びられる場所を示しているのではない。自然の中で育つには、もっと厳しい条件が課される。気候に耐え、種子をまくだけでは不充分で、さまざまな動植物や微生物、害虫や病気が混在する生態系の中で生き抜かなければならない。世界各地の栽培地でイチョウが育つかどうかを見ることは、野生で生き延びる能力の一部を見ているにすぎないのである。(14)

20章　分布域の縮小

変化は、困難な時期の最中より、まあまあ平穏な時期が続いているときに起こる。

――グルーチョ・マルクス

イチョウは六五〇〇万年前から三五〇〇万年前ごろ北半球に広く分布していたが、気候が寒冷化するとともに繁栄の時代は終わった。南半球では、白亜紀から残存していたイチョウ様植物がかろうじて見られたが、それもやがて消えた。南半球のイチョウ様植物の最後の形跡は、オーストラリア、タスマニア州の六五〇〇万年前から四〇〇〇万年前のものだ。それ以降の若い時代の化石植物群は、オーストラリアと南米でたくさん出てきてはいるものの、イチョウ様植物は消えた。南半球でイチョウがふたたび現れるのは、ヒトによってもちこまれる数千万年後になる。[1]

三五〇〇万年前ごろ、全地球は気候がひどく寒冷化しただけでなく、多くの場所で乾燥化した。北米ではシエラネヴァダ山脈、カスケード山脈、ロッキー山脈の隆起が続いて太平洋から吹く風の湿気を吸いこみ、大陸のほぼ全域が降雨量の少ない「雨の陰」と

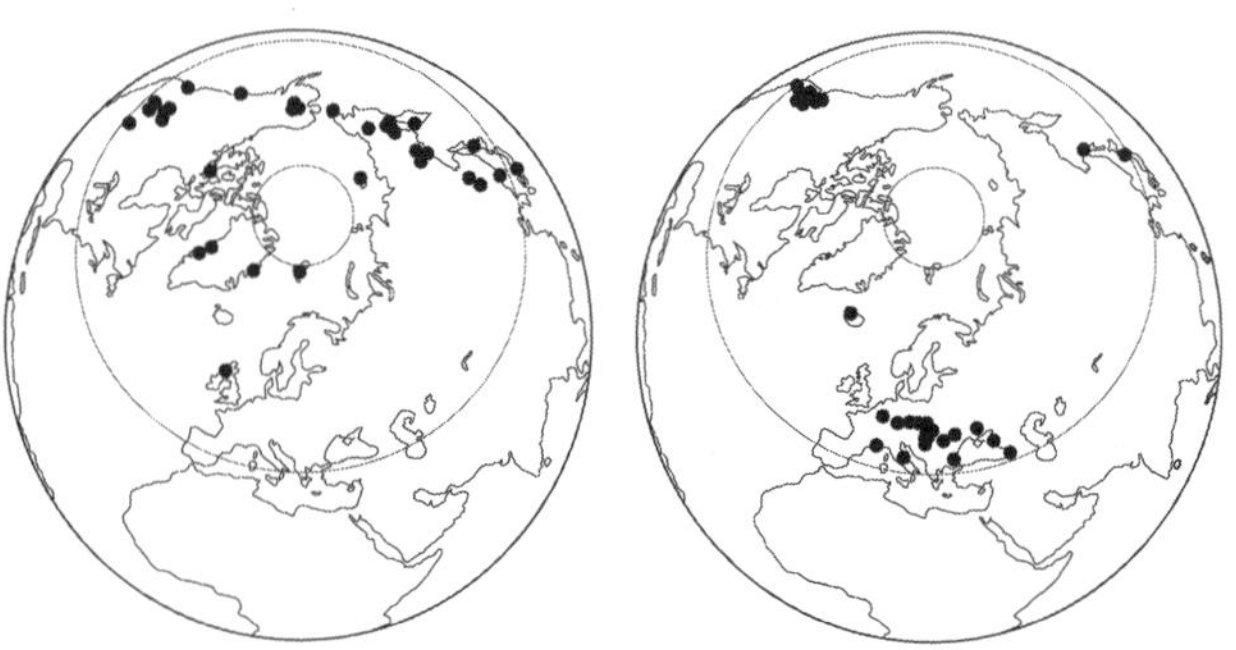

1億年前から4000万年前　　4000万年前から200万年前

白亜紀後期から暁新世、始新世のころ（左）と、漸新世から中新世、鮮新世のころ（右）のイチョウ化石産地を比べたもの。イチョウは古い時代には北半球の高緯度地域に分布していたが、その後は中緯度地域に閉じこめられるようになったのがわかる（地図は両方とも、現在の大陸配置図になっている）。

なった。それは大草原《プレーリー》という新しいタイプの景色を生んだ。アジアでも、気候変動にともない森林が草原に変わった。この新しく開けた環境で、新しく出現したイネ科植物やキク科植物と、それを食べる各種草食動物が繁栄した。この時期、被子植物が進化爆発を起こし、こんにち見られる植物の多くをつくり出した。それにつれて、イチョウの生育に適した森林は縮小していった。

ヨーロッパでは、スコットランドのマル島の大西洋に面した海岸から出た化石証拠が示すように、六〇〇〇万年前ごろの始新世には確実にイチョウが存在していた。しかし、イギリス、フランス、ドイツとその周辺国で見つかった始新世の植物群にイチョウ葉化石は見当たらない。その理由は、始新世のヨーロッパが暑すぎたからだ。不思議なことに、ヨーロッパではそれ以降の漸新世、中新世、鮮新世の植物群にイチョウ葉化石は出てこない。ドイツ西部のライン盆地にある褐炭採掘場から出た植物群はこれまでかなり詳しく調査されてきたにもかかわらず、やはりイチョウ葉はなかった[2]。

しかし、アイスランドのセーラルダールル植物群には、真に目を見張るようなイチョウ化石が出ている。以前の古植物学者たちの研究に続く形で、トマス・デンクとその研究仲間たちは新たな大規模調査をし、アイスランド西部のフィヨルド海岸の火山地帯で、中新世（一五〇〇万年前ごろ）にカシ、ヌマスギ、セコイアメスギ、モクレン、ブドウなどで構成される林の中にイチョウが育っていたことを発見した。その林は、以前の始新世（六〇〇〇万年前ごろ）のマル島にあったイチョウの林とそれほどの違いはなかっただろう。

中新世と鮮新世のヨーロッパでイチョウ化石が多く見つかっているのは、ヨーロッパ東部から南東部にかけての化石植物群だ。この地域でイチョウ葉は、暁新世と始新世にはなかったのに、中新世中期から後期、そして鮮新世にかけての化石植物群の中に多く出てくる。産出場所は、西はミュンヘンから東はウクライナやロシアまでと広範囲だ。最南東はギリシア北西部で、この地では化石植物群の中でイチョウが最も多く出ており、イチョウが河川植生で育つことを色濃く映し出している。ダナ・ロイヤーたちが北米大陸西部の白亜紀後期から中新世初期にかけての化石産地を調査して、イチョウは一定して河川近くの生育環境を好んでいたと下した結論は、ヨーロッパにおいても一致するようだ。[3]

　整理して眺めてみると、ヨーロッパのイチョウは、暁新世と始新世にはスコットランドやスピッツベルゲンにあったが北西ヨーロッパにはなかった。その後、中新世と鮮新世になると東欧とギリシアに現れて栄えた。これは、イチョウが気候変動――おそらく寒冷化と乾燥化――に呼応して南に移動したと考えていい。分布域を南下させた時代には、少なくとも種子の拡散方式はまだ機能していたということだ。

　北米のイチョウ化石を見てみよう。漸新世のイチョウは、オレゴン州ジョン・デイ盆地のブリッジ・クリークから出た化石植物群にはない。同じく漸新世のコロラド州フロリサントの植物群でもひじょうに希少だ。しかし、そこまで有名どころでない、もう少し西側の化石産地数か所からは出ている。たとえば、ジョン・デイ盆地と同じ漸新世の、ワシントン州西部のリオンズ化石植物群には、見間違いようのないイチョウ葉化石がある。オレゴン州ユージーン近郊のウィラメット植物層などの漸新世の岩石からも見つかっている。どちらも太平洋側北西部である。現在もそうだが、太平洋側は内陸部よりも雨量が多く、それがイチョウの生育に適していたということだろう。[4]

　北米でも中新世と鮮新世になるとヨーロッパと似たような傾向が出現する。イチョウは、世界最上級の保存の質を誇る化石植物群であるアイダホ州北部のクラーキア植物群には出てこない。クラーキアの豊かなコレクションは、アイダホ州立大学の故ジャック・スマイリーとビル・レンバーが何年もかけて集めたものだが、そこにコウヨウザン

（イチョウと同じく中国に現生種が残存している植物）はあっても、イチョウはない。こんにち、クラーキアは太平洋岸から三七〇マイル離れており、ポートランドやユージーンなどの沿岸部と比べると年間雨量が半分しかない。おそらく中新世と鮮新世にはすでに、内陸部は乾燥化または寒冷化が進んでいて、イチョウは育たなかったのだろう。[5]

中新世のイチョウ化石といえば、ワシントン州ヴァンテージからそう遠くない「ギンコー化石林州立公園」が昔から有名だ。ここを有名にしているのは葉の化石ではなく、樹木そのものが石化したものだ。およそ一五五〇万年前のイチョウの切り株が、古いカスケード活火山の斜面に森林を形成していたほかの樹木とともに、生きていたときの姿のまま火山灰の成分であるシリカに閉じこめられ、保存されている。近くに生えていた植物には、ヌマスギ、モミジバフウ、カシ、シカモアカエデなどがある。ここのイチョウは、北米で知られている最も若い時代の化石だ。このあと北米にヒトを通じてイチョウが戻ってくるのは数百万年後になる。[6]

21章　消滅また消滅

渡らなければならないたくさんの川がある
でも、ぼくにはどこをどう渡ればいいのかわからない
――ジミー・クリフ「渡らなければならないたくさんの川」

イチョウの悠遠な歴史を思えば、過去六五〇〇万年間、北半球のほぼ全域にイチョウが存在していたと聞いてもそれほど違和感はない。イチョウとその仲間の絶滅種は、長大な時間をこの地球上のあらゆるところで過ごしていて、たとえ一億年前ごろから明らかに減退に転じていたとしても、その後も多くの場所で存続していたのだ。だが、こんにちからふり返ると、ほんの五〇〇万年前にブルガリアとギリシアでイチョウが育っていたという事実に私たちは驚く。私たちは、つい最近まで世界はまるで違っていたのだということを忘れがちだ。地質学的時間の中で、地球上の動植物の分布域は意外に速く変わってきた。現在の生育地は、歴史の変遷の一断面でしかない[1]。

化石植物群はそうしたことを、動かぬ証拠として示してくれる。中新世後期の化石とそれに続く鮮新世の化石を比べると、北米西部とヨーロッパからはイチョウだけでなく

多くの植物が姿を消している。中新世後期の北米西部とヨーロッパの植生は、少なくとも樹木に関しては現在よりずっと豊かだった。たとえば、ドイツのゲッティンゲン近郊、ヴィラースハウゼンにある陥没穴をふさいでいた岩石から出た化石は、その一帯が広葉樹と針葉樹の森だったことを示している。土壌が豊かな広葉樹の森には、カエデ、カバノキ、ペカン、ブナ、トネリコ、コナラ、ニレなど三四の樹木種が育っていた。針葉樹の森には、現在のヨーロッパにはもう見られないが東アジアの温暖な森でいまも見られるコウヤマキ、スイショウ、カツラ、メタセコイア、トチュウなどが育っていた。これらの樹木はヨーロッパではイチョウと同じく比較的最近にすべて消えた。

北米では、アイダホ州クラーキアから出た化石証拠がまさに同じパターンを示している。ここでも、スイショウとカツラがメタセコイアやコウヨウザンとともに出てきている。これらの植物は現在、すべて東アジアにしか自生していない。クラーキアとヴィラースハウゼンには、一九五五年に現生種が見つかったばかりの希少な針葉樹、ギンサンの化石が含まれている。こんにち、ギンサンは中国西南部の限られた場所にのみ散在している。一五〇〇万年前から五〇〇万年前ごろを境に、これらの樹木はヨーロッパと北米ではまったく見られなくなったが、東アジアではどうにか生きながらえたようだ。(2)

こうした樹木種が具体的にいつ、どのようにヨーロッパと北米から消えたのかを知るのはむずかしい。分布域が広大だった過去から縮小してしまった現代までに経過した段階的な変化を詳しく眺めるには、化石の記録だけでは不充分だからだ。しかし、特徴的な花粉粒をもつ仲間の植物の運命をたどることで、いくらか想像することならできる。花粉粒は大量につくられ、化石記録に保存されている。どの樹木のものかがはっきりしていて、また化石群の中で見分けのつきやすい花粉粒なら、その樹木が地球規模の気候変動に応じてどう分布域を変えていったかを示す指標になってくれる。

そんな条件に合致するのがクルミの仲間であるコーカサスサワグルミの花粉粒だ。見た目に特徴的なこの花粉粒は、イギリス南部で一連の氷期と間氷期に合わせて消えたり出たりしてきた。コーカサスサワグルミの花粉粒は、五〇万年前ごろまでに数回あった初期の氷河前進期が終わって間氷期に入ったころの地層にふたたび現れる。氷河前進期に南へ追いやられていた樹木が、気候が温暖になるにつれてイギリスに戻ってきたのだろう。しかし、この花粉粒はイギリスで、四二万四〇〇〇年前から三七万四〇〇〇年前ごろのホクソニアン間氷期を最後に姿を消す。一三万年前から一一万四〇〇〇年前ごろのエーミアン間氷期と、一万年前から現在に続く完新世の間氷期には、どういうわけかコーカサスサワグルミは戻ってこなかった。(3)

イチョウの歴史もこのように詳しく調べることができればいいのだが、あいにくイチョウの花粉粒は、ほかの樹木の花粉粒と見分けがつきにくい。ただ、コーカサスサワグルミが移動していたとわかったことで、イチョウについても重要かつ答えのない疑問が生じた。気候変動によって生育地を移動せざるをえなくなったとき、はたしてイチョウは新しい土地に進出することができたのか、という疑問だ。気候の寒冷化と乾燥化によってイチョウの生育域が徐々に縮小したことはわかるが、その後なぜ戻ってこなかったのか。もちろん、どこかへの進出には成功したはずだ。そうでなければ、イチョウがこんにちまで生き残っているはずがない。

たいていの植物において、ある土地に進出できるかどうかは種子拡散が有効かどうかで決まる。種子拡散は、植物にとって動物の移動に匹敵する能力だ。ただし動物に比べると、一世代ずつを要するぶん移動速度はずっと遅くなる。多くの植物の果実と種子は拡散効率を高めるために特殊化してきた。タンポポはパラシュートのような綿毛をつけて風で飛ばそうとしているし、キイチゴは種子をくるんでいる果肉を食べる鳥に運んでもらおうとしている。さて、イチョウの場合はどうなのだろう。過去数百万年に分布域が減少した原因は、種子の拡散方法がうまくいっていなかったからではないだろうか。

一九八二年、熱帯生態学者のダン・ジャンゼンと古生物学者のポール・マーティンは、「新熱帯区の時代遅れ——ゴンフォテリウムが食べていた果物」と題する挑発的な論文を発表した。彼らが提唱した考え方の発端は、ジャンゼンが長年働いていたコスタリカのグアナカステ国立公園に自生している植物の多くに、種子を自然に拡散する方法がないように見えることだった。とくに、国立公園の名称ともなっているマメ科のグアナカステや、同じくマメ科の大木であるジビジビのような、果実や種子のサイズが大きなものに種子の拡散方法が見当たらない。こんにち、これらの樹木の果実や種子を食べているのはウマとウシだけだが、どちらも比較的最近に人為的に移入された外来動物だ。これらの植物の種子を拡散できる在来動物はいない。ジャンゼンとマーティンは、これらの植物の種子をかつて拡散していたのは、現在では絶滅してしまった動物なのではないかと考えた。植物は存続したが、その種子を拡散していた動物のほうは存続しなかったというわけだ。

ジャンゼンとマーティンは、大型の種子を拡散していたのはかつて中南米に生息していた大型哺乳類だと考えている。ヒトによる狩りのせいか、気候変動のせいか、あるいはその両方のせいで、その大型哺乳類たちは一万年前ごろいなくなってしまった。そのころ絶滅した動物には、現在のゾウの類縁であるゴンフォテリウムも含まれていただろう。ゴンフォテリウムは明らかに草食動物で、過去五〇〇万年のほとんどの時代に中米で栄えていた。同時代の同地域には、地上性ナマケモノやグリプトドン、ウマの絶滅種、クマの絶滅種、オオアルマジロ、フラットヘッド・ペッカリーなど果物を食べる哺乳類がいた。ジャンゼンとマーティンは、ゴンフォテリウムとこうした大型絶滅哺乳類が過去数十万年のあいだ中米の生態系で縦横な役割を果たしており、それらが比較的最近に絶滅したせいで、現在の生態系に「欠けた部分」が見られるのだと主張した。(4)

ジャンゼンとマーティンが提唱した考え方のうち最も重要なのは、いま見えている世界を理解するためには過去を理解しなければならない、という点だ。ゴンフォテリウムその他の動物が絶滅したのに、それらの動物に種子の拡散を託していた植物が存続しているとすれば、そのカギは過去の偶発的な出来事にある。ある植物とそれに関連する動物の進化史は、いつも同期しているとはかぎらない。ジャンゼンとマーティンは、拡散媒体を失ったこれらの植物を、少々修辞的に「生ける屍」と呼んだ。進化を共にしてきた媒体相手を失った植物は、絶滅するまでの残りの日数を減らしていくだけの存在だというわけだ[5]。

ジャンゼンとマーティンの理論は大いに注目を集め、一九八四年には私の古植物学者仲間であるカリフォルニア大学サンタバーバラ校のブルース・ティフニーが、イチョウ史にも似たようなことが起こった可能性があると提唱した。ブルースによれば、イチョウも拡散媒体を失った「生ける屍」だという。強い臭気を放つイチョウの種子は、恐竜か、あるいはすでに絶滅した初期の哺乳類の食性に合わせたものだったのではないか、とブルースは推測した。

こうした推測を立証するのはむずかしいが、イチョウが絶滅寸前まで衰退した理由の、気候以外の要因を考えるうえでは大いに参考になる。二五〇〇万年前から一五〇〇万年前ごろ、イチョウはそれまで分布域でなかったヨーロッパの東部と南東部に移動している。この時代は恐竜や初期哺乳類が絶滅してからずいぶんたっているから、種子拡散を担っていたのはブルースが想定したタイプの動物ではないかもしれない。それでも、ブルースの指摘はいい点を突いている。要するに、イチョウの衰退は種子を拡散する媒体の減少が引き起こしたのではないかということだ。その直接の主役が恐竜なのか、もっと最近に絶滅した動物なのかは、また別の問題だ。

残念ながら、私たちはイチョウの特徴としてギンナンの臭いをまっ先に思い浮かべるにもかかわらず、イチョウがどのように種子を拡散しているか、ほとんど知らない。しかし、発芽がはじまるのは、動物の腸内を通過するなどして果肉質の外種皮部分がとりのぞかれたあとだ。中国の、イチョウの自生地と思われる場所では、その種子をジャコウネコ科の哺乳類であるハクビシンが食べていたとする記録がある。日本では、タヌキが食べている。イヌもときおり引きつけられるようだ。ある友人は、自分の飼っていたイヌがミネソタ大学の構内でギンナンをよろこんで食べていた、と語ってくれた。いま現在どんな動物がイチョウの種子を食べるのかについてはもっと調べる必要があるが、調べた結果、かなりの動物が食べるとわかったとしても、そうした動物がかならずしもイチョウの種子拡散の媒体だったとはかぎらない⑥。

もしブルースの考え方が基本的に正しいとするなら、中生代末期か新生代のどこかの時点で、イチョウは種子拡散を託していた動物を失い、そこに気候変動の追い打ちをかけられたということになる。イチョウは、コーカサスサワグルミほど簡単に新たな土地に移住することができなかったのだろう。こうして少しずつ生育地が縮小し、自然保護論者たちが「絶滅の渦」と呼ぶ水準近くまで個体数も減っていったに違いない。寒冷化、乾燥化した気候はかつての広大な分布域を浸食し、イチョウの移動手段である種子拡散力を抑えこんだ。そうなると、衰退への一方向にしか力は働かない。北米とヨーロッパでは過去数百万年にこの作用がとりわけ強く働いたようだ。化石の記録が示すように、イチョウの分布域は気候の乾燥化その他の植生変化によって、回復不可能なほどまで縮小していたと考えられるからだ。中国南部と西部の山間部と谷間は、イチョウを含めた各種の衰退植物の避難所となった。

理由が何であれ、この地域絶滅のパターンはこれ以上、明らかにはなっていない。イチョウはアジアでは、多少なりとも連続的な記録を残している。周志炎とその研究仲間が記載した二億年以上前の化石記録を皮切りに、ジュラ紀と白亜紀までずっと化石が出ている。日本の鮮新世の化石植物群にも見つかっている。逆に、ヨーロッパと北米では、アジアと同じくらい古くからあったイチョウ化石の記録が比較的最近になっていきなり途切れている。(7)

こうしたことを考えると、現在の世界がどう形づくられてきたのかを理解するのに、やはり化石の記録は欠かせないということになる。自然界にはありとあらゆるパターンがあり、中にはまったく想定外のパターンもあるが、いずれにしても過去をふり返ることでしか理解できない。私はいつも学生たちに言って聞かせているのだが、こんにちの植物、人間、生態系、組織、国家を理解しようと思ったら、その歴史を学ばなければならないのである。この信条はとりたてて目新しいものではないが、日々の生活の中ではつい忘れられがちだ。生物学に関して言えば、過去をふり返ることにまつわるこの種の複雑さが、進化の概念が否定されたり、古生物学が明らかにした歴史的な直接証拠をないがしろにされたりする背景となっていて、私たちは危機感を抱いている。

たとえば、イチョウその他の植物の化石記録はリンネの時代以来、植物学者の「謎」を解きほぐす助けとなってきた。そんな謎の一つに、現生の北米東部と東アジアの植生が驚くほど似ている、というものがあった。この類似性については、一八世紀末にイタリアの植物学者ルイジ・カスティリオーニが注目し、その後にアメリカのトマス・ナトールも指摘はしていたが、一九世紀の偉大なるアメリカ人植物学者エイサ・グレイが類似性の全貌を明らかにした[8]。

グレイとその時代の研究者たちは、この類似性をどう解釈すべきか頭を悩ませていた。ダーウィンも、このことは植物地理学の「奇々怪々な問題の一つだ」と、一八五六年にハーヴァード大学のグレイに宛てた手紙に書いている。ダーウィンは、北米東部の植生が、北米西部の植生よりも東アジアの植生と似ている理由を説明できないでいた。だが、グレイがのちに推測したように、かけ離れた二つの場所における奇妙な一致の原因は地域絶滅にあることを、化石記録が示してくれた。それまで広域に生育していた植物種の一部が地域絶滅して、元の植生が分断されたということだ。地域絶滅はヨーロッパとアメリカ北西部で顕著だった。イチョウの場合、地域絶滅はさらに極端だった。ヨーロッパからは完全に消え、北米北部と西部からも消え、日本からも消えた。中国でさえ、ほとんど消えかかっていた[9]。

22章　粘り強い存続

こんなごつごつした丘の中腹に、リンゴの木が生えている。人為的に植えられたものではなく、かつて果樹園だったところの名残でもないのに、マツやコナラの木のように自然に育っている。

――ヘンリー・デイヴィッド・ソロー『野生のリンゴ』

現在、地球上で最も古く最も大きなイチョウの木は東アジアにある。そして、大きな老木の横で若木が自然に育っているような、自生地らしき場所は、私たちが知るかぎり中国にしか存在しない。しかし、真の意味での自生集団が中国で存続しているのかどうかは未解決の疑問となっている。一つには、中国の国土が広大であることが壁となっている。こんにちでさえ、この国のすべてを植物学的な視点で調べた記録はない。中国からは新種の記載が間断なく届いている。イチョウについても過去一〇年間に自生集団らしきものがいくつか新たに発見されてはいるが、まだ充分に調べられていない。もう一つの問題は、そうやって見つかった樹木集団が、ほんとうに自生しているものなのかどうかを見分けるのがむずかしいことだ[1]。

韓国のソウルにある梨花女子大学校の構内にて、小道沿いに自然に生えてきたイチョウの若木。若木は林の低層の、一部陰になっていて一部開けているような場所でよく育つ。

　イチョウの真の自生地を特定できるなら、進化に関心のある植物学者にとっては願ってもないことだ。それができれば、同じ生態系に暮らすほかの動植物とイチョウがどうかかわり合ってきたのかについて学ぶことができる。イチョウに、その葉を食い荒らす昆虫のような敵がいるのかどうかや、その種子を集めたり食べたりする哺乳類がいるのかどうかもわかる。イチョウの根や幹に共生する細菌や菌類についても調べることができる。アルモントその他の化石植物群から出てきたほかの植物が、現在の森でもイチョウのそばで育っているのかどうかも知りたいところだ。

　イチョウの天然生育地を見分けるのがむずかしい理由は、何よりもまず、真に野生状態の樹木と人為的に栽培された樹木の区別がつかないことだ。中国には古くからヒトが住んでいて、イチョウの自生地の候補とされているところの大半は、数千年も前から人々が暮らしていた地域内にある。そこに生えている木が、野生の種子から発芽したものか、人為的に植えられた種子から発芽したものかをどうやって知ればいいのだろう。また、イチョウは条件さえそろえば種子から簡単に生えてくるから、その点でも区別しにくい。どれほど荒れ地に見えても、過去のどこかの時点でヒトの手が加わっている可能性はある。私はソウルの梨花女子大学校の構内で、半自然状態の林の低層にあたる急斜面に、イチョウの若木がたくさん生えているのを見たことがある。その若木はすべて、自然に落ちた種子から発芽したものだ。だが、その種子を落としたイチョウの雌木を斜面の上の小道沿いに植えたのはヒトだ。中国では昔からギンナンを食用にするためにイチョウを栽培していたことを思えば、真の自生地を見つけるのがどれだけ大変なことか理解できるだろう。

西洋の植物学者たちは、一七世紀末に日本ではじめてイチョウに出合った。一八世紀になると、中国、日本、朝鮮のヨーロッパ人貿易商たちからイチョウとその種子であるギンナンの利用法の話を聞いた。しかし、東アジアを訪れた初期の植物学者は基本的に沿岸部にしか滞在できなかった。一九世紀になり、中国、日本、朝鮮が西洋に貿易の解禁を迫られて開国すると、ようやくヨーロッパの植物探検家たちは、日本と朝鮮各地を、そして中国の内陸部を旅することができるようになった。イチョウの巨木は彼らが目にした植物の中でも格別で、西洋科学にとってもまったく新しい植物だった。中国を旅した初期の西洋人プラントハンターたちの探検記は何度読んでもわくわくする。彼らの探検の結果、またイチョウの保存標本や現生見本がヨーロッパに流入するようになったことで、中国の天然植生がとびぬけて豊かだとわかっただけでなく、ヨーロッパ列強が手にしたいと願っていた商業的に価値のある植物の宝庫だということも明らかになった。[2]

中国を旅した初期の植物学者で探検家のロバート・フォーチュンは、とりわけ重要な役割を果たした。バーウィックシャー出身の勇猛果敢なスコットランド人であるフォーチュンは、まずエディンバラの王立植物園で園丁としてこの世界に入り、一八四〇年に当時ロンドン西部にあった王立園芸協会に移った。そして、一八三〇年代後半から一八四〇年代前半の第一次アヘン戦争を終結させた南京条約の調印から数か月後、フォーチュンは王立園芸協会から中国に派遣されることになった。彼は一八四三年七月に香港に初上陸し、合計四回にわたる中国探査をした。なお、彼は日本を旅した初期の西洋人植物学者の一人でもある。[3]

フォーチュンの探検談は、数点の書籍に生き生きと描かれている。彼の植物学者としての焦点は現生植物の採集にあったが、二度目の探検では、イギリス東インド会社の経済的利益のために植物採集するという任務も負っていた。東インド会社は中国政府の要請に反し、インドに茶のプランテーションをつくろうとしていたからだ。フォーチュンは根っからのスコットランド人だったが、北京官話を習得し、中国の衣服を身につけ、髪の一部のみ細長く残して頭を剃る辮髪《べんぱつ》をほどこし、遠く離れた省からやってきた中国人のふりをして、外国人の立ち入りが禁じられている場所にうまく入りこんだ。こうして彼は、中国と日本で集めた二万点を超える種子と若木を船に積み、最終的には一〇〇種類以上の植物種をヨーロッパの園芸界に導入した。

　フォーチュンは最初の中国探検をしたときに、イチョウについて、当時採用されていた学名を使ってこんなふうに書いている。「上海にて見かけた唯一の大木はサリスブリア・アディアンチフォリアである。これは一般的にメイデンヘア・ツリーと呼ばれている。その葉の形がメイデンヘア〔和名はホウライシダ、クジャクシダ〕に似ているからだ。中国人はこの木を矮小《わいしょう》化するのを好み、その結果、庭などに小型の木としてよく植わっている。その果実は中国全土の市場で白果という名で売られており、乾燥アーモンドよりも白く、丸く、ふっくらしている。地元民はこれを食するのを好むが、西洋人はめったに食べない[4]」

　フォーチュンに続き、プラントハンターの第二波が中国に押し寄せた。第二次アヘン戦争により政治をとりまく状況が変わったからだ。一八六〇年の北京条約は、フランスとイギリスに圧倒的に有利な内容となった。イギリスからはオーガスティン・ヘンリーが中心となって、ロバート・フォーチュンと、その後にやってきた植物採集家たち――ジョセフ・ロック、アーネスト・ヘンリー・ウィルソン、ジョージ・フォレスト、フランク・キングドン゠ワード――をとりまとめた。同じく影響力のあった植物探検家として、一八六〇年代に中国に派遣されていた三人のフランス人宣教師たちがいる。中でも重要人物は、ラザロ騎士修道会のペレ・ジャン・ピエール・アルモン・ダヴィデだ[5]。

オーガスティン・ヘンリーは、大英帝国通関局の職員として中国に行き、一八八二年から一八八九年にかけて中国の内陸部を広くまわって植物採集した。そして一万五〇〇〇点を超える乾燥標本と種子をイギリスへ送った。そのほとんどは、ウィリアム・ボッティング・ヘムズリーやダニエル・オリヴァーなどキューの植物学者たちによって記載された。ヘンリーは中国に生育する興味深い新種の山に光をあてた。その多くはいまもヨーロッパ園芸界の中心的な植物で、ヘンリー・スイカズラ、ヘンリー・ユリのように彼の名を冠した植物種があるほどだ。彼は何度かの探検中にイチョウに出くわした。一八九三年に出版された彼の著書『中国の資源植物学記録』にはごく簡単に、「パイ・クオ、ギンコー・ビロバ、命名リンネ。種子は食用」としか書かれていない。しかし、一九〇六年に出版された全七巻の『グレート・ブリテンとアイルランドの樹木』には、七ページにわたるイチョウの説明と三点の写真が載っている。うち一点は、中国中央部の寺に立つイチョウの老木だ。(6)

オーガスティン・ヘンリーは、彼のあとに続く若いイギリス人植物探検家、アーネスト・ヘンリー・ウィルソンに大きな影響を与えたことでも有名だ。ウィルソンは、およそ二〇〇〇点の植物を移入し、西洋の庭園にアジアの植物を栽培することの基礎を敷いた有名な植物コレクターだ。彼はその過程で、中国の植物についての知識を西洋に伝えるのに大きな貢献をした。(7)

ウィルソンは中国探検の最中に何度もイチョウに出合った。彼は『胴乱とカメラと銃を手に中国西部を行くナチュラリスト』に、イチョウを見たときの印象をこう書いている。「この驚くほど美しい木は、中国全土の寺院や聖廟、宮殿や富裕層の邸宅の中庭に植わっている。日本の各地にも。だがどれも、真に自生している木ではない[8]」

探検を重ねるうちに、中国には寺院と関係のないイチョウの大木がたくさんあることがわかった。また中国人植物学者らの話によれば、長江沿いや天目山の浙江省側などの深い森の中に数か所、野生のイチョウが育ち続けている可能性があるとのことだった。

アーネスト・ヘンリー・ウィルソンが、1914年4月に日本の奈良県の寺院にて撮影したイチョウの巨木。この古木は幹が二股に分かれており、その割れ目からさらに別の大木が伸びている。

上海や杭州から気軽に行ける近距離で、中国東部の豊かな森を味わいたいなら天目山をおいてほかにない。天目山は海抜五〇〇〇フィート〔一五〇〇m〕の山々がそびえる、浙江省で最も高い山地である。その変化に富んだ地形は、同じく変化に富んだ植生——亜熱帯性の常緑樹林から温帯性の落葉樹林まで——を支えている。イチョウを含む豊かな植物群が見られるのは西天目山の南斜面だ。ここには、亜熱帯に典型的な常緑樹にまじって、温帯地方に典型的な落葉広葉樹や、温帯性針葉樹のさまざまな樹木が育っている。植物の種類はひじょうに多く、およそ一五〇〇種の維管束植物が見つかっている。たった一六平方マイルの面積内に、イギリスに自生しているすべての種に相当する数の植物がここにはある。(9)

天目山のイチョウ集団は、イチョウそのものについての情報と、イチョウが自然状態または自然に近い状態でどうふるまうのかについての貴重な情報を与えてくれる。たとえば、ピーター・デル・トレディチが現地の一六七本のイチョウの木を調査した結果、その三分の一に「複数の大きな幹」がついていた。おそらく幹の根元にできた「乳」が活性化して新たな幹になったのだろう。植物の中には、樹木本体の成長が何らかの形で妨げられたとき、茎や根を出す能力をもつリグノチューバー（木質塊茎）をつくるものがある。それと同様、イチョウの乳は、急斜面で育つイチョウを安定させるのに役立つ。

しかし、天目山に生えているほかの数種類の樹木を含めて、ここのイチョウもずっと昔にどこかからもちこまれたものかもしれないという疑念は、完全には排除できない。天目山のイチョウ集団の起源を正確に特定するのはむずかしいだろうが、過去数十年に中国では別のイチョウ自生地らしき場所が見つかり、植物分子生物学の分野では新しい技術が生まれた。中国の広大な国土のどこかでイチョウが野生状態で存続していた可能性について、調べる機会がめぐってきた。

23章　生きている化石

あなたがたはその実で彼らを見分ける。
——マタイの福音書（七章一六節）

植物分子生物学の急速な進歩により新たな手段が登場したことで、東アジアのイチョウがたどってきた数十万年の歴史を理解する道が開けてきた。イチョウの木はどれも一見して同じに見えるが、ＤＮＡを調べれば、実際にどれだけ同じでどれだけ違うのかを確かめることができる。異なる場所に生育している木からサンプルをとって互いの類縁関係を測ったり、その遺伝子構成にどれだけ多くの差異（遺伝的多様性）があるかを調べたりすることもできる。ＤＮＡの解析結果から、集団内の個々の木が同じ遺伝子をもつクローンなのかそうでないのかを知ることができる。こうした情報にもとづいて、あるイチョウ集団が別のイチョウ集団から分岐したのかどうかを推測できるかもしれない。遺伝的多様性が小さい集団は、別の場所にある遺伝的多様性が大きい集団から分かれた集団で、まだそれほど多くの違いが出現していないと考えられるからだ。つまり、遺伝的多様性が大きい集団（突然変異を何度も起こして遺伝子差異が増えた集団）は、より古い時代からその場所で生きてきた可能性が高い。

こうした推測方法は、農作物となっている植物の起源を探るのにこれまでも広く使われてきた。考古学的証拠や植物学的証拠から、農作物の由来となった野生植物がいまも生育していると示された地域は世界各地にある。そうしたところの植物集団を調べると、たいてい遺伝的多様性が大きい。逆に、農業用によそからもちこまれた地域の植物集団は、たいてい遺伝的多様性が小さい。別の場所に移された、いわば下位群の植物に、上位群の植物の遺伝的多様性すべてが出現することはありえないからだ。たとえば、ジャガイモとトマトは地球全体で眺めたとき、アンデス地方北部で最も多くの遺伝子差異が認められる。ここにはいまも野生種が育っている。おそらく遠い昔に人類は、この地域でジャガイモを栽培種に改良するようになったのだろう。ロシアの偉大な植物学者ニコライ・ヴァヴィロフは、最先端の遺伝学など使わずとも、この論理を用いて主要な農作物の起源となった野生種とその原産地を突き止めた[1]。

イチョウの野生集団を見つけるために、天目山の集団に見られる遺伝子と、中国のほかの自生地らしきところの集団の遺伝子とで多様性の大小を比較しようという研究は、注目を集めた。初期の研究によると、天目山の集団は遺伝的多様性がまあまあ小さいようだった。だが、これを中国各地の別の集団と比較するには、上海の華東師範大学および杭州の浙江大学の中国人科学者たちによる過去一〇年にわたる一連の研究を待たなけ

中国浙江省の天目山保護地にある有名な「5 世代」イチョウ。

ればならなかった[2]。

中国チームは初期研究の一環として、中国南部の貴州省、中央部の河南省と湖北省、東部の江西省と浙江省（天目山を含む）の、自生である可能性が高い九か所のイチョウ集団を選んだ。そして、集団ごとに一〇個体から三〇個体のDNAを抽出し、それぞれの標本に対して二種類の方法を使って遺伝子差異を評価した[3]。

最初の方法は、「ランダム増幅多型DNA法」の頭文字をとってRAPDと呼ばれる。この技法は現代の精緻《せいち》な分子生物学の水準からすると、やや粗雑な部類に入るかもしれない。いまならイチョウの全DNA配列を数週間で解読することができるからだ。それでもRAPDはまあまあ速くて有効な解析技術で、かつては広く使われていた。分子生物学の世界では、この解析法に「速い」という意味の「RAPIDS」という通称がついているほどだ。

中国の研究チームはイチョウの各個体からDNAを抽出すると、プライマー（増やしたいDNA断片の開始領域）を加え、それを鋳型《いがた》にDNA断片を大量に作成した。目的は、それぞれの個体のDNAからプライマーごとに増幅して得られるDNA断片の数と、そのDNA断片のサイズを見ることである。つぎに、こうしてできた大量のDNA断片をサイズごとに分類する。そのためには、電流が通ったゲル状のプレートの上にそれぞれの個体からとったサンプルを置く。それぞれのサンプルは電流に引かれてゲルの「溝」に沿って移動する。短距離走の直線レーンを選手たちが走るところを思い浮かべてほしい。短いDNA断片は速く動いて遠くまで行けるが、長いDNA断片は遅いので遠くまで行けない。一六四個体の木からとったサンプルで、研究者らはサイズの異なるDNA断片を四七種類回収し、イチョウの個体ごとに、また集団ごとに、それぞれのDNA断片が何個出現するかを比較して、中国各地のイチョウ集団の遺伝的多様性をなんとかおおまかに見積もるところまでいった(4)。

結果は、地域間の比較という観点と、確認されたDNA断片の数という観点から、中国南西部のイチョウ集団の多様性が大きいことが認められた。中でも貴州省内の四集団のうち三集団に突出した多様性が見られた。浙江省の天目山のイチョウは、河南省や湖北省のイチョウと並んで中程度の多様性を示していた。RAPD解析の結果を集団間で比較すると、重慶市の金佛山にあるイチョウ集団が最も特異的である（ほかの集団とは違う）ことがわかった。天目山の集団もやや特異的だったが、全体的に見ると、どちらかといえばほかの集団に似ていた。

イチョウの自生地である可能性の高い２か所。重慶市の金佛山と、浙江省の天目山。

中国の研究チームはつぎに、イチョウ集団間の遺伝子差異を評価する二番目の方法で追跡研究を実施した。このときは、特定の四か所の集団の一五八個体の葉から、特定の葉緑体ＤＮＡ断片を多数、増幅させた。すべての木から、充分な量のＤＮＡ断片を得たら、三種類の酵素――所定の位置でＤＮＡを切断する酵素――を用いてＤＮＡを特定の領域で切断した。こうして得られた断片を解析すると、一五八個体のイチョウの中に八つの差異パターンが見つかった。金佛山のイチョウ集団はやはりいちばん多様性に富んでいて、八パターンのうち六パターンを有していた。[5]

さて、中国のイチョウ集団をＤＮＡ解析して得られた結果から、私たちはどういう結論を導き出せばいいのだろうか。もちろん、この種の研究はあくまで推測で、真の遺伝子の状態を表しているとはかぎらない。どちらの解析法においても、調べたのは樹木の遺伝子全体のうち、ほんのわずかな部分だけである。そのわずかな部分が全体を代表しているのかどうかは未解決である。また、どちらの解析法にもつきものの少し気がかりな点もある。増幅させてつくった断片が、比較する目的で同じものとして扱われていながら実際にはわずかに違っているかもしれない点だ[6]。

それでも、浙江大学の中国人科学者らとその共同研究者らがごく最近におこなった、より洗練された技法を用いた研究は初期の研究結果を支える形になった。このときも、中国南西部のイチョウ集団は中国東部の集団よりも遺伝的に多様だという結果が出た。総括すれば、イチョウは二か所の「避難所」で更新世の氷河期を生き延びたというこれまでの推測はほぼ当たっていたことになる。避難所の一つは、海岸部からそう遠くない天目山だ。もう一つはもっと内陸の、四川盆地の南の縁沿いあたりの、ひっそりとした谷間だ[7]。

これらの研究結果を額面どおりに受けとり、なおかつこの結果を最終的な結論ではなくあくまで道案内のようなものと理解したうえでなら、「ほかの場所にある遺伝的多様性の小さいイチョウが母集団で、金佛山や天目山のイチョウは分岐集団ということはありえない」という考えは、たしかに正しい。しかし、だからといって「金佛山や天目山のイチョウが母集団だ」と完全に言い切ることもできない。多様性の小さい集団は多様性の大きい集団から分かれたかもしれないが、イチョウのような植物の場合にはもっと慎重に考えるべきだ。なにしろイチョウ集団はあちこちで消滅していて、ヒトの歴史がはじまったあとも森林伐採などの形で消滅させられている。遺伝的多様性が大きい集団も、小さい集団も、「かつて広範囲に分布していて遺伝的多様性が高かったのに現在は消滅してしまった」集団の、生きた遺物だという可能性が残っている。

こうして、天目山のイチョウが自生集団の生きた遺物なのか、あるいは仏教徒によってもちこまれたものなのかという問題に対し、DNA解析は完全に決着をつけていない。しかし少なくとも、金佛山および中国南西部の別の場所にあるイチョウ集団をもっと詳しく調べるべきだ、という方向性は示された[8]。

重慶市の金佛山は、貴州省や四川省との境界近くに位置する。緯度で比べると天目山よりわずかに南だが、天目山が海に近いのに対して金佛山は内陸の奥のほうにある。さらに、ここにはイチョウの巨木だけでなく、かつて広範囲に分布していて長い化石史をもつギンサンやコウヨウザンなども育っている。中国のこのあたりには、種子から自然に生えてきたと思われるイチョウの小集団がぱらぱらと存在している。中国にイチョウは無数にあるが、少なくともこのあたりのイチョウは、イチョウの地理的範囲が他地域と広くつながっていたころの名残をとどめているのだろう[9]。

第5部

ヒトとの出合い

イチョウの枝と葉を絵柄にした皿。1700年から1730年ごろの作。日本、九州の肥前、大川内窯にて。

24章　古木の樹齢

自然は巧妙だ。途方もない年月に刻まれた皺でさえ、バラとスミレと朝露の下に覆い隠す。
——ラルフ・ワルド・エマーソン「作品集」

現在、イチョウは世界中で見られるが、それは基本的にヒトが植えたものだ。私たちが目にするイチョウはたいてい、公園や庭園、街路など、ヒトがつくり上げた場所にある。これらのイチョウはサイズも適度で、真に巨樹と呼べる木は東アジア以外にはない。ヨーロッパで最古のイチョウとされるキュー植物園のオールド・ライオンでさえ、直径は五フィート〔一・五m〕だ。中国、韓国、日本にはほんものの巨樹がある。中国の一部地域には自生していると思われる巨木まである。中国貴州省と四川省の境に位置する重慶市の金佛山では、幹の直径が一二フィート〔三・七m〕のイチョウが一九五〇年代に報告されている。一九九九年には、このあたりに村落ができる前から生えていたと思われるイチョウ古木の直径が一一・五フィート〔三・五m〕だという報告が届いた。ただし金佛山全体で見れば、幹の直径が四〇インチ〔一m〕以上のイチョウは七〇本で、六・五フィート〔二m〕以上のものは八本しかない。キュー植物園のイチョウと幹の太さが同じくらいのイチョウは多い。そうした木のそばには若木も生えていて、ヒトが介入しない状態で世代をつないでいる。(1)

金佛山や天目山の山腹に生えている巨木を別にすれば、真に巨大なイチョウは中国はもちろん日本や韓国でも、森の中には存在しない。イチョウの巨樹は、一部は寺や神社にあるものの、たいていは田舎でぽつんと自生している。中国でイチョウの巨樹を調査したところ、幹の直径が六フィート半〔二m〕以上のものが一三八本見つかった。その多くは、自然林の中ではなく単独で生育している。(2)

とりわけすばらしいのは中国南部、貴州省の李家湾という小さな村の近くで生育している大イチョウで、河岸低地の農業地帯にそびえている。このイチョウは、ひょっとすると大昔のイチョウ栽培地に植えられていたものの名残かもしれない。あるいは、何らかの理由で生き残った自生林の最後の一本かもしれない。金佛山からそう遠くないことを思えば、ここにかつて自生林があった可能性は充分にある。昔の農民は農地を開墾するのに森林を焼き払ったという。日本の広島のイチョウが原爆投下後の火災を生き延びたように、このイチョウも農民による焼き払いを生き延びたのかもしれない。(3)

李家湾の大イチョウは樹高およそ一〇〇フィート〔三〇m〕で、幹の直径は地表面のところで一九フィート〔五・八m〕と、現時点で記録されているイチョウとしては世界最大だ。しかし、この木に複雑な歴史があったことは遠くから眺めただけでもすぐわかる。四つの太い幹が、それぞれ六〇フィート〔一八m〕以上の高さに伸びている。中国の研究者たちの調べによれば、この木は長大な生存期間中に少なくとも四回、根元から新しい芽を出したらしい。部分的に分かれた幹の内側は広い空洞になっていて、かつてはここが農民と家畜牛の仮宿になっていたという。幹の中心が空洞で年輪が不完全なため樹齢はわからない。ある推定によれば、四五〇〇年ではないかという。たとえ正確な樹齢がわからなくても、このとてつもない大きさを見ただけで、李家湾の大イチョウは現生する最長寿のイチョウに思える。④

中国にはほかにも長寿を思わせるイチョウの木がある。湖南省の洞口県にあるイチョウは樹齢三五〇〇年と考えられている。山東省の莒県《きょけん》の浮来山定林寺にあるイチョウも樹齢三〇〇〇年以上と記録されているし、陝西省の周至県と山東省の郯城県《たんじょうけん》にも樹齢二〇〇〇年を超えるとされるイチョウがある。貴州省の福泉県にある巨樹も同じくらいの樹齢だろう。合計すると、中国には樹齢一〇〇〇年以上のイチョウがおよそ一〇〇本ある。⑤

李家湾のイチョウは、もし樹齢四五〇〇年という推定が正しいなら現生樹木の最長老に肩を並べることになるが、おそらくそこまで長寿ではないだろう。カリフォルニアのホワイト山脈に生育するイガゴヨウマツは確実に樹齢四七〇〇年を超えているし、年輪という直接的な証拠から、針葉樹には二〇〇〇年以上も生きる樹木種がいくつかあることがわかっている。セコイアメスギには二〇〇〇年を超えるものがそこそこあるし、セコイアオスギには三〇〇〇年を超えるものもわずかだがある。もっとも、こうした長老は例外的で、たいていの木の寿命は一〇〇〇年単位で測るようなものではなく、せいぜい一〇〇年単位である。(6)

巨木の樹齢を知るのは簡単ではない。アフリカに分布するバオバブがいい例だ。バオバブの幹の直径は二〇フィート〔六m〕から三〇フィート〔九m〕を超えることもある。ドイツ人の大探検家アレクサンダー・フォン・フンボルトは、自身はその目でバオバブを見たことがなかったにもかかわらず、この樹木種を「最長寿の地球の住民」と呼んだ。フランス人植物学者で、バオバブに学名を与えたミシェル・アダンソンはもう少しはっきりした根拠を示した。アダンソンは一七四九年、セネガル沖のマドレーヌ島で、以前に上陸した船員が日付と名前を刻印したバオバブの木を二本、見つけた。彼は、刻まれたあとに成長した量と幹の直径から考えて、その二本のバオバブの樹齢を五〇〇〇年以上と推測し、旧約聖書の大洪水より前から生きていたものと断定した。この話はアダンソンの推論力と宗教教義を皮肉る遊び心をよく表しているが、近年の調査によれば、かなり大きなバオバブの木でも、樹齢はせいぜい五〇〇年か八〇〇年だそうである。現在のところ、放射性炭素による年代測定で最も古い一二七五年という樹齢が判明したのはナミビアのバオバブで、その幹の直径はおよそ一〇〇フィート〔三〇m〕だった。(7)

バオバブには明確な年輪がないため、樹齢を推定するのはとりわけむずかしい。しかし、はっきり年輪が表れる樹木種であっても、正確な樹齢を割り出すのは簡単ではない。

第一に、李家湾の大イチョウもそうであるように、老木の中心部、つまり最も古い部分は朽ちて失われていることが多い。つぎに、樹木を生かしたまま、幹から中心部だけ小さく切り出すことができない。たとえそうすることのできる特殊な道具が開発されたとしても、幹の太い巨木になればなるほど実現性は低くなる。そもそも、長年のうちに複雑な幹になっている現生樹木の中心部を見つけ出すこと自体、簡単ではないだろう。

さらなる問題は、もし特定の樹木種の一本の木から信頼できる樹齢を得られたとしても、幹の太さと樹齢の比率はかならずしも一定しないため、同じ種の他の木の樹齢を類推するのに役立たないことだ。単一の木であっても、成長の度合いはそのときどきで大きく変動する。たまたま日光がよく当たった年とそうでない年では成長速度が違う。成長速度は生育地によっても変わる。日本の屋久島にある博物館、屋久杉自然館に展示してあるスギの二つの切り株を見れば、幹の太さから樹齢を推測することのむずかしさを実感できる。

屋久島の巨大なスギは世界で指折りの驚異的な植物だ。中でも最大級の「縄文杉」は、標高三〇〇〇フィート〔九〇〇m〕の多雨林で一九六〇年代半ばに発見された。樹高は八〇フィート〔二四m〕ほどしかなかったが、幹周は五三フィート〔一六m〕と、まさに圧倒的である。推定樹齢は二一七〇年から七二〇〇年と広い幅がある。六〇〇〇年を超えることはさすがに考えられないので、おそらく若いほうの推定に近いと思われるが、推定樹齢の幅をこれ以上狭められない理由の一つは、同じ島の別の場所で切り倒された

スギの樹齢から「縄文杉」の樹齢を簡単に推測できないことにあった。(8)

屋久杉自然館にあるスギの二つの切り株は、どちらも直径は二・五フィート〔七六cm〕だ。実際に年輪を数えて樹齢を算出したところ、標高の高いところに育っていたほうは二二五年で、標高の低いところに育っていたほうは六四年だった。古いほうの木の年輪は間隔がつまっていて、一年あたり一二〇分の一インチ〔二・三mm〕しかない。若いほうの年輪の幅はもっと広い。温暖な期間が長く、水と光が得やすいところに育つ木は成長が速いため、年輪の幅が広くなる。逆に生育条件が悪いところで育つ木は成長が遅くなり、その年輪は幅が狭く間隔がつまる。(9)

東アジアの巨大なイチョウの樹齢を推測するのに歴史や文化に手がかりを求める方法もある。だが、この方法にも限界がある。手がかりの大半が、伝説など信頼性の低いものになりがちだからだ。東京からそう遠くない鎌倉の鶴岡八幡宮にある大イチョウがいい例だ。

私が数年前、春の暖かい土曜日に鶴岡八幡宮を訪れたとき、そこは家族連れで賑わっていた。大イチョウにはまだ若葉が出ていなかったが、裸だったおかげで「樹木医」の剪定師たちが代々にわたって木の枝を切断してきたことが確認できた。もちろん、そのイチョウは枝を切り刻まれてもなお、堂々としていた。本殿に続く急な石段のそばに立ち、太い幹のまわりに稲藁で編んだ注連縄《しめなわ》を巻きつけられた大イチョウは、初春の太陽を受けて輝いていた。

鶴岡八幡宮は源氏の初代将軍、源頼朝が一一八〇年に建立した。そして、現在も本殿への参拝経路となっている石段で、一二一九年に三代将軍の源実朝が暗殺された。伝説によれば、暗殺者はイチョウの木の陰に隠れて待ち伏せしていたという。そこから計算すると、この大イチョウは樹齢一〇〇〇年近くだということになる。[10]

日本、鎌倉の鶴岡八幡宮の大イチョウ。2006 年春に撮影。この木は 2010 年 3 月、強風により根こそぎ倒れた。

日本におけるイチョウ文化史の二大研究者である堀志保美と堀輝三は、鶴岡八幡宮の大イチョウが伝説どおりの老木かどうかを確かめようと関連文献を洗い直した。一一八〇年から一二六六年の鎌倉幕府統治下で起こった出来事を記録した公式文書である『吾妻鏡』には、その暗殺事件について日付、時間、気候、暗殺者が襲撃時に語った言葉までが詳細に記されている。暗殺事件から一年後の一二二〇年に僧侶で歌人の慈円《じえん》が著した『愚管抄《ぐかんしょう》』には、もっと詳しいこと、たとえば暗殺者の衣服まで記述されている。しかし、事件とほぼ同じ時期に書かれたこの二つの文献のどちらにも、イチョウの話は出てこない。不思議なことに、暗殺者がイチョウの陰に隠れていたという話はもっとあとに書かれた文献には出てくる。最初に登場するのは一六五九年ごろ書かれた『鎌倉物語』で、事件から四〇〇年以上も経っている。つまり、イチョウの話はあとから伝説につけ加えられた可能性が高い。鶴岡八幡宮の大イチョウの樹齢はおそらく、一〇〇〇年というより五〇〇年か六〇〇年くらいだろう[11]。

同じような問題はイチョウにかぎらずあらゆる種類の古木の樹齢を推定する際に立ちはだかる。李家湾の大イチョウには、唐（六一八～九〇七年）時代の詩人、李白に由来するという伝説もあれば、明（一三六八～一六四四年）時代に由来するという伝説もある。同様に、南京からそう遠くないところにある恵済寺の廃墟に立つイチョウの巨木は六世紀初期の梁（南朝）の昭明太子が植えたとされていて、それがほんとうなら樹齢は一五〇〇年ほどになる。だが、これもまた証拠となる文献がない。実際には半分くらいの樹齢かと思われる[12]。

この種の伝説の起源を探るのはだれにとっても容易ではない。西洋人ならなおさらだ。しかし、中国科学史の研究家、ジョセフ・ニーダムは挑戦した。彼は中国の植物学史を調べ上げ、多くの有用な情報を編纂《へんさん》した書籍を一九八六年に『中国の科学と文明』として出版した。その少しあと、ニーダムの研究仲間であるニコラス・メンジーズも中国の林学について似たような調査をした。二人は研究の過程で、中国のイチョウに関するいくつかの史料を精査した。たとえば、湖南省の南岳衡山の山腹に、イチョウ古木が生えている僧院がある。イチョウのそばにある碑文によれば、この木は「陳（南朝）の第二代皇帝即位の二年後に、高名なる僧、慧思により植えられた」という。この文章が正しいなら、この木は六五八年ごろに植えられ、樹齢は一三〇〇年くらいということになる。しかし、南岳衡山の森林監督官が年輪を数えたところ六〇〇年しか経っていなかった。メンジーズは、森林監督官の記録と碑文が矛盾することを指摘した。そのイチョウは長寿で、間違いなく威厳があったが、樹齢は伝えられているところの半分しかなかったということだ[13]。

こうした例からわかるように、とかく伝説というのは年月とともに尾ひれがつきがちで、それだけでイチョウ古木の樹齢を知ることはできない。おまけに、巨木になればなるほど樹齢の推測はむずかしくなる。そうしたことを考え合わせると、最も古い現生イチョウの木でさえ、セコイアオスギの三〇〇〇年やイガゴヨウマツの四〇〇〇年、五〇〇〇年という樹齢には遠く及ばない。イチョウの古木の樹齢は一五〇〇年くらいが限界で、ほとんどは一〇〇〇年単位ではなく一〇〇年単位で数えるというのが妥当だろう。記録に残っているデータから見ても、大きさや壮観さで世界一を競うようなイチョウは、どうやら私たちが思うよりずっと若いようだ。

25章　栽培のはじまり

燃える棒切れは、地面に逆さに落ちても炎の先を上に向ける。
——サスキヤ・パンディット「優雅な格言」

イチョウとヒトが、いつ、どのような経緯で出合ったのか、正確なところは知られていない。だが、ニーダムとメンジーズは『中国の科学と文明』の中で、イチョウに関する最初期の二つの引用文献に信頼性がないことを見出した。一つは、南岳衡山の僧院に立つイチョウ古木が六世紀に植えられたという記述で、これは前章で説明したように間違いであることがわかった。もう一つは、三世紀の晋の時代に生きた詩人、左思が『呉都賦』の中で平仲と呼んでいる果実についての記述で、これもその果実が銀色をしているという以外、イチョウの実とは無関係だとわかった。四世紀から八世紀にかけての彫刻や絵画にもイチョウだとされているものがいくつかあるが、どれも植物の種類を特定できるほどしっかり表現されていないので、イチョウでない可能性が高い。三世紀の漢（後漢）の時代にイチョウの実が利用されていたという話もときどき出ているが、それを裏づける証拠は見つかっていない(1)。

信頼性に足るイチョウについての記述がはじめて出てくるのは、九八〇年に「博覧強記な僧」として知られる賛寧が編纂した『格物粗談』だ。その少しあと、一一世紀の宋の時代に歴史家の欧陽脩と詩人の梅尭臣がやりとりしていた往復詩に出てくるイチョウの記述については、もはや異論の余地はない。二人ともイチョウのことを鴨脚（アヒルの足）と呼んでいたが、銀杏（銀色のアンズ）という名も使っていた。

欧陽脩は古代中国の七つの都の一つである開封に植えられた木からとれたギンナンを友に贈る。梅尭臣は返礼とともに、ふるさとの宣城でのイチョウの思い出を綴る。この往復詩は、イチョウ栽培についてのちょっとした歴史を紹介する欧陽脩による詩で締めくくられる(2)。

鴨脚は、妙な名のもとに江南にて生育している。当初、それは絹の袋に入った貢物であったが、やがて内陸でも銀杏として栽培されるようになった。好奇心あふれる皇太子［李和文］が、都でも栽培しようと取り寄せ、根づかせた。実った種子はたったの三、四個で、金の器に入れられて皇帝に献上された。貴族も高位官職者もその種子のことを知らなかったため、皇帝は褒美に百金《オンス》を与えた。それから数年たった現在、その木はもっと多くの種子をつけている。

この詩や、一〇世紀後期の文献から推察すると、イチョウとヒトがかかわり合うようになったのは一〇〇〇年ほど前だろう。中国には古くから、植物や栽培植物について書かれた文献が多くある。だが、それらの中にイチョウについての記述はない。ほかの樹木の場合、まず自生の状態で報告され、栽培についてはずっとあとになってから書かれることが多い。一方、イチョウは木の実をとるための栽培植物としていきなり登場する。このことから、栽培されるようになる前のイチョウはかなり希少な樹木だったと考えられる。また、中国で数千年前に栽培がはじまっていたイネやダイズと比べると、イチョウの栽培はもっと最近になってからだと言っている[3]。

欧陽脩と梅尭臣の往復詩のあと、イチョウは中国の文献にふつうに出てくるようになる。フビライ・ハン率いるモンゴル民族が一三世紀後期に開いた元王朝の時代には、木の実をとるために栽培されるイチョウの話がたくさん書かれている。メンジーズによれば、イチョウの実は一部地域で重要な経済作物になっていたという。たとえば一二七三年の『農桑輯要』はイチョウの栽培法を詳細に記していて、こうした指示書がのちの手引書、『種樹書』や『便民図纂』や『農政全書』に逐一複写されていると、メンジーズは述べている[4]。

種子を実らせるには雄木と雌木が必要であることは当初から知られていたが、現在でもなお、成長後に雄木になるのか雌木になるのかを種子の段階で知る方法はない。『農桑輯要』にはこんな助言が載っている。「イチョウには雄木と雌木がある。雄木に育つ種子には三本の、雌木に育つ種子には二本の稜線がある。二種類の種子をいっしょに植えなければならない。池のそばに植えてやると、水面に映る自身の姿を見て果実をつける」。三本の稜線をもつ種子が雄木になるという証拠はどこにもない。いずれにせよ、種子の稜線はほとんどが二本で、三本のものはまれである。しかし、雌木を水場の近くに植えるというのは役に立つ助言だ。イチョウは水を得やすい場所ほどよく育ち、水不足になるといい種子をつけないからだ。のちの時代に書かれた手引書では、雄木の枝を雌木に接ぎ木することが勧められている。これは8章で紹介したジャカンがおこなった実験とは雄木と雌木が逆になっているが、理にはかなっている。近くに雄木がない場合、種子を得るのに二〇年も待たずにすむ。

梅尭臣は自分の故郷にイチョウが生えていたこと、その木の実を野生状態から集めたことを書いている。そこから推察するに、イチョウは当時、安徽省の宣城のあたりで自生していたようだ。最近でこそ、重慶市の金佛山や浙江省の天目山に注目が集まるようになっているが、このあたりのイチョウがほんとうに自生していたものかどうかはまだ完全には解明されていない。ともあれ、イチョウの栽培が中国南部ではじまり、北部に広がっていったことは間違いなさそうだ。イチョウが北に進出したことは、阮閲著の『詩話総亀』に出てくるつぎの文章とも一致する。「現在は河南省の開封市にあたる都に、もともとイチョウはなかった。南部からやってきた皇帝の娘婿の李和文がもちこんで、私邸に植えた。それが繁茂して、周囲に広まった(5)」

このことは、中国北部の遼寧省や吉林省、朝鮮半島との境にある黒竜江省にはイチョウの巨木が存在しないという事実からも裏づけられる。なお、イチョウの栽培が朝鮮半島の北側まで広まったのは、おそらく中国の沿岸交易を通じてだ。黄海を船で渡って半島南端にたどりついたのだろう。

イチョウは朝鮮半島でも栽培されていた。少なくとも、一六世紀末に日本の豊臣秀吉の兵に攻め入られるよりも前から栽培されていた。一七世紀には、オランダ人の船員ヘンドリック・ハメルが難破した船の乗組員とともに朝鮮半島の南端、康津郡に監禁されたとき、彼はそこに生えていたイチョウの巨木の下で脱出を夢想したと伝えられている。韓国のイチョウ巨樹総覧には、樹齢四〇〇年から一〇〇〇年、あるいはそれ以上と推定される木が二一本ある。龍門寺のイチョウの樹齢はおよそ一一〇〇年と言われており、朝鮮半島にはそれより古いとされるイチョウがほかに二本ある。[6]

北朝鮮の安仏寺には、樹高一四〇フィート〔四三ｍ〕、幹の直径一九フィート〔五・八ｍ〕の巨大なイチョウの雌木がある。朝鮮戦争時は金日成総書記の命令で保護され、二〇〇三年にはその息子である金正日の訪問を受けたこの木は、樹齢二一二〇年で毎年六五〇ポンド〔二九五kg〕以上の種子を産すると言われている。韓国では、幹の直径一五フィート〔四・六ｍ〕という寧越郡のイチョウが樹齢一〇〇〇年から一二〇〇年とされている。この木はかつて、いまは取り壊されてしまった対井寺の正面に立っていた。だが、樹高六〇フィート〔一八ｍ〕のイチョウは残り、寺の跡地の周囲にできた集落の人々

に木陰を提供している。(7)

日本では、氷河期以前の地層からイチョウ化石が産出している。現生している巨樹または老樹のイチョウもある。それが日本原産のイチョウだという証拠はない。有用植物の多くがそうであるように、イチョウもアジア大陸から日本に人為的にもちこまれている。日本でも中国と同じくイチョウの古木はたいてい寺の敷地内にあるが、李家湾の大イチョウのように農村の風景の中にイチョウの巨木が見つかることもある。その場所はおそらく、かつて寺だったというよりは、イチョウの栽培地だったのだろう。

堀志保美と堀輝三は日本の古文書と伝説を調べ、樹齢七〇〇年から一五〇〇年とされるイチョウの古木を八点、特定した。いちばん古いのは、どうやら富山県の上日寺のイチョウ雌木だった。地元の伝説によれば、上日寺が六八二年に建立した時点でこの木はすでに大きかったという。宮城県、姥《うば》神社の苦竹《にがたけ》イチョウ（乳イチョウまたは乳母イチョウとも呼ばれる）も、同じくらい古いと考えられている。樹齢八〇〇年から一二〇〇年とされる青森県の法量イチョウは、平安時代に、いまは無き善正寺の建立を祝って植えられたものと言われている。(8)

韓国や日本のイチョウ伝説の真偽を調べるのは限界があるが、鶴岡八幡宮の大イチョウの例が示すように、極端に長い樹齢はおそらく誤りだ。日本でイチョウについて明白な記述が出てくるのは中国よりもずっとあとになる。とくに、イチョウの記述があってもおかしくないような古代の文献にまったく出てこない。日本の伝統的な詩歌、和歌が成立したのは一三〇〇年前ごろだ。最古の和歌選集である『万葉集』は八世紀後期にあたる奈良時代末に編纂されたものだが、その中にたくさん出てくる「黄色い葉」は、どうやらイチョウでない樹木の葉のようだ。また、堀志保美と堀輝三によれば、八世紀中期の大伴家持の歌に出てくる「乳」という表現は、日本に広く自生している野生イチジク類のことを指しているのだという(9)。

一〇世紀から一三世紀にかけて皇室の命により集められた勅撰和歌集でも、イチョウについての明確な言及はない。日本最古の小説である紫式部の『源氏物語』にも、一〇世紀末から一一世紀初期にかけて清少納言が書いた『枕草子』にも、イチョウは出てこない。『枕草子』は豊かな自然観察を特徴とする随筆集だ。その後の文献にイチョウが多く登場することを考えると、この随筆集にイチョウが出てこないことは重要な意味をもつ。

日本で、疑いようのないイチョウについての記述がはじめて出てくるのは、一五世紀中期の二点の辞典と一点の庶民向け教科書（往来物）だ。一四四六年に行誉が編纂した『壒囊鈔《あいのうしょう》』は、特定の疑問に過去の文献を引用しながら答えるという、中国の初期の文献にも見られる問答形式の辞典である。この辞典において、「イチョウとは何か」という問いに対し、「和名抄には記載されていなかった」と回答されている。九三四年に出版された古い辞典『和名抄』には載っていないという意味である。『壒囊鈔』は、イチョウが日本にやってきた時期を九三四年から一四四六年ごろだとしている(10)。

『壒嚢鈔』と、一五世紀に一条兼良により編纂された庶民向け教科書『尺素往来』には、イチョウの日本名が漢字で「銀杏」と書かれており、その語源が中国にあることを示している。しかし同時に、カタカナによる「イチョウ」という読み方も添えられている。さらに古い一四四四年にできた辞典『下学集』でもイチョウは漢字とカタカナで表記されているが、さらに古い「鴨脚」という中国名までもが、なぜこの木にこの名がついたかの説明とともに載っている。鴨脚と名がついたのは、中国原産のカモで「孤独な鳥」として崇められているオシドリの足の水かきの形と末広がりの足指が、イチョウ葉の形と末広がりの葉脈に似ているからだという。連歌師である宗長は一五三〇年の旅日記に、秋に黄色く染まった美しいイチョウ葉を贈り物にしたと書いている。

こうしたことを総合すると、イチョウは一一世紀に、いやむしろ一〇世紀後期に中国で栽培がはじまったのだろう。そして、種子や挿し木の贈り物を通じて拡散し、一〇世紀以降の中国ではおなじみの樹木となった。朝鮮と日本に渡ったのはそのあとだ。日本では一五世紀前半よりも前に信頼性のあるイチョウの記述が見当たらないから、中国でイチョウが定着した三〇〇年から四〇〇年後に、仏教がらみで伝来したと思われる。つまり、日本に現在生育しているイチョウ古木の樹齢はせいぜい七〇〇年から八〇〇年で、一〇〇〇年を超えるものは存在しないと考えている[11]。

日本にイチョウが伝わった動機は、仏教とのかかわりも一部あっただろうが、食料や薬品としての用途のほうが大きかったはずだ。こうした動機は互いにからみ合っている。

ヨーロッパでも東アジアでも、医学の発展は宗教の発展と切っても切れない関係にある。中世の日本においても、中国医学の処方者として仏教僧は重要な役割を果たしていた。[12]

日本にはじめてイチョウがもたらされた場所は、地図で見て西か南のほう、おそらく日本列島のおもな四つの島のうち最も南西部に位置する、アジア大陸との歴史的関係が強い九州だ。九州は中世の時代、数世紀にわたって大陸と活発な交易をしてきた。中でも重要な交易品は陶磁器だった。日本では、平安時代末期から鎌倉時代、室町時代にかけて、地位の高い人々が中国製の陶磁器を珍重し、輸入していた。それを目当てに中国人の移民集団が日本に足場を築いた。彼らが日本人相手に売りこんだのは陶磁器だけではない。貴金属から書道用の硯石《すずりいし》、水差しまで、あらゆるものがあった。彼らを通じて、大陸から薬草その他の有用植物も日本に入ってきた。そこにイチョウも含まれていたに違いない。[13]

26章　船に乗る

彼は偉大な航海に出る。海の底に向かう航海に。
——トマス・フラー『グノモロジア』

朝鮮半島の南西沖に浮かぶ曾島の北西側には、高潮と強い海流で有名な海域がある。一九七五年五月、そこで操業していた漁船の網に、六つの中国製青磁と白磁が引っかかった。それがきっかけとなり、一四世紀に沈没した新安船が見つかった。スウェーデンの沈没船ヴァサ号やイギリスの沈没船メアリー・ローズ号と並ぶ、水中考古学の大発見だ。当初、韓国の専門家たちはこの発見をどう扱うか迷っていた。だが、現場が略奪者に荒らされてからでは遅い。一九七六年秋、韓国文化財管理局は海軍の支援を得て大がかりな回収事業に乗り出した。九年をかけての発掘作業は一四世紀のタイムカプセルをこじあけた。中から出てきた精緻な物品の数々は、中世の時代の中国、朝鮮、日本の交易を新しい視点で見直す機会を与えてくれた。(1)

どんな状況で新安船が沈没したのかは不明だ。おそらく嵐に襲われて船員を乗せたまま転覆し、水中の岩に激突したあと、海底に沈下したものと思われる。その後ずっと、船は水深六五フィート〔二〇m〕の泥と砂に半分埋まっていた。埋まっていなかった部分は壊れたり流されたりして消えたが、埋まっていた積荷と船体の部分は腐敗やフナクイムシの食害から守られ、良好な状態で残っていた。一九九〇年、引き揚げた大量の回収物に対処するため、本土の木浦に海洋遺物展示館が開設され、発掘品の保護と監督にあたることとなった。(2)

新安船の残骸を発掘するのは大変な仕事だった。韓国当局は海中での発掘事業の経験がなく、海軍の潜水士たちも、泥で視界が遮られ、潮の流れの速い海中で作業することの困難さに直面した。当初、作業は現場保護と略奪の阻止、今後の作業が可能かどうかの査定を中心におこなわれた。しかし、ざっと検分しただけで二〇〇〇点近くの陶磁器と六〇〇〇枚以上の貨幣が回収されたことにより、綿密で大規模な発掘に乗り出すだけの価値はあると判断された。

本格的な引き揚げ作業は一九七七年七月に、二隻の海軍船と六〇人の深海潜水士の協力を得てはじまった。初回作業だけで数千の物品を回収したが、その多くはもともと梱包されていた木箱の中にそのまま残っていた。新安船が商船だったのは間違いない。長さ九〇フィート〔二八m〕、幅二五フィート〔七・六m〕、重さ二六〇トンというのは当時の水準としてかなり大型で、あらゆる種類の商品が満載されていた。(3)

一九八四年までの毎夏の作業を経て引き揚げたものの中には、大量の物品のほかに船のの中に、見間違いようのないイチョウの実が一個、含まれていた。[4] そうして回収されたもの泥からすくい上げられるか吸い上げられるかして集められた。発掘作業の最終段階では、小さく雑多な物品が、海底べられ、修復され、展示された。船体の木材も海底から引き揚げられ、調船の周囲半マイルの海域も調査対象に入った。積荷や行き先など船に関係する証拠をできるだけ集めようと、沈没員の遺骨もあった。

　結果的に、二万点を超える物品が六世紀半ぶりに海底から引き揚げられた。大部分は各種の陶磁器だった。白磁が五〇〇〇点、各種ガラス製品が三〇〇〇点で、とくに多かったのは一万二〇〇〇点を超す青磁だ。置物、水差し、香炉、急須、碗、茶托、乳鉢と乳棒、陶器製の枕、そしてさまざまな美しい皿や碗があった。中国製の青磁が多かったことから、新安船は中国を出港したあと沈んだのは明白だ。朝鮮製の高麗青磁はたった七点しか見つかっていない。[5]

　植物関連の回収品のうち、商品と思われるものはマレー半島など東南アジアや、それ以西の地域が原産の植物だった。長さ六フィート〔一・八m〕前後に切断されたビャクダンの木材が一〇〇〇個以上あった。この芳香性の硬材は高級家具の材料となる。あるいは、燃やすといい香りの煙が出る。中国東部か東南アジア産の可能性もあるが、遠くインドから運ばれてきたものかもしれない。さらに、明らかに熱帯地方産のものとして、奇妙な長方形の箱に入った大量の黒コショウと、下剤に用いられるクロトンの果実が多数あった。

商品でないと思われる少量の植物も回収された。植物種が特定できた一六のうち一四が漢方薬の材料だった。二種類のショウガの根とニッケイ（桂皮）が含まれていた。止血剤や赤痢の治療用に使われる、硬材からつくった炭の粉末もあった。イチョウの実のほかには、ライチの実、ビンロウジュの実、アンズ、モモ、クルミ、ハシバミの実が出てきている。どれも薬箱に入っていた薬の材料だ。ほかの回収物についても、ひき臼は薬草をひくためのもので、スプーンと天秤は薬の材料を配合するためのものだったと思われる。

青磁の陶磁器を大量に積んでいたことから、新安船は中国産の商品を運んでいたとわかる。その青磁は竜泉窯のものだ。もう少し白っぽい青磁と白磁は景徳鎮窯のものである。どちらの窯も寧波の港の後背地に位置している。この船が出港したのは寧波だろう。海底から回収された分銅に寧波の慶元路の呼称が刻まれていたことからも、新安船は寧波から出た船だということがわかる。ほかにも、三六四枚のめずらしい木製の荷札が回収された。これらの荷札は、最終段階で船の周囲の泥からすくい上げられた雑多でもろい物品の中に交じっていた。

荷札は長さ六インチ〔一五㎝〕から八インチ〔二〇㎝〕の薄い木の板で、片方の端に一つの穴または二つの刻み目——明らかに積荷に荷札をくくりつけるためのもの——がついている。これらの荷札には、荷主の署名や荷物の個数や重量、荷物の種類まで記載されているものがあった。こうした荷札からは、出港地が寧波だというだけでなく、出港

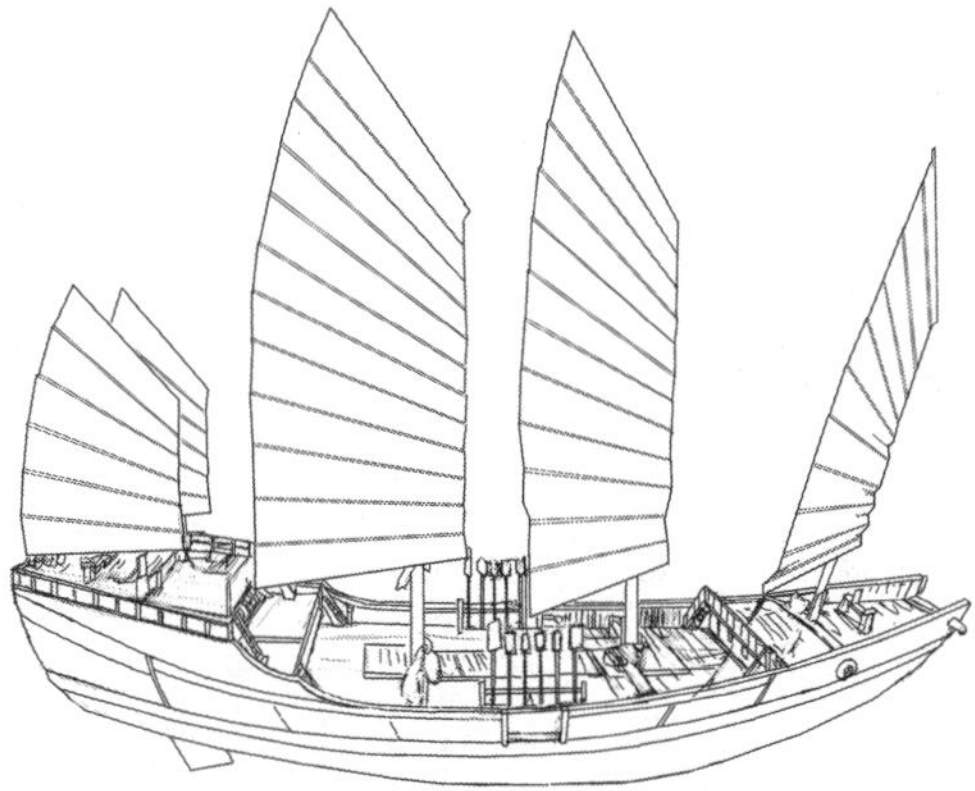

新安船の復元図。1323年6月、中国から日本への航海中に沈没した商船。中国製の青磁が中心の積荷には、イチョウの実その他、異国の植物が含まれていた。

日までが特定できた。出港日を記載している荷札は一〇〇枚以上あった。四月二〇日と書かれている札が一枚と、四月二三日と書かれている札が六枚あった。ほかには五月一一日が三七枚、六月一日が一枚、六月二日が九枚、六月三日が五八枚である。そして、西暦一三二三年に相当する年を記載している札が八枚あった。この船は一三二三年六月上旬に港を出て、海の上を数週間走ったころ、夏の嵐か早めの台風に遭って沈んだのだろう。

　荷札には荷主だけでなく届け先まで書かれていた。一〇一枚の荷札には宛先として寺の管理運営を担当する僧侶の役職名である綱司と書かれていた。四一枚の荷札の宛先は京都の東福寺だった。ほかの宛先には福岡の筥崎宮《はこざきぐう》や、同じく福岡の承天寺の末寺にあたる釣寂庵《ちょうじゃくあん》があった。一三世紀から一四世紀にかけての古文書によれば、日本の大きな寺の中には中国に認可船を送り出していたところがあるという。とくに、帰化した中国人が住んでいた九州の福岡にはそうした寺が多かったようだ。宛先が個人名になっている荷札もあった。うち、一二枚は僧侶で、別の一二枚は明らかに日本人だった。それ以外の中国人または朝鮮人の国籍ははっきりしていない(6)。

新安船のような船が往復する交易路を通じて、イチョウが中国から朝鮮と日本に渡った機会はいくらでもあっただろう。一四世紀初期の新安船にイチョウの実が積まれていたことは、日本の一四四〇年代にイチョウが存在したとする文献記録と合致する。イチョウはそれより前に日本で植えられていて、数十年かけて種子を実らせたのち、辞典に載るほど知られるようになったと考えると、イチョウが日本に来たのは一三〇〇年代ごろだろう(7)。

西洋人が日本とはじめて接触した一五四三年の時点で、イチョウは日本の文化に同化してすでに一〇〇〇年か二〇〇〇年が経っていたはずだ。そのころには、イチョウと仏教寺院の関連を示す記述は豊富に出てくる。一五二三年の『御飾書』は、足利義政が一四六〇年に京都に建てた銀閣寺に保存されていた家具や道具、調理用具を記録した文書だが、その中に「銀杏口の花瓶」が出てくる。また、そのころには、独特の形をしたイチョウ葉は人気のモチーフとなっていた。一五世紀後期または一六世紀初期の、巻物を保管したり運んだりするのに使われる長文箱《ながふばこ》には、五枚のイチョウ葉の紋章がついていた。一五世紀に書かれた紋章についての本『聞書諸家紋見聞』には二六〇の家紋が掲載されているが、そこに三枚のイチョウ葉を組み合わせた家紋がある。一六世紀後期から一七世紀初期にかけての安土桃山時代には、イチョウ葉の模様入りの着物があった。東京国立博物館に収蔵されている国宝の男性用胴服には、イチョウ葉模様の刺繍がほどこされている。中世後期には、日本の上流階級はすでにイチョウに「特別な何か」を認めていたということだ。(8)

27章　ヨーロッパに戻る

真の発見の航海とは、単に新しい土地を見つけることでなく、新しい物の見方を得ることである。
――マルセル・プルースト『失われた時を求めて』

東アジアの文化に組みこまれたおかげで絶滅の淵から救われたイチョウの運命は、一八世紀に入るとさらなる方向転換をする。きっかけは一六九〇年九月二五日、ドイツ生まれの医者で植物学者であるエンゲルベルト・ケンペルが、日本の長崎港に到着したときだ。ケンペルは日本に二年しか滞在しなかったが、その二年間に学んだことをのちに書物にしたことで、「日本を解説した初の人物」として名を残すことになる。彼はイチョウを西洋の科学者に紹介した人物でもある[1]。

長崎は、日本列島のおもな四つの島のうち最も南西にある九州の西海岸に位置する。長崎港は天然の良港で、古代からアジア大陸と日本を結ぶ重要な貿易経路だった。北には平戸と対馬諸島の先に朝鮮半島がある。南には、九州の西海岸からゆるやかな弧を描く琉球諸島の先に沖縄と台湾がある。台湾から広東や香港、マカオはすぐそこだ。ルソン海峡のさらに南には、東南アジアの島々の玄関口、フィリピン諸島がある。

長崎から中国への直航路は、まず西に進路をとり五島列島と済州島を通過し、東シナ海を南西に下って中国沿岸のすぐ沖にある舟山群島に渡る。そこから寧波や杭州に行くというものだ。この交易路を通じて、新安船は利益を上げ、中国と韓国と日本の文化は交流した。ケンペルが日本にやってくる一七世紀末には、イチョウは日本文化に同化してすでに二、三〇〇年が経っていた。一六九〇年にやってきたケンペルが「イチョウは日本のほぼ全域で」育っていると書いているくらいだから、イチョウを目にした西洋人はケンペルが最初というわけではないだろう(2)。

当時、日本以上に知られていなかった中国の樹木について、一六六四年に『森林学』を出版したジョン・イーヴリンは、中国で目にした二つの巨木についてこう語っている。一つは一本の枝の下に二〇〇頭のヒツジを遠目に隠しおおせるほどで、もう一つは八〇人もの人間をすっぽり覆うことができる、というのだ。これらの樹木が何であるかは、候補がいくつかある。ときに巨木に育つことで知られるイチジクもその一つだ。だが、イチョウである可能性もわずかだがある(3)。

日本と西洋の出合いは、ケンペルの長崎上陸に先立つ一五〇年ほど前のポルトガル人にはじまる。ポルトガル人は一五五七年にマカオに交易基地を得たあと、中国の陶器や名品のほかにヨーロッパ製品を携えて一五四三年に日本にやってきた。一六世紀にポルトガル人がもちこんだ西洋式の銃は、やがて日本国内の戦乱で主役となっていく。ほかにポルトガルが日本にもちこんだものとして、パンやタバコ、トウガラシがある。言葉の一部も日本語にとり入れられた。たとえば日本語の天ぷらは、ポルトガル語のテンペロ（調味）がもとになっている。しかし、ポルトガル人が日本に紹介した最も重要なものはキリスト教だ。キリスト教は交易とあいまって、主要港としての長崎の基礎固めに寄与した。ポルトガル人の到来からほんの数年で、イエズス会の宣教師が大勢やってきて、日本にキリスト教を広めた。一五八〇年代後期には、西日本におけるカトリックの影響はかなりのものになっていて、しばしば摩擦を引き起こした。(4)

一六世紀に日本の天下統一を成し遂げた豊臣秀吉は、キリスト教勢力の拡大を危惧し、一五八七年に宣教師追放令を出した。九年後、秀吉は禁令を破って侵入しようとしたとされる二六人のキリスト教徒に磔刑を命じた。それでも摩擦はおさまらず、ついに一六一四年、将軍の徳川家康はカトリックを全面的に禁止とし、以降、宣教師を締め出した。

一六三六年、徳川家光はポルトガル人の影響をさらに抑えようと、長崎港に建設した人工島の出島にポルトガル人を閉じこめることにした。ポルトガル人の行動を監視できるうえ、富をもたらす交易そのものも掌握できるからだ。人工島をつくるにあたり、どんな形がいいかと尋ねられた家光は、何も言わずに手にした扇を広げたと言われている。こうして、岬に運河を掘って建設された扇状の出島ができた。本土とつながっているのは一本の橋だけである。この小さな島が、その後二〇〇年以上も日本とヨーロッパのほぼ唯一の出合いの場となっていく。出島は知識と物資が双方向に流れる、文化と商業の

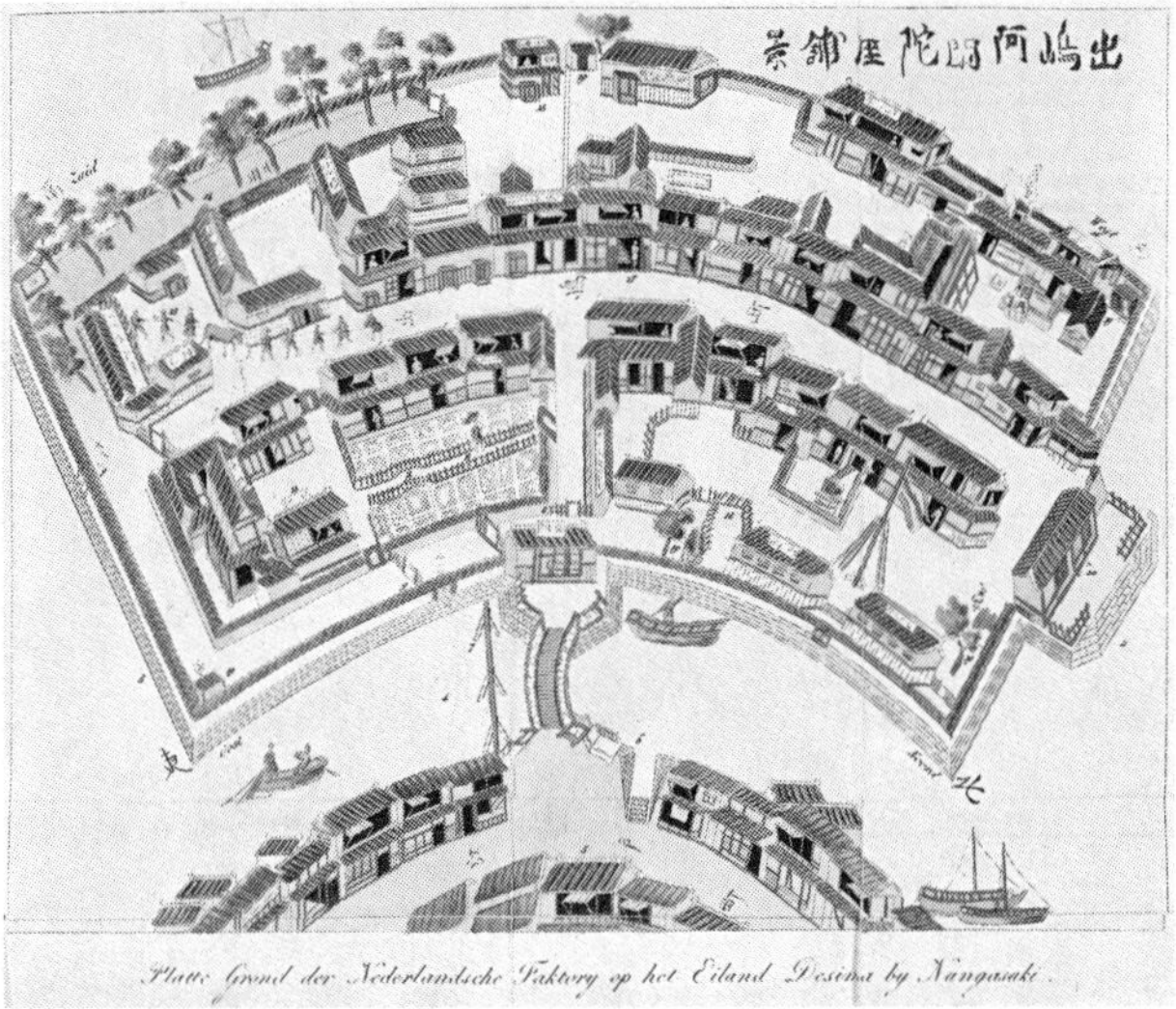

長崎港の人工島、出島。島全体が扇の形をしている。エンゲルベルト・ケンペル、カール・ペーター・ツンベリー、フィリップ・フランツ・フォン・シーボルトはオランダ東インド会社の医官としてここに駐在した。

玄関口だった。

出島はポルトガル人のためにつくられた居留地だったが、その住人はすぐにオランダ人に入れ替わった。一六〇〇年四月、オランダのリーフデ号が、マゼラン海峡を抜けて太平洋を横切り、痛ましい状態で現在の大分県、臼杵の沿岸に漂着した。船に残っていた数少ない生存者に、イギリス人のウィリアム・アダムズがいた。彼は、日本と折衝した初期の代表的な西洋人として、四〇〇年後にジェイムズ・クラヴェルの小説『将軍』に出てくる架空のイギリス人、ジョン・ブラックソーンのモデルとなる⑤。

アダムズは徳川家康に気に入られ、日本で活躍した。将軍の私的な相談役となり、武士としての地位を与えられ、日本での西洋式帆船の建造や新しい貿易事業の開発に手を貸した。彼は日本とイギリス間の貿易の橋渡しもしたが、それ以上に重要なのは、ポルトガルがほぼ独占していた対日貿易にオランダ東インド会社を割りこませたことだ。オランダは、アダムズの助力のおかげで一六〇九年、九州の平戸で対日貿易をはじめた。一六三七年から三八年にかけての島原の乱ののちポルトガル人が追放されると、出島はオランダ人の居留地となった。出島を通じての日蘭関係は、一九世紀半ばまで日本とヨーロッパのほぼ唯一の接点となった⑥。

一七世紀、出島はオランダの広範囲におよぶ交易網の前哨《ぜんしょう》基地だったが、知識の交流基地でもあった。そこに滞在した西洋人が書き記した文献は、ほかの西洋人にとって日本を知るための貴重な情報源となった。日本人にとっても、出島は科学や技術の新しい知識を得るための拠点となり、オランダ語の書物によって西洋の学問を研究しようという蘭学者を引きつけた。オランダから派遣されてきたケンペル、ツンベリー、シーボルトという三人の医者兼植物学者が、東アジアの植物についての情報を西洋の科学に流したのもここからだ。そして、イチョウが東アジアからヨーロッパに旅立ったのも、ここ出島であることはほぼ間違いない。

三人のうち最初に出島にやってきたエンゲルベルト・ケンペルは、アムステルダムとベルリンのあいだに位置するドイツ北部のレムゴという町で育った。聖ニコラウス教会の牧師の二男として教育熱心な家庭に生まれ、一六七四年から一六七六年はクラクフ大学で言語学、歴史、医学を学んだ。その後、プロイセンのケーニヒスベルクで四年間、自然科学と医学を学び、一六八一年にスウェーデンのウプサラ大学に移った。

ケンペルを日本に連れて行く旅の出発点は、ストックホルムのカール一一世の王宮という意外なところだった。その後もさらに異例のルートをたどる。ケンペルは、ペルシャ王室へのスウェーデン使節団の書記官に任命され、陸路でロシアからイランに向かうことになった。一行はまず、モスクワに立ち寄った。ケンペルはここでピョートル大帝とその異母兄イワン五世に謁見する。そこからイラン中央部のイスファハンに入り、一六八四年三月にペルシャのスルタンの宮殿に到着した。スウェーデン使節団の任務は結局、不成功に終わったが、ケンペルはつぎにオランダ東インド会社に職を得て、ペルシャ湾岸のバンダルアッバースにあるオランダの交易拠点でしばらく医者として働いた。その間、彼は当地の植物について研究し、ナツメヤシの収穫を詳細に観察した。このときのことは、のちにヨーロッパに戻ってから詳しく書き記して出版することになる。

一六八八年六月、ケンペルはオランダ東インド会社の社員としてペルシャを発ち、インド沿岸のマスカット、スリランカを経由し、現在のインドネシアのジャカルタに近いバタヴィアに向かった。ここはオランダ東インド会社の本拠地である。バタヴィアに到着したのは一六八九年九月で、翌年の五月下旬にはふたたび日本に向けて旅立った。ケンペルは、遺著となった『日本誌』の中で、インドネシアから日本への航海を、途中で現在のタイであるシャムで一か月を過ごしたことも含めて回想している。

出島に着いたケンペルらは、事実上の囚人のようなものだった。彼らの行動、とりわけ日本人との交流は、厳しく制限されていたからだ。冬のあいだ、出島には二、三〇人のオランダ人居留者しかおらず、それを通訳から料理人まですべてを受けもつ日本人が世話をしていた。だが、船がやってくると港は一変する。船荷を降ろし、売り買いや発注をし、そしてヨーロッパへ戻る船に新しい荷物を積むオランダ人と日本人であふれかえる。

オランダの船団が入ったり出たりするのに合わせ、出島の一年は規則的にくり返された。晩夏から初秋にかけて、ヨーロッパや熱帯地方産の貨物を積んだ船団がバタヴィアからやってくる。秋に荷卸しと荷積みをし、天候が荒れる冬になる前に出港する。春になると、オランダ代表団は日本の大名と同じように江戸参府し、将軍に敬意と贈り物を捧げる。この江戸参府については、シーボルトも一世紀以上あとに同じことを経験している。江戸に行くにも江戸から帰るにもそれぞれ一か月を要する旅だが、オランダ人にとっては日本を知るまたとない機会となった(7)。

ケンペルは日本に滞在した二年間で二度、江戸に出向いた。彼は『日本誌』の中で、江戸参府のための準備や目にした建造物その他のことを生き生きと語っている。旅の道程、泊まった宿、出合った人々、道中での出来事だけでなく、「首都であり城であり宮殿である」江戸に滞在中の詳細や、将軍との謁見についても書いている。「私は光栄なことに、御所を二度、訪問した。最初は一六九一年で、ヘンリー・フォン・ブーテンハイムに同行した。彼は公正さと寛大さと優しさにあふれた紳士であった……二度目の一六九二年には、コルネリウス・ファン・ウートホールンに同行した。彼はバタヴィア総督の兄弟で、知識と良識に富み、数か国語を操る紳士である……」。ケンペルはさらにこう書いた。

長崎を出発し、九州を陸路で横切り、小倉に着くまで五日間かかった。小倉から下関へは小さな船で海峡を渡った。われわれが乗船する荷船が停泊している場所は下関から二リーグほど離れており、われわれの到着を待っている。この港は使い勝手がよく防衛面ですぐれている……われわれは下関で荷船に乗り、海路で大坂まで行った。八日ほどかかったが、日数は逆風か順風かで増減する。

彼はこう続ける。

大坂は商業が発達しており、住民が裕福なことで有名な都市である。ここは兵庫から、一三リーグ相当の距離に位置する。われわれは兵庫で小舟に乗り換えた。それまで乗ってきた大きな荷船は帰路のときまで待たせておく。大坂からは本州を陸路で江戸まで行った。一四日かそれ以上かかった。大坂から江戸までの道を、日本人は東海道と呼んでいる。海沿いの道という意味だ。われわれは江戸に二〇日以上滞在し、大君に拝謁し、側近および寵臣ら数名を表敬訪問し、同じ経路で長崎に戻った。全行程を終えるのにおよそ三か月かかった。[8]

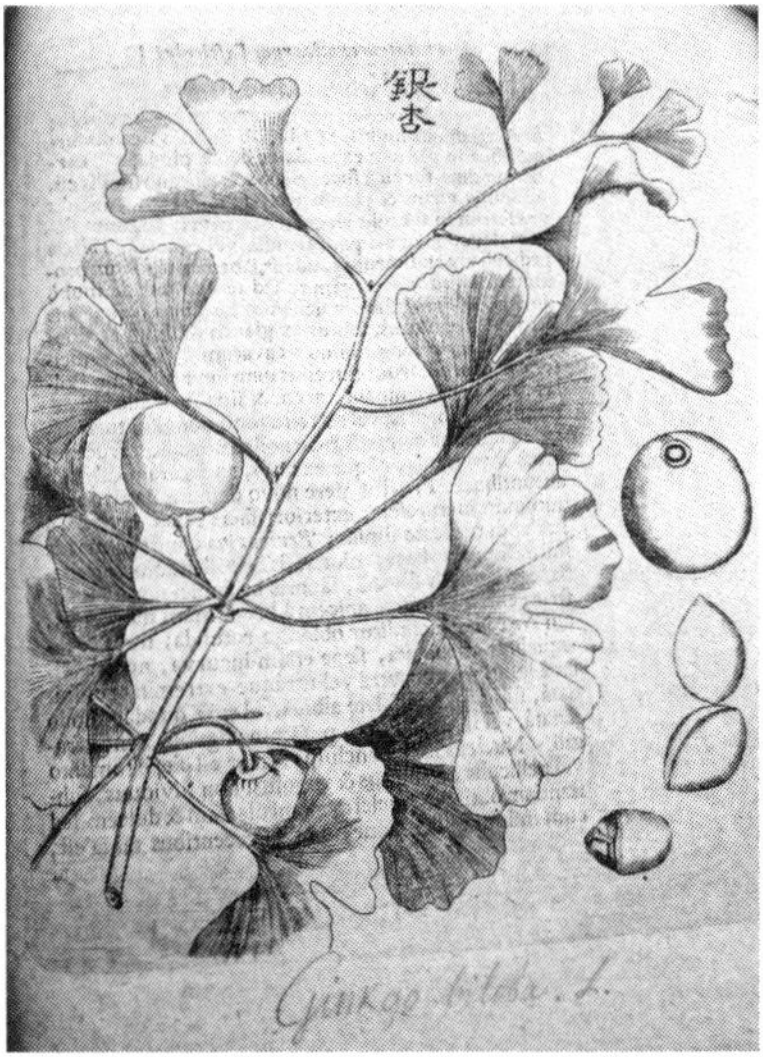

エンゲルベルト・ケンペル著『廻国奇観』（1712）にあるイチョウの挿絵。西洋の植物学者によって描かれた初のイチョウの絵である。

ケンペルは江戸までの旅と日本での時間を有効活用した。一六九二年一〇月末日、彼は長崎を出港してバタヴィアに戻り、そしてヨーロッパに戻った。彼がもち帰ったたくさんの標本や書物、工芸品は、日本の自然や文化をヨーロッパに紹介する資料となった。翌年五月、ケンペルの船は南アフリカのケープに立ち寄り、一六九三年一〇月六日にアムステルダムに到着した。

ケンペルはすぐに旅の記録を書くのに専念するつもりだったが、その著書『廻国奇観』が出版されるのは、日本を去ってから二〇年後の一七一二年となった。だがこの本は、独創的な観察に富む、たぐいまれなる一冊となった。ペルシャと東南アジアまでの稀有な旅の話はもちろんのこと、とくに関心をもった文化や名産品、たとえば日本の緑茶の紹介など、西洋人には未知のことが満載だった。その中には、イチョウをはじめとする中国伝来の日本の植物についても多く書かれていた。(9)

『廻国奇観』の、果実や木の実について書かれた節の中の八一一頁に、ケンペルは「杏銀――銀杏はギンナンとも、俗にイチョウともいう。ホウライシダ様の葉をもつ堅果を供する樹木」という表題とともに、イチョウの挿絵を入れている。これは、西洋における初のイチョウの絵であり、おそらくケンペル本人が描いたものだろう。元となったスケッチは大英図書館に収蔵されているケンペルの文書の中にある。

数十年後の一七七五年、ケンペルの役目はリンネの教え子であるカール・ペーター・ツンベリーが引き継いだ。ケンペルが築いた基礎の上に立つツンベリーの『日本植物誌』は、日本の植物をはじめて詳しく紹介した書物となった。数年後の一七七九年には、イサーク・ティチングが日本のオランダ商館長として着任した。外科医で学者で商人であるティチングは、一八世紀後期と一九世紀初期の日本および中国とヨーロッパのパイプ役となってゆく。(10)

出島における日蘭貿易で何より日本に富をもたらしたのは陶磁器の輸出である。このころすでに、西日本の高級窯の職人たちがモチーフとしてのイチョウを高く評価していたことは、一八世紀初期の陶磁器に表れている。有田地方の窯から生まれた非凡な碗や皿、幕府への贈答品を飾る植物の模様の中に、ときおりイチョウ葉が登場する。九州陶磁文化館には、三枚のイチョウ葉が円形に並んだ模様の白磁の碗が収蔵されている。それ以上に美しいのは、白地に青の染付模様で、イチョウの枝を縦方向に二本配し、全体をイチョウ葉で覆った大皿である。構図上の横方向の要素として、枝にたなびく霞が描かれている。この皿は、ケンペルの長崎滞在から間もないころの一七〇〇年から一七三〇年ごろ、九州は肥前の大川内窯で制作された。日本のこのあたりには、イチョウの巨木が何本かある。ケンペルやツンベリー、シーボルトが日本にやってきた時代を共に生き、いまなお生き残っているイチョウである。(11)

28章　名前をもらう

物の名前を知らなければ、その物について知ることはできない。
——カール・リンネ『植物哲学』

ケンペルはヨーロッパにイチョウを紹介したとき、ギンコー（ginkgo）という言葉を使った。なぜこんな奇妙な綴りの単語を使うに至ったかについては諸説あり、すでに多くの文献に書かれている。このことについて理解するためにはまず、彼が滞在していた一七世紀後半の日本でイチョウがどう呼ばれていたか、また書き表されていたかを知る必要がある。(1)

一三世紀か一四世紀にイチョウが日本にもたらされたとき、いくつかの名前が中国からいっしょに入ってきた。現在も使われている「銀杏」もその一つだ。日本語は中国の書き文字である漢字を使うから、中国語の「銀杏」をそのまま使えた。ケンペルにとってはなじみのない文字だったが、彼はその文字を『廻国奇観』の本に入念に書き写した。彼は「銀杏」ではなく「杏銀」と書いている——当時の日本語は、横書きであっても右から左に書いたからだ。そして音訳として、日本人通訳者から聞いた「イツジョウ」と「ギンアン」の二種類を載せた。

中国の史料にイチョウがはじめて登場したとき、銀杏と鴨脚という二つの名が使われていた。その後、元の時代に入ると白果、公孫樹、白眼という名も使われるようになる。白果は話し言葉として中国で広く使われており、銀杏はどちらかといえば書き言葉だった。日本では、ケンペルの時代も現代も、銀杏という漢字に対して「イチョウ」と「ギンナン」という二種類の読み方がある。堀志保美と堀輝三はなぜこんなふうに読まれるようになったのかを調べ、もとの中国語である鴨脚と銀杏の発音が崩れたからだろうと推察した。標準的な現代中国語であれば、鴨脚と銀杏はそれぞれ「ヤーチャオ」「インシン」と発音する。しかし、新安船のふるさとであり日本との交易が盛んだった江蘇省南部や浙江省北部の方言では、鴨脚は「アイチョウ」と、銀杏は「ニンアン」と発音する[2]。

ケンペルが書いた「イツジョウ」と現代日本語の「イチョウ」、同じく「ギンアン」と「ギンナン」のつながりは説明するまでもなく明らかだ。だが、ヨーロッパにおけるギンコー（ginkgo）という言葉はどこから来たのだろう？　堀志保美と堀輝三はその答えを日本語に特有の性質に求めた。日本では、中国から輸入した漢字に、かなと呼ばれる表音文字をあてることがある。

銀杏という漢字に対応するかなを、一五世紀から一八世紀に日本で出版された辞書や書籍で調べた堀志保美と堀輝三は、驚くべき発見をした。「銀杏」の読み方は、ほぼすべての文献で「イチョウ」または「ギンナン」、あるいはそれによく似た発音が記されている。ところが、ケンペルが滞在していたころ広く使われていた一七世紀の絵入り辞書二点においてのみ、「ギンキョー（ginkyo）」という読み方が載っていたのだ。一六一七年から一六一九年ごろに再版された辞典『下学集』には銀杏の発音として「イチョウ」と「ギンキョー」が載っており、一六六六年に出版された『訓蒙図彙』には「ギンナン」と「ギンキョー」が載っている。

史学者A・C・モールは一九四〇年代に、現在は大英図書館に収蔵されているケンペルの原稿を調べた。ケンペルがギンコー（ginkgo）と名づけた植物についての言及は一〇か所あった。うち、一か所で「図版集キンモチジュイからの引用」と書かれていた。堀志保美と堀輝三は、このキンモチジュイとは明らかに『訓蒙図彙』——きんもうずい——のことであり、ケンペルはこの図版集を日本滞在中に手に入れたのだろうと判断した。ケンペルは、日本にいるあいだも、帰国後に『廻国奇観』を執筆しているときも、『訓蒙図彙』を参照していたということだ。そして『訓蒙図彙』に載っていた「ギンキョー」という発音から、ギンコー（ginkgo）という語をつくったのだろう。その後、リンネが承認したことで、この名は一七世紀で国際的に最も有名な日本語となった。(3)

最後に残った謎は、なぜケンペルはギンキョー（ginkyo）ではなくギンコー（ginkgo）としたのかだ。ケンペルは自著の序文で、日本語の長文を一字一句間違えずに書き写している。彼は日本語とその読み方、その読み方を文字で書くときの法則について、詳しく調べていた。そこまで神経をとがらせただけあって、ケンペルの『廻国奇観』にアルファベットで書かれている植物名は一七世紀の日本での発音にかなり忠実だと、堀志保美と堀輝三は認めている。なのになぜ、ケンペルはイチョウにかぎって綴りを一文字、変えたのだろうか。

これを、単なるミススペルだと片づける人は多い。ケンペル本人が間違えたのかもしれないし、植字工が間違えたのかもしれない。だが、堀志保美と堀輝三は、ケンペルが意図的にこのスペルを採用した可能性を指摘する。ギンコー（ginkgo）の二番目の「g」は、ケンペルがドイツ北部の出身であることに関係しているというのだ。ドイツ北部の方言では、ヤ・ユ・ヨの音を「g」で書き表すことが多い。たとえば、「ユット」と聞こえた単語を「gut」と書く。それと同じように、ケンペルは聞こえたままの「ギンキョー」を故郷の綴りで「ginkgo」と書いたのではないだろうか。(4)

ギンコーのスペルの問題はさておき、ケンペルの日本への旅の意義は『廻国奇観』出版後に広く認知されたため、ケンペルが一七一六年一一月二日に死去すると、彼のコレクションは売りに出された。それに飛びついたのが、裕福で知識欲に富む啓蒙時代の科学のパトロン、ハンス・スローンである。エンゲルベルト・ケンペルとその仕事をだれよりも確実に後世に伝えたのは、スローンだった。スローンのおかげで、イチョウと日本についての貴重な情報源となったケンペルのコレクションは、歴史に埋もれることなくロンドンにやってきて保存された⑸。

スローンは飽くなき収集家で、とりわけ植物に関心が深かった。彼はイギリス南部とフランス南部で植物を集め、植民地総督アルベマール公爵つきの医者として一五か月を過ごしたジャマイカでも植物収集に熱をあげた。一六八九年に西インド諸島から帰国したときには、八〇〇点の乾燥植物標本を携え、大部の二巻本になるほど豊富な知識を得ていた。彼がイギリスを離れているあいだに、カトリックの国王ジェイムズ二世はプロテスタントのオレンジ公ウィリアム〔オラニエ公ウィレム〕に替わっていた⑹。

ロンドンに戻ったスローンはブルームズベリーで開業医となり、当時の有力者や金持ちを患者に抱えた。おかげでスローン自身も有名になり、金持ちになり、影響力をもつようになった。一六八五年に王立協会に選出され、一六九三年に同会の事務総長となり、一六九六年にはジャマイカで出合った植物を網羅した『植物目録』を出版した。それ以上に有名な二巻ものの『ジャマイカの自然史』は、一七〇七年と一七二五年に世に出た。植物について語った第一巻には、チョコレートの効用について英語で書かれた初の記録が載っている。一七一九年、スローンは王立内科医協会の会長となり、一七三五年までその役職を務めた。一七二七年には、アイザック・ニュートンの跡をついで王立協会会長に就任している⑺。

スローンの科学探究心には、ヨーロッパの探検家が世界各地で集めた植物コレクションをそっくりそのまま買い上げるという行為も含まれており、エンゲルベルト・ケンペルの遺産を保護したのもその一環だった。スローンによる「コレクションのコレクション」は、初期の植物標本集として規模も重要性も世界最大級で、一七世紀から一八世紀初期にかけて世界各地の植物についての知識が急増した時代を鮮やかに映し出している。スローンのコレクションの総体は三三七の個別のコレクションから成り立っている。こんにち、それらは緑の革表紙でできた豪華大型本二六五巻に保存され、ロンドン自然史博物館に収蔵されている(8)。

スローン・コレクション211には、エンゲルベルト・ケンペルが一六九一年と一六九二年に集めた日本の植物コレクションであることを示すラベルがついている。これはスローン・コレクションの中でもとくに引き合いに出されることが多い植物標本集だ。当時の日本の植物をここまで載せた標本集はほかになく、日本の植物を研究するには欠かせない基本資料となった。実際、スローン・コレクションのケンペル植物標本集は、植物学史における重要人物たちに閲覧されてきた。初のオーストラリア探検を成し遂げたクックの船に乗っていたジョセフ・バンクスに同行したダニエル・ソランダーもその一人である。ブラウン運動を発見した植物学者ロバート・ブラウンも。ケンペルのあと出島に赴くカール・ペーター・ツンベリーとフィリップ・フランツ・フォン・シーボルトももちろん、この標本集を活用した。

ケンペル植物標本集については、ロンドン・リンネ協会の設立者であるJ・E・スミスもよく知っていた。イチョウにまつわる科学史には奇妙なエピソードが一つある。スミスは一七八六年に、イチョウの名をギンコー・ビロバからサリスブリア・アディアンチフォリア（*Salisburia adiantifolia*）に変えようとしたのだ。植物学に甚大なる貢献をしたリチャード・アンソニー・ソールズベリ（Salisbury）に敬意を表する、というのがその理由だ。スミスとしては、王立協会会員でリンネ協会会員のソールズベリがリンネ協会その他で発表した文献に注いだ熱情と労力に報いたかったのだろう。スミスの提案を受けて、一九世紀の文献の一部ではギンコーのかわりにサリスブリアが使われた。だが、それ以上に広まることはなかった。いずれにせよ、植物の学名に関する現代の国際ルールではギンコーに先取権があり、サリスブリアは効力のない異名という位置づけになる。(9)

スローンは、植物標本集だけでなくケンペルが書いた草稿も手に入れた。現在は大英図書館にあるスローン・マニュスクリプト2914には、ケンペルの自筆により、「エンゲルベルト・ケンペルによる日本の植物のスケッチ」という題名が入っている。この草稿には、日本の植物を描いたフォリオ判二一七枚の絵に、アルファベット順の和名リストおよびケンペル著『廻国奇観』その他の参考文献が添えられていた。

この草稿の重要性と、すでに出版された『廻国奇観』に載っていない情報の多さに気づいたスローンは、スローンお抱えの司書ヨハン・カスパール・ショヒツァーに、ケンペルが書いた「高地ドイツ語」を英語に翻訳させた。こうして、ケンペルが出版を予定していた『日本誌』は、ショヒツァー訳による英語版で一七二七年に出版された。(10)

この本でイチョウについて言及があるのは、「植物に関するこの国の生産力」と題する九章だ。クワ、ウルシ、ゲッケイジュ（クスノキと混同）、紙の木、茶の木といった樹木や有用植物について簡単な説明が並ぶ中に、ピスタチオほどの大きさの「ギンアウ」と呼ばれる木の実のことがこんなふうに書かれていた。「このギンアウを実らせる木は日本のあちこちにたくさん生育している。すらりと背が高く、ホウライシダの葉を大きくしたような葉をつけている。日本人はこの木をイチオノキと呼んでいる。その実には油が多く含まれており、いくつか用途がある。この木の詳細については『廻国奇観』を参考文献に挙げておく(11)」

『日本誌』刊行の影響は、とてつもなく大きかった。たとえばジョナサン・スウィフトの『ガリヴァー旅行記』のガリヴァーは、ケンペルとウィリアム・アダムズを合成した人物だと言う人がいる。ガリヴァーが道中で出合う出来事のいくつかが、ショヒツァーが翻訳した『日本誌』にある記述や出来事とよく似ているからだ。おそらくスローンは、ショヒツァーが翻訳したものを、ジョナサン・スウィフトも会員になっていた王立協会の友人間で回覧させていたのだろう(12)。

29章　ヨーロッパで増える

戻ったら、われわれの家を訪ねてくれ。旧交を温めようではないか。

——ウィリアム・シェイクスピア『ヘンリー四世』第二部

ケンペルは『廻国奇観』を通じてイチョウのことを西洋科学に知らしめたが、イチョウの種子あるいは植物体をヨーロッパにもちこむことまではしていないはずだ。それが実現したのはおそらく三〇年か四〇年あと、一八世紀に入ってからだ。ケンペルがイチョウを知ってから西洋で移植がはじまるまでのタイムラグを明白に示せる証拠は、基本的には存在しない。しかしその手がかりは、当時の科学で知られていたあらゆる植物の情報を握っていた人物のところにある。スウェーデンの医師にして植物学者、カール・リンネだ。[1]

リンネといえば、植物の分類者および記載者として不動の名声を保っている。そのリンネは若いころ、一七三五年から一七三八年をオランダで過ごした。裕福な英国系オランダ人のジョージ・クリフォードに雇われていたのである。クリフォードは銀行家で、科学のパトロンで、オランダ東インド会社の重役でもあった。同社は当時、設立からすでに一〇〇年以上が経っていて、ケンペルが社員だったころから数十年が過ぎていた。クリフォードとリンネが参加していた科学愛好家集団は、互いに連絡をとりながら、東洋のめずらしいものを見つけようと絶えず目を光らせていた。リンネは一七三八年に、クリフォードの庭で育てていた植物を目録にして発表した。だが、そこにイチョウについての言及はまだなかった。ジョセフ・バンクスが買い上げて、現在はロンドン自然史博物館に保存されているクリフォード・コレクションの中にも、イチョウの標本はない。(2)

ケンペルの『廻国奇観』は一七一二年に出版された。リンネはこの本の重要性を強く認識し、自分でも一冊、所有していた。リンネはケンペルに敬意を表し、熱帯地方のショウガにケンペルにちなんだ属名をつけたほどだ。しかし、一七五三年の時点でリンネはまだ、イチョウという植物の存在を知らなかったようだ。あるいは——むしろこちらの可能性のほうが高いが——自分の目で標本を見るまでは公表しないと決めていたのかもしれない。当時知られていた世界中の植物すべてを網羅したリンネの記念碑的な作品『植物種』でも、イチョウについては触れられていなかった。(3)

そのころリンネと連絡をとりあっていた仲間の中心人物で、世界中から植物を手に入れることに熱をあげていたのは、一流科学者で王立協会の有力会員だったジョン・エリスである。エリスは一七六七年に、サンゴが植物ではなく動物であることを突き止めた研究が評価され、王立協会で最も誉れ高いコプリーメダルを受賞した。エリスは異分野を結びつける才能にも恵まれており、自身の人脈を使って、利害を同じくするイギリスの通商と科学を共に前進させた。一七七〇年、エリスは海外から生きた植物を導入する方法についての書籍を出版した。リンネの注意をイチョウに向けさせたのは、このエリスだった。[4]

エリスは一七五八年四月二五日付のリンネへの手紙にこう書いた。

こちらにいる好奇心旺盛な園芸家との連絡をご所望であれば、ロンドンのマイルエンドにいるジェイムズ・ゴードンを推薦いたします。ピーター閣下とシェラード博士の血を引く男で、世話している植物すべてを体系的に知っております。園芸の知識においてはイギリスで彼の右に出る者はおらず、にもかかわらず、その知識を発表しない謙虚な心の持ち主です。変わった標本が手に入ったときには、彼に送れば適切な答えが返って参りましょう。われわれは、ケープから珍奇な二重のジャスミン（ガーデニア・フロリダ）を手に入れたことがありました。この植物の記載はどこにもありません。この男はそれを挿し木から育てるのに成功いたしました。ほかの庭師が全員、失敗したにもかかわらずです。私は最近、彼に東インド諸島産の種子コレクションの世話を任せました。その多くは芽を出し育っておりますが、われわれの目には目新しく映るものばかりです。彼はギンコーも世話しており、それも、いまのところよく育っております。この先、彼がもっと増やすことに成功いたしま

したら、株分けしてお送りすることといたします。(5)

そのイチョウの株が送られるまでには九年かかった。エリスはリンネへの一七六七年七月三日の手紙に、「ジェイムズ・ゴードンよりケンペルのギンコーを、貴方にとのことです。グレーターサイレンの標本も同封します」と書いている。(6)

ジェイムズ・ゴードンは、ロンドン東部にあった当時としては知らぬ者のいない「マイルエンド種苗園」のオーナーだった。ここを経由して多くの新しい植物が園芸市場に巣立っていった。ロンドン・リンネ協会の設立者であるJ・E・スミスによれば、ゴードンは一七五四年にはすでにマイルエンド種苗園でイチョウを育てていたという。ジェイムズ・ゴードンが早くからイチョウ栽培をしていたという証拠は、スコットランド王室専属の植物学者でエディンバラ大学植物学教授であったジョン・ホープの記録からも裏づけられる。ホープは一七六六年の夏にロンドンに出かけた。なお、このときのホープの記録は、当時のマイルエンドで栽培されていた植物が何であるかを知るための貴重な資料となっている。(7)

イギリスの園芸界にイチョウをもちこんだのはゴードンだけではないが、生きた植物をリンネに提供したという点では最初の人物だった。それは種子ではなく挿し木だったと思われるが、おそらくリンネはそのときはじめてイチョウを目にしたはずだ。ゴードンは、リンネが死去する数年前の一七六九年に、リンネに宛ててこう書いた。

ロンドン、マイルエンド
一七六九年一〇月二六日

拝啓
貴方の博識とご尽力には、いつも感服しております。敬意の証として下記の植物をお送りしたく存じます。貴方のお眼鏡にかなうものがございましたら、それに勝る喜びはございません。今後ともご指導とご鞭撻をよろしくお願い申し上げます。
忠実なる貴方のしもべより。
ジェイムズ・ゴードン

ギンコー・ケンペリ（1）
マグノリア・アクミナータ（1）
アンドロメダ・マリアーナ（1）
なお、これらの植物は天然なる土壌にて生育し、当地の厳寒期にも損なわれることなく耐えております。

リンネはゴードンに返信し、同じ年の前半に受けとったイチョウの礼を述べた。だが、そのイチョウは幼すぎたので、リンネは自分の植物分類体系にイチョウを加えなかった。のちにリンネがイチョウにギンコー・ビロバという学名をつけたとき基準にした標本は、現在、ロンドン・リンネ協会のリンネ植物標本集に保存されている。それはおそらく、ゴードンが再度送り、その後リンネのもとでしっかり成長したイチョウから採取された標本だ。そのイチョウは典型的な長い葉柄の先に、くっきりとした切れこみの入った二裂葉をつけている。充分に大きくなった木から採取した葉であればここまで深い切れこみは入っていなかっただろう。もしリンネがそんな葉を命名の際の基準にしていたら、二つの裂片を意味する「ビロバ」は採用されなかったかもしれない。リンネは人生終盤の一七七一年、『植物補遺後編』でやっとギンコー・ビロバの名を書いた。そのころリンネはすっかり体が弱っていたため、この本が出版されるのは少しあとになった。そして一七七八年、リンネはウプサラにて生涯を閉じた[8]。

情報源の乏しい時代にイチョウを増やすことに成功したゴードンが、陰の重要人物であることは間違いない。しかし、いまのところゴードン自身の手記は見つかっていないため、彼がどのようにしてイチョウを手に入れたのか、そのイチョウはどこから来たのか、という点については不明なままだ。可能性の一つとして、裕福な友人かパトロンの人脈を通じて、そのころすでにヨーロッパで栽培されていた数少ないイチョウの木から挿し木を分けてもらった、という筋書きが考えられる。日本から種子を手に入れた可能性は低そうだが、中国から手に入れた可能性なら大いにありそうだ。このコネクションのカギを握っているのは、これまたジョン・エリスである(9)。

ロンドン・リンネ協会に保存されているコレクションには、リンネの標本のほかにリンネによる膨大な蔵書がある。蔵書の一冊、ケンペル著『廻国奇観』の表紙には手書きのメモが貼りつけてある。メモには「ケンペルの廻国への見解。ジョン・ブラッドビー・ブレイクからの外来植物。広東、一七七〇年」という表題がついている。

カール・リンネのコレクションにあるイチョウの標本。ギンコー・ビロバの名を命名する際の基準となった。リンネは、イギリスの種苗家ジェイムズ・ゴードンから1769年に送られてきた挿し木のイチョウでこの標本を作製してほどなく、この世を去った。

ジョン・ブラッドビー・ブレイクは船乗り一家の息子として一七四五年一一月に生まれた。父親はかつてイギリス東インド会社に雇われ、その後は鮮魚をロンドン市場に供給する事業に成功した、かのジョン・ブレイク船長だ。息子も父のあとを追って東インド会社に入り、一七六六年、二一歳で船荷監督人として中国へ初航海に出た。彼は帰省した際に一度、中国人の少年を実家に連れてきたことがある――この少年のことは、のちにジョシュア・レイノルズが絵に描いている。イギリス東インド会社はブラッドビー・ブレイクを中国に長期駐在させることにした。[10]

ブレイクは広東に駐在中、科学への関心を幅広く追求した。中国人が陶磁器の原料にしていた粘土鉱物であるカオリンと白墩子《はくとんし》の試料をイギリスに送ったこともある。世界で指折りの陶磁器メーカー「ウェッジウッド社」の創始者であるジョサイア・ウェッジウッドの実験ノートには、「ミスター・ブレイクから送られてきた中国の磁器原料」という書きこみが入っている。ブレイクは、中国で出合ったあらゆる有用植物の種子をイギリスに送った。イギリスで学び、アメリカで農園事業を展開し、独立戦争前のサウスカロライナの副知事となったヘンリー・ローレンスは、一七七三年にこう書き残している。「ブレイクには中国の広東で船荷監督をしている息子がいる。カロライナにとっても役立ちそうなものがたくさんあるという。彼は寛大にも、そうした品々を、彼の息子を通じて大西洋をはさんだこちら側にも送ってくれると言ってくれた。ジョン・エリスが書いた何本かの論文は、ブレイクが素材を提供したそうだ」

ブレイクまたはその仲間から、中国の植物見本の一部がアメリカに渡った。たとえばこのころ、「コーチシナ産のコメ」が、ジャマイカやサウスカロライナ、現在のドミニカ共和国の農園に伝わっている。イチョウの種子も運ばれたことだろう。[11]

リンネが所有していたケンペル著『廻国奇観』の表紙に貼られている、一七七〇年にブレイクが書いたメモには、八種類の植物についての情報が参照ページ番号「811」

のあとに載っている。

ギンコーまたはギン・ナン、ギング・ハングと発音
パオ゠ズゥオ
北方では農園にて育つが、広東ではうまく育たず
木の実はさまざまな方法で食される
火で焼き乾燥させたものが広東で大量に売られている
ごく少量入手するにも各方面への働きかけがとりわけ重要

ジェームズ・ゴードンがマイルエンド種苗園で育てていたイチョウは、ジョン・ブラッドビー・ブレイクが中国から送ったものではない。ブレイクが広東に行くのは一七六六年で、ゴードンがイチョウを育てている話をエリスがリンネに宛てた手紙に書いたのはそれより八年前の一七五八年だからだ。だが、ゴードンが一七五〇年代にジョン・エリスの人脈――ひょっとするとブレイクの父親――からイチョウを手に入れた可能性はらある。いずれにせよ、数年後にはゴードンだけでなく、ほかのイギリス人もブレイクが中国で集めたイチョウをエリス経由で受けとるようになる。ブレイクが中国に派遣されたのは生きた植物を集めてこさせるのが目的であったし、その目的が果たされたことはリンネ所有のケンペル本に貼られたメモが証明している。ブレイクが集めた種子の送

り先がエリスだった証拠もある。造園家ジョン・クラウディス・ルードンが『イギリスの樹木と低木』に、イチョウのことをこう書いているのだ。「ミスター・エリス宛に中国から送られてきた木の実を調べたJ・E・スミスによると、それはピスタチオの実より大きかったという」[12]

このことから、リンネ所有のケンペル本に貼られたジョン・ブラッドビー・ブレイクのメモも、ブレイクが植物を送った先のエリスがロンドン・リンネ協会に持参したものだと推察できる。ブレイクのメモにはイチョウの産地による違いまで載っていることから、ヨーロッパにもちこまれたイチョウは中国と日本の複数の場所から集められた可能性が高い。ヨーロッパへのイチョウの導入は、数年ないし数十年のうち複数回おこなわれたのだろう。ヨーロッパに移植された最初のイチョウがどこから来たにせよ、少なくとも一七五〇年代後半まで希少だったイチョウの木が、その後一〇年か二〇年で勢いよく広まったことは確実だ。

イチョウを増やし、広げるのにジョン・ゴードンが一役買ったのも確実だ。キュー植物園に植わっているオールド・ライオンも、ゴードンが増やしたイチョウを移植したものの可能性がある。彼はマイルエンド種苗園で一七五四年にはすでにイチョウを育てていた。ブリストル近郊のヘンブリーにあるブレイズ城のイチョウは一七六二年に、ヘレンフォードシャーのワームブリッジ、ホイットフィールドにあるイチョウは一七七六年に移植されたと言われているが、これらもゴードンの種苗園からきたものかもしれない。

第6部
利用価値

そびえ立つ大きなイチョウ。おそらく雄木。下には小さな雌木がたくさん植えられている。初春、愛知県の祖父江町近くの農園にて。

30章　庭木として

庭とは、人が自然と半分だけ出合える場所なのかもしれない。
——マイケル・ポーラン『ガーデニングに心満つる日』

イチョウはヒトの歴史の中で再起した。イチョウには、実利的な価値はもちろん、東西両文化で人の心をとらえるカリスマ性があったからだ。東アジアで、イチョウはふとしたきっかけで自生林から庭に移された。仏教や道教の信徒は、もともと寺院の周囲にある古木林の手入れをしてきた。中国と日本の仏教においては、樹木を含めたあらゆる生き物は成仏が可能だとしている。そうであれば、独特な葉と神秘的な「乳」をつけたイチョウの古木は、仏教の本質の一部を体現しているように見えたことだろう。イチョウは儒教や神道にもとりこまれ、生命力と長寿と復元力の象徴として広く崇められるようになった[1]。

東洋の森林から寺へ、栽培農園へと広がったイチョウは、一八世紀に西洋の植物園と庭園に進出する。ケンペルが文献で紹介してから数十年もたたないうちに、生きたイチョウがヨーロッパに届くようになった。当初はおそらく種子ではなく苗木か挿し木の形だっただろう。正確な時期についてはわからないが、早くて一七〇〇年、遅くとも一七五〇年ごろであることは各種の文献で裏づけられている。これは中国、日本、韓国以外に樹齢三〇〇年を超える生きたイチョウはないことを意味する。

一七世紀初期からのオランダと日本のつながりを思えば、最初にヨーロッパにやってきたイチョウは、オランダかその周辺の北海沿岸の低地地方に植えられた可能性が高い。実際、低地地方には、互いに一〇〇マイル離れたところに、「アジア以外で最古のイチョウ」という肩書を競う二本のイチョウの古木がある。うち、大きい方はベルギーのハセルト近郊、ヘートベッツの教会脇に立つ雌木だ。現在、幹の直径はおよそ五フィート〔一・五m〕で、一七三〇年ごろ植えられたとされている。伝えられているところによれば、宣教師が中国からベルギーにもち帰ったものだという。残念ながらそれを裏づける史料はないが、これだけの巨木であれば、かなり早い時期に植えられたのは間違いない。一八世紀というのは確実だろうが一七三〇年というのは少し早すぎる気がする。雌木でそれほど古いのはヨーロッパではめずらしい。ヨーロッパの初期のイチョウはほとんどが雄木だ。最初に数本入ってきたのが雄木で、そこから挿し木で増やされたと思われるからだ。ヨーロッパでイチョウが種子をつけたという記録は一八一四年にならないと出てこない。一七三〇年に植えられた雌木なら、一七六〇年代か一七七〇年代には成木に達していたはずだ。(2)

西洋最古のイチョウの肩書をめぐってヘートベッツの木と張り合っているのが、オランダのユトレヒト中心部に近い旧植物園の大きなイチョウ古木だ。これは雄木で、幹の直径はヘートベッツより小さい四フィート〔一・二m〕だが、それでもかなり大きい。こちらも間違いなくヨーロッパで最古を競うイチョウだが、やはり正確な樹齢はわからない。リンネもこの木については何も書き残していない。リンネは一七三五年から一七三八年までオランダで暮らし、ユトレヒト植物園にも足を運んでいるから、もしそこに一風変わった木が植わっていれば、気づかないはずがない。一七四七年にユトレヒト植物園が作成した品目リストにも、同園で育てて一七八〇年にパリの王立植物園のアンドレ・トーアンに送った植物の送り状にも、イチョウについては載っていない。しかし、このイチョウは一八世紀末には繁茂していた。一七八七年、スイスの植物学者フレデリク・エールハルトがユトレヒト植物園を訪れたとき、その木は樹高一三フィート〔四m〕だったと書き残している。(3)

一八三八年、ジョン・ルードンはイギリス諸島に育つ樹木と低木を総合的に紹介した書籍で、イチョウについて一八三〇年代のユトレヒト植物園の園長のつぎのような文章を引用している。「コプス教授の一八三五年一二月七日の手紙によると、枝張りのよいイチョウが元気よく育っているという。彼が一八一六年に園長に就任したとき、その木は樹齢七〇年か八〇年だった。いまなら九〇年か一〇〇年だろう。とすると、イチョウはイギリスに来るより前にユトレヒトに植えられていたことになる(4)」

　ユトレヒトのイチョウが植えられたのは、報告を文字どおりに受けとれば一七三〇年代半ばから一七四〇年代となる。だが、一七四七年の庭園品目リストに出ていないことを考えると、一七五〇年代か一七六〇年代かもしれない。このころには、ジェイムズ・ゴードンはすでにロンドンの種苗園でイチョウを育てている。ユトレヒトのイチョウは、出島からオランダ船で磁器類とともに運ばれてきたものかもしれないし、ロンドンからゴードンが送ったものである可能性もある。いずれにせよ、ユトレヒトのイチョウは在りし日のオランダ対日貿易と、それがイチョウの世界進出の第一歩を敷いたことを人々に忘れさせない「生きた記念碑」となっている⑤。

　イギリスでは、キュー植物園でオールド・ライオンと呼ばれている五つの木の一つであるイチョウが、第三代アーガイル公爵の地所から移植されたという民間伝承がある。アーガイル公爵は、テムズ河からそう遠くないトウィッケナムに近いホイットンに、広大な養樹園を所有していた。伝承によれば、公爵が一七六一年に亡くなると、甥のジョン・スチュワートである第三代ビュート伯爵がいくつか最良の若木を選んで、はしけに載せてテムズ河を下り、キューの王室所有地に移したという⑥。

　現実はそれほどロマンティックではない。オールド・ライオンのうち、アーガイルの地所との関連性が記録されているのはハリエンジュとスズカケノキ（プラタナス）だけだ。一七六〇年に植えられた大きなニホンニレはオーガスタ王女が手に入れたものと言われているが、植えられている場所が当時は園外だったことを思うと疑わしい。パゴダツリー（エンジュ）は、ジェイムズ・ゴードンが一七五三年にイギリスにもちこみ、ロンドンの種苗園で育てたあと一七六〇年にキューに移したとされている。ゴードンはイチョウを増やすのに貢献した当の人物なのだから、彼がオールド・ライオンのイチョウをキューに届けた可能性は高い。あのパゴダツリーとイチョウは、中国か日本から、ジョン・エリスかだれかを通じてゴードンに送られてきた種子見本一式の中に入っていたものかもしれない(7)。

一八世紀も後半に入ったヨーロッパでは、イチョウはすでに挿し木を通じて庭から庭へと増殖していた。一七八五年にはオランダのライデン植物園にも植えられた。一七八七年にはイタリア、ピサ大学の植物園園長ジョルジョ・サンティが、新設された樹木園にイチョウを植えている。このイチョウはいまも、ピサの斜塔から徒歩五分の場所に立っている。イギリスで外来種専門の種苗園を開いていたコンラッド・ロッディジーズは、一七八一年にウィーン郊外のシェーンブルン宮殿にイチョウの挿し木を贈っている。ウィーン大学植物園に植わっている古い雄木は、ここから株分けされたものだろう(8)。

イチョウは一七七〇年代後期にフランスへも渡った。ルードンは、一七七六年にルーアンでイチョウが植樹されたと書いている。ルードンはフランス人植物学者アンドレ・トーアンによる文章を翻訳しながら、イチョウがどのようにしてパリにやってきたのかも語っている。イチョウのフランス名「ラルブル・オ・カラント・エキュ」の由来についても。

一七八〇年、ペティーニという名のパリジャンが、ロンドンで庭園めぐりの旅をしていた。あちこち訪問した中に、ギンコー・ビロバの若木を育てているという園芸業者がいた。ギンコー・ビロバはイギリスでもまだめずらしく、園芸家はその木を所有しているのは自分だけだと言いはった。ここにある五本の若木は日本産の種子から育てたのだという。そして高い値段をふっかけてきた。しかし、豪華な昼食と大量のワインで上機嫌になった園芸家は、ペティーニに、同じ鉢に植えていたギンコーの若木五本をまとめて二五ギニーで売ると言った。ペティーニはすぐさま買いとり、お宝を抱えてその場を去った。翌朝、ワインの酔いから醒めたロンドンの園芸家は昨日の買い手を探し出し、一本二五ギニーで買い戻したいと申し出た。ペティーニはそれを断り、フランスにもち帰った。一本あたりの値段は一二〇フラン、または四〇クラウン（カラント・エキュ）だ。こうして、この木には「四〇エキュの木」を意味するフランス語「ラルブル・オ・カラント・エキュ」という名がついた。フランスで一本一二〇フランで売り出されたという意味ではない。(9)

アンドレ・トーアンによると、フランスの初期のイチョウはほぼすべて、このときの五本の若木から増やされたもので、うち一本はパリ植物園に提供されたという。しかし、フランスへのイチョウの導入についてはほかにも文書で裏づけられた例がある。たとえば、一七八八年にジョセフ・バンクスからピエール・マリー・オーギュスト・ブルソネに送られたイチョウがあり、それはゴードンの種苗園で育てられたものだ。ブルソネはそのイチョウをアントワーヌ・グーアンに渡し、グーアンはそれをモンペリエ植物園に植えた(10)。

一八世紀も終わりになると、ヨーロッパに植えられたイチョウの第一世代が成熟しはじめた。園芸業界用語で言うところの「花が開き」はじめたのである——もちろんイチョウには厳密な意味での「花」は咲かないが。ヨーロッパではじめて雄木の確認がなされたのはキューのオールド・ライオンで、一七九五年に花粉錐をつけた。一八〇七年にはピサの雄木に、一八一二年にはモンペリエとルーアンの雄木に花粉錐がついた。雌木がヨーロッパで初確認されたのは一八一四年で、イチョウがヨーロッパにやってきてから六〇年ほど経っていた。そのニュースは大評判になった(11)。

ジュネーヴ植物園の植物学者オーギュスタン・ピラミュ・デ・カンドールは、ジュネーヴ郊外のボーディニー地所に植えていたイチョウに、雌の生殖器官がついていることに気づいた。だが、周囲に雄木がなかったため、種子は実らなかった。しかし、この雌木から株分けした挿し木がヨーロッパ中の植物園に配られ、多くの雄木に接ぎ木された。ストラスブールやキューの植物園も例外ではなかった。ヨーロッパではじめてまともな種子ができたのは一八三五年、モンペリエ植物園の雄木だ。その木は「接ぎ木だらけ」だった(12)。

イチョウは大西洋を飛び越えて、新世界にも渡った。その手助けをしたのは一八世紀後期の裕福な植物学者で植物収集家、造園家のウィリアム・ハミルトンだ。彼は、一年間のイギリス滞在中に感銘を受け、一七八五年九月二四日付で建築家のトマス・パークにこう書き送った。「イギリスの緑地は言いようもなく美しい。私はウッドランズを見せかけだけの緑地にはしたくない……よく見れば、低木や高木、果樹の多種多様さは目を見張るほどで、私は有用性と美しさでイギリスに引けをとらない緑地をなんとしてもつくりたい……[13]」

彼の決意はハミルトン・ウッドランズとなって実現した。フィラデルフィア南部、スクールキル川沿いの所有地に、初のアメリカ式庭園が生まれた。手本としたのは当時のイギリスで流行していた自然の景観をとり入れた庭園様式だ。小道や蛇行する小川、世話の行き届いた芝生のあいだに在来樹と外来樹の木立が配された。いまの私たちになじみ深い樹木のいくつかは、ハミルトンが北米にもちこんだものだ。優雅なセイヨウハコヤナギ（ポプラ）、頑丈なノルウェーカエデ、そしてかなり迷惑なニワウルシなどがそうである。そして一七八四年、ハミルトンは北米の土地に、数百万年ぶりのイチョウを植えた。

一七八五年の冬が近づくと、ハミルトンは一一月二日付で秘書にこんな手紙を書いた。
「私の努力が無駄にならないよう、未熟な植物を寒さからしっかり守ること。ゴジアオイ、エリカ、グミ、イチョウ、ゲッケイジュ、ギョリュウ、アツバキミガヨラン、ワニナシ、サンショウは、干し草で覆うか何かして保護すること。根には直接肥料をかけないように、かならず死んでしまうから[14]」

ハミルトンのイチョウはイギリスから手に入れたものの一つで、おそらくイギリスの園芸家であり王立協会研究員のピーター・コリンソンを通じて届いたものと思われる。こうしてアメリカにやってきた若いイチョウは、ハミルトンの人脈でアメリカの一流植物学者数名の庭に広まっていった。ハミルトンは、いとこで隣人の、コリンソンの友人でもある植物学者ジョン・バートラムに挿し木を一本、分け与えた。その雄木は、かつてのウッドランズ邸からそう遠くないところにあったバートラムの庭でいまも生き延びていて、北米で最古の現生イチョウとなっている。別の挿し木は植物学者で医者のデイヴィッド・ホサックの手に渡った。このイチョウから株分けしたものが、ホサックが一八二八年に購入したハイドパークのヴァンダービルト邸にある大イチョウになったと思われる[15]。

イチョウが北米にやってきて二年もしないうちに、フランス外交官で植物学者のアンドレ・ミショーもアメリカ南部にこの木をもちこんだ。ミショーは当初、ニュージャージーに植物園をつくろうとしたが、そこは気候が苛酷だとわかってサウスカロライナのチャールストンに移り、一七八七年にフランス式植物園を開設した。チャールストンの穏やかな気候のおかげで、彼は植物を一年中栽培できることになり、この植物園を通じて多くの旧世界植物をアメリカに根づかせた。ミモザつまりオジギソウ、ネムノキ、サルスベリ、ツバキなどにまじって、イチョウもあった。同園はフランス革命のあおりを受けていったん見捨てられたが、ミショーの息子フランソワが一八〇二年に戻ってきた。フランソワはこう回想している。「一目見るなり、この庭園はすばらしい樹木と植物を集めたものだとわかった。完全に放置されていたのにまだ生きているどころか……繁茂しているものさえある。私は二本のイチョウに目をとめた。約七年前に植えられたもので、すくすくと成長し、樹高三〇フィート〔九m〕に達していた」[16]

アメリカの先駆的なイチョウ栽培者たちには、庭園や外来植物への関心のほかにも共通点があった。政界との強固なつながりである。アンドレ・ミショーはトマス・ジェファーソンやベンジャミン・フランクリン、ジョージ・ワシントンらと親交を深めた。ジョン・バートラムは一七四三年にフランクリンとアメリカ哲学協会を共同設立した。ピーター・コリンソンはフランクリンと、電気学その他について頻繁に文通をし、アメリカ哲学協会を支えるべく書籍一式を寄贈している。デイヴィッド・ホサックは、アメリカ初の園芸学組織であるニューヨーク園芸協会の創始者および初代会長になった。同協会にはジョン・アダムズ、トマス・ジェファーソン、ジェイムズ・マディソンが名誉会員として名を連ねていた。一七八八年七月四日、アメリカ合衆国憲法の正式承認を祝うパレードの最後は、若き国家の市民一万七〇〇〇人によるウッドランズ庭園へのピクニックだった。[17]

アメリカの初期のイチョウ栽培者たちの交友関係を考えれば驚くことではないが、もう一人の有力政治家、ヘンリー・クレイもアメリカ南部でイチョウ栽培を拡散するのに重要な役割を果たした。ケンタッキーでいまも堂々と育っている数本のイチョウは、日本からワシントンに送られてきた種子がクレイを通じてケンタッキーに転送されたものだと言われている。このことを示す文書はいまのところ見つかっていないが、かつてクレイの地所だったところ――現在、ギンコー・ツリー・カフェになっているところ――に、いまも古いイチョウの何本かが生き残っている。同じくらい古いイチョウが二本、旧ケンタッキー陸軍予備士官学校にも生えている。ルイスヴィルにある旧ケイヴ・ヒル・ファーム、現在のケイヴ・ヒル共同墓地にある壮観な大イチョウも同じころ植えられたもので、これらすべてにヘンリー・クレイが関係していた可能性は大いにある。(18)

ヘンリー・クレイが関係していたかどうかはともかく、ケンタッキー陸軍予備士官学校に植えられたイチョウは、アメリカではじめて種子を実らせるという快挙を成し遂げた。一八一〇年以降、各地の種苗園がイチョウを挿し木で広めていたが、たくさんの種子が入手可能になると、イチョウ栽培はさらに広まった。ハーヴァード大学のアーノルド樹木園は一八七八年一月七日にケンタッキーの種子をもらい受けている。ワシントンDCの国会議事堂前にある植物園の園長ウィリアム・R・スミスも、同園に植わっているイチョウはほとんどがケンタッキーの雌木の種子から育てたものだ、と一八九〇年に書き残している。「つい最近までイチョウはめずらしい木で、種苗園から買おうとすると一本につき一ポンドを要求された。初代日本大使館から土産にもらった種子を植物園に植えた。いまでは、その種子から育った木が種子をつけている」[19]

一九世紀後半になると、イチョウはアメリカ全土のおもな植物園に定着した。一八五九年、シェフィールド出身のイギリス人商人のヘンリー・ショウがミズーリ植物園を開設した。そのとき植えられた数本のイチョウが現在、巨木となって茂っている。ニューヨークのブロンクスに一八九一年にできたニューヨーク植物園は、かつて同園の敷地の一部だったニューヨーク植物園駅の近くに生育する堂々とした古いイチョウの木立を誇りにしている。中でも最大のイチョウは一八九八年に植えられたもので、樹高七七フィート〔二三m〕、樹冠の横方向の広がりは五七フィート〔一七m〕になる。同園の記録から、一八九〇年代に入ると種苗園から気軽にイチョウの若木を買えるほどまでに普及していたことがわかる。

一八九六年に平瀬作五郎がイチョウ精子を発見すると、この木の進化上の重要性に注目が集まり、イチョウ熱がさらに高まった。世紀の変わり目の記念として、イチョウは多くの大学で構内に植えられた。カリフォルニア大学バークレー校のジアニーニ・ホール横に立つ優雅な古いイチョウもこのころ植えられたもので、キャンパス内で一番の人気を誇っている。基本的に常緑樹ばかりのカリフォルニアにあって、秋の黄葉はめずらしい。窓からこの木を毎日眺めていた教職員は、さぞかし詩想を刺激されたことだろう。人種のるつぼであるニューヨーク市立大学のシティ・カレッジ構内では、古いイチョウの木のギンナンの臭いに対する不満を、学生たちは九〇以上の言語で表現した。ケンブ

入念に刈りこみをした垣根仕立てのイチョウ。ケンブリッジ大学の植物科学棟の壁に沿って育っている。

リッジ大学は、ダウニング・ストリート・サイトにある植物科学棟のビルの南面を、手入れの行き届いためずらしい垣根仕立てのイチョウで覆った(20)。

シカゴ大学ボタニー池のわきに立つ大きなイチョウの雌木は、大学設立とほぼ同時に植えられ、数千の学生と教職員の記憶に刻みこまれてきた。先ごろ、同校の卒業生たちがボタニー池とイチョウについて詠《よ》むという、俳句風の英詩コンテストを催した。優秀作品にはこんな詩がある。

かさこそと音色かなでる黄金《こがね》の葉
池の中でわれ関せずと廻る鯉かな(21)

世界中の庭でイチョウの意味することが変わってきたように、植物としてのイチョウそのものも変わってきた。自然界でなら、突然変異やめずらしい遺伝子の組み合わせで生まれた新株は、自然淘汰によってほどなく消滅する。しかし、人為的な環境で「人目を引く」新株が生まれれば、挿し木や接ぎ木で庭から庭へと引き継がれていく。こうして、中国でほそぼそと生きながらえていたイチョウ自生集団の遺伝子プールから、ちょっと変わった成長方法をするイチョウや奇妙な形の葉をつけるイチョウといったいろいろな新株が、短期間のうちにたくさん出現するようになった。こんにちでは二二〇を超える栽培品種が登録されており、うち少なくとも二八の栽培品種は種子の形や大きさを見ただけで品種の判別ができる。(22)

プリンストン・セントリーという品種は、シカゴ郊外オークパークにあるわが家の前庭のように、スペースが限られた場所に植えるのに向いている。メイフィールドやトレモニアのような背が高くほっそりした樹形になる品種も、狭い場所にうまく押しこめられる。ゴールデングローブとグロボッサ（ノッポ）は、リンゴの木に似た丸くふっくらした樹冠をもつ。ピラミッド形のファスティジアータはクリスマスツリーに似ているし、ペンデュラ（枝垂れ）、アンブレラ（傘）、ホリゾンタリス（平づくり）はヤナギやハウチワカエデのように枝が無作法に広がって、しだれた樹形になる。マリケンとトロールは密度が濃く背が低く、灌木のようでイチョウには似ても似つかぬ姿をしている。葉の形がイチョウらしくない品種もある。多様な園芸品種を開発してきたカリフォルニアのサラトガ園芸研究所にちなんで名づけられたサラトガは、クジャクヤシのように葉先がすり切れ、垂れ下がった三角形の葉をもつ。ヴァリエガータの葉は白い縞の斑《ふ》入りだ。チュビフォリアの葉はラッパのように漏斗《じょうご》の形に丸まっている。

イチョウの盆栽も人気がある。盆栽であってもふつうのイチョウと同じく秋には黄葉し、いきなり落葉する。そしてこの性質が顕著なものほどよろこばれる。イチョウ古木の「乳」からとった挿し木で育てる「乳イチョウ」の盆栽は、さらに珍重される。上下を逆にして植えられた乳イチョウの盆栽は、鍾乳洞の石筍のような円錐形をしているが、根も枝もある。「乳」ができるほど古いイチョウはアジア以外にほとんどないため、西洋で手に入るこの種の盆栽はすべて輸入品で高価である。(23)

31章　食べ物として

甘い木の実には渋い皮がある。
――ウィリアム・シェイクスピア『お気に召すまま』

イチョウは、庭に植えるのが流行するよりも前から、記憶力増強のサプリメントになるよりもずっと前から、食用の実《み》がとれるという価値が認められていた。ふっくら柔らかで、黄色がかった光沢のある、ピーナッツほどの大きさのイチョウの実、つまりギンナンの味は、「刺激の少ないスイスチーズ」「マツの木の実」「甘いクリの実をかけ合わせたジャガイモ」「リンブルガーチーズとかけ合わせたグリーンピース」、あるいは単に「魚臭いもの」と表現されてきた。この不思議な風味をもつギンナンは、中国や日本、韓国の料理によく使われており、中国人、日本人、韓国人が集団で暮らしているところなら世界中どこでも売られている[1]。

人々は数千年前から自生するイチョウの実を採集していたはずだ。しかし、イチョウとギンナンの価値について書かれた文献が登場するのはずっとあとになる。一一世紀初頭の宋の時代、詩人で歴史家の欧陽脩は、友人の梅尭臣にギンナンを贈ったとき、イチョウとヒトの関係について予言的なことを述べている。

かつて張騫（紀元前二世紀）がブドウとザクロを（中央アジアから）もちこんだ。当時の人々が、それらの実に価値を見出したであろうことは容易に想像できる。おかげでこれらの植物は、いまや中国全土で柵や壁沿いに栽培されている。事物が昔もいまも同じでも、それに対する人間のほうは年月とともに変わってゆく。未来の人々のために、最初はこうだったのだという話を書き残しておくのは意味がある。そうすることは、貴方に詩を返すというだけでなく、歴史に貢献することになるであろう。(2)

別の古い文献『春渚紀聞』に、中国の古都、現在の河南省東部に位置する開封で、四本の大きなイチョウが毎年たくさんの実を産していたことが記されている。大きな雌木がつくり出す大量の種子に、古代の人々が注目しないはずはない。ピーター・デル・トレディチによると、浙江省の雁蕩《がんとう》村にある樹高一〇〇フィート〔三〇m〕のイチョウは、傷んでいないギンナンをワンシーズンに八〇〇ポンド〔三六二kg〕以上も産出したという。こんにち、イチョウ農園ではもっと背の低い木がギンナン生産を担っている。中国でのギンナン生産地は二〇以上の省と市に拡大している。ある推定によれば、中国では八〇万本の木が年間平均七〇〇〇トンのギンナンをつくり出しているという[3]。

食用の木の実を採集することは、ヒトがヒトになる前の祖先から受け継いできた習慣だ。木の実には蛋白質、炭水化物、ビタミン、ミネラルが含まれているし、知能の高い霊長類にとっては木の実の硬い殻が、かえって保存や運搬に好都合だった。ヒトが道具を使うようになると、硬い殻を割って中身をとり出すのはなおさら便利になった。と同時に、人々は意識的に、あるいはそうと知らずに、木の実を生産する植物をあちこち広げることに協力した。旧約聖書には、ヨセフの兄弟がピスタチオの実を携えてエジプトに行った話が載っている。スペイン北部では、最後の氷河が後退したあとにできたブナ林にヒトが住みつき、ブナの実を動物の飼育に使うようになった。アメリカ先住民は火を使って、クリやペカン、コナラなど木の実をつける樹木の個体数を維持、増大させた。ヨーロッパ人が新世界に入植すると、ナンキンマメ（ラッカセイ）はヨーロッパ人の交易路を経由してすぐに中国に伝わり、いまでは中国が世界最大のナンキンマメ生産地となっている。イチョウは、木の実とヒトの共生関係における数ある成功談の一つにすぎない[4]。

植物学的に厳密に言うなら、木の実（ナッツまたは堅果）は単一の種子を中に入れた果皮をもつ果実であり、ギンナンはそこには含まれない。ギンナンの硬い殻は果皮ではなく種子の一部だ。しかし、厳密な意味での木の実も、ギンナンの殻の中にある食用部分の胚乳も、胚に栄養を供給するという機能は同じである。炭水化物と脂肪、蛋白質をひとまとめにした胚乳は、若い苗木が自立できるようになるまでを助ける。イチョウの実にはでんぷんと蛋白質が多く含まれるが、脂肪は少ない。マツの実と比べて脂肪は二〇分の一、カロリーは三分の一だ。(5)イチョウの実には六％ほどショ糖も含まれており、そのおかげでかすかに甘い風味がする。

　イチョウの中国名の一つに、祖父と孫を意味する「公孫樹」がある。この名は、イチョウを種子から育てるには長い年月がかかることをほのめかしている。あなたがいま種子を植えたら、その実を収穫できるのは孫の代になるということだ。実際には種子から種子への歳月はもっと短く、二〇年か三〇年くらいだ。それでも栽培農家にとっては長すぎる。接ぎ木ならもっと早く、一〇年くらいで種子の生産が可能になる。それに接ぎ木なら、大きなギンナンをつけるとわかっている木を選んで接ぐことができる。

　中国や日本、韓国で食されているギンナンのほとんどは、ギンナン生産に特化したイチョウ農園で栽培されている。農園といってもたいていは小規模で、栽培方法も数百年前からほとんど変わっていない。日本では、名古屋の西にある祖父江町あたりが昔からギンナンの産地として有名だ。私はここを、二〇〇七年の初春、すっきり晴れた空気の冷たい日に訪れた。祖父江町とその周囲の土地は低く平らで、足元がじめじめしている。民家と田んぼと小さな畑が散在するこの地には、いたるところにイチョウの木がある。

　祖父江町周辺のイチョウ農園では、まず種子から三、四年かけて「台木」を育てる。その台木に、三月か四月初旬ごろ、若葉が出る直前の雌木（母株）の枝を何本か接ぐ。

接ぎ木の利点の一つに、母株から台木に接ぎ木された枝（接ぎ枝）は母株時代の「育つ方向」を記憶していて、その方向に伸び続けるという性質がある。つまり、上方向に力強く伸びるという本来の野心を失って、台木に接がれた角度のまま伸びるのである。

トポフィシス効果と呼ばれるこの現象は、園芸学ではよく知られており、庭での手入れが楽になる平たい樹形の針葉樹をつくるのに利用されてきた。イチョウ農園ではこの効果を利用して、通常ならとげとげしい樹形になる若木を、背の低い横広がりの樹形に落ち着かせる。横広がりのイチョウは狭い道路の街路樹に植えたら邪魔になってしかたないだろうが、農園では重宝される。枝が低い位置にあるほど収穫がしやすいからだ。

祖父江町のあたりでは、いちばん大きな農園でさえ栽培しているイチョウは二〇〇本ほどしかない。たいていは小規模農家が自宅近くの小さな土地で二五本前後のイチョウを育てている。農園の木はひんぱんに刈りこまれ、均一な樹形に保たれる。樹高はせいぜい二〇フィート〔六m〕から三〇フィート〔九m〕で、地上六フィート〔一・八m〕から一〇フィート〔三m〕のところの幹の頂上から枝が広がる。どの木もしっかり手入れされている。根元には肥料が盛られ、地面は藁で覆われている。肥料を守り、雑草が伸びるのを防ぎ、根を湿らせておくためだ。

規模の大小を問わず、イチョウ農園はどこも高い値で売れる大きなギンナンをたくさん生産することをめざしている。中国でも日本でも、ふつうより大きな種子をつける雌木はとくに大切にされ、そういう木は刈りこまれることもなく自然なままに巨木となる。

数百年にわたる人為的な選別で、ギンナンのサイズはそれなりに大きくなった。中国には長さ一インチ〔二・五㎝〕ものギンナンを産する「洞庭皇」という栽培品種があるが、通常のイチョウがつくるギンナンの大きさはその三分の二だ。栽培品種の多くはギンナンのサイズと形で見分けられる(6)。

種子は八月に熟しはじめ、手作業で木から採取される。しかし、通常はもう少しようすを見て、殻が硬くなるのを待つ。殻の硬さが足りないと、収穫のとき傷がつきやすいからだ。タイミングの見極めは重要で、待ちすぎてもだめである。中の胚が育ちすぎないうちに採取しなければならない。

昔ながらの方法では、集めた種子を土に埋めて、悪臭を放つ果肉質の外種皮部分を腐らせてから掘り出し、洗い、日干しにし、売りに出す。集めた種子を水を張ったバケツに入れる方法もある。そうしておくと外種皮が部分的に腐る。その部分は水を変えたときにはがれ落ちる。何度か水を変えるうちに外種皮は全部落ちる。もっと早く換金することを望む農家はさらに直接的な方法をとる。祖父江町周辺の栽培地では、種子を小さな樽に入れて大きなねじくぎのようなブレードでかき回し、外種皮部分を砕いてこすり落とす。殻の表面に残った外種皮は、鼻をつくようなひどい臭いのする溶液につけて洗い流す。こうした積極的な外種皮除去作業は、殻に傷をつけないよう慎重さが要求される。また、有毒物質の取り扱いにも注意しなければならない。

果肉質の外種皮部分が落とされて殻が露わになり、サイズごとに選り分けられ、日光の下ですばやく乾かされたギンナンは、包装業者に送られ、翌日には流通業者のルートに乗る。ギンナンはそのままでは保存できない。よく店頭で売られているのは、硬い殻をとりのぞいた食用部分の胚乳を真空パックしたものだ。昔ながらの方法だと、一、二週間、陰干しにして冷暗所に保存し、それから市場に出荷する。店頭に並べる前に、火であぶることもある。(7)

西洋でも毎年秋になると、モントリオールやサンフランシスコの街路や公園には、アジア出身の家族がやってきてギンナン集めをしている。ニューヨークでは、ハーレムに一軒家を所有する人が、この新しい伝統に迷惑していると声をあげた。一一月初旬のある朝、目が覚めると、見知らぬ人たちが彼女の家の前庭に生えている背の高いイチョウに勝手に登って、棒でギンナンを叩き落としていたからだ。この季節にセントラル・パークを訪れたら、北の端に植わっているイチョウ古木の下でだれかがギンナン拾いをしている光景に出合えるかもしれない。なお、このように都会で収穫されたギンナンの行き着く先は、チャイナタウンの食料品店ではなく拾った人の家庭や隣人の食卓である。(8)

最近では、秋の収穫シーズンに「新種」のギンナン拾いが出没している。地元産の旬の食材を食べることに熱中している人たちが、ギンナン拾いに目覚め、その成果を雑誌やブログやホームパーティーで披露するようになってきたからだ。『グルメ』誌のライターであるサラ・クロスビーは、拾い集めたギンナンを入れた「臭い袋」を手にチャイナタウンの料理屋を一軒一軒訪ねてまわり、料理法を教わった。煮たり焼いたり塩漬けしたりしてみたが、どれも苦すぎて口に合わなかった。だが彼女は、南部出身者の本能で、油で揚げることを思いついた。フライド・ギンナンの味は合格だったという。拾ったギンナンでは悪臭や腐敗が心配だが、ギンナン料理には挑戦してみたいというなら、地元の中華街に行ってみるといい。果肉質の外種皮をとりのぞいた殻つきのギンナンが袋詰めにされて、あるいは焼いて殻をむいたギンナンが真空パックされて、二ドル未満で売られている(9)。

ギンナンは、単に食べ物として消費されるだけでなく、儀式の要素や薬に使われることもある。一六世紀の中国では、結婚式などの祝宴に、ハスの実の代用品としてギンナンが赤く染められて出された。中国の伝統医学では、生のギンナンが「高ぶった気を鎮め、毒抜きをし、寄生虫を退治する」のに使われている。しかし、一般的にはギンナンを生で食べるのはおすすめしない。生のギンナンに含まれる毒素は火を通すことで部分的に分解されるため、調理してから食べるのがふつうだ。たとえ調理したとしても、アーモンドやピーナッツのように一度にたくさん食べてはいけない。火を通してから殻を割ると、黄色く、光沢のある、少々苦みの利いた胚乳が出てくる(10)。

エンゲルベルト・ケンペルが『日本誌』で紹介したように、日本ではギンナンから油がとられていた。中国でもギンナンの採油はおこなわれていただろう。古い時代には動物性脂肪のかわりに植物油が照明や調理に使われていたから、それもイチョウ栽培が広がった誘因の一つだったのかもしれない。石油やガス、電気が普及した現代では、イチヨウの油にそうした役目はなくなった。もちろん、アーモンドやカシューナッツ、ハシバミの実、ピーナッツ、マツの実、クルミなど採油が簡単な食用油は、いまもさまざまな料理や加工食品、薬に使われている。ギンナンがこのリストに入っていないのは、その実がもっぱら食用に使われているからだと思われる。(11)

殻つきのまま焼かれたギンナン。中国、南京の宴会場にて。

アジア料理でギンナンをどう使うかは、地域によっても料理の目的によっても違う。祝宴のご馳走やデザートの一品になることもあれば、ふだんの惣菜になることもある。中国では、汁物に入れたり、セロリやユリネと炒めたり、ナツメといっしょにお汁粉に入れるなど、多くの伝統料理に使われている。私は数年前にシンガポールのレストランで夕食をとった。そのときのデザートメニューは「ギンナン入り芋餡」または「冷やしたシロキクラゲのハスの実、ギンナン添え」だった。シンガポールのようなイチョウの生育域の外でギンナンがごくふつうに食されているのは、明らかに華僑の影響だ。私はギンナンが殻つきのまま皿の上で焼かれたり、アルミ箔でくるまれてオーブンに入れられたりしているのをよく目にした。とても簡単な調理法だが、換気は徹底しなければならない。ツタウルシには近づくだけで皮膚がかぶれるのと同じで、敏感な人はギンナンを焼いたときの煙でかぶれを起こす。

中国と同じく日本でも、植物としてのイチョウについての文献が出ると、引き続き料理材料としてのギンナンの記述が登場した。ギンナンは、一四九二年から一五二一年ごろにつくられた庶民向け教科書（『新撰類衆往来』）に果物またはお茶菓子として紹介されており、一五三三年から一五九六年に書かれた茶道の記録にも出てくる。一五六一年に将軍足利義輝が三好家を訪れたときに書かれた『三好亭御成記』には供された料理の献立があり、その中にギンナンがお菓子と食後の口直しとして記載されている[12]。

ケンペルとツンベリー、シーボルトはみな、出島にいるときギンナンを食べているはずだ。当時の料理も現在のものと、それほど違わないだろう。ハーヴァード大学の考古学者で博物学者のエドワード・モースは一八七〇年代後期に東京大学で教鞭をとった第一世代の西洋人で、日本料理に惚れこんだ。彼は日本の茶室で食事をしたときのことをこう記している。「はじめて口にしたものがたくさんあった。ジャガイモの代わりになるユリ根。オランダガラシに似た水菜が数種。マカロニに似た魚の練り物。イチョウの実――これは苦手だった。茶の湯――こちらは気に入った[13]」

日本では早くも一七八五年に、ギンナンを酒の肴にすることが懐石料理の本に書かれていた。その伝統はいまも続いている。ギンナンは酩酊を予防し、二日酔いを治すとも言われている。これが単なる希望的な言い伝えでないことを、科学は少しばかり示している。ギンナンに含まれる酵素がアルコールの分解を速めるようなのだ。動物をアルコールで酔わせる実験では、事前にギンナンを食べさせておいた被験動物のほうが血中アルコールをうまくとりのぞけたという[14]。

焼いたギンナンを売る屋台。日本、鎌倉の鶴岡八幡宮にて。

ギンナンの最良の食べ方は、ひょっとするとイチョウの木の下で食べることかもしれない。ヨーロッパや北米の街路で焼き栗が売られているのと同じように、焼いたギンナンも街路の屋台で売られている。私も試してみたが、味まで焼き栗に似ているように感じた。それはある晴れた春の日の、鎌倉の鶴岡八幡宮だった。屋台ののれんには日本語で「美味」と書かれていた。売り子は大きな中華鍋をガスコンロにかけてギンナンを炒め、小さな袋につめ、道行く参拝客に「できたてのギンナン、いかがですか、すぐ食べられますよ、お手軽ですよ」と声をかけていた。しかし、あつあつのギンナンをその場で食べるのは、それほどお手軽ではなかった。中身を殻からとり出すたびに、指先がひりひりした。友人の日本人は、家で食べるときはペンチで殻を割っていると話してくれた。[15]

祖父江町を訪れたときは、ギンナンを使った日本料理を出すレストランで昼食をとった。ここに来たからにはぜひ食べてみるべきだと、ガイドが熱心にすすめてくれたからだ。私たちが頼んだコース料理には、一皿ごとにすべてギンナンが入っていた。薄くスライスしたタコの刺身の付け合わせだったり、鍋料理の具だったり。エビの天ぷらといっしょに油で揚げたギンナンもあった。しかし、何より記憶に残っているのは茶碗蒸しだ。香りがよく、薄黄色をしたカスタードのような料理で、深めの小さな器の底に一個か二個のギンナンが入っていた。ギンナンのほかに鶏肉や魚、野菜を入れた卵のスープを蒸した料理である茶碗蒸しは、ギンナンを使った料理の代名詞ともなっている。ギンナンの色は卵のスープの色と似ており、風味はとてもデリケートだ。甘いような甘くないような、からいようなからくないような、なんとも形容しがたい味だった。この典型的な日本料理の一品は、ほかのアジア料理がそうであるように、西洋人もふつうに口にするようになってきた。イチョウの木そのものと同じく多才で不可思議なギンナンにも、まだまだ不明な点がたくさんある。

32章　街路樹として

ぼくは競争しなくちゃならない。コンクリートの中でも、ジャングルの中でも。

——タワー・オブ・パワー「バック・オン・ザ・ストリーツ・アゲイン」

イチョウは世界中に植えられている街路樹の代表だ。世界人口の大部分が都市に住む現在、イチョウは毎日、無数の人々の目に触れられている。どんな街路樹もそうであるように、イチョウは人々と自然界をつなぐ役目を果たしている。アメリカ国内だけ見ても、この国に生育するすべての木の八％に相当する七四四億本ものイチョウが、家の庭に、街路に、公園に、都市の緑地に植わっている。イチョウはアメリカ人の七五％の仕事と暮らしの場である都会の風景に欠かせない存在である(1)。

都市緑化への関心は、かつてないほど高まっている。世界中に一〇億本の新しい木を植えるという国連の「地球のための植樹」計画は、たった五か月で承認された。この計画は二〇〇六年に開始されたが、二年後にはすでに一八億本を超える木が植えられた。ロンドンでは、イギリスの慈善団体ツリーズ・フォー・シティーズが、食のための木、学びのための木、遊びのための木、街路のための木、自発的活動のための木、という五つのテーマの下に植樹を進めた。なお、この団体は過去数年で、世界中に二五万本近くの木を植えている。ニューヨークやロサンゼルス、メンフィス、マイアミ、デンヴァー、フィラデルフィアでも、大規模な植樹施策が軌道に乗った。デリーは緑の面積をいまより一三％増やすことを目標にしている。こうした施策の背景にあるのは、植樹がいい投資になるという事実だ。木があれば人々の気分が向上し、数年で植樹費用と維持費用を上回る経済効果その他の利益が見込めるのである。(2)

都会に木があると、豪雨時の増水を緩和し、気温が穏やかになり、大気汚染が減り、エネルギーの節約となり、土地の価値が上がる。充分に成長した木の樹冠は年に一〇万ガロンの雨を受け止めて、その大半を蒸発させてくれる――もしそれだけの雨がすべて地上に落ちれば、排水溝はあっという間にあふれかえるだろう。また、木はかなりの量の水を根から吸い上げて蒸散させ、熱を吸収しやすいコンクリートやアスファルトの表面に影をつくるので、気温の上昇を抑えてくれる。都会の「ヒートアイランド」は周囲の土地より気温が三℃も高いというが、家の周囲に木をうまく配置すれば、夏には木陰ができ、冬には風除けとなり、家庭のエネルギー代の三分の一が節約できる。家の前に一本の木があるだけで、不動産価格は約六％上がる。また、殺風景だった商業地区に木を植えただけで、買い物客の滞留時間が延び、財布のひもがゆるんだという調査結果もある。(3)

アメリカ農務省のグレッグ・マクファーソンのチームは、アイ・ツリー・ストリート（i-Tree Streets）というコンピュータ・プログラムで、都会に木を植えることの利益を数値化している。これを使えば、土地所有者や植樹団体、地域行政は、植樹で見込める利益とコスト削減を数字として推測できる。このプログラムには、樹木の種類やサイズはもちろん、局所的な気候条件、種ごとの成長速度、地価、光熱費、水道費、大気汚染物質の排出量、豪雨時の被害、木の維持費用などのデータが搭載されている。(4)

アイ・ツリー・ストリートによると、街路樹としてのイチョウの経済効果は場所によって異なる。ミネアポリスでは、一覧表作成時の五〇〇二本のイチョウにおける、それぞれの年間価値は平均一一・五二ドルだった。サンフランシスコでは二倍の二三ドルだが、この違いは地価と光熱費と水道費の違いを反映している。アイ・ツリー・ストリートを使って一万六一八四本のイチョウを査定したところ、アメリカ国内で最も数が多く、最も価値が高いのはニューヨークのイチョウだった。ニューヨークのイチョウは一本あたり八二ドルの価値がある。とはいえ、この数字はニューヨークの街路樹一本あたりの平均価値二〇九ドルに比べるとずいぶん低い。数字を下げた要素の一つは、樹高が同程度のほかの木と比較して、イチョウの「葉の面積」が小さいことだった。逆に、美的価値という要素ではイチョウは点数を稼いでいる。そう、人々はイチョウを愛しているのだ。アイ・ツリー・ストリートの開発者であるグレッグ・マクファーソンも、「街の木なら、やっぱりイチョウがいちばん好きですね」と答えている。(5)

街路樹には、金銭的な価値に簡単に換算できない効果もある。家の近くに木々があれば、子どもたちが屋外で遊ぶ時間が長くなるし、それを見守る大人の数も増える。親子が屋外で多くの時間を過ごせば、地域社会の結束力や自警意識が高まり、犯罪が減る。道路に街路樹が並んでいると、運転中のイライラが減り、ドライバーの注意力が高まる。街路樹が植わっていると道幅が実際より狭く見えるため、ドライバーは運転速度を落とす。それ以外にも、樹木や自然というのは心理的な効果も与えてくれる。ある対照研究によると、窓から樹木や水辺を眺められる病室に入院した患者は、窓からビルの壁しか見えない病室の患者より、退院までの期間が短く、経過検査の数値が良好で、鎮痛剤の使用回数が少なかったという[6]。

アメリカ、コネチカット州ニューヘヴンでは、イェール大学の林学環境学研究科に拠点をおく地域参画型非営利組織のアーバン・リソース研究所が、地域に根ざした緑地管理や環境教育、都市緑化に一〇年以上前から取り組んでいる。この活動はニューヘヴンのすみずみまで浸透し、何千という住民を参加させてきた。参加者は元犯罪者から高級住宅街の住民までと幅広く、そのほとんどがこれまで樹木のことなど考えたこともなかった人々だ[7]。

昨今の都市緑化キャンペーンの規模はかつてないほど大きくなったが、健全な都市に樹木が必要だという考え方は昔からある。三〇〇〇年前のエジプトで、ラムセス三世は散歩と気晴らしのために街路樹を植えさせたというし、古代ギリシアでも、街を飾り、市場への道に木陰をつくる目的で木が植えられていた。イタリアのルネサンスがヨーロッパ中に広まった一六世紀、庭園に並木道を配するという考え方が入ってくると、都市そのものにも同じ考えが適用されるようになった。アムステルダムは、一六一五年に環状運河計画の一環として建物と交通機関、樹木を配置し、樹木を公式に組みこんだ初の都市となった。一六七〇年にはルイ一四世が、パリを囲む城壁を壊して、かわりに大通りを建設するように命じた。歩行者と馬車が行き来できる、街路樹の植わった大通りである。(8)

都市の樹木は、見た目や気晴らしのほかに、空気の浄化に役立つと思われていた。かつて、病気の原因は毒素を含んだ空気だと信じられていたからだ。アメリカで公的な都市緑化運動を先導したのはフィラデルフィア市だ。同市は一七〇〇年に、「戸建て住宅はかならず玄関先に一本ないしそれ以上の木を植えること」という条例を出した。夏の強烈な日差しから住民の健康を守るというのがその目的だ。一七三二年、市議会の下院は「美しく広々とした街を構築するため、歩道の整備と街路樹の植樹」を命じた。一七九二年、フィラデルフィア市民は公共の場に木を植えるよう嘆願書を出した。「樹木と植栽は空気を健全に保つのに役立つ」というのがその理由である。ニューヨークでは一八七二年に市の衛生局長が、炎暑の緩和と乳幼児の死亡率改善のため街路樹を植えると宣言した。(9)

一七七三年には、ジョージア州のサヴァンナがヴァージニアガシの並木を備えた大通りをつくる計画を立てた。一七九一年にはジョージ・ワシントンから初代大統領の名を冠した首都の設計を命じられたピエール・ランファン少佐が、その首都にたくさんの並木道を配置した。一八七〇年代初期には九〇本のイチョウが農務省に続く大通り沿いに植えられ、イチョウが大々的に街路樹に使われた初の事例となった。一九二九年には、ワシントンDCのイチョウを称えながら、この木がいずれ世界中の都市に植えられるだろうことを予言した記事が出ている。

ワシントンDCにやってきた人はみな、農務省に続く道をはじめとするイチョウ並木の美しさに心打たれる。中国と日本の寺院で何百年も育ってきたことで有名なこの木を、わが国でワシントン市民だけが楽しんでいるのは不公平な話だ。冬の寒さがそれほど厳しくないところなら、アメリカのどの場所でも植えられるはずだ……少なくともアイオワ州中部くらいまでなら。イチョウの最大の利点は、ほかの街路樹と違ってカビや害虫の被害にめったに遭わないことである。[10]

ヨーロッパや北米で街路樹にイチョウを使うことに問題があるとすれば、それは種子が放つ悪臭だろう。自宅近くの街路に植えられたイチョウ雌木を、自らの手で切り倒そうとした人がいるという話は私も何度か聞いたことがある。ワシントンDCの樹木医は毎年、イチョウ雌木に除草剤クロルプロファムを大量に散布して、種子がつくのを防止している。[11]

こんにちでは、気の利いた種苗園はイチョウ雌木の臭いの問題を回避するため、雄木だけを挿し木として売っている。ニューヨーク市の公園遊園地管理局は規定方針として、この二〇年間イチョウの雌木を植えていない。間違って雌木を植えないためには、遺伝的に同一な雄木だけを増やしている種苗園から買うようにすればいい。とはいえ、こうした規定ができる前に植えられた木や、規定から免除されている文化遺産的な木は残っている。健康なイチョウを雌木だというだけで切り倒すというのもまた問題だ。さらには住民が無頓着に、あるいは篤志の植樹活動家がわざわざ許可証をとって、雌木を植えてしまう場合もある。[12]

雌木への対処はともあれ、イチョウは世界中の大都市の日常的な光景となっている。街並みそのものを特徴づける主役となることも少なくない。ロンドンでは、ロンドン塔やインペリアル・カレッジ、自然史博物館のイチョウが街の風景のアクセントとなっている。マンハッタンでは、

3本の若いイチョウの木。韓国、ソウルの街路にて。

都市の緑の一〇％がイチョウで、街路樹として多い樹木の三番目がイチョウだ。チェルシーや五番街の街路で、セントラル・パークの北側の境界で、ハーレムやワシントン・ハイツで、イチョウのとげとげしたシルエットと独特な葉はおなじみのものとなっている⑬。

日本では、イチョウは街路樹の一一％を占めており、この国で最も広範囲に植えられている木となっている。日本でイチョウの植樹が盛んになったのは、急速に近代化を進めていた一九世紀末期から二〇世紀初期にかけてである。とくに東京では一九〇七年の計画で、成長が速く、復元力のある樹木一〇種が選ばれ、イチョウもその一つに入った。一九二三年の関東大震災による火災や第二次世界大戦の空襲で、日本の道路に植えられていた街路樹二七万本の約半数が死滅すると、都市計画者たちは街路に活気と心地よさをとり戻そうと、ふたたびイチョウに注目した。こんにち、日本の沿道には五〇万本を超えるイチョウが植わっている⑭。

イチョウが街路樹に向いているのは、イチョウが二億年も生き延びてきたことと無関係ではなさそうだ。街路の暮らしは不潔で乱暴で苛酷だ。ふつう、街路樹はせいぜい七年から一三年しかもたない。同種の樹木が公園でなら六〇年、自生林でなら数百年生きるのに比べると、寿命は格段に短い。サンフランシスコの非営利団体アメリカン・フォレストの事務局長、デボラ・ガンロフはその理由を、「コンクリートで囲まれ、自転車のチェーンを巻かれ、イヌにおしっこをかけられ、車に衝突されるからだ」と説明した。

冬には塩が根をむしばみ、夏にはオゾンが葉を傷めつける。絶え間ない化学物質の集中砲火には、街路樹となる植物種が長年の進化で獲得してきた耐性能力でさえ、打ち勝てない。[15]

街路樹は地下でも苦労する。都会の地盤は、がれきや建材その他の不純物を埋め立ててできていることが多い。そんな土壌に栄養分はほとんどなく、健全な植物生育を助ける微生物もいない。だが、私がシカゴのサウスループ地区に住んでいたころ見かけたイチョウは、周囲を舗装面で囲まれながらも、かつてディアボーン駅に出入りしていた廃線の線路跡まで根を伸ばし、元気に育っていた。[16]

街並み再開発の期間中、別のところに移されていた若いイチョウは、手厚い保護を受けて健康を取り戻した。韓国、ソウルにて。

街で優雅な樹冠をもつ大きな街路樹を見かけたときには、ぜひ地下の姿も想像してみてほしい。平均的な樹木なら、地下の部分は地上部分の五分の一か六分の一ほどの大きさしかない。だが、そここそ立派な木になると、根の量も膨大だ。周囲が舗装されていると、自生林に比べて根が吸収できる酸素や雨水の割合が数十分の一に減る。だいたいにおいて、街路樹に適している木の根は水や酸素が少なくてもやっていけることが多い。モミジバスズカケノキ（プラタナス）やモミジバフウ、ヌマスギ、アメリカハナノキなど、頑丈で街路によく植えられている木の多くは本来、氾濫原の植物で、その根は酸素不足の状態に慣れている。古くから河川域の近くで生育していたイチョウの根も、酸素が少ない環境に強いのだろう。

歩道や車道の下に広がる根の広域ネットワークは、ときに戸建住民や地域行政職員を困らせる。イギリスにいる私のかつての同僚は、木の根を特定することに詳しい専門家として生計を立てている。彼のところには、どの木がどの家の土台を損なっているのか知りたい個人や保険会社からの問い合わせが絶えない。この問題は、樹木の側にとっても運命を左右する。水分や養分を吸収するのに重要な「ひげ根」のほとんどは、地下一フィート〔三〇cm〕以内のところにある。それがコンクリートや車、歩行者によって傷つけられると、木の地上部分が枯れはじめる。

イチョウはほかの樹木種と比べて根が丈夫なほうだが、ときには歩道とのなわばり争いが想定外の結果を産むことがある。ペンシルヴェニア州エヴァレットでは二〇〇七年の春、図書館の前に立っていた樹高六五フィート〔二〇m〕のイチョウの根がもち上げた敷石に、歩行者がつまずいた。図書館の理事会はこの木の撤去を決めた。しかし、ほどなく市民団体が「イチョウを救え」運動に乗り出し、地域の高校に嘆願書を回し、募金集めのコンサートを開き、Tシャツや、このイチョウの枝を使ったボウルやワイン栓まで制作した。おかげで、このイチョウが救われただけでなく、歩道の修理に必要な一万五〇〇〇ドルが集まった[17]。

その過程で、このイチョウが有名な「生き残り」であることが判明した。この木は、この町の創始者の三人の息子を称えて一八六一年に植えられた三本のイチョウの最後の一本だったのだ。その三人の息子は南北戦争に北軍兵として出かけて行った。一九二〇年代に目抜き通りでおこなわれた七月四日パレードの写真に、このイチョウが写っているものが出てきてニュースになった。一九三六年の聖パトリックデーに発生した大洪水で町が水没したときも、この木は半分水につかりながら立っていたに違いない。さらに、この木は以前にも救われていたことがわかった。一九八五年に市が道路の拡張計画を進めていたときだ。そのときは、お年寄りの女性グループが抗議行動に出てイチョウの撤去を阻止した。イチョウが長生きなのは、基本的に丈夫で、復元力に富む性質のおかげだが、カリスマ性に助けられている部分もあるということだ。

33章　薬として

自然界のあらゆるものには、何らかの驚異がある。
——アリストテレス「動物部分論」

キュー植物園で多忙を極めた一週間が終わろうとする、ある金曜の午後のことだった。苦労の絶えない私の秘書は、自分もイチョウ葉エキスを常用している一〇〇〇万人のヨーロッパ人の一人だと打ち明けた。「ええ、記憶力がよくなればと思って。飲みはじめたのはもうずいぶん昔ですけど——記憶にあるかぎりでは」と彼女は言った。西洋では現在、イチョウは薬草系の薬としてごくふつうにある。東洋ではもっと古くから、イチョウの健康増進効果を認めていた。人々は食用のギンナンに注目するようになったのと同じくらい昔から、薬としてのイチョウに注目していた。[1]

いくつかの情報によれば、イチョウの薬用利用は紀元前二八〇〇年にははじまっていたという。中国の伝説上の人物である神農が、中国伝統医学に基づく最初の本草書を記したとされる時代だ。しかし、イチョウについての明確な記述が文献に出てくるのはもっとあとの時代であり、また神農が書いたとされる本草書の原本はどこにも残っていない。イチョウは一一世紀か一二世紀ごろの『神農本草経』に、はじめて登場する——他の文献にイチョウの記述が出てくるようになるのとほぼ同じ時期だ。つまり、イチョウの薬用利用は一〇〇〇年前にはすでにあったが、三〇〇〇年も四〇〇〇年も前からあったわけではなさそうだ。

　中国や朝鮮、日本の伝説や民話で、イチョウは健康や長寿の文脈で出てくることが多い。たとえば韓国では、高麗王朝の創始者の一人である卜智謙の伝説に、峨嵋山のふもとに実在する二本のイチョウが出てくる。卜智謙は不治の病に苦しんでいた。その娘は峨嵋山に登って一〇〇日間祈った。娘は山で出合った道教の道士から「ツツジの花で果実酒をつくり、それを飲ませよ」と告げられた。娘がふたたび一〇〇日間の祈りを捧げようと山に登ると、道士は「二本のイチョウを植え、全身全霊で祈るなら、お父上は治るであろう」と告げた。娘がその教えを忠実に守ったところ、卜智謙は回復したという伝説だ[2]。

　イチョウは子宝とも結びつけられる。西洋では古くから「薬草はさまざまな人体パーツに似る」と言われてきた。イチョウが子宝に結びつくのはこの考え方の東洋版だ。イチョウの「乳」の形は、ときに男根を連想させる。子どもを授かりたい人は、そんなイチョウの「乳」に赤い布きれを巻いて祈る。子宝祈願より多いのは授乳祈願だ。とくに日本では、イチョウの「乳」は女性の乳房そのものを意味する。仙台市にある巨樹、苦

鍾乳石様の「乳」に祈願用の布きれを巻かれたイチョウの古木。中国、南京の近郊、湯泉鎮の恵済寺にて。

竹イチョウは聖武天皇の乳母、紅《こう》白尼《はくに》の遺言によって植えられたものだという。この木には、母乳の出がよくなることを願う女性たちが祈りを捧げる[3]。

　中国伝統医学では、薬としてのイチョウの利用は「種子」がいちばん多い。薬にするには「大きく、乾いていて、白く、丸く、重い」ギンナンが最良で、中国南西部の広西チワン族自治区で産するものはとりわけ高品質だとされている。ギンナンは肺や呼吸器系の病気の治療に使われ、ときには乾燥させたマオウの茎やカンゾウの根、クワの樹皮などと併用される。ほかにも、ギンナンはさまざまな不快な症状を治すのにも用いられてきた——夢精、おりもの、虫歯、白癬《はくせん》、疥癬《かいせん》、おできまで。こんにちでもギンナンは、膀胱炎をはじめ、せき、たん、ぜんそくの薬として使われている。

　治療目的に応じて薬のつくり方は変わる。種子を乾かしただけのものは、たんをとったり感染性病原体を殺したりするのに使われる。乾かしたあと、揚げたり焼いたりした種子は、粉薬にしてぜんそくやおりものの治療に使われる。おできには、乾燥させていない種子を半分に割ったものか、粉末種子を湿布にしたものを患部に貼る。私はシンガポールにいる研究仲間から、肌の美容にもギンナンがいいという話を聞かされたことがある。(4)

イチョウの化学的特性については二〇〇年近く研究されてきて、種子と葉から一七〇種類を超える化学物質が抽出、記載された。その結果、薬用効果が裏づけられたものもあれば、不愉快な理由がわかったものもある。一九二七年には日本の川村実平が、種子の果肉質の外種皮からイチョウ酸、ギンコール、ビロボールという三種類の新規アレルギー性化学物質を分離し、それらがウルシやツタウルシでアレルギー反応を引き起こす成分と化学的に似ていることを見出した。(5)

同じく厄介なのは、やはり外種皮に含まれる酪酸だ。欧米の多くの都市でイチョウ雌木を植えるのが禁止されるようになった原因も、この物質にある。木の枝から落ちたイチョウの種子の臭いについては、嘔吐物のようだとか、腐ったバターのようだとか言われるが、そうした表現はまさに正しい。この三つにはすべて、揮発性物質として酪酸が含まれているからだ。臭くてたまらない外種皮ではあるが、それなりに利用はされてきた。古代中国では灰汁《あく》と混ぜてスープにしていたというし、コイを釣るときの餌にもなる。海洋保護団体のシーシェパードにいたっては、クジラ漁に抗議するとして二〇〇七年二月に日本の捕鯨船に酪酸入りの容器を投げ入れるという暴挙に出た。なお、この外種皮から抽出した物質は、病気を引き起こす菌類や薬剤耐性菌、さらには吸虫を媒介するカタツムリに対する効力が実証されている。とはいえ、イチョウ種子のこの厄介な部分の真価についてはまだわからないことが多すぎるため、今後の研究に期待するしかなさそうだ(6)。

ギンナンは食用としても薬用としても有益でありながら、一方で食中毒のリスクも備えている。大人であれば、よほど大量に食べなければ大丈夫だ。しかし、どこまでなら安全かという確実なデータはなく、死亡者が摂取したギンナンの数として報告されているのは一五粒から五七四粒までと、あまりに幅がある。六歳未満の幼児には極力与えないほうがいい。もっともギンナン食中毒のリスクはかなり小さく、私はこれまでさまざまな料理でギンナンを味わってきた。私にとってギンナンを食べることは、東アジアと東南アジアを訪問する大きな楽しみの一つである。

ギンナン食中毒については、少なくとも一七〇九年には知られていた。その年に出た日本の本草学書『大和本草』に初の記載があるからだ。症状は腹痛や嘔吐からけいれん、意識喪失まであり、食後一時間から一二時間で発症する。ギンナンの毒は、体がビタミンB6を吸収するのを阻害する。ビタミンB6は神経系と免疫系その他の機能を維持するのに欠かせない栄養素だ。日本で食料不足が深刻だった一九三〇年から一九六〇年には、ギンナン食中毒の症例が大幅に増えたという。

イチョウの栽培と育種には長い歴史があるにもかかわらず、有毒物質のギンコトキシンを低減、除去した品種はできていない。ただ、この物質は水溶性なので、水に浸して減らすことは可能だ。火を通して減らすこともできる。調理後のギンナンに含まれるギンコトキシン濃度は、生のギンナンに比べて四〇分の一に減る。中国、雲南省にいる少数民族のナシ族は、ギンナンをまず水に浸してから、タマネギ、ニンニク、リンゴ酢、しょうゆ、ゴマ油、トウガラシ、黒コショウ、塩で軽く炒めるという。(7)

　イチョウの薬用利用は東洋から西洋にも広がったが、どういうわけか異なる軌道をたどった。東洋では広く種子が使われたが、西洋ではもっぱら葉の抽出物に注目が集まった。その効用は基本的に、記憶力の向上だとされた。中国でも初期の文献には葉の効用について記されている。一四三六年の『滇南本草』で、著者の蘭茂は皮膚や頭部の腫れ物、そばかすの治療にイチョウ葉を使うことを推奨している。その少しあとに出た医学書『本草品彙精要』は、イチョウ葉を内服することをすすめている。中国の文献ではほかにも、赤痢やぜんそく、心臓血管疾患の治療にイチョウ葉を用いると書いてある。しかし、こうした用法は中国伝統医学の古典的な教科書には載っていない。(8)

　イチョウ葉の活性成分は、もとはといえば植物の成長過程でごくふつうに産生される化学物質で、テルペノイド類とフラボノイド類という二大成分が含まれている。フラボノイドは、ある種の花の色素になったり、有害な紫外線を吸収したり、病原体を防いだりといった役割を担う化学物質の一群だ。フラボノイドは食品に加える酸化防止剤の主成分でもあることから、健康にいい印象を与えがちだ。(9)

イチョウ葉には四〇種類以上のフラボノイドが含まれている。通常、葉を刈りとるのはフラボノイド含有量が最大になる黄葉直前だ。イチョウ葉にいちばん多く含まれているフラボノイドの場合、春や夏の葉よりも、秋に収穫した黄色がかった葉のほうが含有量が三倍も多い。一方、春や夏の緑の葉には別の種類のフラボノイドとテルペノイドが多く含まれており、中国では茶葉として高値がつく。(10)

ヨーロッパでイチョウ葉エキスが処方されるおもな症状は、末梢血管障害ないしは心臓や脳の周囲の動脈狭窄《きょうさく》による虚血だ。とくに、高齢者によく見られる脳の機能不全、すなわち集中力や記憶力の低下、注意散漫、意識混濁、気力低下の症状への対処に、イチョウ葉エキスが広く用いられている。

規格化されたイチョウ葉エキスは一九六四年に登場した。開発したのはドイツのシュワーベ製薬だ。イチョウ葉のフラボノイドその他の含有量と濃度は季節や生育地によって変動するため、こうした植物を薬にするには規格化が欠かせない。抽出作業は二〇段階以上ある。葉の中に含まれる望ましい活性物質を集めつつ、不活性物質や有害物質をとりのぞくか減らすかしなければならないからだ。商品化に成功したのは一九七三年、フランスのボフォー・ラボラトリーズで、関連会社のイプセンが「タナカン」という商品名で一九七五年に売り出した。それに続き、インターサンとシュワーベ・ラボラトリーズが、「レカン」と「テボニン・フォルテ」と名づけたイチョウ葉エキスをドイツ国内向けに売り出した。(11)

イチョウ愛好家の聖地、ギンコー博物館。ドイツ、ワイマールにて。

一九八八年には、ドイツで処方される薬草系の薬のうち、イチョウ葉エキスを含む薬が処方件数の首位となった。記憶力や集中力の低下、ある種のうつ病への対症療法としての用法も健康保険の適用が認められた。現在、イチョウ葉エキスはドイツとフランスでトップクラスの処方薬となっており、処方薬全体の売り上げにおいてフランスでは一%、ドイツでは一・五%を占めている[12]。

世界全体で見たとき、イチョウ葉エキス（生薬含む）の年間売り上げは一九九〇年代の後半でおよそ一〇億ドルだった。ドイツでの売り上げが大半を占めるが、ドイツ以外のヨーロッパやアメリカ、アジアでも売れている。過去二〇年間に摂取されたイチョウ葉エキスは、一日あたりの服用回数に換算すると二〇億回になると推定されている。アメリカでは最近、イチョウが薬草系の薬の売り上げ最上位となっている——ただしアメリカでは、規格化された精製エキスに食品医薬品局（ＦＤＡ）の認可が下りていない。イチョウ抽出物は静脈投与も可能ではあるが、液薬または錠剤として経口投与できる製品が現在、数十種類開発されている。[13]

いくつかの研究によれば、規格化された精製エキスの形で摂取したイチョウの臨床上の効果として、記憶力と学習力の増大、低酸素状態に対する脳の耐性向上、血液および毛細血管の血行促進が認められた。副作用はほとんどない。ときおり報告される皮膚反応や腹痛は、おそらく残留イチョウ酸によるもので、頭痛は血行促進によるものだと思われる。臨床上の有効性がはっきりと認められたケースはざっと、用量が一日あたり一二〇ミリグラムから三〇〇ミリグラムで、投与期間が三週間から一二週間であった。記憶力や気分といった生理機能を改善するために使用したケースでは、良好な結果が得られるまでに四週間から六週間を要した。ヒトおよび動物の生体内試験ならびに生体外試験、合わせて一八八件の研究を再調査したところ、イチョウ葉エキスはさまざまな神経系および生理機能の向上に好作用を示しており、ときには数時間で効果が表れたものもあったという。[14]

肯定的な研究結果に支えられ、また広く使われているにもかかわらず、イチョウ葉エキスの有効性についてはいまなお賛否両論がある。いわゆる薬草がすべてそうであるように、イチョウ葉エキスも、分析的な科学を本筋と考える研究者からは疑問視されている。なぜなら、科学的に妥当な――多数の被験者を対象にした、合成薬で求められているのと同じ厳密さの――試験で有効性が確認されたものではないからだ。アメリカでは、イチョウ葉エキスは代替療法の一種に分類されているため、食品医薬品局の認可薬なら必要となる安全性や有効性の試験は課せられない。二〇〇三年の『サイエンティフィック・アメリカン』誌に、「ギンコー・ビロバの真相」という記事がある。「世間でもてはやされているこの植物性サプリメントは、少しばかり記憶力をよくしてくれるかもしれないが、同じ効果はキャンディーバーでも得られる」という前文は、医学界の正統派寄りの論調だ。

しかし、前文に続く記事の中身は、三人の神経科学者によるバランスのとれた公正な議論となっている。議論のベースとなっているのは一流科学誌に掲載された論考だ。論考の著者らは、「強力な証拠とは言いがたく、また特定状況下でという条件つきではあるものの、イチョウが認知機能を増強するというエビデンスがある」ことを認めた。はっきりとした言い方ができないのは、現状では情報が少なすぎるからだ。きちんと設計して実施された実験はこれまでにほとんどなく、あったとしても規模が小さすぎて信頼性に乏しい。著者らは、イチョウ葉エキスの有効性に対する現段階の研究状況について、「これだけ肯定的な所見があれば、さらなる研究を進める動機に値する」と期待を寄せながらも、つぎのような警告をつけ加えている。「新薬についての調査を長年やってきた経験からすると、少数の被験者を対象とする試験で導かれた初期の肯定的な結果というのは往々にして、広い層から集めた大勢の被験者で試験すると消えてしまうことがある。イチョウの有効性を真に判断できるのは、まだ先になる」[15]

第7部

植物の未来を考える

19世紀初期、木喰上人が小千谷の寺でイチョウ材に彫った3体の仏像。

34章　差し迫る危機

個体数の減少が絶滅種へと進行する例は数多くある……さらに、ヒトの手を介して局所的に消滅、あるいは全滅してしまった動物についても事態の進行は同じであることを、われわれは知っている。　――チャールズ・ダーウィン『種の起源』

大量絶滅について語るなら、デイヴ・ラウプ（デイヴィッド・M・ラウプ）とジャック・セプコスキの名を挙げないわけにはいかない。一九八〇年代と一九九〇年代初期にシカゴ大学に所属していた二人は、化石の記録で絶滅を定量解析するという研究をはじめた。デイヴは、私がフィールド博物館に着任した一九八二年に同館の科学部門長をしていた。彼がシカゴ大学に移ったのは、その年の後半だ。シカゴ大学の看板であり伝統でもある古生物学は、デイヴを迎えて新たな発展を遂げ、それはいまも続いている。デイヴは、ジョンズ・ホプキンス大学のスティーヴ・スタンレイとともに、動物の化石研究に斬新で分析的な手法を導入するという道を切り開いた。一九八〇年代後期から一九九〇年代初期にその手法を発展させたデイヴとジャックを中心とするメンバーは、ときに敬愛をこめて、ときに否定的に、「古生物学のシカゴ学派」と呼ばれている。[1]

ジャックも独創性豊かな思想家で、彼の代表的な業績の大半は、二〇年以上かけて開発した膨大なデータベースの解析から生み出された。ジャックは世界のあらゆるところで見つかった化石標本をもとに、ほぼすべての動物がたどった歴史を要約した巨大な図表をつくりあげたに等しい。この気が遠くなるような編纂作業を通じて、彼は過去五億五〇〇〇万年に存在した生物種それぞれの出現と消滅を図式化し、分析することを可能にした。データベースの基本は太古の海の生命史の記録で、およそ三五〇〇の海生動物分類群（科）の運命が収容された。それだけでも超人的な仕事だというのに、ジャックはさらに大きな目標に挑んだ。彼は二つ目のデータベースを開発し、同じく過去五億五〇〇〇万年に現れては消えた一万一八〇〇の動物分類群（属）の歴史を収容したのである[2]。

これだけ膨大なデータを集めるには、究極の忍耐力はもちろんのこと、些細な点も見逃さない丹念さが必要だ。ジャックは図書館から図書館へと網をかけ、無数の情報の断片をすくい集めた。英語以外の言語で書かれた雑多な出版物も調べた。単に集めればいいというものではない。場所も年代も記載者も異なる化石記録を統一できるように、一貫した方法でデータを集めなければならなかった。記載者によって同じ種類の化石が異なる名前で記載されているというような混乱を解きほぐす必要も、ときにはあった。

ジャックのデータベースからは、収集と分析の精度が高まるにつれて盤石な証拠が浮かび上がった。そこにデイヴ・ラウプの専門知識が加わって、地質時代の動物の出現と消滅を数量的な変化でとらえることができるようになった。その結果の一つが、化石動物の各分類群が化石としていつ登場し、いつ消えたかを示す棒グラフだ。あっけないほどシンプルだが、膨大なデータと莫大な努力によって裏づけられたグラフである。生き物の歴史には多くの浮き沈みがあった。しかし、多数の動物分類群がごっそり消えて、その後に再出現しないというような大激変期が五回あったことが、グラフにくっきりと表れていた。

そうした大量絶滅の初回は、四億四四〇〇万年前ごろのオルドビス紀とシルル紀の境目だ。二回目は三億七〇〇〇万年前ごろのデボン紀後期。三回目の、最大規模の絶滅は二億五一〇〇万年前ごろのペルム紀末から三畳紀にかけて。四回目は二億年前ごろの三畳紀末。そして五回目の、恐竜を消滅させたことで有名ないわゆるKT境界は、六五〇〇万年前ごろの白亜紀と新生代の境目だった。ジャックとデイヴはこの五回の大量絶滅を、それ以外の絶滅と区別して考えた。絶滅は進化プロセスに必然的なもので、いつの時代も絶え間なく起こる。過去二億五〇〇〇万年には、総じて大きな絶滅期が一二回あった。しかし、先の五回の大量絶滅「ビッグ・ファイブ」は、そうした絶滅とはまったく別物だというのだ。(3)

現生イチョウの祖先、おそらくはグロッソプテリドのような植物は、ペルム紀末の大量絶滅——海生動物の九六%が一掃され、地球上の生命が完全消滅する直前まで行った地球史上最大の大量絶滅——を生き延びた。その後、現生イチョウによく似た植物は三畳紀とジュラ紀の境の大量絶滅と、白亜紀末の大量絶滅も生き延びた。それほどの復元力をもつイチョウではあったが、過去数百万年に何度か起こった氷期、とりわけ第四紀の氷期による環境の激変で絶滅直前まで追い詰められた。イチョウは、私たちが化石の形でしか知ることのできない多くの植物と同様の運命をたどる直前のところで踏みとどまった。

過去数百万年の気候変動がアメリカ北西部とヨーロッパのイチョウを消滅させたことについては、化石という直接的な証拠がある。アメリカ北東部でも、証拠となる化石こそ出ていないものの同じことが起こっていたはずだ。消滅した原因は複合的なものだろう。気候の乾燥化もその一つだ。さらに、くり返される寒冷化、長い冬と短い夏、そして北からの氷河の進出が追い打ちをかけたに違いない。

イチョウの若木はまっさきにやられ、生殖可能になる前に死んでしまったことだろう。成木であっても、水を得るのがむずかしくなる。絶え間ない厳冬にさらされ、成長期が短くなり、遅霜に襲われていれば、やがては抵抗する力も尽きる。気温があまりにも低いと、冬芽の中に保護されている若葉も死んでしまう。枯れるイチョウが増えるとともに種子の分散力が失われれば、イチョウの分布域はどんどん縮小する。生きた木の数は減る一方だ。地球が最終氷期を脱したとき、中国に生き残っていたイチョウの集団は、ごくごくわずかだっただろう。(4)

絶滅について語るとき、デイヴ・ラウプはまず、「ある生物種が絶滅するのは遺伝子が悪いからか、運が悪いからか？」という問いを投げかける。世間では一般に、絶滅する動植物は生き方が下手だったからだと思われているふしがある。もっと適応力のある競争相手に負けたからだ、と。だがデイヴに言わせれば、絶滅するのはその種がほかの種と比べて劣っているからではない。小集団がたまたま間の悪いときに間の悪い場所に居合わせたとか、大集団が小惑星の衝突に出合ったとか、単に運が悪かっただけだという。イチョウに関しては、種子を分散してくれる動物を失ったことも「運の悪さ」の一つだろう(5)。

デイヴお得意の問いかけには、別の意味合いも含まれている。進化における「ランダムイベント」と同じで、無計画で想定外の出来事が決定打となるということだ。究極の形は、たった一度の「運の悪さ」に見舞われての大量絶滅だ。恐竜やアンモナイトは、何の落ち度もなかったのに宇宙から小惑星がやってきたせいで滅びた。反対に、小さな出来事の偶然の積み重なりが大きな影響を与えることもある。フランク・キャプラ監督の古典的な映画『素晴らしき哉、人生！』でジェイムズ・ステュアート演じる主人公の人生がそうだったように、見たところ重要ではない偶然の小さな出来事の積み重なりが時の経過とともに大きな違いを生む。「現在」はその結果だというわけだ。

どちらの考え方も、進化における偶然性と不確実性をよく言い表している。スティーヴン・ジェイ・グールドはこうした考え方を、キャプラの映画にちなんだタイトルをつけた著書『ワンダフル・ライフ』の中で掘り下げた。グールドが中心テーマとしたのは古生代の動物の進化と、そうした初期の多様化が後世に及ぼした影響についてだ。だが、彼はそれだけにとどまらず、地球の生命史では偶然性と不確実性が大きな要素を占めているという、より大きな観点からのテーマについても語っている。生物進化の系統樹で私たち自身の種がいる位置について、グールドは、「これまでの生命史のテープを巻き戻して、最初からもういちど録画し直したら……そのテープにわれわれは映っているだろうか?」と、挑発的に問うた。(6)

ダーウィンが『種の起源』で明言し、デイヴ・ラウプが力説し、現代の自然保護主義者たちが気を揉んでいるように、ある生物種の個体数がごくわずかになってしまったら、ほんのちょっとした「運の悪さ」でその種が絶滅するリスクは飛躍的に高まる。最後の「生き残りたち」が一か所にかたまって暮らしているか、たとえ数か所に散っていても同じ一度の出来事で一掃されてしまうようなところで暮らしていれば、絶滅リスクはさらに高まる。国際自然保護連合はこのような絶滅の脅威を、いわゆるレッド・リストとして段階別に分類している。野生状態で絶滅するリスクがひじょうに高い「絶滅寸前」と認定されるには、いくつか満たさなければならない正式な基準があるが、簡単に言ってしまえばその種の個体数がひじょうに少ないか、生育地が一か所または数か所に限定されているかである。(7)

国際自然保護連合の現在のレッド・リストでは、既知の哺乳類を五四八八種としている。そのすべてを厳格な基準で査定した結果、一八八種が「絶滅寸前」と認定された。

全哺乳類の一〇分の一以上が「絶滅寸前」または「絶滅危惧」であり、一五〇〇年以降に七六の種がすでに絶滅したとされている。オリックスやシフゾウは、野生状態では絶滅し、現在は飼育下でのみ存続している。哺乳類以外の脊椎動物も状況は似たようなもので、植物についても、あくまで私たちが把握しているかぎりではあるが、同様の危機に面している。最近の調査では、世界の針葉樹とソテツ合わせて八〇〇種類の中で、三分の一以上が絶滅の脅威にさらされているという結果が出た(8)。

レッド・リストの評価においてもう一つ考慮すべき点は、当該生物種の集団サイズが縮小している証拠がすでにあるかどうかだ。その縮小度合いは「生きている地球指数」で表される。これは生物多様性を評価するための、また別のアプローチだ。世界自然保護基金（WWF）が開発したこの指数は、魚類、両生類、爬虫類、鳥類、哺乳類を含む動物一三一三種の集団サイズの増減をまとめたデータを基準に作成される。一九七〇年以降、この指数はおよそ三〇％減少した。国際自然保護連合のレッド・リストを鏡で映したかのような数字である。生物多様性の現状はどちら側から見ても悲観的だ。多様性はすでにかなりの部分が失われ、この傾向には歯止めがかからない。状況は差し迫っている。保護の優先順位はもちろんのこと、どんな対応策をとるのが最も有効かという点についても真剣に考えなければならない(9)。

35章　保険をかける

彼らはすべての木を博物館の中に移し、それを見るためだけに人々から一ドル半の料金を徴収した。失ってはじめて大切さを知るものを、存在するのが当然と思ってはならない。
――ジョニ・ミッチェル「ビッグ・イエロー・タクシー」

イェール大学の林学環境学部出身の有名人、アルド・レオポルドは著書『野生のうたが聞こえる』に、こんなことを書いている。「もし、長大な時間をかけてつくり上げられたこの生物相を、理解はできなくとも気に入っているのなら、無用に見える部品を捨ててしまおうなどと考えるはずがない。いつか必要になるかもしれないと、どんな部品もすべてとっておくのが賢明な修理屋だ」。この文章は、自然保護の本質を言い表している。だが私たちは往々にして選択を迫られる。実際、自然保護の優先順位をどう決めるかは、さまざまな見方がからむ複雑な問題だ。とはいえ、絶滅する危険性が最も高い種を集中的に保護するというのはごく自然な考え方であり、個体群が小さいか危ういとわかっている種には特別な対応がなされる。生息地でできるかぎりのことをする、死亡率を下げる、繁殖率を上げるといった取り組みはどれも、野生状態でその種の個体数を安定または増大させるという目標に向けての重要なステップだ[1]。

動物園はずいぶん前から、一部の種が野生状態で存続がむずかしくなっていること、ほんのちょっとした「運の悪さ」や密猟者のせいで簡単に絶滅するだろうこと、飼育下で存続させるのがせめてもの希望だということを認識している。中には飼育下で保護した動物を野生に戻すのに成功した例もある。同じように、植物についても栽培という形での保護が、未来に植物多様性を残すための有力な手段の一つとなっている。生育地でできるかぎりのことをするのは当然だ。その植物を支えてきた生態系とその植物が支えている生態系を守るという意味でも、これはいかなるときも最優先すべき目標だ。しかし、不可逆的な損失リスクがあまりに大きいという場合には、保険をかけておくというのが合理的な対応だろう。植物については、ウォレミマツの長期的な存続を保証するためにとられた方法がいい参考例となる。ウォレミマツはイチョウと同じく、ヒトと出合ったことが、脅威ではなく救いとなった数少ない種の一つである[2]。

一九九四年にシドニーの少し西、ブルー・マウンテンズでウォレミマツが発見されたというニュースは、衝撃的だった。ニューサウスウェールズ国立公園野生生物局で保護官をしていたデイヴィッド・ノーブルは、高所からザイルを使って降りて行く懸垂下降しかたどり着く方法のない峡谷で、風変わりな葉と「泡状の」樹皮をもつ不思議な木を見つけた。シドニー王立植物園の専門家たちは見るなり新種だと気づいた。と同時に、デイヴ・ラウプの言うちょっとした「運の悪さ」で、すぐにも滅びてしまいそうな脆弱さにも気づいた。個体数はたった一一〇で、群生地は三か所に分かれてはいるものの、互いに近接した場所にある。不慮の山火事が起こるか、病原体が登山者のブーツにくっついて運ばれるかしただけで、全滅しそうだった。ニューサウスウェールズ州当局は、そんな偶然の何かが起きてしまってからでは取り返しがつかないことを理解し、すぐさま保護活動に乗り出した。

最初にしたのは、現場そのものの保護だ。ウォレミマツの群生地の正確な場所は非公開とし、どれほど合理的な理由をもつ人であっても、そこに行くことは厳しく制限された。そして、これまでヒトの干渉を受けてこなかったこの場所には、これからも干渉しないことが決められた。一方で、そもそもの最初から、ウォレミマツを栽培して自生地以外に配布することに活動の主眼が据えられた。オーストラリア以外で最初に育てられた場所として、キュー植物園とその分園であるウェイクハースト・プレイスがある。さらに、何万というウォレミマツ――個体数が一〇〇かそこらしかない小群生からのクローン――が、ナショナル・ジオグラフィック協会から一本あたり九九・九五ドルで売りに出された。見た目が独特なこの木は、二〇年前まではだれにも知られていなかったにもかかわらず、いまではさまざまなところで苗木が入手できるようになり、世界中の庭に植えられるようになっている。今後数十年か数百年のうちに、もしブルー・マウンテンズに残っている木が山火事や病気、気候変動で全滅したとしても、種としては存続することになる。こうした長期的な存続計画は、効果的なクローン繁殖に加え、知恵を絞ったマーケティングと人々の関心を引く宣伝があってこそ、可能になった。(3)

最終氷期の終わりに中国で生き残っていたイチョウの個体数は、ブルー・マウンテンズのウォレミマツほど少なくなかったかもしれないが、いつ絶滅してもおかしくない状況だっただろう。だがイチョウは幸運にもヒトと出合い、世界各地で育つイチョウの木の数は増大した。栽培されているイチョウの多くは遺伝子的に均質なので、新しい害虫や病気の流行には弱い。それでもこれだけ広範囲に生育していれば、ちょっとした「運の悪さ」による絶滅の心配はなくなった。栽培を通じて個体数を増やし、世界各地に植えることで、私たちはイチョウの長期的な存続を可能にした。そして、私たちはそのイチョウから恩恵を受けている。

地球上のあちこちで樹木の存続が危うくなっている現状で、このような「生息域外保全」という手段はまさに必要とされている。植物園自然保護国際機構でサラ・オールドフィールドが主導している世界樹木キャンペーンによると、既知の樹木種の一〇％にあたる八〇〇〇種以上が絶滅の危機に直面しているという。うち、七〇種以上がすでに絶滅し、およそ一八種が栽培下のみで存続しているとされているが、この悲観的な数字ですら、過小評価であることは間違いない。そうした樹木種もそれぞれ、イチョウのように語るべきストーリーがあり、壮大な植物進化の謎を解くカギを握っているというのに。(4)

ドラウタビュアは、フィジーのヴィティ・レヴ島の山地、急勾配の尾根の頂上だけに自生している。この木もウォレミマツと同じく絶滅の危機に瀕している針葉樹だ。既知の小群生地は一〇か所もなく、うち一か所はすでに消滅した。ドラウタビュアに似た化石はオーストラリアと南極大陸から出ているが、現生種の仲間はニューカレドニアにしか生育していない。近くに銅山があることと、生育地である特別な地形の山が気候変動の影響を受けやすいことなどから、ここでのドラウタビュアの存続は風前のともしびだ。栽培するのは簡単ではないが、植物園でなんとか育っているわずかなドラウタビュアが、野生状態で消滅することに対する保険となっている。[5]

メタセコイアの球果と種子、茎。葉や枝のつき方が左右対称という独特な特徴をもつ。メタセコイアは、1946 年に中国の四川省の森で現生しているのが見つかるまで化石種しか知られていなかった、めずらしい植物。イチョウやウォレミマツと同じく、現在は世界中で育っている。

マラウィの国樹

であるムランジェイトスギも同様の脅威にさらされている。この木はムランジェ山でしか育っておらず、腐朽に強い高級材木として乱伐されてきた。野生状態ではすでに繁殖不可能となっている。近縁種であるクランウィリアムスギ（南アフリカの西ケープで最も壮観な樹木の一つ）とウィローモアスギ（東ケープの狭い範囲にのみ生育）も、同じ問題を抱えている。これらウィドリングトニア属では四種に三種が絶滅寸前だ。キュー植物園のミレニアム種子銀行《シードバンク》はマラウィと南アフリカにある各提携機関とともに、種子を集め、苗木の生存率を高める研究をし、人工栽培してから野生に再導入する方策を進めている。[6]

　似たような例はたくさんある。ベンジャミン・フランクリンにちなんで名づけられたフランクリンノキは、一七六五年にイギリス領アメリカのジョージアでジョン・バートラムとその息子ウィリアムが見つけた種だが、現在は広範囲に栽培されているものの野生状態では存続していない。ハワイアン・コットンツリーはもともとの生育地では四個体しか残っていないが、各地の植物園で多くが存続している。これはハイビスカスに似た華やかな赤い花をつける小さな木で、その祖先は三〇〇万年前ごろ幸運に乗ってハワイにやってきたが、不運に見舞われたら簡単に消えそうだ。ホアン・フェルナンデス諸島にしか生えていないロビンソン・クルーソー・キャベツヤシは、一九八〇年代に三個体までに減ってしまった。ロドリゲス諸島のカフェマロンは野生状態では一個体しか生き残っていない。セントヘレナ島のセントヘレナ・エボニーも二個体しか知られておらず、イースター島のトロミロ・ツリーは野生状態では絶滅してしまった。さいわい、どれもキューその他の世界中の植物園の現生植物コレクションという安全な避難所に残っている[7]。

これらは人工栽培によって絶滅を防いでいる「保険」の好例だ。人工栽培に種子銀行という二重の保険がかけられることもよくある。もちろん、こうした生息域外保全は完全な解決策ではない。その種を自生地で存続させることにはならないし、その種が属している生態系を維持することにもならない。それでも、生息域外保全は長期的な植物多様性を維持するための基本手段だ。そうでなければ消えてしまうであろう種を長期的に存続させるには、域内保全も域外保全も両方必要で、どちらか一方でいいというものではない[8]。

域外保全を奨励するのは自生地での保護努力をくじくのではないか、あるいは域内保全にまわるはずの資金が離れていくのではないか、などという反論もたしかにある。そうした懸念は理解できるが、人手が足りないという現実や、資金を別ルートから集める可能性についても、ぜひ考えてほしいと思う。保全活動というものは、ほかのどんな活動でもそうだろうが、完璧さを求めると結局何もできなくなるのだ[9]。

動物園が昔から認識していたように、生息域外保全はそれ自体に意味があるだけでなく、ほかにも多くの付随効果がある。人々に、危惧種への関心を促し、その種が野生状態でどれほど希少になっているかを知る機会を与える。そして、生物多様性を維持するための受け皿を世界全体で支える助けになる。イチョウとウォレミマツはそのことを証明してくれた。イチョウもウォレミマツも地質時代の植物だが、私たちは幸運にも、化石としてだけでなく生きた木として見ることができる。私たちはこれからも生きた木を相手に、楽しみ、研究し、その謎について追究することができる[10]。

イチョウのような植物は、この世の歴史を壮大な規模で照らし出す。西洋の視点だけで教わる世界史が不完全なように、一定期間を輪切りにしただけの歴史は、私たちの現代世界がたどってきた偶然の出来事の積み重なりを、一部だけ映し出したものにしかならない。種の進化や来歴を研究するのは、それが私たちにとって喜びや満足感を与えてくれるからというだけでなく、私たちが住む世界とその世界における私たちの位置づけを理解するためにとりうる最善の手段だからなのである。

なぜ種を保全するのかについて、「芸術作品を保存する理由を考えてみればいい」というたとえ話をよく聞くことがある。何もせずに絶滅させてしまえば永遠に失われるという意味では、たしかにこの話は要点をついている。動植物の保全は、文化や感情や倫理の観点から考えても重要なことだろう。しかし、種の保全は単なる自然礼賛精神だけで語るものではない。

私にとって、ヒトが数日あるいは数年かけてつくりあげたものを失うことと、自然が何千年もかけてつくりあげたものを失うことは根本的に違う。どちらも悲惨な損失ではあるが、名作の消失と種の消失では比べものにならない。ヒトの創造力と自然の創造力を同列に論じてしまうと、私たちが直面している問題の大きさを見過ごすことになる。だから、同じたとえ話なら、「介入できることがあるのにそれをしないで種を絶滅させることは、本の読み方をおぼえたら図書館は焼いてしまってもいいという考え方に等しい」という話を私は使いたい。図書館が焼失したら、そこに収納されていた情報も、私たちが世界を知るための入り口も失われる。種が絶滅したら、過去を知る機会が失われる。過去を知ることは、未来の舵とりにかならず役に立つ。イチョウその他の種を保全することは、私たちの種の起源や進化の来歴、そして私たちが属している生態系や地質構造の来歴についての情報を保存することを意味する。種が絶滅するたびに、私たちの世界とそこにあるすべてがどのようにして形づくられてきたのかという証拠が消えてゆく。[11]

36章　地球からの贈り物

贈り物の交換で結びついた生活共同体の中では、地位や名声、評判が金銭的報酬の代わりとなる。
——ルイス・ハイド『ギフト』

一九九二年六月、リオデジャネイロの第一回地球サミットに、世界各国が集結した。一七二の国と一〇〇名を超える国家元首、二四〇〇〇名の非政府団体の代表が参加したこの会議は、国連が招集した会議としては最大規模となった。その目的は、地球環境への高まる懸念を訴えることだ。環境汚染とそれが人々の健康に与える悪影響については、一九五〇年代と一九六〇年代以降、一定の認識ができていた。リオのサミットは、その流れを受け、全世界的な環境問題意識の高まりが最高頂に達した瞬間となった[1]。

リオでのテーマの一つは砂漠化の問題だった。世界各地の乾燥地帯で植生が失われ、それが途上国の貧しい人々を脅かしているからだ。もう一つのテーマは気候変動の問題で、リオで国連気候変動枠組条約が提唱された。この動きは京都議定書につながり、その後、コペンハーゲン、カンクン、ダーバンほか各地の気候変動会議に引き継がれていった。リオでは生物多様性保全条約への署名もはじまり、三〇か国が署名した九〇日後に発効となった。この条約には現在、アンドラと教皇庁、南スーダン、アメリカ合衆国を除く世界各国が加盟している。[2]

生物多様性保全条約（ＣＢＤ）の目的は、種の多様性の維持と、その多様な生き物を持続可能な形で利用することだ。これは、地球上で私たちとともに暮らす動植物の未来への高まる懸念に対する、一つの答えだった。古くは合成殺虫剤の乱用に対するレイチェル・カーソンの警告から、乱伐による多雨林の消失を憂えるシコ・メンデスの訴え、そして一九八〇年代中期における「生物多様性」という言葉の創出まで、自然環境の悪化を防ぐための枠組みを模索する動きは数十年前から各地で芽を出していた。国際的には一九七五年にすでに、絶滅のおそれのある野生動植物の種の国際取引に関する条約（ワシントン条約）ができていた。しかし、それだけでは不充分だ、もっと強力な国際的枠組みが必要だ、という気運がＣＢＤの設立につながったのである。[3]

しかし、ＣＢＤ締結に向けての交渉がはじまるやいなや、生物多様性の度合いは地球上で均等でないという事実が明白になった。植物の種の多様性について言えば、最も豊富なのはコロンビアとエクアドルのアンデス山麓を代表とする中南米の熱帯地域と、中央アフリカの多雨林、マレーシアを代表とする東南アジアの多雨林だ。ほかにもアフリカ大陸の南端やオーストラリアの南西端などの、いわゆるホットスポットでの種の多様性は突出して高く、ほかの地域でのそれを大きく引き離している。ブラジル東部の大西洋岸多雨林では、原生林は五％しか残っていないにもかかわらず約二万種の植物が存在していて、そのうちほぼ半分はここ以外の地域で生育していないという固有種だ。マダガスカル島の在来植物相はおよそ一万二〇〇〇種の植物で、その九〇％を固有種が占める。それと比べてイギリスの在来植物相は貧弱だ。在来植物はたった一四〇〇種で、どの種もヨーロッパのどこかで生育している(4)。

生物多様性に富む国の多くはどこも経済的に苦しく、国民生活を少しでもよくするための当面の問題をたくさん抱えているという傾向も、一目瞭然となった。そのため、裕福な国から発せられがちな動植物の未来に対する懸念は、貧しい国の人々の差し迫った懸念と一致しないことが多い。こうした立場の相違から、ＣＢＤの交渉は緊張含みとなり、また政治的な問題と深く結びつくことになった。

政治的にいちばん問題となるのは、生物多様性の維持と人々による生物利用の衝突だ。動植物の種を長い目で守っていくのも大事だが、ミレニアム開発目標にあるような貧困や栄養失調、乳幼児の死亡率の改善も急がなければならない。こうした衝突は、自然対人間という単純な二項対立として描かれがちだが、現実的にはもっとずっと複雑だ。人々の運命と、その人々をとりまく環境の運命は、幾重にもからみ合っている。真の課題は、生物多様性の維持と自然環境から得られる財とサービス――エネルギーや食糧、医薬品、水、その他生活の質をよくするもの――の安定供給を確保しつつ、ミレニアム開発目標を達成するにはどうしたらいいか、である。

ＣＢＤはこのような複雑な課題に決定的な答えを出す立場にはないが、中庸を探すべく「生物多様性の維持と利用は表裏一体である」という原則を打ち出している。生物多様性を維持すれば人々はそれをずっと利用し続けることができる、という原則だ。これには、保護と利用を相補的な活動と位置づけることにより、生物多様性は「価値あるもの」と認識させようという狙いがあった。生物多様性を維持するのはそれが役立つから、というわかりやすいロジックを軸にする姿勢をとったわけである。

このことは、日常生活の場面を想像してもらえればよくわかる。私たちは、自分が使いたいものを手元に置いておく。それが値打ちのあるものなら、さらに大切に保管する。ＣＢＤのこの原則は、もう一歩進めて、利用するなら持続可能な形でなければならないという点を強調する。生物学的にふつうに考えれば、現生動植物の総個体数は、減らすことなく維持しなければならない。動植物には繁殖や移動を通じて、減る分と同じかそれ以上に増やしてもらわなければならないのである。

ところが、こうした原則の上に立つＣＢＤ交渉の政治的な文脈は、極端に熱くなった自然保護主義者の主張にかき回されて濁ってしまった。彼らは多雨林を偶像化し、一六世紀の探検家たちが探し求めたエルドラド（黄金郷）のイメージと重ね、自然環境を守るのはそれが将来利用できる宝の山だからだと言い出したのである。こうした主張は、当初は善意のつもりでも、使い回されているうちに功利主義の路線に流れ、意図しない方向へ行く。この論法は将来の利益を実質的に約束するような期待を抱かせたから、地球上の生物の未来を保護するという原則を、もっと強めるような交渉をしたほうが得になると考える国家主義や保護貿易主義の傾向に、燃料を注ぐこととなった。

その結果、条約の文面は生物多様性の維持を「人類共通の関心事」としておきながら、各国境界内の生物資源はその国の世襲財産だという原則を国際法にとり入れるという、矛盾を含む状態に陥った。これはある意味では、国境内にある動植物の利用はその国の法律に準ずるという、すでに多くの国が採用していた慣例を成文化したにすぎない。しかし、それがＣＢＤがらみの国際交渉の場にもち上がったとたんに、生物資源の国際的配分はどんな条件でなされるべきかという問題が浮上した。それは必然的に国家主義的な過敏さを刺激し、政治的背景をさらにかき回した(5)。

この複雑な交渉の過程で、ＣＢＤにはまた別の条項、「生き物に本来備わっている遺伝資源の利用から得られる利益の公正かつ衡平な配分」が加わった。国境内の生物多様性の維持と持続可能な利用を請け負う国は、その利用から得られるどんな利益の配分をも得るのが当然だ、という議論は一見すると筋が通っていた。しかし、またもや、金銭的報酬に対する期待や、起こりうるバイオパイラシー（途上国の動植物を搾取的に研究探査すること）への懸念、そして全般的な信頼感の欠如によって、この議論の対象は商業利用から得られる利益だけでなく、アクセス（研究その他の目的のための入手機会）から得られる利益の配分にまで流れて行った。そして、合法的に拘束力のある「アクセスと利益配分の合意」が一つの帰着となった(6)。

このように、CBDは国境内の生物多様性を保全する責任を各国に負わせることを模索しつつ、持続可能な利用と利益配分原則の導入という選択権を開いたままにして経済的誘因を与える道も追求した。それは一見すると賢明な方策だったが、本来の思想を売り渡してしまった。地球四六億年の進化史が私たちへの贈り物として残してくれた動植物は、もはや私たちの共通遺産ではなくなり、いまや国家の独占的所有権の対象となった。樹木も鳥も花も、昆虫からバクテリアまで、さらにはそこに含まれる遺伝物質までもが、各国境界内に住む人々だけの所有物になってしまったのである。

この根本的な転換による影響は、CBDの実現をめぐる終わりなき交渉の中でいまも随所で顔を出しているが、実質的なプラスの効果があったとすれば、それは多くの国が、自国で見つかった生物の富を他国と配分する可能性をきちんと考えるようになったことだ――もっとも各国の関心はいまや、そんな価値ある所有物を無償で分け与えないことのほうに移っているのだが。想定外の逆効果もあった。その一つは、複雑な許容規制のためにアクセス制限を課したことにより、CBDは実質的に、将来的に収益を生むかもしれないベンチャー系の事業や活動の抑圧に手を貸してしまったことだ。二つ目の逆効果は、多くの国がその国の在来動植物への研究目的のアクセスを大幅に制限したことだ。たとえ、生物保全活動の一環の、国内科学者集団との協力による、非営利研究のためであっても、これまでのように簡単にはアクセスできなくなった。三つ目の逆効果は、CBDがそうとは知らずに深刻な争点をあぶり出してしまったことだ。それは、世界で最も重要な作物、かつては国同士で自由に交換していた作物の、遺伝的多様性をどう扱うかという重大問題である。

結論から言うと、国連の食糧農業機関（ＦＡＯ）が二〇〇一年に採択し、二〇〇四年六月二九日に発効となった食料および農業のための植物遺伝資源国際条約（ＩＴＰＧＲ）が、ＣＢＤの規定の一部から六四の主要食用作物と飼料用作物を除外するという国際的な合意となった。皮肉にも、このＩＴＰＧＲが、人類全体にとって重要な植物については C B D以前の状態に戻すことに作用したのである――どの作物の遺伝資源なら育種目的で配分してもいいかを決める多国間制度の構築を試みながらではあるが。ＩＴＰＧＲで想定される共通の利益については広い支持を得た。しかしこの条約は、ＣＢＤがつくり出した空気のせいで交渉に七年もの時間がかかり、いくつかの主要農作物については合意に達することができず、可燃性のある議論を残した。参加調印した国でさえ、たとえ順守しているとしても本腰を入れていないような状態だ。規約の改定が可能になるのは、一二七の締約国すべての合意が成立したときだけだ。二一世紀に生物多様性の管理をどうするかを模索してたどり着いた場所は、明らかに病んでいる。自然界と人道問題について考えはじめた道のどこかで、おかしなことになってしまった(7)。

リオから二〇年が経った現在、生物多様性保全条約（ＣＢＤ）は国内と国際間の優先順位のはざまで立場を定められずに苦しんでいる。批准した政府からの資金拠出も充分に集まっていない。多大な時間と労力を注ぎ、巨額の資金を関連会議などに投じたにもかかわらず、CBDはいまのところ生物多様性に富む国々にほとんど収益をもたらしていない。生物多様性の維持と持続可能な利用という、すべてに優先すべき目標に向けての実質的な一歩さえ、まだ踏み出せていない(8)。

イチョウの未来については、CBDは支援も邪魔もしていない。この条約は過去にさかのぼって効力を発揮するものではないし、そもそもイチョウは、私たちが多様な動植物を保存しようと全世界的な対応を模索するようになる前から、世界各地に行き渡っていた。でも、もし、未踏の地のどこかで「新たなイチョウ」が見つかったとしたら？　CBDはそのイチョウを守ってくれるだろうか、それともかえって危険にさらすだろうか？

その答えはひとえに、その新種の植物が見つかる国の姿勢にかかっている。CBDの現体制とそれが世界の多くの国につくり出した空気の下では、おそらく「新たなイチョウ」はがんじがらめに保護される。残念なことに、この場合の保護は、未来まで安全に存続させるという意味での保全と同じではない。しかし、別のもっと賢明な方策をとる国もあるだろう。そうした国は、ウォレミマツを手本に長期的な視野でそれぞれの方策の行く末を検討するはずだ。

オーストラリアは、厳密に言えばオーストラリア代表としてCBDの推進役となっているニューサウスウェールズ州は、ウォレミマツの長期的な未来を確実にするために実用本位の姿勢をとった。州政府はこの新種の存続を支援するための短期的な金銭的報酬を得ながら、イチョウがたどったのと同じ人為的な方法で複製することを試みた。ニューサウスウェールズ州の当局は、この木を自生地で守ると同時に人工栽培することを決断した。ここで重要なのは、オーストラリア以外でも栽培する、ということだ。この植物で自分たちだけ長く儲け続けるという幻想を抱かなかったのである。

州当局はまず、ウォレミマツの繁殖と流通販売を引き受ける企業と契約をした。その企業は何千という若木を育て、最終的に世界中に売る。州当局はつぎに、用意周到な宣伝活動を展開した。その一環として、人工栽培で増やす第一世代を、国際的に知名度の高いニューヨークのサザビーズでオークションにかけた。オークションと販売で集まった資金は、自生地に残る小群生を保護するための費用に還流された。

ウォレミマツは、希少な植物を保全するための総合的な取り組みをする際の、すばらしい手本となった。自生地の保護を強化するのはもちろんのこと、自生地に万一のことがあったときのための保険として人工栽培もする。ウォレミマツは現在、世界中の植物園や庭園に分配され、これから数十年、数百年かけて各地で増やされていく。ウォレミマツが自生地から遠く離れた庭で繁茂するようになるころには、ほかの希少植物が順次、オーストラリアから世界に向けて配られる「贈り物」の仲間入りをしているだろう。

ＣＢＤがこうした効果的な生息域外保全の障害になり、そういうものとして受けとられ、あるいは植物の贈り合いを抑制する理由として利用されるのなら、これはもう有害無益としか言いようがない。園芸界には「あなたがめずらしい植物をもっているなら、他人にも分けてあげなさい」という古くからのことわざがある。意味するところは簡単だ。あなた以外にその植物を育てる人が多ければ多いほど、その植物が単なる「運の悪さ」で失われるリスクが減る。残念ながら、ＣＢＤはそれとは反対の方向にむかっている。常識という単純な原則からどんどん離れるような方向に。

もう一つ、興味深い疑問が出てくる。ＣＢＤが真にめざしていたことの意味を、イチョウのような植物を例に考えてみよう。原産地という点でイチョウが中国に属するという考え方はおそらく間違っていない。だが、イチョウは人類すべてに属するという考え方も同じく成り立つ。かつては全大陸に生育し、広範囲に繁栄していた植物の最後の生き残りであるイチョウは、人類共通の自然遺産だ。イチョウは地球が中国に与えた贈り物であり、中国が地球に与えた贈り物でもある。私たちはロンドンやニューヨーク、東京の街路でイチョウを眺めるとき、この壮大な贈り物と中

キュー王立植物園の分園、自然保護区に囲まれたウェイクハースト・プレイスで売り出されているウォレミマツの若木。イギリス、ウェストサセックス州アーディングリー。

国に感謝の気持ちを向ける。この地球からの贈り物は、中国がこれまで惜しげもなく世界に分けてくれた贈り物だからだ。

この考え方の延長でいくと、私たちは、自身も成員の一部である自然界の体系をどう見るべきか、またそれを管理する方法をどう模索すべきかという問いの答えを、科学や経済学を越えたところで探さなければならなくなる。倫理観や道義心、精神世界、そしてこの世における自身の存在意義や宇宙観などが支配する領域に分け入らなければならなくなる。人々がこれらの問題を考えるとき、また他人や環境とのかかわり方について道義的な基準を構築するとき、多くの地域では宗教が重要な役割を果たす[9]。

しかし一部の宗教では、自然を世界の中心ではなく周辺とみなしている。たとえば、文化史家のトマス・ベリーはキリスト教について、個人を重要視し、信仰する神と個人との関係を追求する、いろいろな意味で内向きの宗教だという見方をしている。その結果、人々は人間と神の関係を中心とした世界観にばかり傾注し、自然界に背を向けがちになる。と同時に、ベリーは、宗教色を完全に排した機械的で科学的な世界観もまた人々の視野を狭め、自然への畏怖心を鈍らせてきたという。さいわい、植物学者や庭師や自然保護主義者のみならず世界の多くの人にとって、樹木はいまも畏敬の念を抱かせ気持ちを上向きにさせてくれる存在だ。樹木は自然に内在する価値を体現している。トマス・ベリーなら、私たちは樹木の一部であり、樹木は私たちの一部だとでも言うだろう。樹木は、私たちに深く埋めこまれた生命愛を求める気持ち――私たちが祖先から受け継ぎながら、高度に都会化した屋内中心の暮らしで急速に失われつつある渇望——を満たしてくれる[10]。

CBDが帰着した、利益と商品化ばかりを重視する狭量な国際協定は、私たちの「自然界とのつき合い方」に、根源的な問いを突きつける。地球規模の環境を国ごとに管理しようという考えは、そもそも意味をなすのだろうか？　自然は人間の利益のために存在すると言わんばかりの姿勢に私たちは共感できるのか？　動植物の種が長期的に生き残ることよりも人間の要求を満たすことのほうが勝るという考え方は道義的に正しいのか？　そして、人間が自然を支配するというような構造をさらに拡大することは、ほんとうに長期的に私たちのためになることなのか？　こうした問いの答えをどう探すかによって、人類全体の未来が決まる。私たちが地球の歴史を広い視野で眺め、私たち自身まだよくわかっていない複雑な自然体系の中で生き物が長大な年月をかけて進化してきたことを認識すれば、人間だけがその中心にいるという考えがいかに傲慢で近視眼的であるかがわかる。そうした考えは危険でもある。私の友人、ポール・ファロウスキの言葉を借りれば、「謙遜は啓蒙に通じ、不遜は死滅に通じるということを理解するかどうかに私たちの運命がかかっている[11]」のだ。

37章　遠大なる遺産

高利貸しの帝国では、優しい心の持ち主の感傷的な言動が私たちの心に訴えかける。なぜならそれは、すでに失われてしまったことを語っているからだ。

——ルイス・ハイド『ギフト』

キュー植物園の樹木園の運営責任者であるトニー・カーカムは、いまやちょっとした有名人だ。二〇〇四年から二〇〇六年にかけてイギリスBBCのテレビ番組『キューでの一年』に出たのをきっかけに、その後は別のシリーズ番組『イギリスをつくった木々』で主演した。トニーは仕事仲間のジョン・ハマートンとともに、地方の墓地に立つ古いイチイの保護地から、中世の弓の材料となった樹木まで、イギリスの歴史や風景、文化に寄与した木々を訪ね歩いた。サマセットのリンゴでつくったリンゴ酒を試飲し、トネリコの木で組み立てた船で帆走し、一六世紀のイギリス軍艦メアリー・ローズ号の沈没した木材を調べた[1]。

だがトニーの本業は、キューの園内に生えている一万五〇〇〇本の樹木の世話をすることだ。彼はすべての木が健康でよく育っているかのチェックを怠らず、キューの現生植物コレクションを把握するための膨大なデータベースに植樹や成長、管理に関する情報を日々、更新している。キューの木で入園者がけがをしないよう事前に整備しておくのも大事な仕事で、すべての木を毎年、入念に調べている。トニーは「木登り」の名人でもあり、先ごろ、彼の前任者が書いた剪定《せんてい》に関する名著の改訂版を執筆した。木登りは命の危険をともなう作業である。近ごろでは、彼のチームは樹冠にある枯れ枝をとりのぞくのに必要なロープ仕事を一手に引き受けた(2)。

キューの現生植物コレクションに新しい樹木を加えるのもトニーの仕事だ。トニーは仕事仲間と日本や台湾、韓国、中国を訪れては、いろいろな樹木の種子を集めてきた。とくに、ウィンザー・グレート・パーク内にあるサヴィル・ガーデンズとヴァレー・ガーデン樹木園の管理人をしているマーク・フラナガンとは、よく海外遠征をした。イギリスに戻ると、これらの種子から苗木にしたものを、キューその他の植物園や樹木園に植えてゆく。トニーは旅行中にアジアのイチョウ古木をたくさん目にした。二〇〇六年には四川省西部、瀘定橋の近くにある冷磧鎮を訪れ、アーネスト・ヘンリー・ウィルソンが一九〇八年八月一日に写真撮影した大イチョウを見に行った。そのイチョウはまだそこにあり、根元に小さな祠《ほこら》が設けられていた。大渡河流域の村のまん中に、家々にはさまれるようにして立っていた(3)。

トニーは人生のすべてを樹木に捧げている。家族のつぎに愛情を注いでいるのが樹木だ。もちろん、医者が患者に対して感情移入しないよう努めるのと同じように、トニーも樹木に対して客観的になるよう努めている。大がかりな外科処置（枝の切断）をしなければならないことや、ときには木をまるごと切り倒さなければならないこともある。それでも樹木への畏敬と驚異の気持ちを忘れることはけっしてない。切り倒した数より多く植樹しなければならないことも知っている。木は充分に成長するまでに病気や暴風に負けることがあるからだ。二〇〇九年はキュー王立植物園の創立二五〇周年だった。彼はキューの敷地内に新しく二五〇本の木を植えるという記念事業を主導した。二〇〇九年五月、その事業の最後の二本が植樹された。エディンバラ公が植えたウォレミマツと、エリザベス女王が植えたイチョウである。トニーは遠い未来を見据えている。彼が木を植えるのは、一〇〇年後、いや二〇〇年後にキューを訪れる人々のためだ。

オールド・ライオンは、トニー・カーカムが世話をしている五〇本以上のイチョウのうちの一本だ。彼はどの木にも等しく注意を向けているが、オールド・ライオンは特別だ。この数年、彼はこの木の根元に生えていた低木を除去した。格別に大切な木を、ほかの木々と不必要に争わせたくないと考えたからだ。そばに生えていた草も刈り、幹の根元を囲むように広く藁を敷いた。根が伸びていそうなところの道の舗装を一部はがして、根に空気と水が届きやすいようにした。そして圧縮窒素を使って、周囲の固くなった土をほぐした。

トニーがキューの木々に与える惜しみない世話や、オールド・ライオンその他の古木に向ける心配は、トニーやイギリスにかぎった話ではなく、世界各地で同時進行している話だ。シカゴ郊外のオークパークでは、フランク・ロイド・ライトの家とスタジオの外に立つイチョウに不健康な兆候が表れたとき、「樹木医」が呼ばれて枯れ枝の除去と慎重な剪定をおこなった。おかげでイチョウは元気になった。韓国の龍門寺では、そびえ立つイチョウに雷が落ちることを心配し、すぐそばに鋼鉄製の避雷塔を建てた。鎌倉の鶴岡八幡宮の大イチョウが二〇一〇年三月の豪雨で倒れたときは、すぐさま増殖の措置がとられた。それが再移植されれば、このイチョウはまた同じ場所で生き続けられるかもしれない。京都の西本願寺の「水吹きイチョウ」が元気をなくしかけたときも、念入りな剪定と土壌の入れ替え、参拝客の足から守るための囲いの設置などの対策がとられた。おかげで、イチョウは健康をとり戻した。(4)

中国、南京からそう遠くないところの湯泉鎮にある恵済寺が一九世紀に廃墟と化したとき、二本の大イチョウが残った。その二本のイチョウは寺の記憶をとどめ、その下に植えられていた小さなイチョウ農園を見守っていた。私が二〇〇八年八月にそこを訪れたときには寺は再建されていて、どちらのイチョウにも、あらゆる種類の願いが書かれた赤い布きれが巻かれていた。おそらくよそ者の仕業だろうが、もっと直接的な行動に出た記録も残っていた。樹皮がはがれてむき出しになった幹の部分に、祈願文が漢字で縦書きされていたのだ。この木は地域にとって重要な存在で、地元民は何かあるたび祈りに行く。私たちが南京に戻ろうとしていた午後遅くに、若い女性がやってきた。彼女は何度も振り返って、私たちが立ち去るのを確認してから、二本の大イチョウの片方に

キュー王立植物園のオールド・ライオン。イギリスで最も古く有名なイチョウのひとつ。1761年ごろ植えられた。この木はジョージ3世がキューで家族と過ごしていた18世紀と現在とを結ぶ木であり、また、地球の動植物の壮大で長大な歴史を私たちに伝える木でもある。

向かうと、しばらく立ったまま沈思していた。何世代も昔から、多くの人が彼女と同じことをしていたのだろう。[5]

青森県の法量イチョウは、民間の山林と田畑にはさまれた細い未墾地に立っている。

イチョウに近づくには小道を歩いて行く。小道には、コケで覆われた踏み石がせまい間隔で敷かれている。地元の人たちはそこを定期的に訪れる。冬の雪で落ちた枝や小枝を片づけて、幹のまわりに稲藁で編んだ縄を巻き、地元の小学生にこの木にまつわる伝説を話して聞かせ、この木の大切さを伝えようとしている。この木は彼らの祖父母の友だった。いずれは孫たちの友となるだろう。

こうした光景は世界のあちこちでさまざまに、無数にくり返されている。人は、樹木に特別な感情を抱く。中でも古い木は私たちの愛情や尊敬の対象となる。国境がどう変わろうとも、争いのときも平和なときも、飢饉のときも豊作のときも、アジアの大きなイチョウは世代が移り変わる地域社会をずっと見守り続けている。セコイアメスギの雄大さに心動かされたりイガゴヨウマツの古さに謙虚な気持ちになったりするのは、なにも樹木愛好家だけではない。長大な年月を生きている植物の真の意味をふと立ち止まって考えた人なら、だれでも同じような気持ちになるはずだ。世界のどんな場所でどんな暮らしをしていても、樹木は私たちがつかの間の存在であることを思い出させてくれる。

私がイングランド中部地方で子ども時代を過ごしていたころ、家のまわりの田園地帯には、壮大なニレの並木道がたくさんあった。どれも二世紀以上前に、このあたりの地主だった第二代モンタギュー公爵、またの名を「植木屋のジョン」が植えたものだ。公爵はニレとシナノキの並木道をロンドンまで延ばす計画でいたが、ほかの地主たちを説得することができず、自分の地所内にひたすら植えることで満足するしかなかったという。総計すると、公爵が敷いた並木道は七〇マイル〔一一二km〕を超える。私がオランダニレ病（ニレ立ち枯れ病）の話をはじめて耳にしたのは、一九六〇年代後半ごろだと思う。この疫病はおそろしい勢いで広まり、私の子ども時代の思い出の木、画家コンスタブルの絵にいつも描かれている木、イギリス中のニレの木を、ほんの数年ですべて消してしまった。何千年もイギリスの景色の一部を占めていた壮麗な木々が、ほぼ全滅したのである。キュー樹木園にも、そこだけ穴が開いたように草木のない場所が現れた⑥。

　私はキュー植物園で数年を過ごしたあと、シカゴに戻った。戻ってすぐの二〇〇六年一〇月初旬のある朝のことだ。私はシカゴ大学付属学校に通う娘を車に乗せて、大学に向かっていた。前の晩は夜じゅう、嵐が吹き荒れた。シカゴ市の西に位置するオークパークのわが家のあたりには、水たまりがたくさんできていた。だが、サウスサイドに近づくにつれて景色が変わった。大きな木の枝が地面のあちこちに散乱し、根こそぎ倒れている木もあった。構内に入ると、神学校の中庭に生えていた、大学そのものより古くからあったであろう大きなオークの木が横倒しになっていて、すでに大学施設部の職員たちが撤去作業をはじめていた。前夜の嵐で、シカゴのサウスサイドで九〇〇本の大きな成木が倒れ、さらに一〇〇〇本がひどい損傷を受けたという。娘の祖父が生まれたときからそこにあり、その後もずっとあった木々が、たった数時間で失われてしまった。私たちはその木々を、あるのが当然と思っていて、なくなるまで存在していたことに気づいてさえいなかった。樹木は育つのに時間がかかるが、消失するときは簡単で速い。

地下に埋まっている石炭目当てにアパラチア山脈の森がつぎつぎ破壊されたときは、それこそダイナマイトで一瞬にしてなくなった。ボルネオの多雨林にある巨大なフタバガキや、アメリカの太平洋岸北西部の古いツガも、切り倒すのにほんの数時間しかかからない。樹木や森には、自然の猛威に耐える力はあっても、人間の気まぐれに抵抗する力はないのである。

ここで述べたような数時間、数日、あるいは数年といった時間の尺度は、イチョウの伝記を語るときの時間の尺度と対照的だ。数百年、数千年、数百万年、数千万年、数億年と言われても、ぴんと来ないかもしれない。だが、自分自身について考え、この世における私たちの真の立場を考えるには、後者の尺度のほうがふさわしい。長大な時間の尺度は私たちに、急ぐ必要のないことを思い知らせる。樹木は現在の環境変化が速すぎることや、地球の速度に合う暮らしとはどんなものかを教えてくれる。樹木は私たちをスローダウンさせ、我慢することの大切さに気づかせる。来し方と行く末について、過去から受けとった遺産と未来に伝える遺産について、考えるよう促してくれる。より多く、よりよく、より速くという現代社会の標語は聞こえはいいが、何も考えずその標語に従うだけではまっしぐらに破滅に向かう。樹木、とりわけ地球の太古の昔と私たちをつなぐイチョウのような樹木と対話することは、近視眼的にものごとに対応していると失われてしまうものについて見つめ直す、いい機会となる。

解説

長田敏行（東京大学・法政大学名誉教授）

　イチョウは日本中いたるところにあり、一〇〇〇年余を経たといわれる大木もあちこちに見られるので、日本にもかつて自生していたがいったん途絶えて、中国から導入されたものであると説明されても、にわかには信じられない方も多いのではないかと思う。実際、街路樹としては最も好まれ、日本中に五五万本余植えられている。さらに世界に目を向けると、イチョウは今や極地と熱帯圏を除いて各地に広く植えられているが、これも不思議である。

　そのイチョウは二億年前に誕生し、中生代の後半には世界中に広く分布しており、きわめて多様な種分化をしていたことが知られている。ところが、新生代に入るとともに衰退し、中国南西部に一種類のみ残った。そのイチョウが日本へ持ち込まれて繁栄し、そして世界へ広がっていったことは、それ以上の不思議である。世界中へ展開していった過程は、一般的にはそれほどよく知られていることではないだろう。そのストーリーの全容を示してくれるのが本書である。

このようなテーマを幅広い読者層に対して語るのに、ピーター・クレイン博士以上に適切な人はいないであろう。二〇〇四年に爵位を得ているので、ここではイギリスのサー・ピーターと呼ばせていただく。サー・ピーターの現職は、アメリカ・アイビーリーグの雄イェール大学の林学・環境科学部学部長である。もともと古生物学を専攻していたが、本書でも重要なテーマである分岐分類学の発展にも尽力され、それを武器に、チャールズ・ダーウィンによって「忌まわしい謎」と呼ばれた被子植物の成立とその後の発展に関する究明に大きく貢献された。そのような業績から、世界で最も著名で影響力のある植物園、イギリス王立キュー植物園の園長に選任されて七年間務められた。研究上の成果のほかに、世界の生物多様性保全への指針の策定にも大きく貢献し、また、ミレニアム・プロジェクトの推進者としても力を尽くされた。

イチョウは日本にごく当たり前にあるだけでなく、日本の学術にとっても大変重要な位置を占めている。明治になって日本はふたたび世界に門戸を開き、諸外国から科学技術が導入されたが、導入に労力は払われても日本発信の情報はなかなか出てこなかった。そうした中で、日本から世界へ発信する重要な最初の発見は、一八九六年（明治二九年）の平瀬作五郎によるイチョウ精子の発見である。同年の池野成一郎によるソテツの精子発見と並んで、日本が世界に誇る大発見である。その重要性は本書でも詳しく語られているので、具体的には本文に譲るとして、これらの植物は種子植物としては例外的に精子を形成することが重要なポイントである。これは「海で始まった生命の記憶を呼び起こすかのように、ほんの短時間精子を形成する」というフレーズとともに語られるとともに、当時の世界の学者が追究しながら到達できなかったことを日本人がなしとげた快挙であった。

さらに、イチョウは一〇〇〇年ほど前に日本へ到達して各地へ広がったが、一七世紀末にオランダの東インド会社の医官として日本へ来て二年間滞在した、ドイツ人医師にして博物学者のエンゲルベルト・ケンペルによって初めて学問的に記載され、その後ヨーロッパへもたらされたのである。ヨーロッパへ到達すると、「生きている化石」の具体例として熱狂的な支持で拡がり、さらに新大陸へも広がり、世界中へ広がっていった。しかもこの間に植物における雌雄性の発見と生殖ドラマの不思議の解明を伴っており、これも本書の重要な話題である。

じつは、本書がまだ体裁を整えず、全体の半分程度の原稿の段階で、著者から私宛てに草稿が届いた。平瀬作五郎の発見とその周辺の状況、とくに東京大学附属植物園の過去と現状、および日本の状況についての照会であった。私は、本書とはまったく関係なくイチョウに関する著書『イチョウの自然誌と文化史』(裳華房、二〇一四年二月)の準備をしていたので、それらの情報をすべて伝えた。一方、私も彼の草稿から地質時代のイチョウの栄枯盛衰を大いに学んだ。

これには語るべき、もう一つのサブストーリーがある。専門がやや異なるのでサー・ピーターと私が初めて面識を持ったのはそれほど古いことではなく、二〇〇六年秋のオックスフォード大学においてだった。その時、彼はキュー植物園を退任してアメリカに戻る時期で、私はたまたまオックスフォード大学の友人であるクリス・リーバー教授を訪問した。リーバー教授からサー・ピーターの送別会をするので君も一緒にどうかと言われ、送別会といえば大勢がガヤガヤいることを想像しながら、ただちに是と返事をした。当時私は東京大学の任期の最後ではあったが、併任で附属植物園長も務めていたので、リーバー教授が配慮くださったのである。

ところが、じつは出席者はオックスフォードの植物学教授二人（二人しかいない）と大学植物園から二人で、それにサー・ピーターと私の六人だけであった。しかもその場所はモードリアン・カレッジのディナーという予想外の場であったので、イギリスのカレッジの伝統ある特別な雰囲気を経験することになった。そして、その間の会話を通じて共に知りえたことは、サー・ピーターも私も「イチョウ」を趣味としており、それぞれに追究していることだった。こうして、お互いの情報交換を約し、それ以来、折々に話題の交信を行ってきた。本書の最初の草稿が私に届いたのは、二〇一一年二月だった。

この草稿には、イチョウの葉と枝ぶり、それに種子をイチョウの板に描き、画枠はイチョウの枝を用いている独特な図が載っていた。メモ書きによると、それは一八七八年に制作された加藤竹斎の木製図版「扁額《へんがく》」であり、ベルリン・ダーレム植物園とキュー植物園にしかその存在が知られておらず、制作の目的も経緯もまったく分からないということであった。このイチョウ扁額の原画を知っていた私は、日本に存在しないはずがないという信念で東京大学附属植物園に調査を依頼すると、はたして関連の扁額が見つかった。さらに、それを機縁にハーヴァード大学にもエドワード・モース由来の扁額があることが判明し、またロンドンにも個人コレクションがあることが分かった。

これらの情報の多くは本書にも反映されることとなった。一方、さらに新しく判明した事実も多くあり、この図が植物画の伝統の中でユニークな位置を占めることが分かったことから、私はサー・ピーターと共著で学術論文として発表した。そのうち、すでに三報はそれぞれの専門誌に登場している。さらに、そこから発展したイチョウの学名に関する新しい見解を持つこととなった。それは本書の完成後であり、私の著書でも論考は不十分であったので、新知見を含めて論文を現在まとめつつある。

このような経緯で本書の完成原稿は、出版の前年である二〇一二年八月に私の手元にCD－ROMで届けられた。そこで、私はイチョウに関心をもつ若手の同僚である宮村新一博士（筑波大学准教授）、佐藤征弥博士（徳島大学准教授）、吉田千枝博士の助力も得て、訳稿をほぼ完成していた。その間にイェール大学出版局で印刷された初版本も、二〇一三年二月一二日には著者の下に届けられ、学部長室でそれを手にするにこやかな彼の笑顔の写真のメールとともに私にも届いた。しかしながら若干の経緯があって、本書は河出書房新社で刊行されることとなり、翻訳も矢野真千子氏が進めることとなった。その後、河出書房新社より専門的な部分の訳語に関する照会が私宛てにあり、何回かの往復があって、結果的に訳文原稿の協力をすることとなった。というのは、本書は一般向けに書かれているが、きわめて高度な専門的な内容も含まれているので、それらを正しく伝えることは有意義であろうと判断したからであり、サー・ピーターもそれを了解されたからである。

本書の成立の背景を紹介してきたが、そろそろ読者には本書をひもといていただきたいと思いつつ、なお若干の贅言を加えたい。著者サー・ピーターの視線はあくまでも日常の経験から出発して、イチョウの不思議に迫っていることから、読者も思わず内容に引き込まれてしまうことは想像に難くない。少年時の経験、大学時代の状況、マレーシアの熱帯樹林での木登りなどである。一方では、地球の歴史の中でイチョウがどのように繁栄し、衰退に至ったかは、著者の専門的知見を十二分に駆使して紹介している。とくに、著者の世界的ネットワークに基づく書下ろしの著作であり、専門的な研究内容の紹介でもあり、決して通俗的内容の伝達にとどまるものではない。したがって、相当の予備知識を持っている読者にも十分に満足を与えてくれる内容であると思う。さらに、文化的背景にも大いに配慮されていることは、冒頭の詩が有名なヴォルフガング・フォン・ゲーテのイチョウの詩であることからも分かるように、著者の幅広い視野を感ぜられるであろう。

もう一つ重要なことは、本書の最後の数章で語られている、地球の未来に向けての提言である。今日、世界的に生物種の多様性が人類に重要な意味を持っていることは、一九九二年のリオデジャネイロでの生物多様性条約がその根幹にある。これは、どなたも異論はないだろう。京都議定書、名古屋議定書などの内容から、難しい地域的配慮、政治的性格の問題はあるものの、生物の多様性の保全が重要であることには異議はないと思われる。このような見地から言えば、イチョウがいったんは衰退に向かったが、一八世紀以来、人の手を借りて世界中へ広がっていったことは、現在心配されている多くの生物種の絶滅への危惧に対しての一つの解決策への指針を与えてくれるものである。本書では、オーストラリアのニューサウスウェールズ州で比較的最近発見されたウォレミマツの保護と、それを世界各地の植物園などで繁殖させる保全運動の例などが紹介されている。それらの提言は現在われわれが真剣に耳を傾けるべき話題であり、事実、熱く語られている点にも注目していただけたらと思う。

著者から最近届いた情報は読者に伝えることに意味があると考えるので、それらも伝えたい。本書は刊行後、科学誌『ネイチャー』や『サイエンス』の書評欄でただちに好意的に扱われた。それは何の不思議もないが、じつはそれ以上に反響があり、彼からの連絡によると、求められてニューヨーク植物園で本書の内容に基づいた講演を行ったとのことである。また、ロンドンにある日本人倶楽部でも講演を行ったそうで、幅広く歓迎されているのが伺い知れる。読者にはそうした雰囲気も感じていただきたいと願う。

二〇一四年七月

モミジバフウ *Liquidambar styraciflua*
モミヒカゲノカズラ *Huperzia selago*
モモ *Prunus persica*
ヤシ科 *Arecaceae*
ヤドリギ *Viscum album*
ヤナギ属 *Salix* spp.
ヤマナラシ（ポプラ）属 *Populus* spp.
ヤマノイモ属 *Dioscorea* spp.
ユーカリ *Eucalyptus regnans*
ユーカリ属 *Eucalyptus spp.*
ユッカラン *Yucca gloriosa*
ユリ属 *Lilium* spp.
ヨーロッパグリ *Castanea sativa*
ヨーロッパモミ *Abies alba*
ライチ *Litchi chinensis*
ラジアータマツ *Pinus radiata*
リュウケツジュ *Dracaena draco*
リンゴ *Malus pumila*
レバノンシーダー *Cedrus libani*
ロビンソン・クルーソー・キャベツヤシ *Dendroseris litoralis*
ワニナシ *Persea borbonia*

ヒノキ科　*Cupressaceae* 科の複数属
ピーマン（トウガラシ）　*Capsicum annuum*
ビャクダン属　*Santalum* spp.
フーケリア・ラエテビレンス　*Cyclodictyon laetevirens* (*syn. Hookeria laetevirens*)
フジウツギ属　*Buddleja* spp.
プシグモフィルム　＊*Psygmophyllum*（関連不明の葉）
フタバガキ科　*Dipterocarpaceae* 科の複数属
ブドウ科　*Vitaceae*
ブドウ属　*Vitus spp.*
ブナ属　*Fagus* spp.
フユナラ　*Quercus petraea*
フランクリンノキ　*Franklinia alatamaha*
ペカン属　*Carya* spp.
ペトリエラエア　＊*Petriellaea*（イチョウ様の雌性生殖器官）
ペポカボチャ　*Cucurbita pepo*
ベンガルボダイジュ　*Ficus citrifolius*
ヘンリー・スイカズラ　*Lonicera henryi*
ヘンリー・ユリ　*Lilium henryi*
ホウライシダ属　*Adiantum* spp.
ポルトガルリンボク　*Prunus lusitanica*
マウンテンシーダー　*Widdringtonia nodiflora*
マオウ属　*Ephedra* spp.
マツ属　*Pinus* spp.
マツユキソウ属　*Galanthus* spp.
マホガニー属　*Swietenia* spp.
マンサク属　*Hamamelis* spp.
ムランジェスギ　*Widdringtonia whytei*
メタセコイア　*Metasequoia glyptostroboides*
モクマオウ属　*Casuarina* spp.
モクレン属　*Magnolia* spp.
モミ属　*Abies* spp.
モミジバスズカケノキ　*Platanus x acerifolia*

ニレ属　*Ulmus* spp.
ニワウルシ　*Ailanthus altissima*
ニンニク　*Allium sativum*
ヌマスギ　*Taxodium distichum*
ヌマスギ属　*Taxodium* spp.
ヌマミズキ　*Nyssa sylvatica*
ネムノキ属　*Albizia* spp.
ノルウェーカエデ　*Acer platanoides*
バイエラ・グラシリス　＊*Baiera gracilis*（イチョウ様の葉）
バイエラ・ハレイ　＊*Baiera hallei*（同上）
バイエラ・フルカタ　＊*Baiera furcata*（同上）
ハウチワカエデ　*Acer japonica*
パウブラジル（ペルナンブコ）　*Caesalpinia echinata*
ハエジゴク　*Dionaea muscipula*
バオバブ　*Adansonia digitata*
ハシドイ（ライラック）属　*Syringa* spp.
ハシバミ属　*Corylus* spp.
ハス　*Nelumbo nucifera*
ハズ（クロトン）　*Croton congestus*
パナマソウ　*Carludovica palmata*
パラゴムノキ　*Hevea brasiliensis*
バラ属　*Rosa spp.*
ハリエンジュ　*Robinia pseudoacacia*
パルメットヤシ　*Sabal palmetto*
パレオカルピヌス　＊*Palaeocarpinus*（カバノキ科の果実）
ハワイアンコットンツリー　*Kokia drynarioides*
バンウコン　*Kaempferia galanga*
ハンカチノキ　*Davidia involucrata*
ハンノキ属　*Alnus* spp.
バンレイシ科　*Annonaceae*
ヒカゲノカズラ類　*Lycopodiaceae*科の複数属
ピスタチオ　*Pistachio vera*
ピニョンマツ　*Pinus subsection Cembroides, Nelsonianae*

スタラグマ・サマラ　＊*Stalagma samara*（針葉樹らしき謎の植物）
スフェノバイエラ・ウマルテンシス　＊*Sphenobaiera umaltenis*（イチョウ様の葉）
スモモ属　*Prunus* spp.
セイヨウハコヤナギ　*Populus nigra*
セイヨウミザクラ（サクランボ）　*Prunus avium*
セコイアオスギ　*Sequoiadendron giganteum*
セコイアメスギ　*Sequoia sempervirens*
セロリ　*Apium graveolens*
セントヘレナ・エボニー　*Trochetiopsis ebenus*
ソテツ　*Cycas revoluta*
ソテツ類　*Cycadales* 目の複数科の 11 属
タマネギ　*Allium cepa*
チーク属　*Tectona* spp.
チリマツ　*Araucaria araucana*
ツガ属　*Tsuga* spp.
ツタウルシ　*Toxicodendron radicans*
ツツジ属　*Rhododendron* spp.
ツヅラフジ科　*Menispermaceae*
ツバキ属　*Camellia* spp.
トウゴマ　*Ricinus communis*
トウヒ属　*Picea* spp.
トウモロコシ　*Zea mays*
トチュウ　*Eucommia ulmoides*
トネリコ属　*Fraxinus* spp.
ドラウタビュア　*Acmopyle sahniana*
トリコピティス・ヘテロモルファ　＊*Trichopitys heteromorpha*（関連不明の種子植物）
トロミロツリー　*Sophora toromiro*
ナツメ　*Ziziphus jujuba*
ナンキンマメ（ラッカセイ）　*Arachis hypogaea*
ニッケイ　*Cinnamomum aromaticum*
ニッパヤシ　*Nypa fruticans*

コウヤマキ　*Sciadopitys verticillata*
コウヨウザン　*Cunninghamia lanceolata, Cunninghamia konishii*（この2つはひじょうに似ており、同種の可能性がある）
コウヨウザン　＊*Cunninghamia cheneyi*（クラーキア化石植物群から出たコウヨウザンの幹）
コーカサスサワグルミ　*Pterocarya fraxinifolia*
ゴジアオイ属　*Cistus* spp.
コナラ属　*Quercus* spp.
ゴマ　*Sesamum indicum*
コルクガシ　*Quercus suber*
ザクロ　*Punica granatum*
サッサフラス属　*Sassafras* spp.
サトイモ属　*Araceae*科の複数属
サトウカエデ　*Acer saccharum*
サフラン属　*Crocus* spp.
サルスベリ　*Lagerstroemia indica*
サワグルミ属　*Cyclocarya*および*Pterocarya* spp.
サンショウ属　*Zanthoxylum* spp.
シクロカルヤ　＊*Cyclocarya brownie*（アルモント化石植物群から出たサワグルミの実）
シデ属　*Carpinus* spp.
シナノキ属　*Tilia* spp.
ジビジビ　*Caesalpinia coriaria*
ジャガイモ　*Solanum tuberosum*
シャジクモ属　*Chara* spp.
ショウガ　*Zingiber officinalis*
ショクダイオオコンニャク　*Amorphophallus titanum*
スイカ　*Citrullus lanatus*
スイショウ　*Glyptostrobus pensilis*
スイレン科　*Nymphaeaceae*科の水生植物の複数属
スギ　*Cryptomeria japonica*
スグリ属　*Ribes* spp.
スズカケノキ（プラタナス）属　*Platanus* spp.

キャベツヤシ　*Sabal palmetto*
ギョリュウ属　*Tamarisk* spp.
ギンコー・アウストラリス　＊*Ginkgo australis*（イチョウ様の葉）
ギンコー・アディアントイデス　＊*Ginkgo adiantoides*（同上）
ギンコー・アポデス　＊*Ginkgo apodes*（同上）
ギンコー・イマエンシス　＊*Ginkgo yimaensis*（同上）
ギンコー・オリエンタリス　＊*Ginkgo orientalis*（同上）
ギンコー・クレネイ　＊*Ginkgo cranei*（同上）
ギンコー・コルディロバタ　＊*Ginkgo cordilobata*（同上）
ギンコー・フトニ　＊*Ginkgo huttoni*（同上）
ギンコー・フロリニイ　＊*Ginkgo florinii*（同上）
ギンコー・ラジマハレンシス　＊*Ginkgo rajmahalensis*（同上）
ギンコイテス・タエニアタ　＊*Ginkgoites taeniata*（同上）
ギンコイテス・チグレンシス　＊*Ginkgoites tigrensis*（同上）
ギンコイテス・チコエンシス　＊*Ginkgoites ticoensis*（同上）
ギンコイテス・テレマクス　＊*Ginkgoites telemachus*（同上）
ギンコイテス・マタチエンシス　＊*Ginkgoites matatiensis*（同上）
ギンコイテス・ムリセルマタ　＊*Ginkgoites muriselmata*（同上）
ギンサン　*Cathaya argyrophylla*
キンマ　*Piper betle*
グアナカステ　*Enterlobium cyclocarpum*
クジャクヤシ属　*Caryota* spp.
グネツム属　*Gnetum* spp.
グミ属　*Elaeagnus* spp.
クームパシア属　*Koompassia* spp.
クランウィリアムスギ　*Widdringtonia cedarburgensis*
クリシュナボダイジュ　*Ficus benghalensis*
クルミ属　*Juglans* spp.
クロトン　*Croton tiglium*
クワ属　*Morus* spp.
ゲッケイジュ属　*Laurus* spp.
ケヤキ　*Zelkova serrata*
ケルピア　＊*Kerpia*（イチョウ様の葉）

イネ　*Oryza sativa*
イマイア・カピツリフォルミス　＊*Yimaia capituliformis*（イチョウ様の雌性生殖器官）
イマイア・キンハイエンシス　＊*Yimaia qinghaiensis*（イチョウ様の雌性生殖器官）
イマイア・レクルバ　＊*Yimaia recurva*（イチョウ様の雌性生殖器官）
インドボダイジュ　*Ficus religiosa*
ヴァージニアガシ　*Quercus virginiana*
ヴァレーナラ　*Quercus lobata*
ウィローモアスギ　*Widdringtonia schwarzii*
ウェルウィッチア　*Welwitschia mirabilis*
ウォレミマツ　*Wollemia nobilis*
ウルシ　*Toxicodendron diversilobum*
エオアステリア　＊*Eoasteria*（イチョウ様の花粉錐）
エペルア　*Eperua purpurea*
エリカ属　*Erica* spp.
エンジュ　*Styphnolobium japonicum*
エンドウ　*Pisum sativum*
オウシュウナラ　*Quercus robur*
オジギソウ属　*Mimosa* spp.
オランダガラシ　*Nasturtium officinale*
カエデ属　*Acer* spp.
カサマツ　*Pinus pinea*
カツラ　*Cercidiphyllum japonicum*
カバノキ属　*Betula* spp.
カフェマロン　*Ramosmania rodriguesii*
カルケニア・アシアチカ　＊*Karkenia asiatica*（イチョウ様の雌性生殖器官）
カルケニア・インクルバ　＊*Karkenia incurva*（イチョウ様の雌性生殖器官）
カンゾウ　*Glycyrrhiza glabra*
カンナスコッピア　＊*Kannaskoppia*（イチョウ様の雌性生殖器官）
カンナスコッピアンタス　＊*Kannaskoppianthus*（イチョウ様の花粉錐）
カンナスコッピフォリア　＊*Kannaskoppifolia*（イチョウ様の葉）
キイチゴ　*Rubus fruticosus*

付録　収録植物のラテン名

（＊印は化石）

アジサイ　*Hydrangea macrophylla*（*syn. Hydrangea otaksa*）
アジサイ属　*Hydrangea spp.*
アステロキシロン　＊*Asteroxylon*（ライニー・チャートの植物）
アトラスシーダー　*Cedrus atlantica*
アバチア　＊*Avatia*（イチョウ様の雌性生殖器官）
アブラヤシ　*Elaeis guineensis*
アメリカニレ　*Ulmus americana*
アメリカハナノキ　*Acer rubrum*
アメリカブナ　*Fagus americana*
アメリカヤマナラシ（ポプラ）　*Populus tremuloides*
アーモンド（ヘントウ）　*Prunus dulcis*
アリコスペルムム・キスツム　＊*Allicospermum xystum*（イチョウ様の雌性生殖器官）
アルカエオプテリス　＊*Archaeopteris*（前裸子植物）
アルカエフルクトゥス　＊*Archaefructus*（初期の被子植物）
アルガン　*Argania spinosa*
アンズ　*Prunus armeniaca*
イガゴヨウマツ　*Pinus longaeva*（類縁の *Pinus aristata* や *Pinus balfouriana* もイガゴヨウマツと呼ばれることがある）
イチイ属　*Taxus* spp.
イチゴ　*Fragaria* × *ananassa*
イチゴノキ　*Arbutus unedo*
イチジク　*Ficus carica*
イチジク属　*Ficus* spp.
イチョウ　*Ginkgo biloba*
イヌガヤ属　*Cephalotaxus* spp.
イヌビワ　*Ficus erecta*

多様性の維持という共通目標を認識させるのに役立った。この世界戦略は、ピーター・レイヴンがミズーリ植物園の園長だった1999年にセントルイスで開かれた国際植物会議で提唱し、その後のカナリー諸島の会議にてグランカナリア島宣言に帰結した。詳しくは以下参照、www.cbd.int/gspc. 世界植物保全戦略は現在、10年計画の2期目に入っている。当初目標としていた1期目の完了期限2010年は達成されている。

(9)　イェール大学の私の同僚Mary Evelyn TuckerとJohn Grimmが結成した宗教・生態学評議会は1996年以降、人間と環境のかかわり方に際して宗教が重要な役割を果たしていることを強調してきた。詳しくは以下参照、www.religionandecology.org.

(10)　トマス・ベリーの哲学については以下参照、Berry（2009）. 生命愛（バイオフィリア）の理論については以下参照、Kellert and Wilson（1993）.

(11)　以下参照、National Academy of Sciences（2011, 1）.

37章

(1)　題辞 : Hyde（1983, 182）.

(2)　トニー・カーカムは1977年にGeorge Ernest Brownが出版した古典的な *The Pruning of Trees, Shrubs, and Conifers* の改訂版を刊行（Brown and Kirkham, 2004）.

(3)　ウィルソンはアーノルド樹木園のため1908年に中国探検をし、大渡河流域の冷磧鎮で大きなイチョウを撮影した。アーノルド樹木園に保存されているその写真のキャプションには、その地の標高が3000フィート〔900m〕と書かれている。ウィルソンは樹高を80フィート〔24m〕と推測し、彼が撮影した写真には木の根元近くの枝に小さな祠が置かれているのが見える。トニー・カーカムとマーク・フラナガンは2001年夏にこの木を再訪し、写真に収めた。以下参照、Flanagan and Kirkham（2010）.

(4)　鎌倉鶴岡八幡宮の大イチョウ倒壊のニュースは、*Economist* でも報じられた。以下参照、"Japan's favourite tree: An Easter story from Japan"（2010）. 水吹きイチョウの回復についての詳細は、Handa（2000, 32）. 日本人のイチョウ古木に対する親愛は、日比谷公園の「首賭けイチョウ」の話にも表れている。同公園の設計者、本多静六は、道路拡張のために伐採されようとしていたイチョウを、3週間以上かけて400m以上離れた現園内まで移植する計画に乗り出した。本多は「私の首を賭けてでも移植する」と言ったと伝えられている。

(5)　恵済寺については24章も参照。

(6)　ジョン・モンタギュー（1690-1749）はマールバラ公の娘と結婚し、その下でカロデンの戦いに従軍した。彼が植えたニレはオランダニレ病で滅びたが、並木の構成で少数派だったシナノキは、多くがまだ生き残っている。

い。別ルートでの資金確保の例として、ミレニアム種子銀行がある。この機関への資金拠出はイギリス政府で、10年で2万4000種の植物を集める生息域外保全となった。これは、植物多様性を維持するための単一の取り組みとしては最大のものだ。生息域外保全では得られなかった新しい資金を引き出した例である。

(10) 現代の植物園の多くは、過去50年間に動物園がしてきた路線変更（見世物から自然保護先導機関へ）に追従するようになっている。

(11) 絶滅が情報の喪失であることは、イェール大学の同僚 Michael Donoghue との議論が大いに参考になった。

36章

(1) 題辞 : Hyde（1983, 101）.

(2) 砂漠化対処条約は1994年10月に署名開始、1996年12月26日に発効。生物多様性保全条約（CBD）の公式情報は以下参照、www.cbd.int.

(3) レイチェル・カーソンの『沈黙の春』（Carson, 1962）は、環境保護運動の先駆けとなった。シコ・メンデスとアマゾン地域のゴム樹液採取者たちの訴えは1990年、イギリス人映画監督 Adrian Cowell が製作した一連の映画 *A Decade of Destruction* により、国際的な注目を集めた。このシリーズ映画は、アマゾンの無数の森林火災で引き起こされた破壊の惨状を視覚的に訴えるのに大いに貢献した。

(4) ブラジル東部の大西洋岸多雨林の植物多様性の評価は以下より、Murray-Smith et al.（2009）.

(5) 生物多様性は CBD の下で特定の国の世襲財産として扱われているが、種の分布が国境と無関係なのは自明の理である。国境が生物や生態系の現実と重なることはめったになく、多様性の維持戦略を立てるには国別の施策ではなく統合的な施策が求められる。

(6) CBD 第15条は自然資源に対する国の主権を認めている。2010年10月29日、名古屋議定書とアクセスと利益配分の合意（ABS）は、CBD 締約国会議で採択された。暫定的な ABS 作業部会が6年かけて11回の会議を重ねた末のことである。名古屋議定書は、遺伝資源の利用から得られる利益の公正で衡平な配分について透明性のある法的枠組みを提供することを目的としている。以下参照、www.cbd.int/abs.

(7) 食料および農業のための植物遺伝資源国際条約の公式情報は以下参照、www.planttreaty.org. 同条約を修正する際の条件は、23条に詳述されている。23条3項は、合意があったときのみ修正可能であることを明記している。

(8) CBD について最大の賛辞があるとすれば、それは、生物多様性を国際的な政策課題として俎上に載せ続けていることだろう。少なくとも植物については、2002年春にハーグで開かれた締約国会議で世界植物保全戦略（GSPC）が採択された。これは世界中の植物学者、とりわけ植物園に属する研究員たちに、植物

35章

(1)　題辞：ジョニ・ミッチェルのアルバム *Ladies of the Canyon* より、"Big Yellow Taxi" 作詞作曲は Joni Mitchell, ©1970（Renewed）Crazy Crow Music. All Rights Administered by Sony/atv Music Publishing. イェール大学の林学環境学部は1901年開設のアメリカ最古の学士号取得者向け林学専門課程（大学院）で、同校の卒業生と教員5人がアメリカ林野局の初期の局長になるなど、当初より実地のアメリカ林学に強い影響を与えていた。アルド・レオポルドは同校1909年度のクラスを卒業。

(2)　ウォレミマツと同じように、ラジアータマツはこんにち3か所の自生地でのみ生き残っており、その自生地はどこも胴枯れ病の脅威にさらされている。この木は材木用の樹木として世界各地で少なくとも700年前から移植されている（Conifer Specialist Group, 1998）.

(3)　厳しく保護しているにもかかわらず、2005年にウォレミマツの一部が *Phytophthora cinnamomi* に感染しているのが見つかった。これは壊滅的な被害をもたらしうる黄金藻類で、制限区域内に勝手に入った登山者がもちこんだものと思われる。詳しくは以下参照、Salleh（2005）.

(4)　世界樹木キャンペーンは以下の機関が共同運営している。Fauna and Flora International, Botanic Gardens Conservation International, UneP World Conservation Monitoring Centre, その他。詳しくは以下参照、www.globaltrees.org.

(5)　ドラウタビュアとその保護の現状は以下参照、Farjon and Page（1999）.

(6)　現在、ムランジェイトスギの苗は栽培下のものを含めても100分の1の確率でしか生き延びない。マラウィ林学研究所の Clement Chilima は、2009年10月にマラウィで開催された Plant Conservation for the Next Decade: A Celebration of Kew's 250th Anniversary 会議にて、ムランジェイトスギその他の植物についての取り扱いと保護について語った。ウィドリングトニア属の4番目の種はマウンテンシーダーで、マラウィ南部からケープまで、まあまあ広く分布している。

(7)　以下参照、Bartram（1791）. ハワイアン・コットンツリーの祖先がハワイにたどり着いたとされる推定時期については以下より、Seelanan et al.（1997）. 野生状態では消えたがキュー植物園で保存されている植物種については以下参照、Kew, n.d.

(8)　生息域内保全を効果的に組みこんだ生息域外保全についての考察は以下参照、Guerrant et al.（2004）.

(9)　保護のための資金はごくわずかしか行き渡っていないという現状がまずある。ある保護手段のために資金を使ったら、ほかの保護手段に使える資金はなくなるということだ。しかし、私の経験から言うと、資金提供サイドはそれぞれ独自の優先順位があるため、ある目的に使える資金はほかの目的には使えないことが多いう。その規模は過去の大量絶滅に匹敵し、引き起こしているのはヒトと、ヒトによる地球資源の乱用だという。この考え方は、現状の生物多様性の危機について語るのであれば適切であるが、私たちがここで問題にしている生物絶滅のデータは基本的に鳥類や哺乳類など陸生脊椎動物であり、「ビッグ・ファイブ」の大量絶滅の根拠となった海生無脊椎動物とは違う。さまざまな絶滅の長期的な影響とその後の回復の性質についての分析は、Raup and Sepkoski（1982, 1983）. この2人は12回の大量絶滅の間隔に規則性があることに気づき、約2600万年周期で絶滅がピークを迎えると指摘した（Raup and Sepkoski, 1984）. このことは、白亜紀末の大量絶滅の原因が小惑星の衝突だったという説の証拠が1980年代初期に増大したことと相まって、ごくふつうの宇宙現象による周期的な彗星の降り注ぎというような、地球外からの影響が12回の大量絶滅を引き起こしたとする考えに発展した。この考え方は当初は注目を集めたものの、現在では、12回の大量絶滅が同じ原因だったという可能性は大半の古生物学者によって否定されている。

(4)　中国にある現生イチョウの集団が生き残り集団である可能性については、23章を参照。

(5)　Luis Alvarezとその息子Walterが、KT境界の絶滅原因が小惑星の衝突であるという説をはじめて提唱した件については以下参照、Alvarez et al.（1980）.

(6)　グールドはこの問いを雑誌に載せ（Gould, 1986）、のちに著書の形で展開した（Gould, 1989）.

(7)　国際自然保護連合のレッド・リストは生物種を、絶滅寸前から軽度懸念までカテゴリー別に分類している。カテゴリーの詳細およびその認定のもととなる正式な基準については以下参照、www.iucnredlist.org.

(8)　国際自然保護連合によれば、シフゾウ（*Elaphurus davidianus*）は2008年に野生状態では絶滅し、オリックス（*Oryx dammah*）は2000年に野生状態では絶滅した。脊椎動物に比べ、植物の多様性を世界規模で評価するのは、植物の種類が多すぎるため困難である。しかし、2010年に名古屋で開かれた生物多様性条約の締約国会議に提出された、抜き取り調査による暫定的な評価により、公正な判断に向けての第一歩が踏み出された。その結果は、世界の植物も世界の哺乳類と同様に脅威にさらされていること、世界の鳥類よりも危機的度合いが高いことが示された。抜き取り調査された植物種の5分の1は、絶滅が危惧されていた。この暫定的な評価は、国際自然保護連合の賛助を受け、キュー王立植物園と自然史博物館が共同でおこなった。その概要については以下参照、Kew（2010）. 絶滅の脅威にさらされている針葉樹については以下参照、IUCN Conifers Status Survey and Conservation Action Plan.

(9)　世界自然保護基金（World Wide Fund for Nature）はアメリカでは世界野生生物基金（World Wildlife Fund）として知られており、どちらも略語はWWFである。詳しくは以下参照、Living Planet Index, WWF（2010）.

の適用を受けていた。改正後は、規格化されたイチョウ、オトギリソウ、ヤドリギ以外のすべての薬草が適用外となった。以下参照、Bonakdar（2010, 96）. イチョウ葉エキスの市場については、Jensen et al.（2002）and Diamond et al.（2000）.

（13）　イチョウ葉エキスの世界全体の売り上げが年間10億ドルを超えていることについては、Van Beek（2000）. 1997年の国別年間売り上げは、ドイツで2億8000万ドル、ドイツ以外のヨーロッパで2000万ドル、アメリカで2億500万ドル、アジアで2000万ドル（Pérez, 2009）. これらの製品の大半は、葉50ポンド〔22.6kg〕をエキス1ポンド〔450g〕に減らすという「重量比50対1」を採用している。サプリメントとして用いる場合、*The Physician's Desk Reference for Herbal Medicines* の推奨によれば、1日120ミリグラムを数回に分けて服用する。以下参照、Diamond et al.（2000）and Chabrier and Roubert（1988）.

（14）　イチョウ葉エキスの規格基準品は一般に、EGb761と言われる。副作用はほとんどない。739人を対象とした研究で報告された副作用は、腹痛が2.6%、頭痛が0.9%、睡眠障害またはめまいが0.4%、皮膚発疹が0.3%であった。抗血小板活性作用により、抗血液凝固薬を服用している被験者に出血が増加するという報告がいくつかあったが、最新の再調査によれば、イチョウがそうした薬剤の作用を増強するという証拠はほとんどない。以下参照、Bone（2008）. イチョウ葉エキス治療については以下より、Letzel et al.（1996）and Diamond et al.（2000）. 見込まれる禁忌については、Medline Plus（2011）.

（15）　イチョウが認知機能を増強するかどうかの入念な評価は以下参照、Gold et al.（2003）and Gold et al.（2002）. 1000件を超える臨床試験のメタアナリシスについては以下も参照、Ph.D. thesis by York（2006）.

34章

（1）　題辞：Darwin（1859, 392.393）. ラウプとスタンレイの著書 *Principles of Paleontology*（Raup and Stanley, 1971）は、古生物学の発展に寄与した画期的な書物で、古生物学が進化理論と関連性が深いことを世に知らしめる一助となった（Sepkoski and Ruse, 2009）. 同書は現在、ラウプの教え子2人によって改訂されている（Foote and Miller, 2007）. 古生物学のシカゴ学派は現在、地球物理学部の私の以前の同僚である Kevin Boyce, Michael Foote, Dave Jablonski, Sue Kidwell, Michael LaBarbera, Mark Webster, およびアメリカ全土と世界中に散ったシカゴ大学当該プログラムの学生たちによって引き継がれている。

（2）　ジャック・セプコスキのデータ編纂は、彼がすでに分析を終えたあとも続いた。3500の科についてのデータ分析は、Raup and Sepkoski（1984）. 1万1800の属についてのデータ分析は、Raup and Sepkoski（1986）.

（3）　一部の識者によれば、われわれは現在、6番目の大量絶滅のただ中にいると……ギンコライドは大型で多形の結晶として得られ、またひじょうに安定性があることから、この物質は首から下げるペンダントに向いていると私たちは考えるに至った。だが、苦みが強いため、けっして舐めてはいけない」と皮肉を述べている（Nakanishi, 2000）. ギンコライドBの合成に成功したハーヴァード大学のイライアス・コーリーは、目的とする化合物を合成し、このような複雑な有機分子を合成するという新手法が評価され、1990年にノーベル化学賞を受賞した。

(6) Loudon（1838, 2098）によると、「ツンベリーいわく、日本では果肉質の外種皮も食されている。この部分は味気なく、苦いにもかかわらず。外種皮ごと軽く焼くと、それほど不快な味にはならない。モンペリエ植物園で熟した実を味見したトリノ大学のM. DelilleとM. M. Bonafousによると、その香りは焼きたてのトウモロコシに似ていたという」。一方、Lyman（1885）は、「果肉質の外種皮の絞り汁には収斂作用があり、防水紙や丈夫な紙、柵や建物の黒色塗料のようなものをつくるのに使われる」と述べている。

(7) ナシ族のレシピはタフツ大学のSelena Ahmedによる私信（2011）. ギンコトキシンとその派生物は、モデル植物であるシロイヌナズナの種子の成長と生存に必要な遺伝子（PDX1とPDX2）が関与するビタミンB6経路で産生される。生のギンナン1個にはギンコトキシンが約80マイクログラム含まれている。ギンコトキシンは、脳と中枢神経系が正常に機能するのに欠かせないGaba（ガンマアミノ酪酸）の形成を抑えるため、くり返し発作が起きたり、ビタミンB6を体内にとりこめなくなったりする。日本では、ギンナン食中毒患者の約27%が死亡している。これはおそらく、小児の感受性の高さに起因するものと思われる。ギンコトキシンの毒性は、ビタミンBの含有量が多い食材を追加することで中和される可能性がある。以下参照、Gengenbacher et al.（2006）, Wada et al.（1985）, and Wada（2000）.

(8) イチョウ葉エキスの世界的な利用状況の推測については、Pérez（2009）. *Ben Cao Pin Hue Jing Yaor*は、1505年にLiu Wen-Taiによって書かれた。

(9) フラボノイドはポリフェノールとして知られる部類の化合物の一種で、そのフリーラジカル捕捉能力が抗菌作用、抗ウイルス作用、抗癌作用、抗炎症作用、抗アレルギー作用に寄与していると考えられている（Robberecht and Caldwell, 1983）.

(10) イチョウのフラボノイドの全体像については、吉玉国二郎（1997）.

(11) エキスはフラボノイド22-27%とテルペン65-67%と規格化されている。ギンナンに含まれるアレルギー物質であるイチョウ酸は葉にも存在するが、100万分の5未満に保たれている。抽出プロセスについては、Juretzek（1997）and Sticher et al.（2000）. イチョウ葉エキスの商品化の歴史については、Van Beek（2000, 316）.

(12) 2004年にドイツの保健医療制度が改正される前は、大半の薬草が健康保険

（14）日本のイチョウ並木については以下参照、Handa et al.（1997）. 韓国でもイチョウは街路樹として大規模に植えられている。とくにソウル中心街では、イチョウが代表的な街路樹となっている。
（15）ホッブスの有名なセリフ「不潔で乱暴で苛酷な暮らし」の引用元は、Quammen（1998, 71）. ガンロフのセリフの引用元は、Brown（2006）.
（16）イギリスの研究によると、イチョウは水さえ充分にあれば暑い夏でも耐えられ、むしろ温暖な気候から利益を得るという（Fieldhouse and Hitchmough, 2004）. 都会の土壌の性質については以下参照、Bockheim（1974）and Shober and Toor（2009）.
（17）イチョウは傷ついた部分を分離する（分画化する）のが遅いとよく言われるが、エヴァレットのイチョウを点検した樹木医はこのイチョウについて、「私はこの仕事に就いて46年になるが、これほど分画化がうまくできている木は見たことがない」と報告している。以下参照、Mallow（2008）.

33章

（1）題辞：Aristotle, 350 B.C., in Ogle（1912）.
（2）この民話は、峨嵋山ふもとのイチョウの案内板に書かれていたもの。別の民話、中国版赤頭巾ちゃん物語の *Lon Po Po* では、オオカミに食べられそうになっていた3人の子どもが、逆にそのオオカミをイチョウの木から落として退治する。以下参照、Cai（1994）.
（3）「薬草はさまざまな人体パーツに似る」という薬草学の教義は、形状の類似から薬効の手がかりを得るという考え方。古くから、イチョウの「乳」は余分な栄養がたまったものと解釈されており、それを薄く削って煎じたものを飲むと乳の出がよくなると信じられていた。日本の上日寺にあるイチョウをはじめとする古木には、そうした削り跡がついている。以下参照、Himi City, "The Jounichiji Ginkgo."
（4）イチョウの実の胚乳部分を中国語では「白果」という。「麻黄」はアメリカ西部原産のマオウ属の植物。中国伝統医学におけるギンナンの利用法については、Foster and Chongxi（1992, 257）. ギンナンを砕いたものが肌パックになる。フラボノイドに富む葉のエキスにはフリーラジカル捕捉剤としての働きがあり、色素沈着に作用する。中国伝統医学の古い文献に、イチョウ葉エキスをそばかすの治療に使うと書かれていたのは、この理由によるものと思われる。こんにち、イチョウ葉エキスは白斑の代替治療に推奨されている。以下参照、Soni et al.（2010）, Zhu and Gao（2008）.
（5）イチョウの初の化学研究（Peschier, 1818）は、種子に含まれる酪酸についてであった。イチョウの化合物研究に早くから取り組んでいた中西香爾（こうじ）は、ギンコライド分子について「見た目に美しいカゴ形骨格をもつジテルペン年に5190本のイチョウを10年計画で植えることを誓約した。イチョウを1本植えることで得られる推定利益$82.40の内訳は以下の通り。美的価値その他、$38.98。降雨遮断、$20.13。エネルギーの節約、$19.40。大気汚染の緩和、$3.39。二酸化炭素の封じこめ、$0.50。アイ・ツリー・ストリートによると、街路樹としてのイチョウの全価値に対し、美的価値がほぼ半分を占める。

(6) 街路樹が運転速度に与える影響については、Naderi et al.（2008）. ドライバーのストレス反応に与える影響については、Parsons et al.（1998）. 入院患者についての研究は、Ulrich（1984）. 以下も参照、Kuo（2003）, Kuo and Faber Taylor（2004）, and Kuo and Sullivan（2001）.

(7) 都市緑化の便益予測についての詳細は、USDA（2003）. 都市緑化の起源と歴史については、Gerhold（2007）. アーバン・リソース研究所はニューヘヴンに5年計画で5000本の木を植えている。うち、イチョウは150本の予定。将来、樹木に病害が発生したときのことを考えて、同じ種類の木が5%以上にならないよう計画している。同様に、カリフォルニア州オークランドではUrban ReLeafという団体が、このままでは非行に走りそうだという若者を雇って地域に植樹させている。そのとき都市緑化研究所の研究員を同行させ、データを集めている。都市植樹による地域活性化と雇用創出については以下参照、Walsh（2011）and Pullen（2005）.

(8) フランスでも道沿いにスズカケノキ（プラタナス）を植える伝統がある。ナポレオンの施策は有名だが、この習慣はアンリ4世の時代からあった。近年では、フランスの一部の団体から、交通事故死亡者数における樹木の関与を指摘する怒りの声が上がっている（*Economist*, "The Killer Trees"）.

(9) 庭の設計の歴史、および都市の公衆衛生と樹木に関する歴史については、Gerhold（2007）.

(10) 引用文は以下より、Thone（1929）. 残念ながら、農務省近くのイチョウ並木はずいぶん前に撤去された。成木になってから雌木だとわかったものが多かったからだ。おそらく当時の名残であろうイチョウ巨木が数本、National Mallの農務省の北西の角に近いところや、Tidal Basinの端からそう遠くないところなどに残っている。

(11) クロルプロファムはジャガイモの発芽を抑制するのによく使われる。以下参照、USEPA（2002）.

(12) 民間の敷地内を含めて文化遺産的な木を守る市の努力については以下参照、Brown（2006）. ニューヨーク市の都市緑化については、MillionTreesNYCのプロジェクト・コーディネーターAndrew Newmanによる私信。

(13) マンハッタンの都市緑化統計は以下より、Peper et al.（2007）. イチョウはニューヨークの街路を象徴するもののひとつである。ディズニー・ハリウッド・スタジオは、ニューヨークの街路を再現するセットにイチョウを使った。

ッカー状の食べ物は、インドネシアや東南アジアの伝統的な一品である。

(10) 生のギンナンを薬に使うことは、明時代にLi Shizhen (1518-1593) が*The medicinal uses of raw ginkgo nuts appear in the Bencao Gangmu, or The Compendium of Materia Medica*に記している。生または調理済みのギンナンに含まれる毒素については以下も参照、Hori and Hori (1997), Foster and Chongxi (1992, 256), and Chapter 34. Yoshimura et al. (2006).

(11) 採油用の木の実や種子はそれ専門の市場があるが、いまのところイチョウはそこに入っていない。西アフリカで伝統的に使われていたスイカのタネの油は、柔軟化粧水として人気がある。ペポカボチャのタネの油はオーストリア、スロヴェニア、ハンガリーの珍味。モロッコ南部の砂漠地帯にのみ生育する木からつくられるアルガン油は、高級化粧品に欠かせない成分である。もっと大規模な話をすれば、アブラヤシは年に推定1億1750万トンのパーム油と210万トンのパーム核油を産出している。アブラヤシの農園は東南アジアだけで1600万エーカーを超える。

(12) Hori and Hori (1997). 将軍足利義輝の在位期間は1536年から1565年。酒の肴としてのギンナンについては以下より、Hageneder (2005).

(13) 江戸時代は1603年にはじまり1868年に終わる。引用文は以下より、Morse (1917, 365).

(14) ギンナンの成分がアルコール分解を促進することを示した動物実験は以下参照、Duke (1997).

(15) 鎌倉、鶴岡八幡宮のイチョウについては24章を参照。

32章

(1) 題辞:作詞、S. Kupka and E. Castillo。収録はタワー・オブ・パワーのファーストアルバム、*East Bay Grease*, 1970 —— San Francisco Records/Atlantic Records. アメリカの都市緑化についての詳細は、McPherson (2003). アメリカの都市緑地の減少についての最近の統計は、Nowak and Greenfield (2012). 都市に自然を導入することの意義についての展望は、Crane and Kinzig (2005).

(2) ツリーズ・フォー・シティーズについての詳細は、www.treesforcities.org. ケニアでグリーンベルト運動の設立者として樹木の重要性を世界に知らしめた、ノーベル平和賞受賞者の故ワンガリ・マータイ教授は、国連の地球のための植樹計画の推進者だった。

(3) ビジネス街における街路樹の経済的便益については、Wolf (2003).

(4) 「アイ・ツリー・ストリート」の計算方法は、i-Tree Tools (2010).

(5) 都市街路樹の調査は農務省森林局都市林研究課が実施した。ニューヨークのイチョウの本数は2007年の調査時点より増加している。今後10年でニューヨークに100万本の木を植えて世話しようというMillionTreesNYC運動は、2008

(3) 宋時代の『春渚紀聞』については以下より、Foster and Chongxi (1992). デル・トレディチが言及しているのは特定の大木のギンナン生産量である、Del Tredici (1991). 中国におけるギンナン生産量の推定は以下より、He et al. (1997).

(4) ヨルダンにある新石器時代の遺跡発掘現場からは、炭化したピスタチオの実が入った大きな籠が出てきた。生であれば40ポンドに相当したであろう (Henry and Servello, 1974). 木の実とヒトの歴史についての詳細は以下参照、Rosengarten (1984). 北欧における氷河期後の森林構成の変化は以下より、Huntley and Birks (1983). アメリカ先住民が北米の植生に与えた影響については以下参照、Abrams and Nowacki (2008).

(5) 植物学的には、ナッツと穀物などの「栄養パッケージ」には少し違いがある。ナッツは1600年代初期までめったに手に入らないもので、英語のnutには「喜びの源泉」という意味合いがある。もともとは「大好き」という意味だったが、19世紀中期のアメリカ英語に「熱狂、まともじゃない」という意味が加わった。オンライン語源辞典より、www.etymonline.com/index.php?term=nuts. ギンナンの食用部分は68%がでんぷんで、脂肪は3%しか含まれていない。エネルギー価は1ポンド〔450g〕あたり940カロリー。なお、マツの実の脂肪含有量は60%でエネルギー価は1ポンドあたり2800カロリー。乾燥重量100グラムあたりにすると、ギンナンは、約403カロリー、蛋白質10.2-10.5%、脂肪3.1-3.5%、炭水化物83%、繊維1.3g、灰分3.1-3.8g、カルシウム11mg、リン327mg、鉄2.6mg、ナトリウム15mg、カリウム1139mg、βカロチン392mg相当、チアミン (B1) 0.52mg、リボフラビン (B2) 0.26mg、ナイアシン6.1mg、アスコルビン酸54.5mgである。栄養価についての詳細は以下参照、Duke (1989) and Kris- Etherton et al. (1999).

(6) 最初のギンナン分類では、3種類の品種を認めていた (Tsen, 1935)。いわゆる普通品種の *typica* のギンナンは丸い形をしている (Meihe-Yinxingなど)。*huana* のギンナンは楕円形。*apiculata* は、小さな突端がついている馬鈴形 (Maling-Yinxingなど)。

(7) 種子の中の「胚」の部分は若いと苦みが強いため、爪楊枝でとりのぞかれることがある。

(8) ギンナン集めをめぐっては、ときおり摩擦が起きている。オークランドでは、ギンナンをとろうと自宅の庭でイチョウの雌木を育てていた住人が、そのギンナンを隣人が勝手にとったとして警察を呼んだ (Kemba Shakur, Urban ReLeafによる私信).

(9) 以下参照、Crosby (2008). インターネットで購入できるカメルーン産の「ギンナン」には要注意。これは、よく似たグネツムの種子を使った偽物だ。グネツムそのものは熱帯雨林に生育する興味深い植物で、その種子を挽いて揚げたクラ

Middleton Place Estate には、いくつかの若いイチョウの木がいまも生育している。

(17)　憲法批准祝賀パレードについては以下参照、Hawke and Rush (1971). アメリカ建国の父たちの園芸熱については以下参照、Wulf (2011).

(18)　ヘンリー・クレイは19世紀アメリカの有力政治家で、1812年には米英戦争の開戦を指揮している。だが同時に、譲歩の達人でもあり、1820年代と1830年代には連邦法実施拒否問題や奴隷問題で妥協を引き出した。以下参照、Heidler and Heidler (2010). 日本がワシントンDCに送ったイチョウの若木をクレイが入手したとされていることについては以下参照、Claxton (1940). 彼の地所（ケンタッキー州レキシントン、アシュランド）のイチョウは南北戦争のころに植えられた。以下参照、Ashland (2012).

(19)　スミスの文章の引用は以下より、Falconer (1890). この記事はイギリスの *The Garden* に掲載されたものなので、イギリスの通貨単位が用いられている。1890年当時の1ポンドは現在の約120ドルに相当する。50年前のコストは、Loudon (1838, 2100) によると「ロンドン種苗園では、雄木はサイズに応じて1シリング6ペニーから5シリングで雌木は5シリング。Bollwyller では5フラン。ニューヨークでは2ドル」。ケンタッキー陸軍予備士官学校のイチョウについては以下参照、Falconer (1890) and Del Tredici (1981, 157).

(20)　バークレー校の Giannini Hall に勤務する Patricia Colleran は、キャンパス内の写真とこの木についての詩で賞をとった（オンラインで閲覧可）。以下参照、Kell (2005).

(21)　Sem Sutter がつくった俳句風の詩が掲載されたのは *University of Chicago Magazine* April 30, 2007.

(22)　Santamour et al. (1983b) はイチョウの園芸品種を80点挙げているが、Begović Bego (2011) は少なくとも220点あるとしている。種子の形と大きさで見分けられる品種については以下参照、Santamour et al. (1983b, 91). イチョウの栽培品種の代表的なものは、キュー植物園のバンブーガーデンに植えられている。

(23)　サラトガの葉は、ギンコイテス・テレマクスやスフェノバイエラのような化石種の葉を連想させる。以下参照、Anderson and Anderson (2003). 日本の盆栽文化を西洋にはじめて紹介したのは、イチョウを記載した初の西洋植物学者エンゲルベルト・ケンペルである。

31章

(1)　題辞 : Shakespeare (1623a, act 3, scene 2). 植物学的に言うと、いわゆる「ギンナン」は厳密には種子であり、アーモンドやハシバミその他の被子植物の実（ナッツ：たった1つの種子から成る裂開しない果実）と混同してはならない。

(2)　欧陽修の文章の引用は以下より、Li (1963).

のだろう。ブラッキーが手に入れたイチョウがどのようにしてイギリスに来たのかは不明（Loudon, 1838, 2097）.

（13） ハミルトンがイギリスの庭園を称賛していた話は以下より引用、Madsen（1989, 14）.

（14） ハミルトンはアメリカで随一の「生きた植物」の収集家だった。そのことは彼の広範な外来植物のコレクションに表れている。彼がウッドランズのためにヨーロッパから運ばせたものには、300本のヨーロッパモミと500本のポルトガルリンボクが含まれる（Smith, 1905）. 1809年に温室の植物が目録化されたとき、それは世界中から集めた5000種から6000種の1万点近くの植物を数えた（Oldschool, 1809, 507）. ハミルトンと秘書の通信は以下参照、Smith（1905, 144）.

（15） ハミルトンのイチョウは、つい最近の1981年の測定時に樹高がほぼ68フィート〔21m〕だった（Del Tredici, 1981, 155）. この木は1980年代中期に、管理人の犬がギンナンをむさぼり食って病気になったあと、近くにあった雌木とともに切り倒された（Madsen, 1989, 23）. コリンソンについては以下参照、Dillingham and Darlington（1851）. ジョン・バートラム（1699-1777）はアメリカ植物学の父とよく言われる。リンネはバートラムを「世界一偉大な、生まれながらの植物学者」と呼んでいた。1728年ごろつくられたバートラムの庭は、北米で生き残っている最古の植物園である。デイヴィッド・ホサックは、1804年に副大統領アーロン・バーと決闘をしたアレクサンダー・ハミルトンの致死的な外傷を手当した医者として有名である。ヴァンダービルト邸にイチョウが植えられた正確な日付は不明だが、1799年から1835年のどこかでホサックかサミュエル・バードのどちらかが植えたと推測されている（Dave Hayes, Roosevelt-Vanderbilt National Historic Sitesによる私信）. ホサックは、基本的に固有の植物だけの庭であるエルギン植物園の創始者。彼はこの植物園を1770年にニューヨーク市に開設した。その場所は現在、ロックフェラー・センターとなっている。

（16） フランスの森は100年近く続いたイギリスとの戦争で過剰伐採された（造船原料となる）。ミショー（父）はそんなフランスの森を再生するための新種の樹木を探す任務を負っていた。ミショーは300種以上の植物を発見・記載し、アメリカの樹木と種子を90箱以上フランスに送った。だが、フランス公使ジュネ（通称「市民ジュネ」）に伝言を届ける仕事をしたためミショーの評判は地に落ちた。ジュネは、アメリカ市民に武器を渡し、スペインと戦わせようとしたとしてジョージ・ワシントン大統領を激怒させた人物である。以下参照、Williams（2004）. チャールストンのミショーの庭については以下参照、Cothran（1995）. フランソワ・ミショーはこの旅について、1805年に*Michaux's Travels to the West of the Alleghany Mountains*という本にまとめて出版した。彼の父がチャールストンに開設した庭はすでに存在しないが、チャールストン歴史協会や、近くの

についての詳細は以下参照、Swearer（2001）.

（2）中国でのイエズス会の活動については以下参照、Hsia（2009）. ヘートベツのイチョウのサイズは以下より、Kwant, The Ginkgo Pages. この雌木は長らく雌木と気づかれなかった。近くに雄木がないと種子ができないため、雌木であることを積極的に示せないからだ。ヨーロッパではじめて雌木と確認されたイチョウは、別の庭にある雄木に接ぎ木されるまで、種子をつけなかった。以下参照、Loudon（1838, 2096）.

（3）フランス革命後、王立庭園はパリ植物園として知られるようになった。Ehrhart（1787）はドイツ、ハノーファーのヘレンハウゼン王宮庭園で育つイチョウについても書いている。

（4）引用は以下より、Loudon（1838, 2099）. この本にはヨーロッパに植えられた他の初期のイチョウについても載っている。

（5）ヨーロッパに導入された日本原産の植物については以下参照、Farrer（2001）and Crane and Saltmarsh（2002）.

（6）ビュート伯爵は、1759年にキューに庭園を開設したオーガスタ王女と親しかった。彼は若き国王ジョージ3世の助言者であり、首相も務めた（1762-1763）。

（7）オールド・ライオンの由来に関する議論は以下参照、Fergusson（2006）. ジェイムズ・ゴードンについては29章参照。

（8）ヨーロッパにおける初期のイチョウ栽培については以下参照、Loudon（1838）. ライデン植物園は、ライデン大学の医学生に植物の薬効を教える目的で1590年に開設された。

（9）パリ植物園にあるペティーニのイチョウは当初、鉢で育てられ、冬は温室に入れられた。1792年にアンドレ・トーアンがそれを屋外に植え替えたが、成長が止まってしまった。その後、残りの4本のうち1本を取り木して、別のイチョウが得られた。イチョウのフランス名についての話は以下より、Loudon（1838, 2096）.

（10）ピエール・マリー・オーギュスト・ブルソネ（1761-1807）は、フランス人博物学者で王立協会の名誉会員だった。イチョウのやりとりについては以下より引用、Loudon（1838, 2096）and Wilson（1920, 56）.

（11）Loudon（1838, 2096）.

（12）ヨーロッパではじめてイチョウの種子が実ったことに関する詳細は、Loudon（1838）and Wilson（1919, 147）. この雌木は1790年にブラッキーというイギリスの植物収集家がBourdigny地所にもちこんだものである。ブラッキーは1766年、アルプスの植物を集めるためにこの地所に滞在した。その後、彼は収集の際に余った植物をBourdignyの所有者M. Paul Gaussen de Chapeau- Rougeに送っていた。このイチョウはブラッキーがオルレアン公爵のためにモンソーで育てていた樹木や植物の一部で、おそらくイギリスから輸入した株から育てたも最重要資料は1784年にジェイムズ・E・スミスに売り払われ、それがロンドン・リンネ協会の基礎コレクションとなった。詳しくは以下参照、Blunt and Stearn (2001). ウプサラ時代に保存された標本はリンネ植物標本集1292.2に綴じられ、ピカデリーのバーリントンハウス地下にあるロンドン・リンネ協会の貴重品保管室にある。

(9)　ゴードンが手に入れた生きたイチョウは、ユトレヒトの植物園でいまも生きている木から株分けされたものの可能性がある。ユトレヒトのイチョウは、おそらくその前に移植されたものだろう。ユトレヒトのイチョウについては30章を参照。

(10)　中国の少年の絵とは、ドーセット公爵夫人の従者Wang-y-Tongの絵。ジョシュア・レイノルズはこの絵を1776年に描いた。この絵は現在、個人が収蔵している。この絵の別のバージョンは、ケント州セヴンオークスのKnole House、Reynolds Roomにある（Martin Postle, Paul Mellon Centre for Studies in British Artによる私信）。

(11)　ブラッドビー・ブレイクの目的である「商業を促進し、人類の役に立つ、大英帝国領内にあるすべての木の種子、灌木、根、果実、花を手に入れよ」は、John Hancockのあとをつぎ大陸会議の5代目議長となったHenry Laurensの手紙より（Laurens, 1980). Henry Laurensは独立戦争中、ロンドン塔に監禁された。彼はサウスカロライナ最大規模のメプキン・プランテーション（現メプキン修道院）の農園主だった。ブラッドビー・ブレイクは1773年11月16日、広東で死去。彼の死は1774年5月にイギリスに知らされた。ジョン・エリスは前年にブレイクを王立協会の候補者として発表していたが、死去の知らせが届いてブレイクの名は候補者からはずされた。ブレイクが中国から送った陶磁器の詳細は以下参照、Corbeiller (1974). イギリス東インド会社の書類は、大英図書館のインド文書記録に収蔵されている。

(12)　エリスは1770年、*Directions for Bringing over Seeds and Plants from the East Indies and other Distant Countries in a State of Vegetation*の中で「船長、外科医、その他の好奇心ある人々」について書いたとき、ブラッドビー・ブレイクを念頭に置いていたのかもしれない。以下参照、Ellis (1770). この本が書かれたのは、生きた植物の輸送に革命をもたらしたウォード箱が発明される1829年より60年も前である。エリスは植物コレクターに、種子を買うときはそれが腐敗していないものであることをじっくり確かめてからにするよう力説していた。

30章

(1)　題辞: Pollan (1991, 64). 大乗仏教では、あらゆる生き物には成仏する能力が内在しているとする。中国、韓国、日本の仏教徒の伝統に浸透している、大乗仏教の主要経典である妙法蓮華経は、菩薩を大木と結びつけている。仏教の生態観

(11) 以下参照、Kaempfer (1690-1692, p. 181). 1712年に『廻国奇観』を出版したとき、ケンペルは「ギンアウ」の表記を「ギンアン」に変えている。

(12) ウィリアム・アダムズについては27章参照。1611年と1617年の2通の手紙に書かれたアダムズの日本暮らしについては、Hakluyt Societyの文献から再版されている。以下参照、Adams (1896). スウィフトの『ガリヴァー旅行記』は、『日本誌』が出版される前年の1726年刊行。スローンは1753年1月10に死去。彼の遺志は、1753年7月7日に議会決定された大英博物館の設立に引き継がれた。彼の名は、ロンドンのスローン・スクエアの名としても残された。チェルシーのキングスロードの端にあるスローン・スクエアは、1673年に薬剤師組合が設立し、スローンが研究場所としていたチェルシー薬草園に近い。以下参照、Minter (2000). 大英博物館の規模と多様性が拡大するにつれ、スローンの自然史コレクション(ケンペルのものを含む)は1880年代に新設の大英自然史博物館(現在、サウスケンジントンにある自然史博物館)に移された。ケンペルの蔵書は1972年に新設された大英図書館の基礎コレクションの一部となった。

29章

(1) 題辞: Shakespeare (1623b, act 3, scene 2).

(2) リンネとその業績については以下も参照、Jarvis (2007). リンネがはじめてイチョウと出合ったのはおそらく、29歳でロンドンのスローンを訪問した1736年だろう。それは挨拶をするだけの短い訪問だった。スローンはリンネより50歳近く年上で、リンネにはスローンの膨大なコレクションを詳しく見ている時間はなかった。いまからふり返ってみれば、リンネとスローンの出合いは、ある世代の偉大な植物収集家がつぎの世代の偉大な収集家にトーチを渡したように見える。

(3) リンネはバンウコンの属名を *Kaempferia* とした。

(4) Ellis (1770).

(5) エリスとリンネの手紙は以下から引用、Loudon (1838, 1: 77)。カッコ内の植物名はLoudonによる挿入。

(6) エリスからリンネへの手紙は以下から引用、Smith (1821, 207). リンネが1766年に命名したグレーターサイレン (*Siren lacertina*) はウナギに似た両生類で、北米の大西洋とメキシコ湾沿岸、フロリダ南部に棲息する。

(7) マイルエンド種苗園のイチョウはイギリスで最も古く、最も美しいと記述されている。以下参照、Lyman (1885) and Loudon (1838). ジョン・ホープ博士は1725年生まれ、1786年死去。ロンドンでのホープの観察は以下参照、Harvey (1981).

(8) 以下参照、Kaigi (1930). リンネのコレクションと文献は現在、パリのフランス研究所、ロンドンの大英図書館、ウプサラの植物博物館、ストックホルムのスウェーデン自然史博物館など方々に散らばっている。彼の大量のコレクションと

し、そのレシピはキャドバリー兄弟により「サー・ハンス・スローンのミルクチョコレート」として模倣された。イギリスの科学学術団体である王立協会は、国王チャールズ2世時代の1660年に設立された。この会は、1663年にチャールズ2世の2度目の特許状を得たあと、自然科学の知識向上のためのロンドンの王立協会と名づけられた。創始者には建築家クリストファー・レン、化学者ロバート・ボイル、医師で哲学者のジョン・ロック、実験家、顕微鏡学者にして天文学者のロバート・フック、初期の解剖学者で植物生理学者のネヘミア・グルーなどがいた。グルーは動植物の構造上の詳細を観察するために顕微鏡を使った第一世代である。基礎を築いた初期の研究員には植物学者のジョン・イーヴリンとジョン・レイがいた。とくにレイは、スローンに多大な影響を与えた。スローンは1727年から1741年まで王立協会の会長を務め、当時の有力な科学後援者となった。

(8) スローンの植物コレクションの中には、13,000点の種子、果実、ゴム、蠟、樹皮、珍奇な品目を封をした小箱に保存したものがある。"Vegetables and Vegetable Substances" と呼ばれるこのスローン・コレクションは、小箱の上面と下面がガラスでできており、箱を開けずに中身を調べられるようになっている。ケンペルが日本で集めた資料は、スローンの植物標本集211に収められている。その両隣には、ドイツ人植物学者シュレーターによるイタリアの植物コレクションと、*Natural History of Carolina, Florida and the Bahama Islands* の著者 Mark Catesby によるカロライナその他北米東部の植物コレクションがある。ケンペルが集めたイチョウの標本は2ページにわたって収まっている。フォリオ91には3種類の植物が入っており、その中に、長い葉柄と1枚の葉をつけたイチョウの小枝が含まれている。フォリオ103には9種類の植物が入っていて、うち1つが、きれいに貼りこまれたイチョウ葉である――おそらく若木から採取した葉であろう。すぐ下には、ケンペルの弱々しい筆跡のラテン語で "Folium Itsjo arboris nucifera, folio adiantino（イチョウは果実をつける植物で、クジャクシダ様の葉をもつ）" と書きこまれている。ロンドン自然史博物館にあるスローン・コレクションについては以下参照、Dandy（1958）and Trustees of the British Museum（1904）.

(9) ソールズベリのスローン・コレクション研究については以下参照、Salisbury（1817）. スローンの植物標本集にあるケンペルのコレクションの詳細な目録は以下による、Hinz（2001）.

(10) ヨハン・カスパール・ショヒツァー（1702-1729）は、1728年にケンブリッジ大学で医学の博士号を取得。彼の父はスローンの知り合いで、自然史の研究者としてよく知られていた。彼のおじであるヨハン・ショヒツァー（1684-1738）はチューリヒ大学で数学教授と物理学教室主任教授をしており、植物学にも通じていた。

(11)　イチョウの模様入り磁器は大橋図録の図184にある。rd30.6, H8.0, bd15.2; 以下参照、Ōhashi（2006）.

28章

(1)　題辞 : Linnaeus（1751）.
(2)　イチョウの語源についての詳細は以下参照、Hori and Hori（1997）. 宋王朝は960年から1279年、元王朝は1271年から1368年。
(3)　ケンペルは『訓蒙図彙』を2冊、所有していた。ひとつは1660年の初版で、もうひとつは1668年の再版である。どちらも現在は大英図書館内、ケンペルの日本ライブラリーに収蔵されている。
(4)　ginkgoの2番目の"g"が、ドイツ北部の方言の問題だという考え方は興味深いが、ケンペル研究の学者ウォルフガング・ミヘルは、ケンペルが別の日本語、たとえば"kyo"や"kyō"が入っている植物名で、きちんと"y"を書き写している点を指摘し、ケンペルが間違えたという説を推している。以下参照、Wolfgang Michel's Research Notes（Michel, 2009）. ほかに、ケンペルは専属通訳の今村源右衛門の発音、つまり当時の長崎で話されていた方言の音に忠実に従っただけだという説もある（Van der Velde, 1995）。たとえばイチゴは、現在でも長崎の方言では"tzingo"と発音する。これは、ケンペルが『廻国奇観』に書いたのと同じ綴りである（法政大学の長田敏行による私信）。
(5)　ケンペルの草稿、イラスト、メモ、地図、書籍、木版画の図版本、その他のコレクションについては以下参照、Hüls and Hoppe（1982）.
(6)　スローンは1660年4月16日に、北アイルランドのダウン州、Killyleaghに生まれた。18歳でロンドンにやってきて、翌年、医学の勉強をはじめる。1683年、イギリスの医者で植物学者のTancred Robinsonとともにパリへ行き、Tournefort（トゥルヌフォール）の植物学講座に参加する。のちにモンペリエへと旅し、南仏のオラニエで医学の学位をとり、1684年にロンドンに戻った。スローンの人生、交友関係、コレクションについての詳細は以下参照、Dandy（1958）and MacGregor（1994）. 国王ジェイムズ2世が追放され、その娘メアリとその夫オレンジ公ウィリアムを統治者として迎え入れた名誉革命は、イギリスとオランダの文化に多くの共通点があったおかげでうまくいった。オランダの職人、学者、芸術家、商人は長きにわたってイギリスに組みこまれており、その影響はオランダ語由来の英語（ヨット、スケッチ、ランドスケープなど）が多くあることに表れている。名誉革命と当時のオランダとイギリスの関係については以下参照、Jardine（2008）.
(7)　スローンはジャマイカに1687年から1689年までいて（Sloane, 1696; 1707-1725）、現地で水と混ぜて飲み物にしていたチョコレートの効用について記録した。スローンはチョコレートをミルクと混ぜたほうがおいしいことを発見

はキリスト教徒）が地元当局に対して蜂起した。反乱は1638年4月、原城の落城により鎮圧されたが、その余波として、キリスト教の取り締まりがますます厳しくなり、ついにポルトガル人の追放となった。天下統一を果たした徳川幕府を支援していたオランダ人は、1641年に貿易拠点を平戸から出島に移した。鎖国政策の一環として、日本がオランダ以外に貿易を許した相手は中国だけである。

(7) シーボルトとシーボルトが日本で過ごした日々については6章を参照。

(8) 引用した文章はケンペル（1690-1692）による。ケンペルは日本の将軍のことをEmperorと書いている。日本に来た初期のヨーロッパ人の多くが同じ書き方をしていた。

(9) ケンペルの旅については以下参照、Stearn（1948）. ケンペルに関する徹底討論については以下参照、Michel（2009）. ケンペルはヨーロッパに戻ると、まずライデン大学で正式な医学免許を取得した。1694年にレムゴに戻って開業医となり、1698年12月にはリッペ＝デトモルト侯国のフリードリヒ・アドルフ伯爵の専属医師に指名された。50歳近くになった1700年に結婚し、すぐに娘2人と息子1人をもうけた。だが3人とも幼くして亡くなる。『廻国奇観』の完全な原題は、*Amoenitatum exoticarum politico- physico- medicarum fasciculi V: quibus continentur variae relationes, observationes & descriptiones Rerum Persicarum & Ulterioris Asiae, multa attentione, in peregrinationibus per universum Orientem, collectae / ab auctore Engelberto Kaempfero*（魅惑の異国の政治的、科学的、医学的報告　5巻――ペルシャ帝国およびアジア奥地の国々に滞在した結果に基づく地誌と観察と記録）. この本は、ケンペルの故郷であるドイツ北部のレムゴの印刷所で出版された。

(10) ツンベリーによる日本その他の植物コレクションは、ウプサラ大学に保存されている。18世紀末、オランダ東インド会社は倒産し、解散した。対日貿易はオランダ政府の管理下で続けられた。出島に来る船は年に2、3隻となってしまったが、出島のオランダ人はバドミントンやビリヤードをしたり、ビールを醸造したりしながら過ごしていた。オランダ人が残留していたことは、ヨーロッパにとっても日本にとってもそれなりの意味があった。18世紀の出島は世界の両サイドにおける政治紛争のおかげで、以前ほど孤立した状態ではなくなった。ナポレオン戦争中、オランダはフランスの統制下に置かれた。オランダの小さな植民地はイギリスに対して無防備となり、イギリスはオランダの船舶をつぎつぎ襲った。1808年、イギリスの軍艦フェートン号はオランダの旗の下に長崎港に入ったが、襲うべきオランダ船が1隻もいないのを知り、日本の部隊がやってくる前に港を立ち去った。1811年にバタヴィアのオランダ基地がイギリスに占領されると、出島は完全にヨーロッパとの接触を断たれた。しかし、オランダ商館長Hendrik Doeffのゆるぎない指導力と日本側の協力者たちのおかげで、出島は生き延び1814年に通商を再開した。

多くが日本に入ってきて、吸収されていった。たとえば、1654年に地位の高い仏僧、隠元が長崎の興福寺にやってきて、禅宗の一派黄檗の教えをもちこんだ。この教えはのちに将軍その他多くの有力武将にとり入れられた。

(7)　1300年代にイチョウがすでに日本にあったという推測は、神奈川県立金沢文庫に収蔵されている14世紀の本のページのあいだにイチョウ葉の押し葉が見つかった事実と一致する。この本が同館に収蔵されるに至った経緯をたどると、押し葉があとの時代に挿しこまれたとは考えにくい。本のページのあいだにイチョウ葉をはさんで押し葉にするというならわしはこんにちまで続いている。イチョウ葉には虫を寄せつけない成分が含まれているとされるからだ。日本におけるイチョウの文書記録については25章を参照。さらに詳しいことは以下参照、Hori and Hori（1997）.

(8)　イチョウにちなんだ名をつけられた工芸品や動植物については以下参照、Hori and Hori（1997）. 安土桃山時代は1573年から1603年。

27章

(1)　題辞：Proust（1919）. エンゲルベルト・ケンペル（1651-1716）は「日本を解説した初の人物」と呼ばれている（Brown, 1992）.

(2)　日本のイチョウについてケンペルが書いたことは、28章を参照。

(3)　以下参照、Evelyn（1664, 194）; ジョン・イーヴリンが描写した中国の巨木がイチョウではないかという推察は、Campbell- Culver（2006）による。だが、中国との初期の接触は南部の亜熱帯地方だったことを考えると、イチジクの可能性のほうが高い。

(4)　1540年代のポルトガル商人たちの報告は、営利目的と布教目的をもつイエズス会の伝道事業者たちの関心を引いた。民間の船主と貿易業者の利害を引きつけるため、宣教師フランシスコ・ザビエルは手紙につぎのように書いている。「まず一部の人を手なずけて、嗜好を植えつけるのです。そうすれば、日本に市場ができます。それは同時に布教にも役立つことでしょう……」。以下参照、Newitt（2005, 135）. 日本における初期のキリシタン大名に、大村純忠がいる。彼はポルトガル人の後援のもと、1571年に長崎に貿易港を開設した。他のヨーロッパ人がやってくるころには、長崎はすでに港として確立されていた。長崎には現在も、ヨーロッパの影響を色濃く残した教会や、ポルトガル由来のスポンジケーキであるカステラを売る店がある。日本語の天ぷらは、ポルトガル語のテンペロから来たと言われるが、肉のかわりに魚介類や野菜を食べる宗教上の期間「斎日」を表すポルトガル語から来たという説もある。

(5)　Clavell（1975）.

(6)　イギリス東インド会社は、VOC（Vereenigde Oost-Indische Compagnie）とも呼ばれる。島原の乱は長崎の東で起こり、数万人の農民およびその応援者（多くと呼ばれている。平安時代は794年にはじまり1185年に終わる。
(9) 鶴岡八幡宮の大イチョウについては24章を参照。日本の奈良時代は710年から794年とされている。
(10) 日本におけるイチョウの文化史についての詳細は以下参照、Hori and Hori (1997).
(11) 日本の古木についての情報は、Li (1963).
(12) 以下参照、Hori and Hori (1997).
(13) 鎌倉時代は1185年から1333年、室町時代は1336年から1573年。

26章

(1) 題辞 : Fuller (1732, #1850). 韓国国立海洋文化財研究所は、韓国文化体育観光部の管轄下にある。以下参照、www.seamuse.go.kr.
(2) 1994年、国立海洋遺物展示館は韓国国立海洋文化財研究所となった。新安船の残骸は大半が積荷で、海洋文化財研究所に展示されている。新安船の発掘以降、同館は韓国沿岸で見つかったほかの沈没船の発掘作業の指揮をとるようになった。
(3) 新安船の構造と建造の説明および設計図は以下参照、Green (1983)。船と積荷、水中発掘作業の説明および写真は以下参照、Kim (2006a, b, and c)。
(4) 新安船から回収されたイチョウの堅果は、陶磁器その他の回収品とともにソウルの韓国国立中央博物館に展示されている。
(5) 新安船から回収された物品には、書道または日々の書き物に使う硯が20点以上、骨製のサイコロ (サイズがやや小さいだけで現在のサイコロとまったく同じ)、漆器の見本が数点あった。ガラス製品では、繊細なヘアピン、ボタン、ビーズ、小さなガラス瓶などがある。金属製の瓶、鏡、香炉、天秤のおもり、鉢、灯油入れ、さじ、銅鑼、シンバル、皿、酒杯、箱、スプーン、箸、ショベル、錠前、ひしゃく、燭台、鐘、調理用具、容器、石炭壺、大釜、鍋、計量器、汁椀、天文測量器、仏像、装飾用小立像、鍼、指輪などもあった。スズや白銅板など300点を超す未加工の金属は、各種製品になるか混ぜ合わされて合金になる運命だったのだろう。船倉にバラストとして貯蔵されていたのは約800万枚の中国の銭で、これが最も重い積荷だった。銭は中央にある穴に堅牢な紐を通してひとまとめにされていた。重量にすると全部で27トン。銭はすべて中国製で約70種類、どれも14世紀まで流通していたものだった。日本でも、輸入した中国銭が通貨として広く使われていた。日本で硬貨はまだ鋳造されていなかったのだ。質の低い硬貨は溶かして仏像その他のぜいたく品に成型し直されていた。
(6) 以下参照、Seyock (2008). 福岡と京都の寺にはいまもイチョウの古木が近くに生育している。中国と日本の交易は、日本が鎖国していた期間も続けられていた。17世紀には、それまで日本国内で分散していた中国人移民社会が長崎に集められ、海外貿易は長崎に限定されるようになった。長崎を通じて、中国文化のもの（たとえば以下参照、Kwant, "Seven Worthies of the Bamboo Grove〔竹林の七賢人〕"）は信頼性のある裏づけがなく、今後の研究が待たれる。左思（253-307）は晋（265-420）時代の有名な詩人だが、現存する詩は14編しかない。太康の詩についての詳細は以下参照、Mair（2001）.

(2)　自然現象についての短い説明文を集めた『格物粗談』は980年ごろ書かれたもので、中に「イチョウの雌木と雄木を並べて植えると実がなる」という文章がある。イチョウの木の雌雄については8章を参照。欧陽修（1007-1072）と梅尭臣（1002-1062）がイチョウについて交換した詩は以下参照、Needham et al.（1996, 581）.

(3)　今後とも研究が待たれる中国の農業史については以下参照、Needham et al.（1996）.

(4)　元の時代は1271年から1368年。

(5)　中国の省ごとにイチョウ古木を比較すると、安徽省や浙江省のイチョウより貴州省のイチョウのほうが平均すると樹高も胴囲も大きい。貴州省の北側に接する四川省にはさらに大きなイチョウがある。データの元は、Lin et al.（1995）. メンジーズが引き合いに出した安徽省のイチョウの自生地についての話は、『大薬草集』（1596, p. 1801）の中にあるJih Yung P.n Tshaoの発言である。元の時代初期には、イチョウの名として「白い眼」「白い果実」「霊的な眼」「アンズの実」なども使われていた。のちに「祖父と孫の木」という名も登場する。宋（960-1279）および元の時代のこれらの情報は以下参照、He et al.（1997, 374）and Li（1963, 92）.

(6)　韓国の最長寿のイチョウは文化財庁から天然記念物として認定されている。以下参照、Invitation ForestOn "Story of forest: Old gigantic trees in Korea."

(7)　寧越郡の村民たちは、このイチョウの中に巨大なヘビが棲んでいて、動物や昆虫を遠ざけているだけでなく、木の中に子どもが落ちても無傷ですむと信じている。寧越郡のイチョウ、斗西面のイチョウ、龍門寺のイチョウの説明と写真は以下参照、Invitation ForestOn, "Story of forest: Old gigantic trees in Korea." 北朝鮮の安仏寺は、咸鏡南道金野郡にある。

(8)　日本のイチョウ古木リストと関連する伝説については、Hori and Hori（1997）. 伝説によれば、韓国の龍門寺イチョウと日本の善正寺イチョウはそれぞれ、寺の繁栄を願う僧侶により挿し木で植えられたものだという。別の伝説によると、1127年に都を開封から南の杭州に移した高宗に随伴した役人が、イチョウの枝を折って地面に挿し、もしこれが根づけば遷都は成功だと宣言したという。その挿し木は壮大に育ち、多くの「乳」をつけている。日本の千本イチョウは、雷に打たれた大きなイチョウの幹からいっせいに芽を出したものだと言われている。以下参照、Primack and Ohkubo（2008）, Handa（2000）, Li（1963）, and Kwant, "An Old Chinese Legend." 宮城県の姥神社にある大きな雌木は乳イチョウったときがこの測定法の限界である。この方法で正確な樹齢を知ることができるのは、およそ6万年前までである。

(8) 屋久島の縄文杉の写真は以下参照、Pakenham (2002). アーネスト・ヘンリー・ウィルソンが屋久島のスギの切り株を直径14フィート〔4.3m〕だと報告すると (Sargent, 1913)、大きな評判となった。

(9) 年輪年代測定法は、特定の木における年輪の幅の変動パターンを知り、別の木にそのパターンをあてはめたり相関分析したりするのに用いられる。考古学者にとっては材木の生育年代を知るのに、科学者にとっては過去数千年の気候変動を知るのに役立っている。イガゴヨウマツの樹齢を判定するための年輪年代測定法とその応用法については以下参照、Ferguson (1968).

(10) 源頼朝は武士が統治する初の政府である鎌倉幕府を開いた。

(11) 2010年の春、鶴岡八幡宮の大イチョウは大雨のあとの強風で倒れ、神社の関係者と多くの日本人を悲しませた。幹の外側の年輪は数えることができたが、中心部が崩壊していたため、確実な樹齢を知ることはかなわなかった（法政大学の長田敏行による私信、2011).

(12) 恵済寺は南京の浦口区、湯泉鎮の北にあった。5世紀の宋（南朝）時代(420-479) に建立された寺で、昭明太子はこの寺を何度も訪れ、温泉につかったという。異例なことではあるが、1821年から1850年ごろ英花または精華という儒教の学校がこの寺の中に創設された。寺は1850年から1864年の太平天国の乱で破壊された。

(13) 以下参照、Needham et al. (1996, 581). ジョセフ・ニーダムは生涯のほとんどをケンブリッジ大学で過ごしたが、中国で過ごした時間も長かった。研究人生の前半は発生学と生化学に多大な貢献をし、それが評価されて1941年に王立協会のメンバーに選出された。彼は1940年代の大半を中国で過ごし、帰国後は残りの人生を東アジアの科学と文化の研究に捧げた。現時点で、*Science and Civilization in China* 7巻24部（そのうち15部がニーダム著または共著）が世に出ている。彼が創始した研究を続けているケンブリッジのニーダム研究所の屋外には、ジョセフ・ニーダムとその妻ドロシー、伴侶の Gwei-Djen Lu-Needham（桂珍魯＝ニーダム）を記念するメタセコイアが立っている。ニーダムの人生と研究の詳細については以下参照、Cullen (1995). 一般向けとしては以下参照、Winchester (2008). メンジーズによれば、古代中国の植物学古文書としては、西暦300年ごろの Chi Han（嵇含）著『詩経』、『璽《じ》雅《が》』、『南方草木状』が有益だという。だが、その中にイチョウに関する言及はない。

25章

(1) 題辞 : Pandit and Nagarjuna (1977, 66). 南岳衡山の僧院、福巌寺のイチョウについては24章を参照。4世紀から8世紀の中国絵画でイチョウとされているあるセコイアオスギの幹の断面は、直径が14フィート〔4.3m〕で推定樹齢は1335年である。この木の年輪は、イスラム教の創始、日本の仏教伝来、大文明の崩壊、ヨーロッパの黒死病、シェイクスピアの誕生といった歴史上のおもな出来事と同じ時間を過ごしてきたことを物語っている。このような古く大きな木を片端から切り倒してきたヒトの行為は、傲慢としか言いようがない。マーク・トウェインの木と呼ばれていたセコイアオスギは1891年に、そんな大きな木があることを信じない東部の人々に証拠を見せるためだけに切り倒された。その幹は、ニューヨークのアメリカ自然史博物館その他の博物館に保管されている。これまでに記録されているイガゴヨウマツの最長樹齢は、1964年にネヴァダ州東部で大学院研究生が誤って切り倒してしまった、プロメテウスとのあだ名がついている標本のものである。放射性炭素年代測定法と年輪から、この木は少なくとも4862年、あるいは5000年以上生きていたと推測される。以下参照、Ferguson and Graybill（1983）. ひょっとするとそれより古い、しかし見かけはそれほど壮観でないオウシュウトウヒが、スウェーデンのダーラナ地方にある。樹高は16フィート〔4.9m〕しかないが、根の部分の年齢はおよそ9550年である。以下参照、Kullman（2005）.

(7)　フンボルトは、別の壮観な樹木であるカナリー諸島のテネリフェ島に生育するリュウケツジュについて説明する中で、バオバブについて触れている。「有機体なる被造物のうち、この木は間違いなく、セネガルのバオバブと並ぶ地球上最長寿の生き物であろう」。以下参照、Humboldt and Bonpland（1852, 62）. アダンソンが推測した挑発的な樹齢は、アッシャー司教が計算した地球の年齢に近い。以下参照、Wickens and Lowe（2008）. バオバブの太い幹は樹齢を表しているというよりも、水分貯蔵能力の高さを表している。バオバブの生育域は乾燥地帯のため、太い幹は干ばつに対する緩衝装置として働く。南アフリカのリンポポ州には、地表面で直径35フィート〔10.7m〕という巨大な中空のバオバブの木がある。根元にぽっかりと開いた高さ13フィート〔4m〕の「部屋」は、パブになっている。この木の樹齢は、地主のウェブサイト（www.bigbaobab.co.za）に書かれている6000年よりも若い。空洞部分から採取した標本を放射性炭素年代測定法にかけたところ、樹齢は1060年±75年と出た（Adrian Patrut, "Babe.- Bolyai" University による私信）. ナミビアのバオバブの樹齢を決定づけた放射性炭素年代測定法の使い方は以下参照、Patrut et al.（2007）. 放射性炭素年代測定法は、光合成によって捕捉された二酸化炭素分子に含まれる2種類の炭素原子、炭素12と炭素14から時間の経過を割り出す。大気中の炭素12と炭素14の比率は既知である。炭素12は安定しているが、炭素14は光合成によってとりこまれた直後から一定の割合で崩壊していく。大気中の炭素12と炭素14の比率と崩壊速度が既知であるので、木片の炭素12と炭素14の比率を測定すれば、その木片の年齢がわかる。試料中の炭素14の崩壊があまりに進み、ついに正確に測定できなかえられた木に由来すると結論した。その後の研究で、当初の研究より遺伝的多様性が大きいとわかり、金佛山と天目山の両方が自生集団の生き残りである可能性を示した。以下参照、Gong et al.（2008 a, b）and Zhao et al.（2010）. 特定の集団における遺伝的多様性の一部が、昔の人々があちこちのイチョウを持ち寄って植えた結果であるという可能性は、完全に排除することはできない。だが、金佛山と天目山にかぎっては、その可能性はまずないと思われる。

(9)　中国原産の「生きた化石」はイチョウだけではない。1940年代中期には、四川省北東部の小川と斜面沿いに大木のメタセコイアの小集団が見つかった。その4年前に、メタセコイア属の化石種が初記載されたばかりだった。イチョウ同様、メタセコイアはかつて北米からアジアまで広範囲に分布していたが、自生地は絶滅寸前にまで縮小していた。以下参照、Merrill（1948）. メタセコイアは現在、とくに中国では人気の街路樹となっている。35章を参照。

24章

(1)　題辞 : Emerson（1883, 478）. 重慶市南川区の金佛山にあるイチョウの巨木は1960年代の火災により部分的に損壊したが、自然に芽を出し再生した（Fan et al., 2004）. 中国のイチョウ古木については以下参照、Li et al.（1999）.

(2)　中国のイチョウ古木・巨木の省別リストは以下参照、Lin et al.（1995）.

(3)　李家湾の小村は貴州省の省都、貴陽市の60マイル〔97km〕西にある。以下参照、Xiang et al.（2009）. イチョウが火災に耐えることについては諸説ある（e.g., Handa, 2000）。イチョウの葉は水分保持力が高いから、または樹液に燃焼を遅らせる成分があるからだとよく言われている。このことは、イチョウとカエデの葉を並べて燃やしたときに目に見えてわかる。日本には「イチョウは神社仏閣を火災から守る」ということわざがある。広島の原爆投下地点から1マイル以内で生き残った6本のイチョウのうち、最も有名なのは報専坊のイチョウである。爆心地から半マイルしか離れていなかったにもかかわらず、爆風により丸裸になったのち、生き延び、ふたたび葉を出した。寺は再建され、このイチョウは惨状を生き延びる希望の象徴として奉られている。広島の原爆を生き抜いたほかのイチョウについては以下参照、Hageneder（2005）and Kwant, “A- bombed ginkgo trees in Hiroshima, Japan.”

(4)　李家湾の大イチョウは、何度も芽を出し再生していることから「5世代同居の木」と呼ばれてきた。以下参照、Xiang et al.（2009）.

(5)　李家湾の大イチョウの樹齢について、最古の推定は以下による、Xiang et al.（2009）. 2000年を超えるとされるイチョウ古木の樹齢については以下から引用、He et al.（1997）. 幹の直径については以下による、Lin et al.（1995）.

(6)　樹木の中でいちばん背の高いセコイアメスギは、樹高が370フィート〔113m〕、幹の直径が24フィート〔7.3m〕にもなる。ロンドン自然史博物館にウィルソンはアメリカ経由で中国に行った。ボストンでアーノルド樹木園のCharles Sargentを訪問し、1899年6月3日に香港に到着した。彼は初回訪問時に35箱相当の現生植物を集め、球根、球茎、根茎、塊茎、種子を故国に送った。その中には1000種ほどの植物標本も含まれており、その多くがキューの植物標本室に収蔵されている。ウィルソンは1907年と1908年、1910年にアーノルド樹木園の採集者として中国を再訪した。1911年から1915年には日本を、1917年から1918年には朝鮮と台湾を訪れている。南半球も広く旅して、オーストラリア、ニュージーランド、インド、南米、アフリカでも植物採集をした。ウィルソンの最終職歴は、ハーヴァード大学アーノルド樹木園の責任者である。彼のイチョウについての論考は以下にある、Wilson（1913, 45）. イチョウと仏教の関連についてのウィルソンの主張（Wilson, 1920）は、のちにLi（1956）その他から反論が上がった。26章も参照。

(9)　天目山のイチョウの重要性についての概要と議論は以下参照、Del Tredici（1990, 1992b）and Del Tredici et al.（1992）.

23章

(1)　Nikolai Vavilovは、農作物の多様性研究の父である。彼は世界中から20万以上の作物種子をコレクションし、多くの農作物の栽培が起こった場所を特定した。これらのコレクションはレニングラード包囲戦の28か月間、ヴァヴィロフの同僚らによって守られた。同僚らのうち12人は、食料になりうる種子に囲まれたまま餓死した。ヴァヴィロフは1940年、スターリン体制下で促進された疑似科学に抵抗したかどで逮捕され、1943年に栄養失調で獄死した。農作物の多様性の中心地とその起源については以下参照、Vavilov（1992）. ヴァヴィロフの伝記、業績、受けた迫害については以下参照、Pringle（2008）.

(2)　現代のDNA研究の大半は、PCR技法を使用して少量のサンプルからDNAの複製を大量につくり出せるかどうかにかかっている。キャリー・マリスはこの方法を発見したことが評価され、1993年にノーベル化学賞を受賞する。PCRの詳細については以下参照、Mullis et al.（1994）.

(3)　Fan et al.（2004）.

(4)　RAPD法については以下参照、Fan et al.（2004）.

(5)　2つ目の分析用のDNAは、葉の葉緑体から得た。この、いわゆる制限断片長多型（RFLP）研究についての詳細は以下参照、Shen et al.（2005）.

(6)　DNA断片のより正確な特徴づけは、現代の分子生物学の最新技術を使えば可能かもしれないが、それはこの2種類の解析法の範疇を超える部分となる。

(7)　以下参照、Gong et al.（2008a, b）and Zhao et al.（2010）.

(8)　天目山の集団からとった40本のイチョウ間で遺伝的多様性が小さかったことを根拠に、Wu et al.（1992）は、天目山のイチョウはおそらく近隣の古寺に植

22章

(1) 題辞: Thoreau (1862, 517).
(2) 西洋人が最初にイチョウに出合ったときのことについては、29章を参照。
(3) ロバート・フォーチュンが園丁として働いていた王立園芸協会の建物は、現在はChiswick Houseにある。第1次アヘン戦争は1840年から1842年。フォーチュンの4度の中国旅行 (1843-1846, 1848-1851, 1853-1856, 1858-1859) の紀行は以下参照、Fortune (1847, 1852, 1857, 1863). 彼は1860年から1862年に日本を旅行し、日米修好通商条約締結後に日本を訪れた初の西洋人植物学者となった。同条約は1858年7月29日に署名され、それにより日本の主要港5か所の開港と人の行き来が可能になった。
(4) Fortune (1847, 118). 盆栽用のイチョウについては30章を参照。
(5) 3人の宣教師とは、Pere Jean Marie Delavay (1834-1895)、Pere Paul Guillaume Farges (1844-1912)、Pere Jean Pierre Armand David (1826-1900). Pere Davidは1862年に広東に到着。中国内陸部への彼の旅は宣教のためだったが、在来動植物の研究にも精力的に取り組んだ。彼の貢献は、同時代のPere DelavayとPere Fargesのそれに匹敵する。3人の貢献により、ヨーロッパにはフジウツギや多種のシャクナゲ、ハンカチノキを含む数百の新しい植物が導入された。彼らは数千の植物標本をパリの自然史博物館に送った。だが彼らの偉業には犠牲をともなった。Delavayは腺ペストに感染し、そのおかげで生涯苦しんだ。Davidは発疹チフス、天然痘、ハンセン病、狂犬病、コレラ、ペスト、赤痢、マラリアにかかった。フランス人宣教師植物学者たちについての詳細は以下参照、PlantExplorers.com (1999-2012).
(6) オーガスティン・ヘンリーはイチョウの分類、化石史、多様性、分布、用途、歴史について著し、イギリス諸島内での重要なイチョウのリストも作成した。種子については「煮るか炒めるかして食べる以外に思いつかない」と書いており、図版20-23はイチョウ古木の写真である。以下参照、Elwes and Henry (1906, 55-62). Augustine Henry (1857-1930) の人生と業績については以下参照、Nelson (1983). ウィルソンは、当初Pere Davidが記載命名した人気の樹木、ハンカチノキについて、ヘンリーから助言を受けたことを回想している。
(7) Ernest Henry Wilson (1876-1930) は、1927年にアーノルド樹木園に採用された。雪崩により落ちた岩石で片足を押しつぶされるなど、中国では数々の危険に遭い、それを生き延びたにもかかわらず、44歳のとき自動車事故でマサチューセッツ州ウースターで死亡した。
(8) ウィルソンは故郷のチッピングカムデンに近い種苗園で、見習い園丁として働きはじめたが、その後バーミンガム植物園とキュー植物園に短期間勤めてから、James Veitch and Sonsという園芸会社で中国の植物を集める仕事を引き受けた。

られている。以下参照、Straus (1967); Ferguson (1967); Ferguson and Knobloch (1998).

(3) イチョウと同じく、コーカサスサワグルミはヒトの手によって、かつての生育地に再導入されている。たとえばキューには、19世紀後期からコーカサスサワグルミがたくさん植えられてきた。キューから最も近い自生集団があるのはカフカス（コーカサス）である。そこには、中国原産種に似た近縁種の自生集団もある。

(4) ゴンフォテリウムは現在のコロンビアで6000万年前まで存続していた可能性がある。以下参照、Rodríguez- Flórez et al. (2009). 中米の、絶滅した大型哺乳類の全リストは以下参照、Janzen and Martin (1982, 21).

(5) ジャンゼンとマーティンの理論を一般向けに説明した労作は以下参照、Barlow (2002).

(6) 現生イチョウの種子を探し回ることで知られている動物に、ネコに似た中国のハクビシンと日本のタヌキが含まれている。Rothwell and Holt (1997) によると、タヌキの消化管を通ると表面が傷つけられ、種子の発芽率が上がるという。

(7) 日本では、鮮新世末までにイチョウは西日本の一部区域を除くすべての場所から化石の記録が消えている。以下参照、Uemura (1997).

(8) Castiglioniは1785年から1787年に北米を訪れ、Gronoviusが1739年から1743年に出版した*Flora Virginica*（ヴァージニア植物誌）と、1784年に出版されたツンベリーの*Flora Japonica*（日本植物誌）に照らし合わせた。以下参照、Spongberg (1993). ハーヴァードのエイサ・グレイはダーウィンの文通相手で、北米でダーウィンの擁護者となった。植物地理学の謎についてダーウィンがグレイに宛てた手紙は1856年10月12日に書かれた。グレイが使えるようになった新しい情報源としては、シーボルトの『日本植物誌』をはじめ、より短い太平洋航路を見つける目的でアメリカが派遣した科学探究プロジェクトのRodgers-Ringgold Expedition (1853-1856) がもち帰った標本がある。以下参照、Cole (1947). さらに、Charles Wrightが日本を訪問した際にもち帰った標本も使えた。

(9) Gray (1859, 422) には、「遠く離れた他の温帯地域に対応する」日本の植物およそ580種をはじめ、ヨーロッパの植生、アジア中央部や北部、北米西部、北米東部に対応する植物種がリストアップされている。東アジアと北米東部の植生が、遠く離れているにもかかわらず似ている理由として、グレイは、氷河期以前は植生が同質だった北半球の温帯で、氷河期に北米西部とヨーロッパで地域絶滅が起こったからだと推測した。地域絶滅の影響がそれほど顕著でない例もある。たとえばモミジバフウは、東アジアと北米東部に加え、ヨーロッパ南東部でも残っている。

状態のいい鮮新世の化石植物群にも見つからない。ヴィラースハウゼン植物群は「3万点以上の標本が採集され、少なくとも77の属の130植物種が出現する」ほど豊かだが、いまのところイチョウは出ていない。以下参照、Ferguson and Knobloch (1998). ドイツ、フランクフルトの中新世植物群におけるイチョウの産出は、当時の化石植物群の背景を考えると異例である。フランクフルトの標本は、Florin (1936a) によりギンコー・アディアントイデスと記載されたが、Samylina (1967) によりギンコー・フロリニイと改名された。

(3) アイスランドのセーラルダールル植物群については以下参照、Denk et al. (2011). 以下も参照、Akhmetiev et al. (1978). 南東ヨーロッパのイチョウ化石については以下参照、Kovar- Eder et al. (1994, 2006) and Denk and Velitzelos (2002). Royer et al. (2003) の研究については17章を参照。

(4) フロリサント化石植物群から集めた数千の化石葉のうち、イチョウ葉化石は1つしかなかった (Bret Buskirk and Herb Meyer, Florissant Fossil Beds National Monumentによる私信)。モンタナ州南西部の漸新世ルビーリバー化石植物群にはときどきイチョウ葉が出るが (Becker, 1961)、これもまた、その時代のイチョウの分布域が複雑だったことを物語っている。以下も参照、Chaney and Axelrod (1959), Schorn et al. (2007), and Wolf (1987).

(5) 同じころ、もっと南では、中新世のイチョウがネヴァダ州北西部と隣接するカリフォルニア州のシーダーヴィル植物群から出ている。現在の海岸線から約200マイル内陸である。

(6) ワシントン州ヴァンテージの中新世中期の森についての追加情報は、Scott et al. (1962) and Wheeler and Dilhoff (2009). 東アジアにも、北米西部と同じ縮小傾向の手がかりがある。中国では新生代を通してイチョウの減少があったと思われる。イチョウはロシア国境に沿った極東で、始新世と漸新世の産地数か所で見つかっている。2000万年前ごろの中新世初期に、イチョウは中国の化石記録から消えたが、オホーツク海沿いのロシア南東部にはまだあった。イチョウは500万年前から200万年前の鮮新世と更新世に、日本の化石産地数か所で見つかっている。たとえば西日本の星原、平戸口、大和などである。東アジアの新生代のイチョウ分布は以下参照、Uemura (1997). しかし、イチョウは当時、いたるところにあったわけではない。たとえば、ノルデンシェルドのヴェガ遠征隊が1879年の夏を日本の本州で過ごしたとき、ナトホルストが集めた茂木植物群の中にはイチョウはなかった。

21章

(1) 題辞 : アルバム *Jimmy Cliff*, 1969, Trojan Records. 南欧の鮮新世初期の化石植物群については以下参照、Kovar-Eder et al. (2006).

(2) ヴィラースハウゼン植物群からは100種類以上の植物の、130種以上が集め

(3)　北米の樹木の凍結耐性については以下参照、Sakai（酒井昭）and Weiser (1973). 華氏と摂氏はマイナス40度のところで一致する。

(4)　植物の生育と生産性に関する気候の影響については以下参照、Skre (1990), Dahl (1990), and Melillo et al. (1993).

(5)　イチョウの実生の話は、キュー王立植物園のWolfgang Stuppyによる私信。

(6)　世界的な現生樹木のコレクションを誇るアーノルド樹木園は、ボストン郊外のジャマイカプレインにある。同園は古くから、世界中に遠征隊を派遣して栽培用の樹木を集めてきた。そのコレクションはとくに中国産の樹木が豊富で、中国の植物学者から厚い協力を得て、ピーター・デル・トレディチは温室と屋外の繁殖の比較実験をすることができた。以下参照、Del Tredici (2007).

(7)　自然な休止期間はなくても、果肉質の外種皮が発芽を抑える。以下参照、Rothwell and Holt (1997). 絶対条件ではないものの、低温処理は発芽の均一化に貢献し、全体的な発芽率を高める。以下参照、Holt and Rothwell (1997), Rothwell and Holt (1997), and Del Tredici (2007).

(8)　受精から発芽までのプロセスと、そのプロセスに影響する要因については以下の資料に基づいている、Del Tredici (2007).

(9)　イチョウが気温に反応する例としてはほかに、つぼみの開く時期と落葉の時期がある。日本の南と北では40日もの開きがある（Matsumoto et al., 2003).

(10)　始新世の高緯度地域に温暖な冬期が存在したことは、当時の高緯度動物群にワニが存在したことと整合性がとれている。

(11)　華氏43度は摂氏6度に相当。

(12)　最新の研究では、華氏38度（摂氏3.5度）未満の時期がどれだけあるかによって、樹高と茎の発育が決まるという。以下参照、Wilson et al. (2004).

(13)　華氏41度は摂氏5度に相当。

(14)　私には、ソウルやシカゴに比べて、北西ヨーロッパのイチョウが丈夫でよく繁茂しているようには見えない。おそらく、イチョウは成長期になるべく暖かい場所を好むのだろう。真に茂るためにはかなり暖かいほうがいいはずだが、寒すぎない程度の厳冬も必要とする。同様に、南カリフォルニアなど乾燥した場所のイチョウも、はっきりとした冬期のある場所のイチョウほど丈夫には見えない。

20章

(1)　題辞：グルーチョ・マルクスの言葉とされるが、正確な出典は確認できていない。タスマニアの古第三紀のイチョウ様化石葉については以下参照、Hill and Carpenter (1999).

(2)　マル島の暁新世のイチョウ葉については以下参照、Boulter and Kvaček (1989, 34-39). イチョウは、詳しく調べられているKreuzau（クロイツァウ）の化石植物群にも、ドイツのゲッティンゲン近郊のヴィラースハウゼンで集められた保存

版は、Chandler（1961）and Collinson（1983）.

(6)　フィンガルズ・ケイヴを形成している露出した柱状玄武岩は、ノルウェーの作曲家エドヴァルド・グリーグに着想を与えた。

(7)　アーガイル公爵の地質観察は以下参照、Duke of Argyll and Forbes（1851）.

(8)　マル島の暁新世の化石植物についての詳細は以下参照、Boulter and Kvaček（1989）.

(9)　1995年、メッセル化石発掘地はユネスコの世界遺産となった。パナマソウヤシの化石についての詳細は、Smith et al.（2008）. メッセル植物群についての詳細は、Collinson et al.（2012）. 東ヨーロッパの暁新世産地の数か所でギンコー・オリエンタリスが出現していることについては、Samylina（1967）.

(10)　グリーンリバー層には保存状態のいい魚の化石が多く、それがとくに豊富な層には "split fish layer" という名がついている。この地域の湖底からは魚の化石が大量に採集され、民間コレクター向けの名産地となっている。以下参照、Grande（1984, 2013）.

(11)　クラルノの化石植物群の詳細は以下参照、Manchester（1981）and Wheeler and Manchester（2002）.

(12)　Wes Wehr は、芸術家で詩人で、古植物学者で化石植物コレクターだった。太平洋側北西部と似たようなイチョウ葉を含む化石植物群は太平洋の反対側、中国北東部の遼寧省、吉林省、黒竜江省にもある。以下参照、Endo（1942）, Manchester et al.（2005）, He and Tao（1997）. イチョウはこの地域の白亜紀後期の化石産地からもよく出ている（Sun et al., 2007）.

(13)　イチョウはワシントン州北部やブリティッシュ・コロンビア州の始新世中期の化石産地（Driftwood Creek, Quesnel, Horsefly, Tranquilo, McAbee, Quilchena, Princeton, and Republic）からも比較的よく出ている。以下参照、Mustoe（2002）.

(14)　イチョウは、オットー・ノルデンシェルドの遠征に参加した古植物学者のアルフレッド・ナトホルストも見つけている。ナトホルストは、北緯80度のスピッツベルゲンを含む数か所の産地でイチョウを集めた。彼はノルデンシェルドのヴェガ遠征にも参加し、スウェーデンを出航してアジアの北方海岸を横切り、1883年にベーリング海を通って日本に南下した。エルズミア島の始新世化石植物群の詳細は以下参照、McIver and Basinger（1999）.

19章

(1)　題辞 : Nietzsche（1896, 98）.

(2)　華氏マイナス20度は摂氏マイナス29度、華氏マイナス45.5度は摂氏マイナス43.46度に相当する。記録に残るシカゴの最低気温は1985年1月20日の華氏マイナス27度（-33℃）で、体感温度は華氏マイナス85度（-64℃）だった。

(Zhou et al., 2012)、正式にはギンコー・クレネイと名づけられている。

(5)　生きた化石についての詳細は以下参照、Eldredge and Stanley（1984）and Schopf（1984）. シャミセンガイは二枚貝に似ているが、軟体動物ではなく腕足動物である。

(6)　イチョウの花粉錐らしき化石については以下参照、Crane et al.（1990, Fig. 28a）. 現生種のそれとひじょうによく似た化石イチョウの花粉錐の断片が、ホースシュー・キャニオン層から出ている（Rothwell and Holt, 1997）. Zhou et al.（2012）は、ギンコー・クレネイと現生イチョウのクチクラ層にわずかな違いがあることを指摘している。

(7)　以下参照、Royer et al.（2003）. 時代ごとのイチョウ化石の分布をざっと眺めると、イチョウ属が白亜紀以降、夏は暑く湿潤で冬は寒冷な温帯気候で育つことを好んだという考え方を補強しているのがわかる。以下参照、Del Tredici（2000）, Tralau（1968）, and Uemura（植村）（1997）.

18章

(1)　題辞：ゲーテの言葉だが、出典は確認できなかった。John Starkie Gardner（1844-1930）の古植物学の経歴については以下参照、Andrews（1980, 372）. ガードナーとエッティングスハウゼン（Gardner and Ettingshausen, 1879-1882）のシダ化石についての初期共同研究については以下参照、*British Eocene Flora*, vol. 1。なお、vol. 2はガードナー単独（Gardner, 1883-1885）での被子植物化石の研究。

(2)　Constantin von Ettingshausen（1826-1897）の古植物学研究についての論評は以下参照、Andrews（1980）.

(3)　James Scott Bowerbank（1797-1877）, Eleanor Reid（1860-1953）, Marjorie Chandler（1897-1983）の古植物学的業績に対する論評は以下参照、Andrews（1980）.

(4)　1960年代の一連の出版物で、マージョリー・チャンドラーは1933年初版の*London Clay Flora*を拡充・改訂し、それをイギリス南部の他の始新世化石植物群との関連性の中に位置づけた。以下参照、Chandler（1961, 1962, 1963, 1964）. 以来、ロンドン大学Royal HollowayのMargaret CollinsonとキューのJodrell LaboratoryのHazel Wilkinsonにより、追加の改訂がおこなわれた。ロンドン・クレイ植物群に関しておこなわれた研究の重要性についての詳細は、Crane and Carvell（2007）. Bowerbank（1840）により記載され、*Ginkgo*に分類された種子（以下も参照、Gardner and Ettingshausen, 1879-1882）は、Reid and Chandler（1933）によって再検討され、被子植物のクマツヅラ科に再分類された。

(5)　現在、ロンドン・クレイには500種類以上の植物と約350の命名された種があることが知られている。ロンドン・クレイとそこから記載された化石種については、古典としては以下参照、Reid and Chandler（1933）. その後の総説と改訂

れる、*Nehvizdyella*についての記載は以下参照、Kvaček et al.（2005）.

（5） ピーター・デル・トレディチによると、嗅葉とあごが発達した多丘歯類のほうが硬い種子を食べるのに適しているため、イチョウの拡散に貢献したのは恐竜や初期の鳥類というより多丘歯類のほうではないかという。以下参照、Del Tredici（1989）。以下も参照、Van der Pijl（1982）, Janzen and Martin（1982）, and Tiffney（1984）. ただし、多丘歯類の生体機構の分析によれば、イチョウの種子の拡散に有効だったとは思えないという（Wall and Krause, 1992）.

（6） ホースシュー・キャニオン層における被子植物の化石は比較的希少であるが、種子や木部、葉の圧痕、花粉などが、サッサフラス（クスノキ科）やカツラ、スズカケノキ（プラタナス）、ハンノキ、モミジバフウその他の樹木の初期類縁種が存在した可能性を示唆している。ホースシュー・キャニオン層の植物化石についての詳細は、Aulenback（2009）.

（7） いわゆるKT境界（白亜紀・第三紀または白亜紀・古第三紀の境界）のこと。ヘル・クリークとフォート・ユニオン層群の多数の層から採集された葉は、白亜紀には130もあったが、暁新世では29しかなかった。白亜紀最後の500万年間にあった植物の推定30%から57%がKT境界で絶滅した。以下参照、Wilf and Johnson（2004）. KT境界以前のイチョウ葉の存在は、ノースダコタのヘル・クリーク層の異なる7か所の産地から採集された化石により明白に記録されている。以下参照、Johnson（2002）. 白亜紀中期のイチョウの衰退についての詳細は以下参照、Zhou and Wu（2006）.

（8） ウマは、急速に多様化して1800万年前から1500万年前ごろ多様性が頂点に達した（約16種）が、こんにち現存しているのはたった1種（解釈によっては2種）である。以下参照、MacFadden and Hulbert（1988）.

17章

（1） 題辞 : Carlyle（1858, 286）. 私はレディング大学時代からデイヴィッド・ディルチャーと連絡を取り合っていた。彼が私を、自分のラボでポスドクとして化石植物の研究をしないかとアメリカに招いてくれた。

（2） デイヴィッド・ディルチャーとスティーヴ・マンチェスターは最初にアルモント化石植物を発表した（Manchester and Dilcher, 1982）. 彼らはアジアサワグルミの一種であるシクロカルヤの化石の実を記載し、中国中部の落葉樹林で自生している現生種の実とごくわずかな違いしかないことを見出した。私が記載したイングランド南部産の化石は、パレオカルピヌス（コセイハシバミ）属に分類された。以下参照、Crane（1981）.

（3） アルモント植物群についての私たちの予告的説明は以下参照、Crane et al.（1990）.

（4） アルモントの化石イチョウは現在、周志炎らにより詳細に研究されているが

レンシス（スフェノバイエラ・ウマルテンシスと命名されている）に付随していた。カルケニアのうち比較的理解の進んでいる約6種は、現在、ヨーロッパとアジア全域で知られている。違いは基本的にサイズとつけている種子の数で、関連する葉も細かい点では違うが、どれも基本的にはよく似ている。カルケニア様の植物の再調査および考察は以下参照、Krassilov（1970）and Zhou（2009）.

(8)　代表例として、1億2500万年前のクーンワラ堆積層（オーストラリアのヴィクトリア州）で大量に出たギンコー・アウストラリスの葉がある（Drinnan and Chambers, 1986）. その葉はどれも2つに深く裂けていたが、裂け方が多様だった。4区画にしか分かれていない葉もあれば、16区画にも分かれている葉もあった。ギンコー・アウストラリスはインド北東部のジュラ紀の地層から出たギンコー・ラジマハレンシスや、アルゼンチン、チコの白亜紀初期の地層から出たギンコイテス・チコエンシスとよく似ている。クーンワラ層を含む南半球で見つかったイチョウ様の葉に関連する雌の生殖器官は、カルケニア以外で見つかっていない。以下参照、Drinnan and Chambers（1986）. スフェノバイエラとギンコーの数種の葉には雄の花粉錐がいっしょに出てきたが、関連しそうな雌の生殖器官はイチョウのものとはかなり違う。以下参照、Anderson and Anderson（1989, 2003）; Holmes and Anderson（2007）; Anderson et al.（2007）; Zhou（2009）.

(9)　熱河生物群から出た初期の被子植物であるアルカエフルクトゥスは、とりわけ魅力的であるが議論含みである。アメリカのテレビドキュメンタリー・シリーズ『Nova』は、花の起源を包括的に紹介する番組で、アルカエフルクトゥスが話の主役となっていた。以下参照、Lewis（2007）. 義県層は中国の遼寧省西部にある。

(10)　ギンコー・アポデスのさらなる重要性については以下参照、Zhou and Zheng（2003）. ギンコー・アポデスとそれに関連する「柄」の記載と挿画は以下参照、Zheng and Zhou（2004）.

16章

(1)　題辞：Murdoch（1970, 170）. イチョウ葉は、トム・フィリップスが最近撮影したアイリス・マードックの写真集にも出てくる。フィリップスが「少しばかり自然をとり入れたい」と考えたからだが、すぐに2人とも「この世界最古の樹木」の愛好者だとわかったという。以下参照、Phillips, “Portraits: Dame Iris Murdoch.”

(2)　Zhou and Wu（2006）.

(3)　周が記録した白亜紀前期の化石イチョウ葉22種は、ギンコーとギンコイテスの2属に分類されている。

(4)　白亜紀における被子植物の多様化と植生の拡大については以下参照、Friis et al.（2011）. チェコ共和国で白亜紀後期の地層から出たイチョウの親戚と推測さ

植物学部門の教授および部門長となった。ハリスがLauge Kochとはじめて出合ったときの会話は以下より、Chaloner（1985）.

(9) ハリスは、東グリーンランドから出たイチョウ様の葉を14種、記載した。彼はギンコイテス・タエニアタの雌性生殖器官だと信じたものに、アリコスペルムム・キスツムという名をつけた。以下参照、Harris（1935）.

(10) ウィットビー周辺のイングランド北東部の海岸は、ブラム・ストーカー著『吸血鬼ドラキュラ』の不気味な背景に最適である。

(11) スカルビー・ネスから出たイチョウの花粉かもしれないものは、Han van Konijnenburg-van Cittert（1971）により採集され、最初に記載された。以下も参照、Harris et al.（1974）.

15章

(1) 私はレディング大学の植物学部で1972-1975年に学部課程を、1975-1978年に博士課程を修め、1978-1981年に講師を務めた。

(2) 義馬産のイチョウ様化石についての初公表は以下にて、Zhou and Zhang（1988）.

(3) それらの化石についての詳細な初報告は以下参照、Zhou and Zhang（1989）. 周と章は、現生イチョウにも、側枝に10個もの若い胚珠がつくような異常な生殖器官がときおり現れることを書き記している。以下も参照、Florin（1949）.

(4) バイエラ・ハレイとイマイア・レクルバについてのさらなる情報については以下参照、Zhou and Zhang（1992）.

(5) イマイア・キンハイエンシスは、中国北部の青海省、Lucaoshan産の葉状炭に保存されている。葉の切れこみが深いこと、葉の各区画の幅が狭いこと、種子とその関連部位が出ていることで知られている。その種子はイマイア・レクルバのそれより若干小さく、種子の数も少ないが、それ以外はよく似ている。この化石植物についての詳細は以下参照、Wu et al.（2006）. 周は内モンゴル自治区のDaohugouから出たイマイア・カピツリフォルミスについても記載した。以下参照、Zhou et al.（2007）. いまになってふり返ると、ヨーロッパでもイマイアによく似た化石植物が記載されていた。Black（1929）は、彼がバイエラ・グラシリスとして記載した葉と、それに関連する種子および関連部位を記載している。Harris et al.（1974）は、バイエラ・グラシリスをバイエラ・フルカタと分類し直した。ドイツ産の似た化石についても以下に記載されている、Schenk（1867）and Kirchner（1992）.

(6) Archangelsky（1965）, Del Fueyo and Archangelsky（2001）, Zhou et al.（2002）.

(7) アルチャンヘルスキによる原記載以来、北半球ではカルケニアの種子の発見が続いた。たとえば、ロシアのブレヤ川のジュラ紀後期の地層から出たカルケニア・アシアチカ（Krassilov, 1970）はひじょうに似ており、ギンコイテス・チグわかっている南極大陸から出た同時代の化石をモルテノの種子植物と比べるといった研究に期待がもたれる（John Anderson による私信）。南極大陸の化石種子植物については以下も参照、Taylor and Taylor（2009）.

14章

(1) 題辞 : Wieland（1768, canto II）.
(2) 周志炎がレディング大学のハリスの指導下でおこなった研究活動は、*Stalagma samara* という奇妙な針葉樹の記載論文となった（Zhou, 1983）。本章で紹介した Thomas M. Harris（1903-1983）の人生と研究活動については、彼の教え子で私の古生物学者としての先輩である William G. Chaloner（1985）の伝記によるところが大きい。
(3) ハリスが研究したヨークシャー植物化石は、蘚類、コケ植物、ヒカゲノカズラ、シダ（Harris, 1961）、ソテツと絶滅した種子植物（Harris, 1964）、絶滅した種子植物のベネッチア（Harris, 1969）、イチョウとその関連植物（Harris et al., 1974）、そして針葉樹である（Harris, 1979）。
(4) ハリスはロンドン大学で理学士号を取得した。当時、ノッティンガム大学にはその学位を授与する権限がなかったからだ。H. S. Holden と彼の法医学研究についての詳細は以下参照、Andrews（1980）. マンチェスター大学に古植物学が最初に根づいたのは、William C. Williamson が 1851 年に Owens College の自然史学部の講座担任に任命されたときで、ここは 1880 年に Victoria University of Manchester となった（その後、別の学校と合併して現マンチェスター大学となった）。Williamson 以外に、過去 150 年間にマンチェスター大学とゆかりのあった一流古植物学者には、マリー・ストープスをはじめ、Ernest Weiss, William Lang, John Walton, Isabel Cookson, Joan Watson などがいる。マンチェスターの古植物学史の全貌は以下参照、Watson（2005）.
(5) Albert Charles Seward（1863-1941）は、1924 年と 1925 年にケンブリッジ大学の副学長を務めた。シーワードの人生と研究については以下参照、Andrews（1980, chapter 6）. Francis Darwin（1848-1925）もケンブリッジの講師で、植物生理学の専門家だった。
(6) 過剰に使用された「忌まわしい謎」のセリフは、1879 年 7 月 22 日にダーウィンが Joseph Dalton Hooker に宛てた手紙の中にある。フッカーは当時、キュー王立植物園の園長だった（Darwin and Seward, 1903）. この有名なセリフとその意味について、現代的解釈については以下参照、Friedman（2009）.
(7) ハリスの東グリーンランドの化石植物研究の背景については以下参照、Chaloner（1985）and Andrews（1980）.
(8) Thor G. Halle（1884-1964）は 1913 年、ストックホルムのスウェーデン自然史博物館の助手に任命された。彼は 1918 年、Alfred Nathorst の後釜として、古

比べてかなり断片的だが、構造の詳細の一部はカンナスコッピア以上に理解されていて、反り返った杯状の構造の中に2個から6個の小さな胚珠が入っていることがわかっている。各胚珠は断面が三角形をしている。ペトリエラエアは現生イチョウの当該器官とはかなり異なるが、その違いはそれなりに説明がつく（以下も参照、Meyen, 1984）。この点で、カルケニアの反り返った杯のような化石も重要である可能性がある。

13章

(1) ヘニッヒの考え方の概要は1965年に英語で出版された（Hennig, 1965）. ヘニッヒの本はRainer Zangerlが中心となって英語に翻訳された。彼は化石魚類の専門家で、シカゴ・フィールド博物館の地質学部門長として私の前任者のひとりだった。以下参照、Hennig（1966）. 分岐学をめぐる活発で、ときに過激な議論の雰囲気とその関係者については以下参照、Hull（1988）.

(2) 木部組織（二次木部）をつくることのできる植物グループは、リグノ植物（lignophyte）と呼ばれる。

(3) これらの数字は、関連するものすべての直近の共通祖先に基づいた、発生系統上できうる分岐図の数である。n分類群どうしでできうる分岐図の数を計算するための公式は（2n−3）！／（$2^{(n-2)}$ ×（n−2）!）. 詳しくは以下参照、http://www.scientific-web.com/en/Biology/Evolutionary/PhylogeneticTree.html. 3分類群どうしなら分岐図の数は3、4分類群なら15、5分類群なら105、6分類群なら945、7分類群なら10,395、8分類群なら135,135、9分類群なら2,027,025である。

(4) 分岐分析は、いわゆる系統図または分岐図（系統発生樹とも呼ばれる）を構築し、最もシンプルなデータの説明をするのに使われる方法である。

(5) 分子データを用いた被子植物の系統研究の初期の論文は、キュー王立植物園のMark Chaseによって統合されたものである。以下参照、Stevens（2008）. 被子植物の化石記録についての詳細は以下参照、Friis et al.（2011）. 最新の系統発生的発見に基づいた被子植物の正式な分類については以下参照、APG Ⅲ（2009）.

(6) グネツムには、一見違うものの基本的には似ている3グループが含まれる。北米でときにモルモン茶とされている植物であるマオウ属と、生涯2枚の葉のみで生き続けるナミビア産の不思議な植物であるウェルウィッチア属、そして被子植物とよく似た葉をもつ熱帯性の樹木または 蔓性植物を含むグネツム属である。

(7) 現生植物の系統研究に分岐学的分析をはじめて採用した論文は、Parenti（1980）. その後、さらに詳細な現生種子植物の研究が、Hill and Crane（1982）によってなされ、同じ分岐学的分析による現生および化石の種子植物の研究が続いた（Crane, 1985; Doyle and Donoghue, 1986）. 以来、分岐学的分析の研究は数多くあったが、真に必要なのはより広範な化石植物をもっと詳細に理解することである。たとえば、モルテノのチャート層の化石のさらなる調査や、もっとよく

Anderson and Anderson（1985）. モルテノ層の化石植物については以下参照、Anderson and Anderson（1983, 1989, 2003, 2008）and Anderson et al.（2007）.

(3)　北米のイチョウ様化石についての調査は以下参照、Ash（2010）. オーストラリアの三畳紀前期末の化石については以下参照、Holmes and Anderson（2007）.

(4)　Florin（1949）が研究したロデーヴのトリコピティス3点のうち参考になる2点は、公式にはパリ国立高等鉱山学校の所蔵品であるが、現在はリヨン大学にある。残りの1点はロンドン自然史博物館にある。しかし、フローリンはパリ自然史博物館にあるサポルタのオリジナル化石を調べていない。Taylor et al.（2009, 745）が図解したトリコピティスの標本は、モンペリエにある別の産地から出たもので（Hans Kerp, University of Munster による私信）、別な形で保存されている。複数の種子をつけた柄は現生イチョウでもたまに見られるが、その種子が成熟することはめったにない。私が見たことのある、1本の柄に実った種子の数は3個が最大である。

(5)　トリコピティスのオリジナルの化石についてのサポルタ解釈は以下参照、Meyen（1988, 344.346）.

(6)　トリコピティスに似たアルゼンチンのペルム紀化石の扱いについては以下参照、Archangelsky and Cuneo（1990）. ペルム紀のイチョウの系統の仲間として考えられるのは、スフェノバイエラ様の葉をもつ植物である。その一部には、イチョウに似たクチクラ層と樹脂がある。スフェノバイエラの葉の多くは、*Ginkgophyton* や *Ginkgophytopsis* など別の名で記載されてきた（地質学古生物学南京研究所の周志炎による私信）。以下も参照のこと、Zhou（2009）.

(7)　以下参照、Meyen（1984）.

(8)　ケルピアは、*Psygmophyllum* に分類された羽状の葉に似たところがある。その化石種子の房はカルケニア属に分類されている。以下参照、Naugolnykh（1995, 2007）. カルケニアについては15章参照。

(9)　現生イチョウでも葉脈が網目状になる「融合」がたまに見られるが、発生する確率はひじょうに低い。4章参照。

(10)　グロッソプテリドの葉（*Glossopteris*）は、南極大陸、オーストラリア、インド、南アフリカ、南米で見つかっている。大陸移動説はプレートテクトニクス理論でよく引き合いに出される。

(11)　グロッソプテリド化石に精子産生の証拠を見つけたという報告（Nishida et al. 2004）（西田治文ら）は、化石の種子の内側に保存されていた花粉粒が根拠となっている。その説明図には、現生イチョウと同じようにらせん状になった鞭毛の基部らしきものが見える。

(12)　カンナスコッピアが、以前にペトリエラエア（Taylor et al. 1994）として記載されていたものによく似ていると示唆したのは、Anderson and Anderson（2003）and Anderson et al.（2007）. ペトリエラエアの化石はカンナスコッピアとに外に出てきて、あらたに上向きに伸びる幹をつくり出す能力をもっている。乳の発達についての詳細は、Barlow and Kurczyńska（2007）.

(4) リグノチューバー（木質塊茎）の発達についての詳細は、Del Tredici（1992a）.

(5) 北金ヶ沢の大イチョウは第2部の扉絵を参照。

11章

(1) スウェーデン自然史博物館の基礎となったコレクションは、スウェーデン王立科学アカデミーのコレクションである。

(2) Alfred Nathorst（1850-1920）は1919年に退任した。彼の簡単な経歴については以下参照、Seward（1921）and Andrews（1980）.

(3) スピッツベルゲン化石に関するナトホルストの研究の改訂とその議論は以下にある、Kvaček et al.（1994）. ギンコー・コルディロバタその他の化石植物の詳細とその産地については以下参照、Schweitzer and Kirchner（1995）. ストックホルム・コレクションにはナトホルストのイチョウ標本およそ30点が含まれている（Else Marie Friis, Swedish Museum of Natural Historyによる私信）。

(4) マッキーは、植物入りのチャートの発見を正式に発表する35年も前の1880年ごろ、それらをすでに見つけていたと、あとになって思い当たったという。以下参照、Mackie（1913, 225）and Trewin（2004）.

(5) ライニー・チャートはデボン紀初期にできた（Kenrick and Crane, 1997）.

(6) ヒカゲノカズラの仲間はいまもスコットランドに自生しており、アステロキシロンはスコットランド高地によく見られるモミヒカゲノカズラによく似ている。

(7) 陸上植物の初期の化石記録の概略と分析は以下参照、Kenrick and Crane（1997）.

(8) 陸上植物に最も近縁な現生生物は、シャジクモを含む淡水にいる車軸藻類である。このことは、植物の上陸は海から直接ではなく、淡水の場所からだったという説の裏づけとなる。

12章

(1) 題辞：この討論の2か月後にハクスリーが友人のDr. Drysterに宛てた手紙によると、ハクスリーの反応はつぎのようなものだった。「もしあの質問が、私に向けて自分の祖先としてサルとヒトのどちらを選ぶかと問うものだったとすれば、哀れなサルか、それとも、影響力を与える偉大な才能を授けられながらその才能と影響力を真面目な科学議論の場で単に嘲笑する目的だけに使うヒトか、私は迷わずサルを選ぶ」。ウィルバーフォースとハクスリーの対決場面の全記録とそれに関連する議論については以下参照、Jensen（1988）.

(2) 南アフリカのデボン紀から白亜紀にかけての古植物群が記載されているのは、

の発見についての詳細は、Nagata（1997）。

（10）マリー・ストープスがイチョウの精子を観察したのは、平瀬の発見からちょうど12年後だった。以下参照、Stopes（1910, 218）。ストープスの日記に記された日付から、小石川植物園の元園長である長田敏行は、1997年9月7日に同じ木と別の木から胚珠を採集した。そして受精のタイミングは、1本の木においてはほぼ同期しているが、異なる木と木の間ではわずかにずれていることを見出したという。

（11）オリヴァーとスコットの研究は、1903年と1904年に発表された。その詳細と重要性は以下参照、Andrews（1980）. 各種の種子植物化石を対象としたオリヴァーとスコットの研究はシダ種子類というグループにまとめられたが、現生種子植物と化石種子植物の関係についての研究によれば、このグループは異質なものの寄せ集めで、系統的には不自然であることが示された（e.g., Crane, 1985; Doyle and Donoghue, 1986; Hilton and Bateman, 2006）.

（12）葉の縁に胚珠をつける異常なイチョウは当初、白井光太郎（1891）により記載され、つぎが 藤井健次郎（1896）だった。この胚珠は受精すると種子になるが、通常の木になる種子より小さい。胚珠や花粉錐をつけた葉は通常の葉より小さく、その葉にできる種子はもっと小さい。こうした逸脱がなぜ起こるのかについては、いまも議論が続いている。

（13）以下参照、Favre- Ducharte（1958）and Eames（1955）. 私は韓国、ソウルの梨花女子大学校で、通常の受精時期よりずいぶん早くに落ちてしまった、しかしほぼ成熟した種子を採取したことがある。その種子を数か月、屋外に置いておくと、2、3個が生存可能な胚に育った。地上に落ちたあと受精がほんとうに起こるかどうかについては、さらなる研究が必要となるだろう。

（14）Whittonの議員、Liz Jaegerによる私信。新潟大学の高橋正道による私信。以下も参照、Kochibe（1997）. イチョウ酸はギンコール酸とも呼ばれる。

10章

（1）題辞 : Gandhi（1961, 133）.

（2）ユタ州では、Pandoと呼ばれるアメリカヤマナラシの単一群生が、世界で最も重く、（ある種の基準によれば）最長寿の生き物だとされている。107エーカー内に4万7000本の幹があるこの植物は、推定重量が6000トン。一部の推定によれば平均的な幹の「樹齢」は130年で、遺伝子的に同一な状態で（クローンとして）1万年以上存在し続けてきた。24章も参照。

（3）チチは日本語で「乳」を指す。Fujii（1896）はイチョウの乳の内部構造を調べ、親の幹との接点に近いところまで埋めこまれた芽が含まれていること、その埋めこまれた芽は下向きに伸びやすい面にとどまれるよう、乳の中で成長し続けていることを示した。これらの芽は、地面に達すると、あるいは地面に達する前北海道の白亜紀化石植物の研究（Stopes and Fujii, 1910）は、現在は中央大学の西田治文が続けている。以下参照、Nishida（1991）. ストープスと藤井は道ならぬ恋に落ちた。藤井は結婚していたため、ハンセン病にかかったと嘘をついてストープスと別れた。ストープスはのちに、G. N. Mortlake というペンネームで *Love-Letters of a Japanese*（ある日本人のラブレター）と題する書簡集を出版した。以下参照、Mortlake（1911）and Hall（1977）.

(5)　ここで紹介した名著ランキングは1935年に集計されたもの。アメリカの学者多数に過去50年で最も影響を受けた本を25点ずつ選ばせた（Hall, 1977）. マリー・ストープスについての詳細は以下の伝記を参照、Hall（1977）, Briant（1962）。ストープスが著したものの選集は、Stopes（1918）, Garrett（2007）.

(6)　いくつかの文献によれば、マンチェスター大学は、ストープスが女性だと知って講師の職の申し出を取り下げようとしたが、最終的には彼女を任命した。マリー・ストープスは頭がいいだけでなく華やかだった。私の古植物学の指導者にあたる Bill Chaloner は、ロンドン地質学会で1952年に彼女に会ったときのことを回想している。彼が彼女に自分の研究について説明すると、彼女はほかの人にも聞こえるような大きな声で、「まあ、素敵。もちろん私の初恋は古植物学よ」と言ったという（Chaloner, 2005）.

(7)　ウィーンから送られた研究材料に基づいて出版されたイチョウの生殖研究は以下参照、Strasburger（1892）. ドイツ語圏の植物学の学生は、いまもシュトラスブルガーが書いた、ぶ厚い教科書の改訂版を使って学んでいる。平瀬は東京帝国大学理科大学植物学教室で働いていた。彼が泳ぐイチョウ精子を発見した直後の1897年に植物学教室は小石川植物園に移り、1935年までそこを本拠地とした（法政大学の長田敏行による私信）。

(8)　平瀬は、帝国大学初の植物学教授の矢田部良吉から、同大学の仕事を任じられた。平瀬はまずイチョウの受精の初期観察を発表し（Hirase, 1895a, b）、泳ぐ精子についての論文は1896年に出した（Hirase, 1896）。Singh（2006, 236）によると、平瀬は当初画工として働き、1893年からイチョウの受精と胚形成の研究を開始した。イチョウの胚珠を切断したものを顕微鏡で観察しているとき、花粉管にまきついた帯に、奇妙な楕円型の物体がついているのに気づいた。平瀬はその物体を精子だと判断し、1896年4月25日の講演でそう語り、胚珠の切断と観察を根気よく続け、ついに数か月後の9月9日に泳ぐ精子を見つけた。泳ぐ精子の映像と、その他のイチョウの生物学については、*The Sea in the Seed* というビデオが参考になる。

(9)　平瀬の発見からほどなく、彼の重要な庇護者が帝国大学を去った。平瀬もそのあと同大学を去った。平瀬は正式な植物学を修めていなかったため、厳格な階級制度が支配する大学に留まるのは居心地が悪かったのだろう。彼は残りの人生を彦根中学校の教諭として過ごした。以下参照、Ikeno and Hirase（1897）。平瀬

(12)　似たような例として、ある種の動物では胚の発生後の環境要因で性が決まる。たとえば、トカゲやカメの多くは胚発生中の特定時期に高温にさらされると雌になりがちだが、ワニでは雄になりがちだという。

(13)　キューのオールド・ライオンの接ぎ木の話は以下にて、Bean (1973). キューのイチョウ雄木に種子が実った報告は以下にて、Crane (2006). イエナ植物園の例は以下にて、Melzheimer and Lichius (2000).

(14)　1本の木の樹冠高くに小枝や葉が異常に密生する「天狗巣」は、害虫や病気、ヒトの介入などさまざまな原因により発生する。一種の癌のようなもので異常増殖をする。おそらく、正常な発達を制御している機能が局所的に失われているのだろう。ケイヴ・ヒルの木は、その結果、部分的に性が変わってしまった。ソテツ精子の発見者でもある日本人植物学者の池野成一郎は、イチョウの雄木がときどき種子をつけることに気づいていた。以下参照、池野成一郎 (1901), 三好学 (1931)。

(15)　ブランディ試験農場での観察は以下による、Santamour et al. (1983a).

(16)　Lloyd and Webb (1977).

9章

(1)　題辞 : Shakespeare (1623c), act 1, scene (3)　関東大震災は1923年9月1日、東京大空襲は1945年3月10日。小石川のイチョウに関する情報は、東京大学小石川植物園の東馬哲雄から得た（私信)。2006年に小石川のイチョウは天皇皇后両陛下の訪問を受けた (His Majesty the Emperor of Japan, 2007).

(2)　小石川のイチョウは1680年に植えられ、1868年8月に切り倒されそうになった。そのときの斧の傷は50年後から70年後まで目視できたという。この木を切り倒そうとした動機の一部は、それを売って金にすることだったとも考えられる（東京大学の東馬哲雄および法政大学の長田敏行による私信)。以下も参照、Primack and Ohkubo (2008).

(3)　東京大学は過去、何度か名称を変えた。東京大学 (1877-1886)、帝国大学 (1886-1896)、東京帝国大学 (1896-1948)、そして最終的に東京大学となった (1948から現在)。矢田部良吉は、コーネル大学卒業の初の日本人で、東京大学の初代植物学教授および植物園園長事務取扱となった。松村任三は2代目の教授および園長。シーボルトの教え子だった伊藤圭介は、19世紀後期に小石川植物園を監督し、1886年に大学を退任。就任時75歳で特別な肩書（員外教授）を与えられ、退任後は教鞭をとる必要がなくなった（法政大学の長田敏行による私信)。

(4)　ストープスが東京帝国大学で研究していたころ (1897-1935)、植物学教室は小石川植物園にあった。同園は現在、東京大学大学院理学系研究科の附属となっている（法政大学の長田敏行による私信)。マリー・ストープスが来日したのはイギリス王立協会の特別研究員奨学金制度による。ストープスと藤井が着手した家モーツァルトからピアノを習った。父の貴族社会に出入りしていたモーツァルトはジャカンの家を定期的に訪れた。ジャカン家に捧げたモーツァルトの“Kegelstatt Trio”（九柱戯トリオ）は1786年8月に、ジョセフの女きょうだいFranziskaによって彼らの家で初演奏された。

(4)　ニコラウス・フォン・ジャカンは1755年から1759年、シェーンブルン宮殿で植物収集家として働いた関係で、王室とつながりがあった。ヨーロッパにおける初期のイチョウについては以下より、Loudon（1838）。以下も参照、Jacquin（1819）および30章。

(5)　August Pyramus De Candolleは1814年、ジュネーヴから6マイルの村Bourdignyで、ヨーロッパで種子をつけたイチョウをはじめて確認した。30章参照。Bourdignyの雌木は1866年、新しい地主により切り倒された。以下参照、Wilson（1920, 56）. ジャカンは科学的な目的で接ぎ木をした初の植物学者で、その実験結果をゲーテがイチョウの詩を発表したのと同じ年に発表した（Jacquin, 1819）.

(6)　雌木の枝の発達が少し遅れるのは、理論予測と一致する。以下参照、Lloyd and Webb（1977）.

(7)　アムステルダム大学のHugo de Vriesがおこなった実験は、植物園の銘板にも表示されているように植物園でなされた実験として画期的だった。遺伝子（gene）という言葉は、1909年にデンマーク人植物学者Wilhelm Johannsen（ヨハンセン）が使いはじめた。ヨハンセンは、表現型と遺伝子型という表現を最初に使った人物でもある。

(8)　Theodor Boveri（1862-1915）はドイツで、Walter Sutton（1877-1916）はアメリカで研究した。Thomas Hunt Morgan（1866-1945）は染色体と遺伝の関係を明らかにした業績により1933年にノーベル賞を受賞した。ブリンマーカレッジのNettie Stevens（1861-1912）とコロンビア大学のEdmund Beecher Wilson（1856-1939）が研究に使ったゴミムシダマシの幼虫は比較的大きな染色体をもっていて、観察が容易だという利点があった。

(9)　ヒトは22番目の染色体までは男女とも同じだが、23番目の性染色体では男女差がある。23番目において、女性はX染色体が2本あるが、男性では長いX染色体と短いY染色体がある。

(10)　イチョウの染色体の数がはじめて報告されたのは日本人科学者による。以下にて、石川光春（1910）。

(11)　イチョウにおいてもXY型の性決定様式があるとの示唆は、11番目の染色体の腕にサテライトがあるとした初期の数件の研究に基づく（Tanaka et al., 1952; Newcomer, 1954）. その後の研究により、雌雄異株植物にはさまざまな染色体にさまざまなサテライトがあるとわかった（e.g., Ho, 1963; Chen et al., 1987）. イチョウの染色体についての詳細は以下参照、日詰雅博（1997）。

(1954).

(7)　Andrew Leslieの推定は、シカゴ大学Hinds Geophysical Laboratoryの屋外で育つ木の観察に基づいている。評価に使ったパラメーターは以下の通り。花粉袋には約2万個の花粉粒。花粉錐には77の側枝。側枝には2つの花粉袋。つまり、花粉錐1個あたりの花粉は300万粒。短枝1本につき花粉錐は7つ。樹高40フィート〔12m〕の木で短枝は1万7500本。

(8)　雌雄異株の樹木では、たいてい雄木が雌木より少し早く花粉をつくる。これは理論予測と一致する。以下参照、Lloyd and Webb (1977).

(9)　受粉後、珠孔液のねばねばした残留物が胚珠の入り口を塞ぐ。花粉は胚珠の中で発育を続け、やがて受精する (Lee, 1955). 針葉樹の珠孔液の働きについては、Takaso (1990)。イチョウとソテツの受粉と受精のビデオ動画は、Tokyo Cinema film *The Sea in the Seed* (種子の中の海)。胚珠の中に引きこまれた花粉は花粉管を形成する。イチョウとソテツでは、花粉管は養分摂取のため改変されているように見える。その花粉管は卵細胞の中央にある養分組織を貫通し、網目状に細い吸収根を広げる。以下参照、Friedman and Gifford (1997)。9章も参照。

(10)　1個の種子の中で複数の胚が育つ例はイチョウでは2%ほど見られ、針葉樹でもときどき生じる。さらなる情報は以下参照、Cook (1902, 1903), Buchholz (1920), and Berlyn (1962). 1個の種子から2本の若木が出てくる写真は以下参照、Stuppy et al. (2009, 24).

(11)　イチョウの胚の発達についての詳細は、Lyon (1904). 果肉質の外種皮は、それが取り除かれないかぎり発芽を抑えているように見える (Rothwell and Holt, 1997). イチョウと違い、たいていの針葉樹で子葉は種子内の養分組織に埋めこまれたまま地下で発芽する。子葉の下部だけが種子の殻から突き出る。以下参照、Seward and Gowan (1900, 116), Chick (1903).

8章

(1)　題辞 : Angelou (1990).

(2)　イチョウなどのいわゆる「進化の停滞」生物に、なぜほとんど進化の跡が見られないのかは重要な疑問である。標準的な説明は、イチョウは2億年のあいだ同じ環境条件を追いかけてきた、または強力な安定化選択により (遺伝的多様性はあっても) 形態は同じまま保たれてきたというものだ。第3の可能性は、イチョウをあまり変化させないような何らかの強力な生来の制約が発生過程に働いているというものだ。この3要素がすべてからんでいる可能性もある。

(3)　Joseph Franz von Jacquin (1766-1839) は、父のNikolaus Joseph von Jacquin (1727-1817) のあとを継いでウィーン大学の植物学教授ならびに植物園園長となった。一家は同大学の植物学研究所のそば、ベルヴェデーレ宮殿に近いRennwegに住んでいた。ジョセフ・フォン・ジャカンは兄弟姉妹とともに作曲

(16) イチョウ材のさまざまな用途の一覧は以下参照、Hori and Hori（1997）.

(17) 小千谷は鯉の養殖で有名な小さな町。2004年10月のマグニチュード7.2の地震の震源地としても知られている。道教の道士がイチョウ材をどう利用していたか、Li Shizhenは1596年に*Bencao Gangmu*に、「イチョウ材は白く肌理が細かく長もちする。これは霊を呼び出すのにいいと言いながら、道士はこの木材を切り刻む」と書いている（Shizhen and Xiwen, 2003）.

(18) 木喰上人が日本各地に木像を残したという伝説は、哲学者で日本に民藝運動を起こした柳宗悦の心を動かした。柳は木喰上人の旅の経路をたどり、木像を目録化した。その中で柳は、木像の美と伝統を「シンプル」「ナチュラル」「無我」と表現した。以下参照、Kibuchi（1997）. 第7部の扉絵も参照。

7章

(1) 題辞 : Dawkins（1976, xxi）.

(2) Camerarius（1665-1721）は、植物の生殖実験の結果を1694年に*De sexu plantarum epistola*（植物の性に関する書）に発表した。植物学者John Ray（1627-1705）およびNehemiah Grew（1641-1712）は、イギリス王立協会の初期会員である。

(3) *Science and Civilization in China*（中国の科学と文明）によると、イチョウについて記述がある最初期の文献は、高僧ことLu Tsan-Ning（贊寧）編纂の*Ko Wu Tshu Than*（Simple discourses on the investigation of things）（格物粗談）である。これは940年ごろ書かれた、自然現象についての短い説明を連ねたものである。以下参照、Needham（1986, 491）. 24章も参照。

(4) 雌雄が完全に同体である種が、別の個体に分かれる雌雄異株に進化的に移行したことは、被子植物においてよく記録されている。多くの場合、花の中に別の生殖器官の痕跡が残されており、雌雄の個体に分かれたのは進化史的に最近であることを示している。Darwin（1876, 1877）は、こうした観察をもとに雌雄異株の進化的優位説を提唱し、のちに進化生物学者らが磨きをかけた（e.g., Charnov et al., 1976; Lloyd, 1982）. 被子植物における雌雄異株、雌雄同株、雌雄異熟（同じ花の中で雄と雌の生殖器官がタイミングをずらして成熟すること）は、どれも個体間の異家受粉に有効で、次世代に自然淘汰を受ける遺伝的多様性を増やすことに貢献する。

(5) イチョウの花粉錐の発達については以下参照、Liu et al.（2006）. イチョウの雄木と雌木の生殖器官の位置の詳細については、Christianson and Jernstedt（2009）.

(6) イチョウの花粉粒は、地上に落ちたあとではおそらく生存能力を失う。しかし、ラボ内では16か月生き続けた（Newcomer, 1939）. 無菌状態では、2年間保存後のイチョウの花粉は35%から45%の割合で発芽を成功させている、Tulecke

(9)　ウィリアム・ジャクソン・フッカーの死後、彼の4000点の書籍コレクションは、1866年にイギリス政府が1000ポンドで買い上げた。さらに1000ポンドで、フッカーの手紙や草稿、肖像写真その他を買い上げた。キューの植物画コレクションは20万点を超し、18世紀、19世紀、20世紀、21世紀のすばらしい作品が含まれている。それらの絵の大半はキュー図書館の別館に保存されており、一部はShirley Sherwood Gallery of Botanical ArtおよびMarianne North Galleryに展示されている。

(10)　ベルリンのコレクションは、1911年にドイツ海軍上級軍医のPaul Kueglerが買い集めたもの。おそらく19世紀末に日本の作品も買い集めたと思われる (Lack, 1999). 小石川植物園は同じ様式の図版シリーズ25点を保有している。ハーヴァード大学博物館は、1877年から1879年に東京大学で初の動物学教授を務めたEdward Sylvester Morseが、ニューイングランドにもたらした数点の図版を保有している。ロンドンにも数点、個人コレクションの中に存在している。小石川植物園は1684年、小石川薬草園として徳川将軍により設立され、明治維新後は日本の近代植物学研究の発祥地となった。そこには精子が発見されたことで世界で最も有名なイチョウの木がある。9章参照。

(11)　加藤竹斎は、伊藤圭介（1802-1901）と賀来飛霞（1786-1862）の編集による『小石川植物園草本図説』のために、イチョウの図を用意していた。以下参照、Ito and Kaku（1881-1883). 賀来の兄はシーボルトの下で学んでいた。伊藤圭介はシーボルトに、イチョウを含む乾燥植物標本のコレクション14点を与えた。シーボルトはそれらをヨーロッパにもち帰った。

(12)　製材するとき放射組織をどう切断するかにより、高級材の「木目」が決まる。イチョウの場合、くっきりとした木目が出るほど放射組織は厚くない。イチョウ材の放射組織細胞についての詳細は、Barghoorn（1940, 321).

(13)　コルクガシではコルクの生成が盛んで、これがワインボトルの栓になる。ほかの樹木と比べて、コルクガシの樹皮に含まれるコルク質にはスベリンが含まれており、曲げやすく耐水性にすぐれている。

(14)　通水用の死細胞（仮道管）は、幅が2000分の1インチから3000分の1インチ、長さは幹では10分の1インチから30分の1インチ、根では40分の1インチになる。多くの被子植物の木部にある特別な水輸送細胞（道管の構成要素）の長さはけた違いで、14インチ〔36cm〕にまで達することもある（Sperry et al. 2006; Wilson and Knoll, 2010). イチョウの水輸送細胞についている小さな弁は、水抵抗を最小限にしながら塞栓形成を防いで、水の輸送効率を高めている。以下参照、Hacke et al.（2004）and Pittermann et al.（2005).

(15)　キューのイチョウの木製図版の、額の左上の角にある小さな枝には11年の年輪が見える。ほかの枝の年輪は工具の印やニスのせいでぼやけてしまっている（Mark Nesbitt, Royal Botanical Gardens, Kewによる私信).

については以下参照、Thiede et al.（2000）, Kouwenhoven and Forrer（2000）, オランダのライデンにあるシーボルト博物館（www.sieboldhuis.org）, 長崎のシーボルト記念館（www.city.nagasaki.nagasaki.jp/siebold）. グラヴァー邸はいまも長崎港の丘の上にある。庭には海を見下ろすプッチーニと蝶々さんの像が置かれている。蝶々夫人の由来についての詳細は、Van Rij（2001）.

（2） ライデンの旧シーボルト邸をモデルにした長崎のシーボルト記念館は、かつてシーボルトの医学校「鳴滝塾」があった場所の隣にある。

（3） シーボルトは『日本植物誌』で、アジサイに *Hydrangea otaksa* という学名を与えた。ソノギ（其扇）の呼び名にちなんだものだ。現在、この種の学名は「*Hydrangea macrophylla*（Thunb.）Ser」である。一般的にホンアジサイと呼ばれているこの植物は、家の庭で植えられる人気のアジサイである（Kouwenhoven and Forrer, 2000）。

（4） シーボルトに手渡された地図は1818年に作成され、1823年に木版に彫られたばかりのものだった。14人の調査団が日本の海岸および島々を徹底的に測量してできたもので、過去に類を見ない詳細な日本北部の地図となった。以下参照、Murdoch（2004, 555-558）.

（5） シーボルト事件については、Murdoch著 *A History of Japan* に別の説明がなされている。こちらはシーボルトの1828年12月16日の日記をもとに、シーボルトが日本の本を翻訳するのを手伝っていた通訳のYoshio Tsujiro（吉雄忠次郎）が密告したとしている。以下参照、Franz（2005, 37）; Totman（1993, 510）. シーボルトは、地図を返却する前に書き写し、出島の文書保管所に残した。

（6） オイネは好奇心旺盛な子どもで、19歳で二宮敬作から産科の教えを受けた。彼女は1877年に宮内省御用掛に任命されている。

（7） オイネの人生についての詳細は以下参照、Kouwenhoven and Forrer（2000, 24）.

（8） これらの三部作はすべて、その後の四半世紀に何度か分冊出版された。*Nippon*（Siebold, 1832-1852）は、江戸参府の旅を含めた日本の民族誌と地理について。*Fauna Japonica*（Siebold et al., 1833-1850）（日本動物誌）は、シーボルトとその後継者であるHeinrich Burgerのコレクションをもとにした一連の論文。*Flora Japonica*（日本植物誌）は、シーボルトの前任にあたるケンペルとツンベリーの業績を土台にしたもので、ドイツ人植物学者ヨーゼフ・ゲアハルト・ツッカリーニと共同執筆した（Siebold and Zuccarini, 1835-1870）. 1835年に書きはじめ、1848年にツッカリーニの死去にともない中断されたが、1866年にシーボルトが死ぬと、ライデンの国立植物標本室のF. A. W. Miquelが、追加のパートを出版した。それから35年たって、*Flora Japonica* は1870年に完成した。第1巻は20のパートから、第2巻は10のパートから成る。すばらしいイチョウの挿画、プレート136は、第2巻に含まれている（5章参照）。

ークレーにいる友人から聞いた話だが、友人の同僚が裸木のイチョウの枝を手にとり、博士課程の学生に例のクイズを出した。だが、学生がすぐにイチョウだと正解したので、がっかりしたという（Bruce Baldwin, University of California, Berkeleyによる私信）。

(3)　2007年4月の華氏マイナス30度（摂氏マイナス34度）という寒波で、アメリカ中西部の全域で春に花が咲く木は大損害を受けた。イチョウはこの時期に受粉するため（7章参照）、この年の種子生産は大幅に減少した。

(4)　イチョウの短枝と長枝の出現と発達については以下参照、Gunckel et al.（1949）.

(5)　ゲーテがマリアンヌ・ウィレマーに贈った詩の意味については3章および以下参照、Unseld（2003）. リンネがイチョウの学名をつけたときの話については28章を参照。

(6)　Leigh et al.（2010）の研究は、長枝と短枝の葉の構造と生理学の差異を葉脈密度で説明した。長枝の葉は短枝の葉より葉脈密度が低いが、通水効率は高い。なぜ効率がいいのかは完全には解明されていない。イチョウ葉の形態と構造を理解する上でも、この点はさらなる研究が待たれる。可能性のひとつとして（今後の測定と実験が必要になるが）、長枝の葉脈は葉の上下の表皮細胞の接続がよく、葉脈から周囲の組織に水をすばやく拡散できるのかもしれない。

(7)　水輸送管の細胞はたいていの木で死んでいる。この細胞は活発に分裂している細胞（形成細胞）によってつくられるが、管ができるとすぐに「プログラム細胞死」を迎える。6章参照。

(8)　多くの樹木ではシーズンはじめに樹液が上昇するとき、根や茎の下部に蓄えられていた糖が移動し、細胞内に溶けこむ。このとき土壌内の水を引きこむ。すると樹木の下部の射出細胞を含む部分で水分量が増えるので、樹液が上がる。このプロセスは、1年のうち特別な時期に特別な条件下で下からの圧が発生するときに、サトウカエデの樹液を採取してメープルシロップをつくるのに利用される。

(9)　エペルアの木が吸い上げる水量（1日260ガロン）は、30年間の67種を対象とした52件の研究を調べたところでは、最大の記録だった。この調査によると、樹高65フィート〔20m〕を超える木の90%は、1日2ガロンから44ガロンの水しか吸い上げないという。詳細および種別の必要水分量については以下参照、Wullschleger et al.（1998）.

(10)　同じような微細孔は針葉樹にもある。イチョウ材の構造についての詳細は、Dute（1994）.

6章

(1)　題辞：古典的な仏教経典からのEknath Easwaranによる翻訳（Easwaran, 2007,126）。フィリップ・フランツ・フォン・シーボルト（1796-1866）の伝記

(9) イチョウ葉のゴム様の樹脂は、葉脈間に縦列する沈着物である。シーズンはじめの葉より、後半の葉のほうが樹脂の含有量が多くなる。以下参照、Critchfield（1970）. 日本の街路樹としてのイチョウの木の数は、1992年の調査時から約2万本も増えている（法政大学の長田敏行による私信）。以下参照、Handa et al.（1997）.

(10) 樹木に落葉を促す要因についての詳細は、Treshow（1970）.

(11) 落葉直前の葉から栄養を回収することについての詳細は、Andersson et al.（2004）, Buchanan- Wollaston（1997）, and Killingbeck（1996）. バイエルン科学アカデミーの前総裁、Otto Crusius による “The Two Ginkgo Leaves” は、Northcott が翻訳したウンゼルトの詩を引用している（Unseld, 2003）。「夏に飽きたイチョウ葉は／ヤマキチョウのようにきらきらと輝く／ベンチの上にひらひらと舞い落ち／私のことを憶えているかとささやく」

(12) 東京の明治神宮外苑は、1912年に死去した明治天皇を追悼してつくられた。1926年に完成したこの公園には、スポーツ施設や文化施設を含み、中心に聖徳記念絵画館が建っている。絵画館に続く並木道は長さ1マイルで、両側にイチョウが植わっている。以下参照、Handa et al.（1997, 272）. 同様に、米軍基地跡につくられた国営昭和記念公園にも2列のイチョウ並木が1983年に植えられている。以下参照、Handa et al.（1997）.

(13) モンローのドルシュ記念図書館のイチョウは、ミシガン州の Monroe Public Access Cable Television による放映記録最長（自称）のテレビ番組、*Lotus Ginkgo Show*（ハス・イチョウ・ショー）の番組名のもととなった。

(14) “The Consent,” Nemerov（1977, 476）. セントルイスのワシントン大学構内のネメロフの部屋の外で育っていたイチョウの小群生が、この詩の着想となった（Peter Raven, Missouri Botanical Garden, Saint Louis による私信）。この詩は、1ページ前に出てくる詩 “Ginkgoes in Fall” とはトーンが異なる。前ページには「この木の黄色い果実はヒトの嘔吐物を真似た臭い」と書かれており、つぎのページで「はためく光の扇」と表現した同じ葉を「尿のような黄色い光を濾過する」と書いている。以下参照、Nemerov（1977, 475）.

5章

(1) 発言は以下より、Hargraves（2010）. イチョウはとくに冬期、遠くからでも見分けがつきやすい。枝ぶりが独特だからだ。それでも、私はときどき間違える。私がイチョウに間違えるのはたいてい針葉樹、それもマツ類であることが多い。

(2) 冬期に枝ぶりから木の種類を推測するクイズは、ドイツ発の伝統である。ドイツの植物学の学生たちは1世紀も前から、Camillo Karl Schneider の *Dendrologische Winterstudien*（冬季樹木学学習）で、樹木と低木434種の樹皮や冬芽の写真と絵を眺め、見分け方を鍛えてきた。以下参照、Schneider（1903）. バ

(22)「上から下まで、植物はすべて葉である」は、ゲーテが1787年5月17日にJohann Gottfried van Herderに宛てた手紙からの翻訳。ゲーテの植物における「ボディプラン」および「基本的な組織テーマ」研究の詳細は、Kaplan (2001).

4章

(1) 題辞: Coolidge (1919, 13). Arnott (1959) によると、葉脈の再結合は短枝の葉の13.4%、長枝の葉の8.2%で見られるが、1枚の葉につき多くても5か所である。平均すると、葉脈再結合が見られる葉は10枚に1枚もない。イチョウの葉脈についての詳細は、Florin (1936b) and Arnold (1947).

(2) 光合成を人工的に可能にすることと、その効率向上は(たとえ最適条件下の最高の光電池の1/2か1/3でも)、太陽エネルギー研究の長年の目標である。以下参照、Hohmann- Marriott and Blankenship (2011) and Blankenship et al. (2011). Gary Brudvigの研究グループは、水を酸素と水素に分け、新しいタイプの燃料電池に充電するのに使える可能性のある「人工葉」を開発した。ソーラーパネルは日中しか電気をつくり出せないが、この新タイプの燃料電池は常時のエネルギー供給が可能となると期待されている。

(3) 保存状態のいいイチョウ葉化石で気孔を調べることは可能である。イチョウ葉化石から気孔の密度を測定することで、過去の大気中の二酸化炭素濃度の変化を知ることができる。大気中の二酸化炭素の濃度が高いと気孔の密度は低い。少ない気孔でも充分な二酸化炭素を得ることができるからだ。以下参照、Retallack (2001), Royer et al. (2001), Beerling and Royer (2002), and Royer (2003).

(4) ほぼすべての植物で、光合成は基本的に葉でおこなわれるが、イチョウの場合は種子でも光合成をしている。発育中の種子の養分組織にはクロロフィルが含まれており、種子や胚の成長に必要なエネルギーはそこからも得られる。晴れた日には、完全に陰になったときと同程度の光が果肉質の外種皮と硬い殻を貫通する。以下参照、Friedman and Goliber (1986).

(5) 光合成細菌は数種いるが、最初に光合成作用らしきものをするようになったのはシアノバクテリア(藍藻)である。

(6) 葉の表面と裏面、断面数か所を電子顕微鏡でスキャンしたデータをもとにした試算によると、平均的な大きさのイチョウ葉1枚には5000万個の細胞があるという。クロロフィル分子が埋めこまれた、いわゆるチラコイド膜は、厚さ5ナノメートル(500万分の1mm)である。

(7) もうひとつの重要な集光色素であるカロチノイドは、落葉樹の葉を秋に黄色やオレンジ色に変える働きをしている。

(8) イチョウ葉の葉脈は葉の根元から分岐するにつれて細くなり、水輸送細胞(仮道管)の数もどんどん少なくなる。もっと単純だが似たシステムは、一部のマツの「針状の葉」に見られる。以下参照、Zwieniecki et al. (2006).

だ経験が作品のインスピレーションになったと語っている。最初はイヌの糞の臭いだと思ったが、つぎにイチョウの「葉」が臭うのだと誤解したという。ギルバート＆ジョージの回想は以下参照、Vogel（2005）, Wyman（2008）。カタログも参照のこと（Birnbaum and Bracewell, 2005）.

（16） 孔子がイチョウの木の下で過ごしたという話は、アンズの木の下でと語られることが多い。おそらく「銀杏」という中国語に発する誤解であろう。儒教とイチョウ、臥佛寺についての詳細は、Taylor and Choy（2005）and Porter and Johnson（1993）.

（17） 日本のイチョウ古木についての概要は、Hori and Hori（1997, 395）. 個々の木の写真を載せた『写真と資料が語る総覧・日本の巨樹イチョウ』は、Hori and Hori,（2005）. 靖国神社は1853年から天皇のために戦死した人々の霊を祭っている。

（18） 世界各国の記念植樹されたイチョウのリストはGinkgo Pages Web siteを参照。ホーボーケンのイチョウについては、Zukowski, "In Hoboken, Trees for 9/11"を参照。デトロイトのタイムズスクエアにあるヨーコ・オノの「生きた彫刻」は、イチョウと花崗岩のブロック、ブロンズの銘板で構成されている。銘板にはヨーコ・オノの「Wish Tree」という平和を願う詩が刻まれている。「Wish Tree」作品は、ブラジルやカリフォルニア、イタリア、日本にもある。オノは、幼少期を過ごした日本の寺で、願いを書いた小さな帯紙がイチョウの枝に結びつけられ、それが花のように見えた光景に心動かされたという。以下参照、Nawrocki and Clements（2008, 49）.

（19） 広島の原爆を生き延びたイチョウは6本あり、うち1本は爆心地から1マイルも離れていなかった。以下参照、Kwant, "A- bombed ginkgo trees in Hiroshima, Japan." ヘンリー・トルーマンは後年、しばしば散歩の途中でイチョウの古木に立ち寄り、その木の幹をなでながら言葉をかけていたという。トルーマンとときどき散歩を共にした牧師のThomas Meltonによれば、元大統領はイチョウに「お前はいい仕事をした」と語りかけていたという（McCullough, 1992）. そのイチョウには目印の銘板がついており、トルーマンを訪ねる歴史散歩ツアーで立ち寄る。以下参照、Fischer（2010）.

（20） モートン樹木園は、ハーヴァードのアーノルド樹木園に次いでアメリカで2番目に古い樹木園。1700エーカーの園内には、世界中の4100種の樹木と低木が植えられている。同園は植物種の保存と一般公開という役割に加え、地域社会における植樹などの都市緑化を支援する役割も担っている。以下参照、Ballowe and Klonowski（2003）and www.mortonarb.org.

（21） ゲーテとマリアンヌ・ウィレマーについては以下参照、Unseld（2003）. ゲーテ著『植物変形論』（Goethe, 1790）は、植物の形態についての最初の科学的研究とみなされている。

(3)　キュー王立植物園の歴史については、Desmond (2007). 簡単な年表は以下にて確認できる、www.kew.org/heritage/index.html。キューの村とキューのコミュニティの歴史については以下も参照、Blomfield (1994, 2000).
(4)　キューの活性化にあたり、ウィリアム・フッカーは先輩にあたるジョセフ・バンクス卿のビジョンを実現しようと考えた。バンクスはキューを、世界中から集めた興味深く美しく役に立つ植物を市民に公開し、経済的に有用な植物を大英帝国全域に配る拠点とすることを夢見ていた。以下参照、Desmond (2007) and Allen (1967).
(5)　キューその他の植物園が、ヴィクトリア時代およびそれ以前の植民地政策と連携していたことは以下参照、Drayton (2000). キューの実用植物学コレクションの概要は、Griggs et al. (2000).
(6)　ジョン・クインとそのコレクションについては以下参照、Quin (1882, 199). 以下も参照、Prendergast et al. (2001).
(7)　秦王朝は紀元前221年から紀元前206年まで。
(8)　キューコレクションにあったイチョウ葉は、古代中国と東洋の象徴的な自然を組み合わせたという点を除いては、それほど価値があるわけではない。イチョウ古木は中国、蘇州の獅子林や留園にもある。留園の小さな分館わきに生育しているイチョウは樹高110フィート〔33m〕。
(9)　イチョウ葉の形が崇拝の象徴である扇に似ているおかげで、仏寺や神社にイチョウが植えられたとする説もある。
(10)　善山邑のイチョウは韓国の慶尚北道にある。この木を含む韓国の有名なイチョウは以下にて確認できる、http://english.cha.go.kr/.
(11)　イチョウという語を組みこんだ日本の動植物名や品名の詳細は、Hori and Hori (1997).
(12)　ラリー・カークランドの作品は、ワシントンDCの6thストリートとEストリート、米国科学アカデミーのKeck Center Lobbyで見ることができる。
(13)　フランク・ロイド・ライトはイチョウの木を撤去することこそなかったが、秋に嫌な臭いがすることについては文句を言っていたと私のかつての同僚Laurel Rossが語ってくれた（私信）。彼女の父はオークパークのフランク・ロイド・ライトの下で修業していたため、何度もライトの文句を耳にしたという。イチョウ葉をモチーフにした各種製品を見るなら、www.ginkgodreams.com. Michael Aramのギンコー・コレクションはこちら、www.michaelaram.com.　装飾芸術にイチョウ葉モチーフが与えた影響については、Schmid and Schmoll (1994).
(14)　ナンシーとプラハのアールヌーボー様式建築については以下参照、Kwant, "Ginkgo biloba and Art Nouveau in l'Ecole de Nancy," and Kwant, "Ginkgo biloba and Art Nouveau in Prague."
(15)　ギルバート&ジョージは、ニューヨークでイチョウの臭いをはじめて嗅い

は現在、樹高200フィート〔60m〕で、地球上で最も背の高いイチョウである。以下参照、Invitation ForestOn, "Story of forest: Old gigantic trees in Korea."

(13) ブルキナファソのNational Forest Seed Centre(国立森林種子センター)は、1983年から1996年に60種の樹木の種子17トンを配布し、森林再生と地元の植林や養樹を促した。この計画はミレニアム種子銀行を通じて拡張、強化されると同時に、半乾燥熱帯地方の種子の保存と保護に関する貴重なデータを生み出している(Moctar Sacande, Royal Botanic Gardens, Kewによる私信)。以下も参照、Sanon et al.(2004).

(14) アメリカの紙の消費量の推定は、World Resource Institute(世界資源研究所)の2005年統計より。以下参照、Kahl(2009) and Nadkarni(2008).

(15) ワン・ツリー・プロジェクトについては、Olson et al.(2001).

(16) Bill Vaughan(1915-1977)は*Kansas City Star*紙に"Starbeams"という定期コラムを書いていた。

(17) エンジェル・オークはサウスカロライナ州チャールストン、ジョンズ島に生えている、巨大なヴァージニアガシ。カリフォルニア大学バークレー校の座りこみ運動の詳細は、Burress(2008).

(18) クリントン大統領の1993年ノースウェスト森林計画の目的は、森林資源の管理と保全、個々の要望を統合することだった。以下参照、Tuchmann et al.(1996). 森林伐採は二酸化炭素の年間排出量を6%から17%増加させるとわかり、REDD(森林減少・劣化からの温室効果ガス排出削減)問題は、2007年バリで開かれたCOP13(Conference of the Parties 13)における国連の気候変動枠組条約以来、気候変動に関する国際交渉でくり返し討議されている。森林消失による二酸化炭素排出量の推定は以下参照、Van der Werf et al.(2009).

(19) 2001年から2005年にかけておこなわれたミレニアム生態系評価は、過去50年にヒトは生態系を「かつてないほど急速に広範囲に変えてしまい、その結果、地球上の生物多様性を回復不能なほど減少させた」と結論した。農林業用地は現在、地球の陸地の1/4を占めている。全地球で消失した森林面積は、2000年から2005年で628,206立方マイルと推定されている。以下参照、Hansen et al.(2010) and Millennium Ecosystem Assessment(2005).

3章

(1) 題辞:ニューヨーク植物園、LuEsther Mertz Libraryそばのイチョウの横にある銘板より。

(2) ウィリアム・フッカーの性格描写はアイルランド人植物学者William Henry Harveyによる。ハーヴェイは藻類の専門家で、自分の発見に長年の友人にちなんだフーケリア・ラエテビレンスという学名をつけている。以下参照、Allen(1967).

を移動するのに役立ったという。

(6) クームパシアの木登りは、マレーシア、サバ州の Danum Valley Field Centre でおこなわれた。ここは旧世界熱帯地方の多雨林研究における代表的な拠点で、隣接する Danum Valley 自然保護区は、東南アジアで最も広く、最も重要で、最も自然なままの低地多雨林である。クームパシアの木は、以前に伐採された区域にぽつんと残って立っていることが多い。材木としては質が悪く、また木部にシリカ質が蓄積するせいで伐採がむずかしいからである。

(7) アダムとイヴの話は創世記2:9より。知恵の木については創世記2:17より。

(8) インド北部 Bodh Gaya の寺、Mahabodhi にある大きなインドボダイジュは、Sri Maha Bodhi または単に Bodhi（菩提）の木と呼ばれている。仏陀はこの木の下で悟りを開いたとされている。Bodhi はサンスクリット語で「覚醒」または「悟り」を意味する。Sri Maha Bodhi から増やしたほかの木も同じ名前で呼ばれている。John Rashford は、カンドンブレにおけるイチジクの役割を明らかにしようと研究中である。

(9) サウスカロライナ州において、パルメットヤシはアメリカ独立戦争のころから尊重されていた。サリヴァン島の戦いでパルメットヤシの木材でつくった要塞がイギリスの大砲に耐え、1776年6月28日、イギリス艦隊が撤退したからだ。1950年、John Raymond Carson がこの話を州旗の誓約文「私はサウスカロライナ州の旗に敬礼し、この州の愛と忠信と信義のために尽くすことを誓います」に組みこんだ。バルバドスにおけるベアーディドフィグの重要性と、同国の紋章については、Rashford（2007）. 中国では1942年に、科学者で詩人、史学者の郭沫若がイチョウを国樹にしようと提案した。江蘇州議員の Ju Zhangwang も、2003年から2008年に同様の提案を国民会議にかけた。2005年の林業省後援の全国世論調査では、全180万票のうちイチョウが170万票以上を集めた。しかし、イチョウはまだ中国の国樹に正式に決まっていない。

(10) カウンシル・オークとイマンシペーション・オークはヴァージニアガシ。フッカー・オークはヴァレーナラ。ジョセフ・ダルトン・フッカー（1817-1911）は、キュー植物園の2代目園長。1865年に、初代園長で父のウィリアム・ジャクソン・フッカー（1785-1865）のあとをつぎ、1885年に引退した。この2人の園長については以下参照、Allen（1967）。ジョセフ・ダルトン・フッカーについては、Desmond（1999）and Endersby（2008）。

(11) 龍門寺は何度か再建された。一部の推定によれば最初の建立が913年で、1392年に増築されたという。1592年に焼け落ち、1907年には日本軍により古い建造部分の多くが燃やされた。朝鮮戦争時にもひどい損傷を受けた。現在の寺は1980年代に再建されたもの。以下参照、*Sky News*（2007）。

(12) 新羅王朝は紀元前57年から紀元後935年。龍門寺のイチョウが新羅王朝最終期に植えられたのなら、ほぼ11世紀を生きたことになる。龍門寺のイチョウ

原注

1章

（1） 題辞 : Conan Doyle（1912, 63）. コナン・ドイルの原文スペルは ginkgo ではなく gingko となっていた。これはよくある間違いである。
（2） 2011年3月時点で、キューのオールド・ライオンのイチョウは樹高63フィート〔19m〕、幹の直径は地上すれすれのところで5フィート〔1.5m〕強だった。幹はそこで二手に大きく分かれている（Tony Kirkham, Royal Botanic Gardens, Kew による私信）。
（3） ダーウィンが植物界のカモノハシとしてもうひとつ言及したのはウェルウィッチアである。彼は1861年12月18日に、J. D. Hooker に宛てて、「そのアフリカの植物は、植物界のカモノハシのように見える。いや、それ以上かもしれない」と書いている。以下参照、Darwin and Seward（1903, 281）。
（4） 1億年前ごろ出現し、その後に地上をほぼ席巻した新しいタイプの植物とは、現生種が35万種ほど存在している被子植物（顕花植物）である。本書で使用した地質年代の表は以下による、Gradstein et al.（2004）。
（5） 10万年前から中国に現生人類がいたとする初期の記録（Liu et al., 2010）は議論含みで、細身の体型のホモ・エレクタスと混同されている可能性がある（Dennell, 2010）。

2章

（1） ホワイトナイツ・ハウスに植樹したブランドフォード侯爵は、のちに第5代マールバラ公となった。
（2） 私にウォレンウッズのことを教えてくれたのは、シカゴのフィールド博物館の Bill Burger である。彼は *Chicago Wilderness* 誌にこの森の重要性について書いている。以下参照、Trigg（2008）。
（3） サンフランシスコのすぐ北にあるミューアウッズのセコイアメスギには、毎年8万人もの見物客が訪れる。
（4） *Meetings with Remarkable Trees* および *Remarkable Trees of the World* の写真は、世界の巨木の真の力をまざまざと見せつけてくれる。以下参照、Thomas Pakenham（2002, 2003）。
（5） Eiseley（1958）によると、ヒトの祖先が進化させた手の把握力と前方向に合わせた視力は、樹上生活に適しており、また森の枝がつくり出す三次元迷路の中

Zhou, Z. Y., S. L. Zheng, and L. J. Zhang. 2007. "Morphology and age of *Yimaia* (Ginkgoales) from Daohugou Village, Ningcheng, Inner Mongolia, China." *Cretaceous Research* 28:348-362.

Zhu, W., and J. Gao. 2008. "The use of botanical extracts as topical skin-lightening agents for the improvement of skin pigmentation disorders." *Journal of Investigative Dermatology Symposium Proceedings* 13:20-24.

Zukowski, D. "In Hoboken, trees for 9/11." The Newark Metro. http://www.newarkmetro.rutgers.edu/reports/display.php?id=101. Accessed January 10, 2011.

Zwieniecki, M. A., H. A. Stone, A. Leigh, C. K. Boyce, and N. M. Holbrook. 2006. "Hydraulic design of pine needles:One-dimensional optimization for single-vein leaves." *Plant Cell and Environment* 29:803-809.

SFStation. www.sfstation.com/gilbert-and-george-a8111. Modified February 26, 2008.

Xiang, Z., Y. Xiang, B. Xiang, and P. Del Tredici. 2009. "The Li Jiawan grand ginkgo king." *Arnoldia* 66:26-30.

York, K. M. 2006. "A meta-analysis of the effects of *Ginkgo biloba* on cognitive and psychosocial functioning in humans." PhD. diss., University of Southern Mississippi.

Yoshitama, K. 1997. "Flavonoids of *Ginkgo biloba*." In Hori et al. (1997, 287-299).

Yoshimura, T., N. Udaka, J. Morita, Z. Jinyu, K. Sasaki, D. Kobayashi, K. Wada, and Y. Hori. 2006. "High performance liquid chromatographic determination of Ginkgotoxin and Ginkgotoxin-5′ -Glucoside in *Ginkgo biloba* seeds." *Journal of Liquid Chromatography and Related Technologies* 29:605-616.

Zhao, Y., J. Paule, C. Fu, M. A. Koch. 2010. "Out of China:Distribution history of *Ginkgo biloba* L." *Taxon* 59:495-504.

Zheng, S. L., and Z. Y Zhou. 2004. "A new Mesozoic Ginkgo from western Liaoning, China, and its evolutionary significance." *Review of Palaeobotany and Palynology* 131:91-103.

Zhou, Z. Y. 1983. "*Stalagma samara*, a new podocarpaceous conifer with monocolpate pollen from the Upper Triassic of Hunan, China." *Palaeontographica Abt. B* 185:56-78.

———. 2009. "An overview of fossil Ginkgoales." *Palaeoworld* 18:1-22.

Zhou, Z. Y., C. Quan, and Y-S. Liu. 2012. "Tertiary Ginkgo ovulate organs with associated leaves from North Dakota, U.S.A., and their evolutionary significance." *International Journal of Plant Sciences* 173:67-80.

Zhou, Z. Y., and X. W. Wu. 2006. "The rise of ginkgoalean plants in the early Mesozoic:A data analysis." *Geological Journal* 41:363-375.

Zhou Z. Y., and B. L. Zhang. 1988. "Two new ginkgoalean female reproductive organs from the Middle Jurassic of Henan Province." *Science Bulletin (Kexue Tongbao)* 33:1201-1203.

———. 1989. "A Middle Jurassic Ginkgo with ovule-bearing organs from Henan, China." *Palaeontographica Abt. B* 211:113-133.

———. 1992. "*Baiera hallei* Sze and associated ovule-bearing organs from the Middle Jurassic of Henan, China." *Palaeontographica Abt. B* 224:151-169.

Zhou Z. Y., B. L. Zhang, Y. D. Wang, and G. Guignard. 2002. "A new *Karkenia* (Ginkgoales) from the Jurassic Yima formation, Henan, China, and its megaspore membrane ultrastructure." *Review of Palaeobotany and Palynology* 120:91-105.

Zhou, Z. Y., and S. L. Zheng. 2003. "The missing link of *Ginkgo* evolution." *Nature* 423:821-822.

Wieland, M. 1768. *Musarion oder die Philosophie der Grazien*. Leipzig:Weidmanns Erben und Reich.

Wilf, P., and K. R. Johnson. 2004. "Land plant extinction at the end of the Cretaceous:A quantitative analysis of the North Dakota megafloral record." *Paleobiology* 30:347-368.

Williams, C. 2004. "Explorer, botanist, courier, or spy? Andr. Michaux and the Genet affair of 1793." *Castanea* 69:98-106.

Wilson, E. H. 1913. *A Naturalist in Western China with Vasculum, Camera, and Gun.* London: Methuen.

———. 1919. "The romance of our trees—II. The ginkgo." *Garden Magazine* 29-30:144-149.

———. 1920. *The Romance of Our Trees.* New York:Doubleday, Page.

Wilson, J. C., J. E. Altland, J. L. Sibley, K. M. Tilt, and G. F. Wheeler. 2004. "Effects of chilling and heat on growth of *Ginkgo biloba* L." *Journal of Arboriculture* 30:45-51.

Wilson, J. C., and A. H. Knoll. 2010. "A physiologically explicit morphospace for tracheid-based water transport in modern and extinct seed plants." *Paleobiology* 36:335-355.

Winchester, S. 2008. The Man Who Loved China:*The Fantastic Story of the Eccentric Scientist Who Unlocked the Mysteries of the Middle Kingdom.* New York:HarperCollins.

Wolf, K. L. 2003. "Public response to the urban forest in inner-city business districts." *Journal of Arboriculture* 29:117-126.

"World's oldest living tree 9550 years old—discovered in Sweden." *Science Daily,* April 16, 2008. http://www.sciencedaily.com/releases/2008/04/080416104320.htm.

Wu, J. Y., P. L. Cheng, and S. J. Tang. 1992. "Isozyme analysis of the genetic variation of *Ginkgo biloba* L. population in Tian-Mu Mountain." *Journal of Plant Resources and Environment* 1:20-23.

Wu, X. W., X. J. Yang, and Z. Y. Zhou. 2006. "Ginkgoalean ovulate organs and seeds associated with Baiera furcata-type leaves from the Middle Jurassic of Qinghai Province, China." *Review of Palaeobotany and Palynology* 138:209-225.

Wulf, A. 2011. *Founding Gardeners:The Revolutionary Generation, Nature, and the Shaping of the American Nation.* New York:Knopf.

Wullschleger, S. D., F. C. Meinzer, and R. A. Vertessy. 1998. "A review of whole-plant water use studies in trees." *Tree Physiology* 18:499-512.

WWF (World Wide Fund for Nature/World Wildlife Fund). 2010. "The Living Planet Report 2010:Biodiversity, biocapacity, and development." http://awsassets.panda.org/downloads/lpr2010.pdf.

Wyman, A. 2008. "Gilbert and George:A gorgeous retrospective at the de Young."

Tokugawa Japan. Ed. B. M. Bodart-Bailey and Derek Massarella, 44-58. Kent:Japan Library.

Van der Werf, G. R., D. C. Morton, R. S. DeFries, J. G. J. Olivier, P. S. Kasibhatla, R. B. Jackson, G. J. Collatz, and J. T. Randerson. 2009. "CO_2 emissions from forest loss." *Nature Geoscience* 2:737-738.

Van Konijnenburg-van Cittert, J. H. A. 1971. "In situ gymnosperm pollen from the Middle Jurassic flora of Yorkshire." *Acta Botanica Neerlandia* 20:1-96.

Van Rij, J. 2001. *Madame Butterfly:Japonisme, Puccini, and the Search for the Real Cho-Cho San.* Berkeley, Calif.:Stone Bridge.

Vavilov, N. I. 1992. *Origin and Geography of Cultivated Plants.* Cambridge:Cambridge University Press.

Vogel, C. 2005. "Gilbert and George's artistic mischief." *New York Times*, August 4. http://www.nytimes.com/2005/08/04/arts/04geor.html?pagewanted=1&_r=1.

Wada, K. 2000. "Food Poisoning by *Ginkgo* seeds:the Role of 4-0-methylpyridoxine." In *Ginkgo Biloba.* Edited by T. A. van Beek, 453-465. Amsterdam:Harwood Academic.

Wada, K., and M. Haga. 1997. "Food poisoning by Ginkgo biloba seeds." In Hori et al. (1997, 373-383).

Wada K., S. Ishigaki, K. Ueda, M. Sakata, and M. Haga. 1985. "An antivitamin B6, 4′ — methoxypyridoxine, from the seed of *Ginkgo biloba* L." *Chemical and Pharmaceutical Bulletin* 33:3555-3557.

Wall, C. E., and D. W. Krause. 1992. "A biomechanical analysis of the masticatory apparatus of *Ptilodus* (Multituberculata)." *Journal of Vertebrate Paleontology* 12:172-187.

Walsh, D. 2011. "Prisons, then parks:A therapeutic journey." *New York Times*, August 2. http://green.blogs.nytimes.com/2011/08/02/prisons-then-parks-a-therapeutic-journey/.

Watson, J. 2005. *One Hundred and Fifty Years of Palaeobotany at Manchester University. In History of Palaeobotany:Selected Essays.* Ed. A. J. Bowden, C. V. Burek, and R. Wilding, 229-257. London:Geological Society Special Publications.

Wheeler, E. A., and T. A. Dilhoff. 2009. "The Middle Miocene wood flora of Vantage, Washington, U.S.A." *International Association of Wood Anatomists Journal,* Supplement 7:1-102.

Wheeler, E. A., S. R. Manchester. 2002. "Woods of the Eocene nut beds flora, Clarno Formation, Oregon, USA." *International Association of Wood Anatomists Journal,* Supplement 3:1-188.

Wickens, G. E., and P. Lowe. 2008. *The Baobabs:Pachycauls of Africa, Madagascar, and Australia.* Berlin:Springer Science.

Tralau, H. 1967. "The phytogeographic evolution of the genus *Ginkgo* L." *Botaniska Notiser* 120:409-422.

———. 1968. "Evolutionary trends in the genus *Ginkgo*." *Lethaia* 1:63-101.

Treshow, M. 1970. *Environment and Plant Response.* New York:McGraw-Hill.

Trewin, N. H. 2004. "History of research on the geology and palaeontology of the Rhynie area, Aberdeenshire, Scotland." *Transactions of the Royal Society of Edinburgh:Earth Sciences* 94:285-297.

Trigg, R. 2008. "Warren Woods State Park." *Chicago Wilderness Magazine*, Spring. http://www.chicagowildernessmag.org/CW_Archives/issues/spring2008/itw_warrenwoods.html.

Trustees of the British Museum. 1904. *The History of the Collections Contained in the Natural History Departments of the British Museum.* London:Trustees of the British Museum.

Tsen, M. C. 1935. "*Ginkgo* in Zhuji county, Zhejiang province." *Hortus* 1:157-165. In Chinese.

Tuchmann, T. E., K. P. Connaughton, L. E. Freedman, and C. B. Moriwaki. 1996. *The Northwest Forest Plan:A Report to the President and Congress.* Washington, D.C.:U.S.D.A. Office of Forestry and Economic Assistance.

Tulecke, W. R. 1954. "Preservation and germination of the pollen of *Ginkgo* under sterile conditions." *Bulletin of the Torrey Botanical Club* 81:509-512.

Uemura, K. 1997. "Cenozoic history of *Ginkgo* in East Asia." In Hori et al. (1997, 207-221).

Ulrich, R. S. 1984. "View through a window may influence recovery from surgery." *Science* 224:420.

Unseld, S. 2003. *Goethe und der Ginkgo:Ein Baum und ein Gedicht.* Trans. K. J. Northcott. Chicago:University of Chicago Press.

USDA (United States Department of Agriculture). 2003. *A Technical Guide to Urban and Community Forestry:Urban and Community Forestry; Improving Our Quality of Life.* Portland, Ore.:World Forestry Center.

US EPA (United States Environmental Protection Agency). 2002. "Report of FQPA Tolerance Reassessment Progress and Interim Risk Management Decision (TRED) for chlorpropham." http://www.epa.gov/oppsrrd1/REDs/chlorpropham_tred.pdf. Modified July 19, 2002.

Van Beek, T. A. 2000. *Ginkgo Biloba*. Amsterdam:Harwood Academic.

Van der Pijl, L. 1982. *Principles of Dispersal in Higher Plants.* Berlin:Springer.

Van der Velde, P. 1995. "The interpreter interpreted:Kaempfer's Japanese collaborator Imamura Genemon Eisei." In *The Furthest Goal:Engelbert Kaempfer's Encounter with*

plants." *Philosophical Transactions of the Royal Society London* B 201:1-90.
Strasburger, E. 1892. Histologische Beitruäge. Vol. 4, *Ueber das Verhalten des Pollens und die Befruchtungsvorgänge bei den Gymnospermen:Schwarmsporen, Gameten, pflanzliche Spermatozoiden.* Jena:Gustav Fischer.
Straus, A. 1967. "Zur Paläontologie des Pliozäns von Willershausen." *Bericht der Naturhistorischen Gesellschaft zu Hannover* 111:15-24.
Stuppy, W., R. Kesseler, and M. Harley. 2009. *The Bizarre and Incredible World of Plants.* London:Papadakis.
Sun, E., A. Akhmetiev, L. Golovneva, E. Bugdaeva, C. Quan, T. M. Kodrul, H. Nishida, et al. 2007. "Late Cretaceous plants from Jiayin along Heilongjiang River, northeast China." *Courier Forschungsinstitut Senckenberg* 258:75-83.
Sutter, S. 2007. "Lite of the mind:Champion haiku." *University of Chicago Magazine*, March-April, 80.
Swearer, D. K. 2001. "Principles and poetry, places and stories:The resources of Buddhist ecology." *Daedalus* 130:225-241.
Takaso, T. 1990. "Drop time at the Arnold Arboretum." *Arnoldia* 50:2-7.
Tanaka, N., N. Takemasa, and Y. Sinoto. 1952. "Karyotype analysis in Gymnospermae. I. Karyotype and chromosome bridge in the young leaf meristem of *Ginkgo biloba* L." *Cytologia* (Tokyo) 17:542-545.
Taylor, R. L., and H. Y. F. Choy. 2005. *The Illustrated Encyclopedia of Confucianism*. Vol. 1. New York:Rosen.
Taylor, T. N., G. M. del Fueyo, and E. L. Taylor. 1994. "Permineralized seed fern cupules from the Triassic of Antarctica:Implications for cupule and carpel evolution." *American Journal of Botany* 81:666-667.
Taylor, T. N., and E. L. Taylor. 2009. "Seed ferns from the late Paleozoic and Mesozoic:Any angiosperm ancestors lurking there?" *American Journal of Botany* 96:237-251.
Taylor, T. N., E. L. Taylor, and M. Krings. 2009. *Paleobotany:The Biology and Evolution of Fossil Plants.* Burlington:Academic Press, Elsevier.
Thiede, A., Y. Hiki, and G. Keil. 2000. *Philipp Franz von Siebold and His Era:Prerequisites, Development, Consequences, and Perspectives.* Berlin:Springer.
Thone, F. 1929. "Nature ramblings:Ginkgo." *Science Newsletter* 16:120.
Thoreau, H. D. 1862. "Wild apples." *Atlantic Monthly* 10:513-526.
Tiffney, B. H. 1984. "Seed size, dispersal syndromes, and the rise of angiosperms:Evidence and hypothesis." *Annals of the Missouri Botanical Garden* 71:551-576.
Totman, C. D. 1993. *Early Modern Japan.* Berkeley:University of California Press.

Trondheim:Norwegian Institute for Nature Research.

Sky News. 2007. "Heritage guide:Gingko tree with a thousand-year legend." Korean Air. http://www.skynews.co.kr/article_view.asp?mcd=192&ccd=6&scd=9&ano=47. Modified June 10, 2007.

Sloane, H. 1696. *Catalogus Plantarum quae in insula Jamaica sponte proveniunt, vel vulgò coluntur:cum earundem synonymis & locis natalibus; adjectis aliis quibusdam quae in insulis Maderae, Barbados, Nieves, et Sancti Christophori nascuntur. Seu Prodromi historiae naturalis Jamaicae pars prima.* London:D. Brown.

———. 1707, 1725. 2 vol. *A Voyage to the Islands Madera, Barbados, Nieves, S. Christophers and Jamaica, with the Natural History of the Herbs and Trees, Four-footed Beasts, Fishes, Birds, Insects, Reptiles, Etc. of the Last of those Islands.* London:B. M.

Smith, B. H. 1905. "Some letters from William Hamilton to his private secretary." *Pennsylvania Magazine of History and Biography* 29:70-79.

Smith, J. E. 1821. *A Selection of the Correspondence of Linnaeus and Other Naturalists from the Original Manuscripts.* Vol. 1. London:Longman, Hurst, Rees, Orme and Brown.

Smith, S. Y., M. E. Collinson, and P. J. Rudall. 2008. "Fossil *Cyclanthus* (Cyclanthaceae, Pandanales) from the Eocene of Germany and England." *American Journal of Botany* 6:688-699.

Soni, P., R. Patidar, V. Soni, and S. Soni. 2010. "A review on traditional and alternative treatment for skin disease 'Vitiligo.'" *International Journal of Pharmaceutical and Biological Archives* 1:220-227.

Sperry, J. S., U. G. Hacke, and J. Pittermann. 2006. "Size and function in conifer tracheids and angiosperm vessels." *American Journal of Botany* 93:1490-1500.

Spongberg, S. A. 1993. "Exploration and introduction of ornamental and landscape plants from Eastern Asia." In *New Crops.* Ed. J. Janick and J. E. Simon. New York:Wiley.

Stearn, W. T. 1948. "Kaempfer and the lilies of Japan." *Royal Horticultural Society, Lily Year Book* 12:65-70.

Stevens, P. F. 2008. Angiosperm Phylogeny Website, Version 9. http://www.mobot.org/MOBOT/research/APweb/. Modified June 29, 2012.

Sticher O., B. Meier, and A. Hasler. 2000. "The analysis of ginkgo flavonoids." In van Beek (2000, 179-202).

Stopes, M. C. 1910. *A Journal from Japan:A Daily Record of Life as Seen by a Scientist.* London:Blackie and Son.

———. 1918. *Married Love; or, Love in Marriage.* New York:Critic and Guide Company.

Stopes, M. C., and K. Fujii. 1910. "Studies on the structure and affinities of Cretaceous

Growth of Modern Paleontology. Chicago:University of Chicago Press.

Seward, A. C. 1921. "Prof. A. G. Nathorst:Obituary." Nature 107:112-113.

Seward, A. C., and J. Gowan. 1900. "The maidenhair tree (*Ginkgo biloba* L.)." *Annals of Botany* 14:109-164.

Seyock, B. 2008. "Archaeological complexes from Muromachi period Japan as a key to the perception of international maritime trade in East Asia." In *The East Asian Mediterranean:Maritime Crossroads of Culture, Commerce and Human Migration.* Ed. A. Schottenhammer, 179-202. Wiesbaden:Harrassowitz.

Shakespeare, W. 1623a. *As You Like It. In Mr. William Shakespeares Comedies, Histories, and Tragedies.* London:Isaac Jaggard and Ed. Blount.

———. 1623b. *Henry IV, Part 2.* In *Mr. William Shakespeares Comedies, Histories, and Tragedies.* London:Isaac Jaggard and Ed. Blount.

———. 1623c. Macbeth. In *Mr. William Shakespeares Comedies, Histories, and Tragedies.* London: Isaac Jaggard and Ed. Blount.

Shen, L., X. Y. Chen, X. Zhang, Y. Y. Li, C. X. Fu, and Y. X. Qiu. 2005. "Genetic variation of *Ginkgo biloba* L. (Ginkgoaceae) based on cpDNA PCR-RFIPS:Inference of glacial refugia." *Heredity* 94:396-401.

Shirai, M. 1891. "Abnormal ginkgo tree." *Botanical Magazine Tokyo* 56:341-342.

Shober, A. L., and G. S. Toor. 2009. "Soils and fertilizers for master gardeners:Urban soils and their management issues." *University of Florida Institute of Food and Agricultural Sciences* SL 276:1-3.

Siebold, P. F. v. 1832-1852. *Nippon. Archiv zur Beschreibung von Japan, und dessen Neben-und Schultzländern:Jezo mit den südlichen Kurilen, Sachalin, Korea und den Liukiu-Inseln.* Leiden.

Siebold, P. F. v., C. J. Temminck, H. Schlegel, and W. de Haan. 1833-1850. *Fauna Japonica Sive Descriptio Animalium, Quae in Itinere Per Japoniam, Jussu et Auspiciis Superiorum, qui Summum in India Batavia Imperium Tenent, Suscepto, Annis 1823-1830 Collegit, Notis, Observationibus et Adumbrationibus, Illustravit.* Leiden:Lugundi-Batavorum.

Siebold, P. F. v., and J. G. Zuccarini. 1835-1870. *Flora Japonica, Sive, Plantae in Imperio Japonico Collegit, Descripset, ex parte in Ipsis Locis Pingendas Curavit.* Leiden:Lugundi-Batavorum.

Singh, V. P. 2006. *Gymnosperm (Naked Seeds Plant):Structure and Development.* New Delhi:Sarup and Son.

Skre, O. 1990. "Consequences of possible climatic temperature changes for plant production and growth in alpine and subalpine areas in Fennoscandia." In *Effects of Climate Change on Terrestrial Ecosystems.* Ed. J. I. Holten, nina Notat 4:18-37.

Salleh, A. 2005. "Wollemi pine infected by fungus." *abc Science:News in Science*, November 4. http://www.abc.net.au/science/articles/2005/11/04/1497961.htm.

Samylina, V. A. 1967. "On the final stage of the history of the genus *Ginkgo* L. in Eurasia." *Botanicheskii Zhurnal* 52:303-316. In Russian.

Sanon, M. D., C. S. Gaméné, M. Sacandé, and O. Neya. 2004. "Desiccation and storage of *Kigelia africana, Lophira lanceolata, Parinari curatellifolia*, and *Zanthoxylum zanthoxyloides* seeds from Burkina Faso." In *Comparative Storage Biology of Tropical Tree Seeds*. Ed. M. Sacandé, D. Joker, M. E. Dulloo, and K. A. Thompsen, 16-23. Rome:IPGRI.

Santamour, F. S., S-A. He, and T. E. Ewert. 1983a. "Growth, survival, and sex expression in *Ginkgo*." *Journal of Arboriculture* 9:170-171.

Santamour F. S., S-A. He, and A. J. McArdle. 1983b. "Checklist of cultivated *Ginkgo*." *Journal of Arboriculture* 9:88-92.

Sargent, C. S. ed. 1913. *Plantae Wilsonianae. An Enumeration of the Woody Plants Collected in Western China for the Arnold Arboretum of Harvard University during the Years 1907, 1908, and 1910 by E. H. Wilson.* Cambridge:Cambridge University Press.

Schenk, A. 1867. *Die fossile Flora der Grenzschichten des Keuper and Lias Frankens.* Wiesbaden:C. W. Kreidel's.

Schmid, M., and H. Schmoll. 1994. Ginkgo, Ur-baum und Arzneipfanze, Mythos, Dichtung und Kurst.

Stuttgart:Wissenschafliche.

Schneider, C. K. 1903. *Dendrologische Winterstudien*. Jena:Gustav Fischer.

Schopf, T. J. M. 1984. "Rates of evolution and the notion of 'living fossils.'" *Annual Review of Earth and Planetary Sciences* 12:245-292.

Schorn, H. E., J. A. Myers, and D. M. Erwin. 2007. "Navigating the Neogene:An updated chronology of Neogene paleofloras from the western United States." *Courier Forschungsinstitut Senckenberg*, 258:139-146.

Schweitzer, H.-J., and M. Kirchner. 1995. "Die Rhuäto-Jurassischen Floren des Iran und Afghanistan:8. Ginkgophyta." *Palaeontographica Abt. B* 237:1-58.

Scott, R. A., E. S. Barghoorn, and U. Prakash. 1962. "Wood of *Ginkgo* in the Tertiary of western North America." *American Journal of Botany* 49:1095-1101.

Secretariat of the Convention on Biological Diversity. 2002. *Bonn Guidelines on Access to Genetic Resources and Fair and Equitable Sharing of the Benefits Arising Out of Their Utilization.* Montreal: Secretariat of the Convention on Biological Diversity.

Seelanan, T., A. Schnabel, and J. F. Wendel. 1997. "Congruence and consensus in the Cotton Tribe (Malvaceae)." *Systematic Botany* 22:259-290.

Sepkoski, D., and M. Ruse, eds. 2009. *The Paleobiological Revolution:Essays on the*

Rashford, J. H. 2007. "Potential big men, fig trees, and tourist attractions in Barbados." *Society for Applied Anthropology* 29:31-35.

Raubeson, L. A., and R. K. Jansen. 1992. "Chloroplast DNA evidence on the ancient evolutionary split in vascular land plants." *Science* 255:1697-1699.

Raup, D. M., and J. J. Sepkoski. 1982. "Mass extinctions in the marine fossil record." *Science* 215:1501-1503.

———. 1984. "Periodicity of extinctions in the geologic past." *Proceedings of the National Academy of Sciences* 81:801-805.

———. 1986. "Periodic extinction of families and genera." *Science* 231:833-836.

Raup, D. M., J. J. Sepkoski, and S. M. Stigler. 1983. "Mass extinctions in the fossil recordReply." *Science* 219:1240-1241.

Raup, D. M., and S. M. Stanley. 1971. *Principles of Paleontology.* San Francisco:Freeman.

Reid, E. M., and M. E. J. Chandler. 1933. *The London Clay Flora.* London:British Museum (Natural History).

Retallack, G. J. 2001. "A 300-million-year record of atmospheric carbon dioxide from fossil plant cuticles." *Nature* 411:287-290.

Robberecht, R., and M. M. Caldwell. 1983. "Protective mechanisms and acclimation to solar ultraviolet-B radiation in *Oenothera stricta.*" *Plant, Cell, and Environment* 6:477-485.

Rodríguez-Flórez, C. D., E. L. Rodríguez-Flórez, and C. A. Rodríguez. 2009. "Revisión de la fauna pleistocénica Gomphotheriidae et Colombia y reporte de un caso para el Valle de Cauca." *Boletín Científico Centro de Museos:Museo de Historia Natural* 13:78-85.

Rosengarten, F., Jr. 1984. *The Book of Edible Nuts.* New York:Walker.

Rothwell, G. W., and B. F. Holt. 1997. "Fossils and phenology in the evolution of *Ginkgo biloba*. In Hori et al. (1997, 223-230).

Royer, D. L. 2003. "Estimating latest Cretaceous and Tertiary atmospheric CO_2 from stomatal indices." *Geological Society of America Special Paper* 369:79-93.

Royer, D. L., L. J. Hickey, and S. L. Wing. 2003. "Ecological conservatism in the 'living fossil' *Ginkgo*." *Paleobiology* 29:84-104.

Royer, D. L., S. L. Wing, D. J. Beerling, D. W. Jolley, P. L. Koch, L. J. Hickey, and R. A. Berner. 2001. "Paleobotanical evidence for near present-day levels of atmospheric CO_2 during part of the Tertiary." *Science* 292:2310-2313.

Sakai, A., and C. J. Weiser. 1973. "Freezing resistance of trees in North America with reference to tree regions." *Ecology* 54:118-126.

Salisbury, R. A. 1817. "On the coniferous plants of Kaempfer." *Quarterly Journal of Science, Literature and the Arts* 2:309-314.

Linnean Society 13:225-242.

Parsons, R. L., G. Tassinary, R. S. Ulrich, M. R. Hebl, and M. Grossman-Alexander. 1998. "The view from the road:Implications for stress recovery and immunization." *Journal of Environmental Psychology* 18:113-140.

Patrut A., K. F. von Reden, D. A. Lowy, A. H. Alberts, J. W. Pohlman, R. Wittmann, D. Gerlach, L. Xu, and C. S. Mitchell. 2007. "Radiocarbon dating of a very large African baobab." *Tree Physiology* 27:1569-1574.

Peper, P. J., E. G. McPherson, J. R. Simpson, S. L. Gardner, K. E. Vargas, and Q. Xiao. 2007. *New York City, New York Municipal Forest Resource Analysis.* Davis, Calif.:Center for Urban Forest Research.

Pérez, C. M. 2009. "Commentary:Can *Ginkgo biloba* combat diseases?" *Puerto Rican Health Sciences Journal* 28:66-74.

Peschier, C. G. 1818. "Recherches analytiques sur le fruit du *Ginkgo.*" *Bibliothèque Universelle des Sciences, Belles-Lettres et Arts* 7:29-34.

Philipps, T. "Portraits:Dame Iris Murdoch." Tom Phillips. www.tomphillips.co.uk/works/portraits/item/5456-iris-murdoch.

Pittermann, J., J. S. Sperry, U. G. Hacke, J. K. Wheelers, and E. H. Sikkema. 2005. "Torus-Margo pits help conifers compete with angiosperms." *Science* 310:1924.

PlantExplorers.com. 1999-2012. "The French Missionary-Botanists." www.plantexplorers.com/explorers/biographies/french-missionaries/index.html.

Pollan, M. 1991. *Second Nature:A Gardener's Education.* New York:Grove.

Porter B., and S. R. Johnson. 1993. *Road to Heaven:Encounters with Chinese Hermits.* San Francisco:Mercury House.

Prendergast, H. D. V., H. F. Jaeschke, and N. Rumball. 2001. *A Lacquer Legacy at Kew:The Japanese Collection of John J. Quin.* London:Royal Botanic Gardens, Kew.

Primack, R. B., and T. Ohkubo. 2008. "Ancient and notable trees of Japan." *Arnoldia* 65:10-21.

Pringle, P. 2008. *The Murder of Nikolai Vavilov:The Story of Stalin's Persecution of One of the Great Scientists of the Twentieth Century.* New York:Simon and Schuster.

Proust, M. 1919. *A la recherche du temps perdu.* Paris:Gaston Gallimard.

Pullen, S. 2005. "The Jefferson Award:Kemba Shakur, tree planter." *sf Gate,* November 12. http://articles.sfgate.com/2005-11-12/opinion/17397738_1_planting-tree-canopy-fruit-trees.

Quammen, D. 1998. *The Flight of the Iguana:A Sidelong View of Science and Nature.* New York: Scribner.

Quin, J. 1882. "How Japanese Lacquer Ware is made — II." *Furniture Gazette* 18:199-201.

Needham, J., C. Daniels, and N. K. M. Menzies. 1996. Science and *Civilisation in China:Agro-industries:Sugarcane Technology.* Vol. 6. *Biology and Biological Technology.* Part 3, *Agro-industries and Forestry.* Cambridge:Cambridge University Press.

Nelson, E. C. 1983. "Augustine Henry and the exploration of the Chinese flora." *Arnoldia* 43:21-38.

Nemerov, H. 1977. *The Collected Poems of Howard Nemerov.* Chicago:University of Chicago Press. Newcomer, E. H. 1939. "Pollen longevity of *Ginkgo.*" *Bulletin of the Torrey Botanical Club* 66:121-123.

———. 1954. "The karyotype and possible sex chromosomes of *Ginkgo biloba.*" *American Journal of Botany* 41:542-545.

Newitt, M. 2005. *A History of Portuguese Overseas Expansion,* 1400-1668. New York:Routledge.

Nietzsche, F. 1896. *The Works of Friedrich Nietzsche.* Vol. 9, *The Case of Wagner; The Twilight of the Idols; Nietzsche contra Wagner.* Trans. Thomas Common. London:H. Henry.

Nishida, H. 1991. "Diversity and significance of Late Cretaceous permineralized plant remains from Hokkaido, Japan." *Botanical Magazine Tokyo* 104:253-273.

Nishida, H., K. B. Pigg, K. Kudo, and J. F. Rigby. 2004. "Zooidogamy in the Late Permian genus *Glossopteris.*" *Journal of Plant Research* 117:323-328.

Nowak, D. J., and E. J. Greenfield. 2012. "Tree and impervious cover change in U.S. cities." *Urban Forestry and Urban Greening* 11:21-30.

Ogle, W. 1912. *The Works of Aristotle.* Vol. 5, *De Partibus Animalium.* Oxford:Clarendon.

Ōhashi, K. 2006. *Nabeshima:Gifts of Porcelain to the Shogun's Family.* Kyushu:The Kyushu Ceramic Museum. In Japanese.

Oldschool, O. 1809. "American scenery for the Portfolio—the woodlands." *Port Folio* 2:507.

Oliver, F. W., and D. H. Scott. 1903. "On *Lagenostoma lomaxi,* the seed of *Lyginodendron.*" *Proceedings of the Royal Society London* B 71:477-481.

———. 1904. "On the structure of the Palaeozoic seed *Lagenostoma lomaxi,* with a statement of the evidence upon which it is referred to *Lyginodendron.*" *Philosophical Transactions of the Royal Society of London* B. 197:193-247.

Olson, G., P. Toaig, and R. Walker. 2001. *Onetree.* London:Merrell.

Pakenham, T. 2002. *Remarkable Trees of the World.* London:Weidenfeld and Nicolson.

———. 2003. *Meetings with Remarkable Trees.* London:Weidenfeld and Nicolson.

Pandit, S., and Nagarjuna. 1977. *Elegant Sayings.* Berkeley, Calif.:Dharma.

Parenti, L. R. 1980. "A phylogenetic analysis of the land plants." *Biological Journal of the*

Washington, D.C.:Island.
Minter, S. 2000. *The Apothecaries' Garden:A New History of Chelsea Physic Garden.* Stroud:Sutton.
Miyoshi, N. 1931. "Merkwürdige *Ginkgo biloba* in Japan." *Mitteilungen der Deutschen Dendrologischen Gesellschaft* 43:21-22.
Morse, E. S. 1917. *Japan Day by Day 1877, 1878-79, 1882-83.* Vols. 1-2. Boston:Houghton Mifflin.
Mortlake, G. N. 1911. *Love-Letters of a Japanese.* London:Stanley Paul.
Mullis, K. B., F. Ferré, and R. A. Gibbs. 1994. *The Polymerase Chain Reaction.* Boston:Birkhäuser.
Murdoch, I. 1970. *A Fairly Honourable Defeat.* London:Chatto and Windus.
Murdoch, J. 2004. *A History of Japan.* Vol. 3. Hertford:Stephen Austin and Sons.
Murray-Smith, C., N. A. Brummitt, A. T. Oliveira-Filho, S. Bachman, J. Moat, E. M. Nic Lughadha, and E. J. Lucas. 2009. "Plant diversity hotspots in the Atlantic coastal forests of Brazil." *Conservation Biology* 23:151-163.
Mustoe, G. E. 2002. "Eocene *Ginkgo* leaf fossils from the Pacific Northwest." *Canadian Journal of Botany* 80:1078-1087.
Naderi, J. R., B. S. Kweon, and P. Maghelal. 2008. "The street tree effect and driver safety." ITE Journal on the Web. http://www.walkable.org/assets/downloads/StreetTreeEffectandDriverSafety_ITEfeb08_.pdf.
Nadkarni, N. M. 2008. *Between Earth and Sky:Our Intimate Connections to Trees.* Berkeley:University of California Press.
Nagata, T. 1997. "Scientific contributions of Sakugoro Hirase." In Hori et al. (1997, 413-416).
Nakanishi, K. 2000. "A personal account of the early ginkgolide structural studies." In van Beek (2000, 165-173).
National Academy of Sciences. 2011. *Twenty-First Century Ecosystems:Managing the Living World Two Centuries after Darwin.* Washington, D.C.:National Academies Press.
Naugolnykh, S. V. 1995. "A new genus of *Ginkgo*-like leaves from the Kungurian of the Urals Region." *Paleontologicheskii Zhurnal* 3:106-116. In Russian.
———. 2007. "Foliar seed-bearing organs of Paleozoic Ginkgophytes and the early evolution of the Ginkgoales." *Paleontological Journal* 41:815-859.
Nawrocki, D. A., and D. Clements. 2008. *Art in Detroit Public Places.* Detroit:Wayne State University Press.
Needham, J. 1986. *Science and Civilisation in China.* Vol. 6, *Biology and Biological Technology. Part 1, Botany.* Cambridge:Cambridge University Press.

University Press.
Mallow, D. 2008. "Town rallies to save old ginkgo." *Pittsburgh Post-Gazette,* April 13, 2008.
Manchester, S. R. 1981. "Fossil plants of the Eocene Clarno Nut Beds." *Oregon Geology* 43:75-81.
Manchester, S. R., Z. Chen, B. Geng, and J. Tao. 2005. "Middle Eocene flora of Huadian, Jilin Province, Northeastern China." *Acta Palaeobotanica* 45:3-26.
Manchester, S. R., and D. L. Dilcher. 1982. "Pterocaryoid fruits (Juglandaceae) in the Paleogene of North America and their evolutionary and biogeographic significance." *American Journal of Botany* 69:275-286.
Matsumoto, K., O. Takeshi, M. Irasawa, and T. Nakamura. 2003. "Climate change and extension of the *Ginkgo biloba* L. growing season in Japan." *Global Change Biology* 9:1634-1642.
McCullough, D. G. 1992. *Truman.* New York:Simon and Schuster.
McIver, E. E., and J. F. Basinger. 1999. "Early Tertiary floral evolution in the Canadian High Arctic." *Annals of the Missouri Botanical Garden* 86:523-545.
McPherson, G. E. 2003. "Urban forestry:The final frontier?" *Journal of Forestry* 101:20-25.
Medline Plus. 2011, "Ginkgo." U.S. National Library of Medicine of the National Institutes of Health. http://www.nlm.nih.gov/medlineplus/druginfo/natural/333.html. Updated October 11, 2011.
Melillo, J. M., A. D. McGuire, D. W. Kicklighter, B. Moore, C. J. Vorosmarty, and A. L. Schloss. 1993. "Global climate change and terrestrial net primary production." *Nature* 363:234-240.
Melzheimer, V., and J. J. Lichius. 2000. "*Ginkgo biloba* L. Aspects of the systematical and applied botany." In van Beek (2000, 25-50).
Merrill, E. D. 1948. "Metasequoia, another 'living fossil.'" *Arnoldia* 8:1-8.
Meyen, S. V. 1984. "Basic features of gymnosperm systematics and phylogeny as evidenced by the fossil record." *Botanical Review* 50:1-111.
———. 1988. "Gymnosperms of the Angara flora." *In Origin and Evolution of Gymnosperms.* Ed. C. B. Beck, 338-381. New York:Columbia University Press.
Michaux, F. A., 1805. *Michaux's Travels to the West of the Alleghany Mountains.* London:R. Phillips.
Michel, W. 2009. "Engelbert Kaempfer forum." Wolfgang Michel's Research Notes, Kyushu University. http://wolfgangmichel.web.fc2.com/serv/ek/index.html. Modified November 2009.
Millennium Ecosystem Assessment. 2005. *Ecosystems and Human Well-Being:Synthesis.*

Philadelphia:University of Pennsylvania Press.
Li, J. W., Z. Y. Liu, Y. M. Tan, and M. B. Ren. 1999. "Studies on the *Ginkgo* at Jinfoshan Mountain." *Forest Research* 12:197-201. In Chinese, with English abstract.
Li, S., and X. Luo. 2003. *Compendium of Materia Medica (Bencao Gangmu). First Published in Chinese in 1593.* Beijing:Foreign Languages Press.
Lin, J. X., Y-S. Hu, and X-P. Wang. 1995. "Old ginkgo trees in China." *International Dendrology Society Yearbook* 1995:32-37.
Linnaeus, C. 1751. *Philosophia Botanica.* Stockholm:Kiesewetter.
———. 1753. *Species plantarum:Exhibentes plantas rite cognitas, ad genera relatas, cum differentiis specificis, nominibus trivialibus, synonymis selectis, locis natalibus, secundum systema sexuale digestas.* Stockholm:Impensis Laurentii Salvii.
———. 1771. *Mantissa Plantarum Altera Generum Editionis VI & Specierum Editionis II.* Stockholm:Impensis Laurentii Salvii.
Liu, W., C-Z. Jin, Y-Q Zhang, Y-J Cai, S. Xing, X-J. Wu, H. Cheng,et al. 2010. "Human remains from Zhirendong, South China, and modern human emergence in East Asia." *Proceedings of the National Academy of Sciences* 107:19201-19206.
Liu, X. Q., C. S. Li, and Y. F. Wang. 2006. "The pollen cones of *Ginkgo* from the Early Cretaceous of China, and their bearing on the evolutionary significance." *Botanical Journal of the Linnean Society* 152:133-144.
Lloyd, D. G. 1982. "Selection of combined versus separate sexes in seed plants." *American Naturalist 120:571-585.*
Lloyd D. G., and C. J. Webb. 1977. "Secondary sex characters in plants." *Botanical Review* 43:177-216.
Loudon, J. C. 1838. *Arboretum et Fruticetum Britannicum; or, The Trees and Shrubs of Britain.* London:A. Spottiswoode.
Lyman, B. S. 1885. "The etymology of 'ginkgo.'" *Science* 6:84.
Lyon, H. L. 1904. "The embryogeny of Ginkgo." *Minnesota Botanical Studies* 3:275-290.
MacFadden, B. J., and R. C. Hulbert. 1988. "Explosive speciation at the base of the adaptive radiation of Miocene grazing horses." *Nature* 336:466-468.
MacGregor, A., ed. 1994. *Sir Hans Sloane:Collector, Scientist Antiquary, Founding Father of the British Museum.* London:British Museum and Alistair McAlpine.
Mackie, W. 1913. "The rock series of Craigbeg and Ord Hill, Rhynie, Aberdeenshire." *Transactions of the Edinburgh Geological Society* 10:205-236.
Madsen, K. 1989. "To make his country smile:William Hamilton's woodlands." *Arnoldia* 49:14-24.
Mair, V. H., ed. 2001. *The Columbia History of Chinese Literature.* New York:Columbia

vegetation reduce crime?" *Environment and Behavior* 33:343-367.
Kvaček, J., L. Falcon-Lang, and J. Dašková. 2005. "A new Late Cretaceous ginkgoalean reproductive structure *Nehvizdyella* gen. nov. from the Czech Republic and its whole-plant reconstruction." *American Journal of Botany* 92:1958-1969.
Kvaček, Z., S. B. Manum, and M. C. Boulter. 1994. "Angiosperms from the Palaeogene of Spitsbergen, including an unfinished work by A. G. Nathorst." *Palaeontographica Abt. B* 232:103-128.
Kwant, C. "A-bombed ginkgo trees in Hiroshima, Japan." Ginkgo Pages. http://kwanten.home.xs4all.nl/hiroshima.htm.
———. "An Old Chinese Legend." Ginkgo Pages. http://kwanten.home.xs4all.nl/bonsai.htm.
———. "*Ginkgo biloba* and Art Nouveau in l'Ecole de Nancy." Ginkgo Pages. http://kwanten.home.xs4all.nl/nancy.htm.
———. "*Ginkgo biloba* and Art Nouveau in Prague." Ginkgo Pages. http://kwanten.home.xs4all.nl/prague.htm.
———.The Ginkgo Pages. http://www.xs4all.nl/~kwanten/.
———. "The Seven Worthies of the Bamboo Grove and Rong Qiqi and ginkgo trees." Ginkgo Pages. http://kwanten.home.xs4all.nl/artgal3.htm.
Lack, H. W. 1999. "Plant illustration on wood blocks—A magnificent Japanese xylotheque of the Early Meiji Period." *Curtis's Botanical Magazine* 16:124-134.
Laurens, H. 1980. *Papers of Henry Laurens, Vol. 8, October 10, 1771, to April 19, 1773.* Ed. G. C. Rogers, D. R. Chesnutt, and P. J. Clark. Charleston:South Carolina Historical Society.
Lee, C. L. 1955. "Fertilization in *Ginkgo biloba.*" *Botanical Gazette* 117:79-100.
Leigh, A., M. A. Zwieniecki, F. E. Rockwell, C. K. Boyce, A. B. Nicotra, and N. M. Holbrook. 2010."Structural and hydraulic correlates of heterophylly in *Ginkgo biloba.*" *New Phytologist* 189:459-470.
Leopold, A. 1949. *A Sand County Almanac and Sketches Here and There.* Oxford:Oxford University Press.
Letzel, H., J. Haan, and W. B. Feil. 1996. "Nootropics:Efficacy and tolerability of products from three active substance classes." *Journal of Drug Development and Clinical Practice* 8:77-94.
Lewis, S. K. 2007. "Flowers Modern and Ancient." www.pbs.org/wgbh/nova/nature/flowers-modernancient. html. Modified April 17, 2007.
Li, H. L. 1956. "A horticultural and botanical history of *Ginkgo.*" *Bulletin of the Morris Arboretum* 7:3-12.
———. 1963. *The Origin and Cultivation of Shade and Ornamental Trees.*

Kibuchi, Y. 1997. "Hybridity and the Oriental Orientalism of *Mingei* theory." *Journal of Design History* 10:343-354.

"The killer trees:A wrong-headed campaign against roadside trees." Economist, February 14, 2004. http://www.economist.com/node/2429069.

Killingbeck, K. T. 1996. "Nutrients in senesced leaves:Keys to the search for potential resorption and resorption proficiency." *Ecology* 77:1716-1727.

Kim, S. B., ed. 2006a. *The Shinan Wreck.* Vol. 1, Main. Mokpo:National Maritime Museum of Korea. In Korean with English abstract.

———, ed. 2006b. *The Shinan Wreck.* Vol. 2, *Celadon/Porcelain.* Mokpo:National Maritime Museum of Korea. In Korean with English abstract.

———, 2006c. *The Shinan Wreck.* Vol. 3, *White Porcelain/Others.* Mokpo:National Maritime Museum of Korea. In Korean with English abstract.

Kirchner, M. 1992. "Untersuchungen an einigen Gymnospermen der fr.nkischen Rh.t-Lias- Grenzschichten." *Palaeontographica Abt. B* 224:17-61.

Kochibe N. 1997. "Allergic substances of *Ginkgo biloba.*" In Hori et al. (1997, 301-308).

Kouwenhoven, A., and M. Forrer. 2000. *Siebold and Japan:His Life and Work.* Leiden:Hotei.

Kovar-Eder, J., L. Givulescu, L. Hably, Z. Kvaček, D. Mihajlovic, Y. Teslenko, H. Walther, et al. 1994. "Floristic changes in the areas surrounding the paratethys during Neogene time." In *Cenozoic Plants and Climate of the Arctic.* Ed. M. C. Boulter, H. C. Fisher, 347-369. Berlin: Springer.

Kovar-Eder, J., Z. Kvaček, E. Martinetto, P. Roiron. 2006. "Late Miocene to Early Pliocene vegetation of southern Europe (7-4 Ma) as reflected in the megafossil plant record." *Palaeogeography, Palaeoclimatology, Palaeoecology* 238:321-339.

Krassilov, V. A. 1970. "An approach to the classification of Mesozoic "Ginkgoalean" plants from Siberia." *Palaeobotanist* 18:12-19.

Kris-Etherton P. M., S. Yu-Poth, J. Sabaté, H. E. Ratcliffe, G. Zhao, and T. D. Etherton. 1999. "Nuts and their bioactive constituents:Effects on serum lipids and other factors that affect disease risk." *American Journal of Clinical Nutrition* 70:504S-511S.

Kullman, L. 2005. "Old and new trees on Mt Fulufj.llet in Dalarna, central Sweden." *Svensk Botanisk Tidskrift* 6:315-329.

Kuo, F. E. 2003. "The role of arboriculture in a healthy social ecology." *Journal of Arboriculture* 29:148-155.

Kuo, F. E., and A. Faber Taylor. 2004. "A potential natural treatment for attention-deficit/hyperactivity disorder:Evidence from a national study." *American Journal of Public Health* 94:1580-1586.

Kuo, F. E., and W. C. Sullivan. 2001. "Environment and crime in the inner city:Does

Soldati. 2002. "Liquid chromatography-atmospheric pressure chemical ionisation/ mass spectrometry:A rapid and selective method for the quantitative determination of ginkgolides and bilobalide in ginkgo leaf extracts and phytopharmaceuticals." *Phytochemical Analysis* 13:31-38.

Jensen, J. V. 1988. "Return to the Wilberforce-Huxley debate." *British Journal for the History of Science* 21:161-179.

Johnson, K. R. 2002. "Megaflora of the Hell Creek and Lower Fort Union formations in the western Dakotas:Vegetational response to climate change, the Cretaceous-Tertiary boundary event, and rapid marine transgression." In *The Hell Creek Formation and the Cretaceous-Tertiary Boundary in the Northern Great Plains:An Integrated Continental Record of the End of the Cretaceous.* Ed. J. H. Hartman, K. R. Johnson, and D. J. Nichols, 329-392. Boulder:Geological Society of America.

Juretzek, W. 1997. "Recent advances in *Ginkgo biloba* extract (EGb761)." In Hori et al. (1997, 341-358).

Kaempfer, E. 1690-1692. *The History of Japan, together with a description of the Kingdom of Siam. Trans.* J. C. Scheuchzer, 1727. London:Woodward.

———. 1712. *Amoenitatum Exoticarum Politico-Physico-Medicarum Fasciculi V, Quibus Continentur Variae Relationes, Observationes et Descriptiones Rerum Persicarum et Ulterioris Asiae.* Lemgo, Germany:Meyer.

Kahl, R. 2009. "Population and consumption." World Resources Institute. http://earthtrends.wri.org/updates/node/360. Modified November 13, 2009.

Kaigi, G. K. 1930. *Japanese Journal of Botany:Transactions and Abstracts.* Vol. 4. Tokyo:National Research Council of Japan.

Kaplan, D. R. 2001. "The science of plant morphology:Definition, history, and role in modern biology." *American Journal of Botany* 88:1711-1741.

Kell, G. 2005. "Liquidambar, tupelo, and ginkgo:Autumn's fire lights up the Berkeley campus." UC *Berkeley News,* November 15, 2005. http://berkeley.edu/news/media/releases/2005/11/15_autumn.shtml.

Kellert, S. R., and E. O. Wilson. 1993. *The Biophilia Hypothesis.* Washington D. C.:Island.

Kenrick P., and P. R. Crane. 1997. *The Origin and Early Diversification of Land Plants:A Cladistic Study.* Washington, D.C.:Smithsonian Institution Press.

Kew. 2010. "New study shows one fifth of the world's plants are under threat of extinction." Royal Botanic Gardens, Kew. September 29, 2010. www.kew.org/news/one-fifth-of-plants-under-threatof-extinction.htm.

———. N.d. "Island plants:Conserving biological diversity." Royal Botanic Gardens, Kew. http://www.kew.org/plants/islandplants/index.html.

Germany:Geburtstag.

Humboldt, A. v., and A. Bonpland. 1852. *Personal Narrative of Travels to the Equinoctial Regions of America, During the Years 1799-1804.* London:Henry G. Bohn.

Huntley B., and H. J. B. Birks. 1983. *An Atlas of Past and Present Pollen Maps of Europe:0-13,000 Years Ago.* Cambridge:Cambridge University Press.

Hyde, L. 1983. *The Gift:Creativity and the Artist in the Modern World.* New York:Random House.

Ikeno, S. 1901. "Contribution à l'étude de la f.condation chez le *Ginkgo biloba.*" *Annales des Sciences Naturelles Botanique* 13:305-318.

Ikeno, S., and S. Hirase. 1897. "Spermatozoids in gymnosperms." *Annals of Botany* 11:344-345.

Invitation ForestOn. "Story of forest:Old gigantic trees in Korea." Korean Forest Service. http://www.san.go.kr/english/culture/old_4.html.

Ishikawa, M. 1910. "*Ueber die Zahl der Chromosemen von Ginkgo biloba L.*" *Botanical Magazine Tokyo* 24:225-226.

Ito, K., H. Kaku, and J. Matsumura. 1881-1883. *Koishikawa Shokubutsu-en Somoku Zusetsu; or, Figures and Descriptions of Plants in Koishikawa Botanical Garden.* 2 vols. Tokyo:Maruzen.

i-Tree Tools. 2010. "Reference Cities—The Science Behind i-Tree Streets (STRATUM)." http://www.itreetools.org/streets/resources/Streets_Reference_Cities_Science_Update_Nov2011.pdf. Modified November 2010.

IUCN. "Executive Summary—Conifers:Status Survey and Conservation Action Plan." http://intranet.iucn.org/webfiles/doc/SSC/SSCwebsite/Act_Plans/Executive_Summary_Conifers_Action_Plan.pdf.

Jacquin, J. F. v. 1819. *Ueber den Ginkgo.* Vienna:Carl Gerold.

Janzen, D. H., and P. S. Martin. 1982. "Neotropical anachronisms:The fruits the gomphotheres ate." *Science* n.s. 215:19-27.

Japan Probe. 2011. "Ginkgo trees protect shrines and temples from fire." http://www.japanprobe.com/2011/01/23/ginkgo-trees-protect-shrines-temples-from-fire/. Modified January 23 2011.

"Japan's favourite tree:An Easter story from Japan." 2010. Economist, March 31. http://www.economist.com/node/15826315. Accessed March 18, 2011.

Jardine, L. 2008. *Going Dutch:How England Plundered Holland's Glory.* New York:Harper Collins.

Jarvis, C. E. 2007. *Order Out of Chaos:Linnaean Plant Names and Their Types.* London:Linnean Society of London, and the Natural History Museum.

Jensen, A. G., K. Ndjoko, J. L. Wolfender, K. Hostettmann, F. Camponovo, and F.

Hilton, J., and R. M. Bateman. 2006. "Pteridosperms are the backbone of seed-plant phylogeny." *Journal of the Torrey Botanical Society* 133:119-168.

Himi City. "The Jounichiji Ginkgo:The giant ginkgo tree at Jounichiji Temple." Himi City:Planning and Public Relations Office. http://www.city.himi.toyama.jp/~10000/english/ginkgo.htm.

Hinz, P.-A. 2001. "The Japanese plant collection of Engelbert Kaempfer (1651-1715) in the Sir Hans Sloane Herbarium at the Natural History Museum, London." *Bulletin of the Natural History Museum, Botany Series* 31:27-34.

Hirase, S. 1895a. "Etudes sur le *Ginkgo biloba*." *Botanical Magazine Tokyo*, 9:240.

———. 1895b. "Etudes sur la f.condation et l'Lembryogénie du *Ginkgo biloba*." *Journal of the College of Science, Imperial University of Tokyo* 8:307-322.

———. 1896. "On the spermatozoid of *Ginkgo biloba*." *Botanical Magazine Tokyo* 10:325-328. In Japanese.

His Majesty the Emperor of Japan. 2007. "Linnaeus and taxonomy in Japan." *Nature* 448:139-140.

Hizume, M. 1997. "Chromosomes of *Ginkgo biloba*." In Hori et al. (1997, 109-118).

Ho, T. 1963. "The nucleolar chromosomes of the Maiden-hair tree." *Journal of Heredity* 54:67-74.

Hohmann-Marriott, M. F., and R. E. Blankenship. 2011. "Evolution of photosynthesis." *Annual Review of Plant Biology* 62:515-548.

Holmes, W. B. K., and H. M. Anderson. 2007. "The Middle Triassic megafossil flora of the Basin Creek Formation, Nymboida Coal Measures, New South Wales, Australia. Part 6. Ginkgophyta." *Proceedings of the Linnean Society of New South Wales* 128:155-200.

Holt, B. F., and G. W. Rothwell. 1997. "Is *Ginkgo biloba* (Ginkgoaceae) really an oviparous plant?" *American Journal of Botany* 84:870-872.

Hori, S., and T. Hori. 1997. "A cultural history of *Ginkgo biloba* in Japan and the generic name *Ginkgo*." In Hori et al. (1997, 385-412).

Hori, T., and S. Hori. 2005. *Enormous Ginkgo Trees in Japan*. Tokyo:Uchida Rokakuho. In Japanese. Hori, T., R. W. Ridge, W. Tulecke, P. Del Tredici, J. Trémouillaux-Guiller, and H. Tobe (eds). 1997. *Ginkgo biloba—A Global Treasure from Biology to Medicine.* Tokyo:Springer.

Hsia, F. C. 2009. *Sojourners in a Strange Land:Jesuits and Their Scientific Missions in Late Imperial China.* Chicago:University of Chicago Press.

Hull, D. L. 1988. *Science as a Process:An Evolutionary Account of the Social and Conceptual Development of Science.* Chicago:University of Chicago Press.

Hüls H., and H. Hoppe, eds. 1982. *Engelbert Kaempfer zum 330.* Lemgo,

Handa, M. 2000. "*Ginkgo biloba* in Japan." *Arnoldia* 60:26-33.

Handa, M., Y. Iizuka, and N. Fujiwara. 1997. "*Ginkgo* landscapes." In Hori et al. (1997, 255-283).

Hansen, M. C., S. V. Stehman, P. V. Potapov. 2010. "Quantification of global gross forest cover loss." *Proceedings of the National Academy of Science* 107:8650-8655.

Hargraves, M. 2010. "Portrait of a tree." *Yale Alumni Magazine,* March-April 2010.

Harris, T. M., 1935. "The fossil flora of Scoresby Sound, East Greenland, 4. Ginkgoales, Coniferales, Lycopodiales and isolated Fructifications." *Meddeleser om Grønland* 112:1-176.

———. 1961. *The Yorkshire Jurassic Flora I. Thallophyta-Pteridophyta.* London:British Museum (Natural History).

———. 1964. *The Yorkshire Jurassic Flora II. Caytoniales, Cycadales, and Pteridosperms.* London: British Museum (Natural History).

———. 1969. *The Yorkshire Jurassic Flora III. Bennettitales.* London:British Museum (Natural History).

———. 1979. *The Yorkshire Jurassic Flora V. Coniferales.* London:British Museum (Natural History).

Harris, T. M., W. Millington, and J. Miller. 1974. *The Yorkshire Jurassic Flora IV. Ginkgoales and Czekanowskiales.* London:British Museum (Natural History).

Harvey, J. H. 1981. "A Scottish Botanist in London in 1766." *Garden History* 9:40-75.

Hawke, D. F. 1971. *Benjamin Rush:Revolutionary Gadfly.* Indianapolis:Bobbs-Merrill.

He, C-x., and J-r. Tao. 1997. "A study on the Eocene flora in Yilan County, Heilongjiang." *Acta Phytotaxonomica Sinica* 35:249-256.

He, S. A., Y. Gu, and Z. J. Pang. 1997. "Resources and prospects of *Ginkgo biloba* in China." In Hori et al. (1997, 373-383).

Heidler D. S., and J. T. Heidler. 2010. *Henry Clay:The Essential American.* New York:Random House.

Hennig, W. 1965. "Phylogenetic systematics." *Annual Review of Entomology* 10:97-116.

———. 1966. *Phylogenetic Systematics.* Urbana:University of Illinois Press.

Henry, D. O., and A. F. Servello. 1974. "Compendium of Carbon-14 determinations derived from Near Eastern prehistoric deposits." *Paléorient* 2:19-44.

Hill, C. R., and P. R. Crane. 1982. "Evolutionary cladistics and the origin of angiosperms." In *Problems of Phylogenetic Reconstruction:Proceedings of the Systematics Association Symposium, Cambridge, 1980.* Ed. K. A. Joysey and A. E. Friday, 269-361. New York:Academic Press.

Hill, R. S., and R. J. Carpenter. 1999. "*Ginkgo* leaves from Palaeogene sediments in Tasmania." *Australian Journal of Botany* 47:717-724.

refuge areas in China with limited subsequent postglacial expansion." *Molecular Phylogenetics and Evolution* 48:1095-1105.

Gong, W., Y. X. Qui, C. Chen, Q. Ye, and C. X. Fu. 2008b. "Glacial refugia of *Ginkgo biloba* L. and human impact on its genetic diversity:Evidence from chloroplast DNA." *Journal of Integrative Plant Biology* 50:368-374.

Gould, S. J. 1986. "Play it again, life." *Natural History* 95:18-26.

———. 1989. *Wonderful Life:The Burgess Shale and the Nature of History.* New York:Norton.

Gradstein, F. M., J. G. Ogg, A. G. Smith, W. Bleeker, and L. J. Lourens. 2004. "A new geologic time scale, with special reference to Precambrian and Neogene." *Episodes* 27:83-100.

Grande, L. 1984. *Paleontology of the Green River Formation, with a Review of the Fish Fauna.* Laramie: Geological Survey of Wyoming.

———. 2013. *The Lost World of Fossil Lake:Snapshots from Deep Time.* Chicago:University of Chicago Press.

Gray, A. 1859. "Diagnostic characters of new species of phanerogamous plants collected in Japan by Charles Wright, botanist of the U. S. North Pacific Exploring Expedition. (Published by Request of Captain John Rodgers, Commander of the Expedition.) With Observations upon the Relations of the Japanese Flora to That of North America, and of Other Parts of the Northern Temperate Zone." *Memoirs of the American Academy of Arts and Sciences,* n.s. 6:377-452.

Green, J. 1983. "The Shinan excavation, Korea:An interim report on the hull structure." *International Journal of Nautical Archaeology* 12:293-301.

Griggs, P. J., H. D. V. Prendergast, and N. Rumball. 2000. *Plants + People:An Exhibition of Items from the Economic Botany Collections in Museum No. 1.* London:Royal Botanic Gardens, Kew. Centre for Economic Botany.

Guerrant, E. O., K. Havens, and M. Maunder, eds. 2004. *Ex Situ Plant Conservation:Supporting Species Survival in the Wild.* Washington, D.C.:Island.

Gunckel, J. E., K. V. Thimann, and R. H. Wetmore. 1949. "Studies of development in long shoots and short shoots of *Ginkgo biloba* L. IV. Growth habit, shoot expression, and the mechanism of its control." *American Journal of Botany* 36:309-316.

Hacke, U. G., J. S. Sperry, and J. Pittermann. 2004. "Analysis of circular bordered pit function II. Gymnosperm tracheids with torus-margo pit membranes." *American Journal of Botany* 91:386-400.

Hageneder, F. 2005. *The Meaning of Trees:Botany, History, Healing, Lore.* San Francisco:Chronicle.

Hall, R. E. 1977. *Marie Stopes:A Biography.* London:Deutsch.

China. London: ohn Murray.

Foster, S., and Y. Chongxi. 1992. *Herbal Emissaries:Bringing Chinese Herbs to the West:A Guide to Gardening, Herbal Wisdom, and Well-Being.* Rochester:Healing Arts.

Franz, E. 2005. *Philipp Franz von Siebold and Russian Policy and Action on Opening Japan to the West in the Middle of the Nineteenth Century.* Munich:IUDICIUM.

Friedman, W. E. 2009. "The meaning of Darwin's 'abominable mystery.'" *American Journal of Botany* 96:5-21.

Friedman, W. E., and E. M. Gifford. 1997. "Development of the male gametophyte of *Ginkgo biloba*:A window into the reproductive biology of early seed plants." In *Ginkgo biloba — A Global Treasure from Biology to Medicine.* Hori et al. (1997, 29-49).

Friedman, W. E., and T. E. Goliber. 1986. "Photosynthesis in the female gametophyte of *Ginkgo biloba.*" *American Journal of Botany* 73:1261-1266.

Friis, E. M., P. R. Crane, and K. R. Pedersen. 2011. *Early Flowers and Angiosperm Evolution.* Cambridge:Cambridge University Press.

Fujii, K. 1896. "On the different views hitherto proposed regarding the morphology of the flowers of *Ginkgo biloba* L." *Botanical Magazine Tokyo* 10:104-110.

Fuller, T. 1732. *Gnomologia:Adagies and Proverbs; Wise Sentences and Witty Sayings, Ancient and Modern, Foreign and British.* London:B. Barker.

Gandhi, M. K. 1961. *Non-violent Resistance (Satyagraha).* New York:Schocken.

Gardner, J. S. 1883-1885. *A Monograph of the British Eocene Flora.* Vol. 2, part 2, *Gymnospermae.* London:Palaeontographical Society.

Gardner, J. S., and C. Ettingshausen. 1879-1882. *A Monograph of the British Eocene Flora.* Vol. 1, *Filices.* London:Palaeontographical Society.

Garrett, W. 2007. *Marie Stopes:Feminist, Eroticist, Eugenicist.* San Francisco:Kenon.

Gengenbacher, M., T. B. Fitzpatrick, T. Raschle, K. Flicker, I. Sinning, S. Müller, P. Macheroux, I. Tews, and B. Kappes. 2006. "Vitamin B6 biosynthesis by the malaria parasite *Plasmodium falciparum:*Biochemical and structural insights." *Journal of Biological Chemistry* 281:3633-3641.

Gerhold, H. D. 2007. "Origins of Urban Forestry." In *Urban and Community Forestry in the Northeast.* Ed. J. E. Kuser, 1-24. New York:Springer.

Goethe, J. W. v. 1790. *Versuch die Metamorphose der Pflanzen zu erklären.* Gotha:Ettingersche.

Gold, P. E., L. Cahill, and G. L. Wenkin. 2002. "*Ginkgo biloba*:A cognitive enhancer ?" *Psychological Science in the Public Interest* 3:2-11.

———. 2003. "The lowdown on *Ginkgo biloba.*" *Scientific American* 288:86-91.

Gong, W., C. Chen, C. Dobes, C. X. Fu, and M. A. Koch. 2008a. "Phylogeography of a living fossil:Pleistocene glaciations forced *Ginkgo biloba* L. (Ginkgoaceae) into two diversity of *Ginkgo biloba* L. (Ginkgoaceae) populations from China by RAPD markers." *Biochemical Genetics* 42:269-278.

Farjon, A., and C. N. Page. 1999. *Conifers:Status Survey and Conservation Action Plan.* Gland, Switzerland:IUCN-SSC Conifer Specialist Group.

Farrer, A., ed. 2001. *A Garden Bequest:Plants from Japan.* London:Japan Society.

Favre-Ducharte, M. 1958. "*Ginkgo*:An oviparous plant." *Phytomorphology* 8:377-390.

Ferguson, C. W. 1968. "Bristlecone pine:Science and esthetics." *Science* 159:839-846.

Ferguson, C. W., and D. A. Graybill. 1983. "Dendrochronology of bristlecone pine:A progress report." *Radiocarbon* 25:287-288.

Ferguson, D. K. 1967. "On the phytogeography of Coniferales in the European Cenozoic." *Palaeogeography, Palaeoclimatology, Palaeoecology* 3:73-110.

Ferguson, D. K., and E. Knobloch. 1998. "A fresh look at the rich assemblage from the Pliocene sinkhole of Willershausen, Germany." *Review of Palaeobotany and Palynology* 101:271-286.

Fergusson, K. 2006. "Treasures of Kew." *Kew Magazine* 53:53.

Fieldhouse, K., and J. Hitchmough. 2004. *Plant User Handbook:A Guide to Effective Specifying.* Oxford:Blackwell.

Fischer, W., Jr. 2010. "Ginkgo tree:Truman historic walking tour stop 9." Historical Marker Database. www.hmdb.org/marker.asp?marker=34740. Accessed July 31, 2010.

Flanagan, M., and T. Kirkham. 2010. *Wilson's China:A Century On.* London:Royal Botanic Gardens, Kew.

Florin, R. 1936a. "Die Fossilien Ginkgophyten von Franz-Joseph-Land nebst Erörterungen über vermeintliche Cordaitales Mesozoischen Alters, II. Allgemeiner Teil." *Palaeontographica, Abt. B* 81:71-173.

———. 1936b. "Die Fossilien Ginkgophyten von Franz-Joseph-Land nebst Erörterungen über vermeintliche Cordaitales Mesozoischen Alters, II. Allgemeiner Teil." *Palaeontographica Abt. B* 82:1-72.

———. 1949. "The morphology of *Trichopitys heteromorpha* Saporta, a seed-plant of Palaeozoic age, and the evolution of female flowers in the Ginkgoinae." *Acta Horti Bergiana* 15:79-109.

Foote, M., and A. I. Miller. 2007. *Principles of Paleontology.* New York:Freeman.

Fortune, R. 1847. *Three Years' Wanderings in the Northern Provinces of China.* London:John Murray.

———. 1852. *A Journey to the Tea Countries of China.* London:John Murray.

———. 1857. *A Residence among the Chinese:Inland, on the Coast, and at Sea.* London:John Murray.

———. 1863. *Yedo and Peking:A Narrative of a Journey to the Capitals of Japan and*

Pa.:Rodale.

Duke of Argyll and E. Forbes. 1851. "On Tertiary leaf-beds in the Isle of Mull, with a note on the vegetable remains from Ardtun Head." *Quarterly Journal of the Geological Society of London* 7:89-103.

Dute, R. R. 1994. "Pit membrane structure and development in *Ginkgo biloba.*" IAWA *Journal* 15:75-90.

Dwyer, J. F., D. J. Nowak, M. H. Noble, and S. M. Sisinni. 2000. *Connecting People with Ecosystems in the 21st century:An Assessment of Our Nation's Urban Forests.* General Technical Report — Pacific Northwest Research Station:USDA Forest Service.

Eames, A. J. 1955. "The seed and *Ginkgo.*" *Journal of the Arnold Arboretum* 36:165-170.

Easwaran, E. 2007. *The Dhammapada.* Berkeley, Calif.:Blue Mountain Center of Meditation.

Ehrhart, F. 1787. *Verzeichniß der Glas-und Treibhauspflanzen, welche sich auf dem Königl. Berggarten zu Herren-haufen bei Hannover befinden. Hannover:Pockwitz.*

Eiseley, L. C. 1958. *Darwin's Century:Evolution and the Men Who Discovered It.* Garden City, N.Y.:Doubleday.

Eldredge, N., and S. M. Stanley, eds. 1984. *Living Fossils.* New York:Springer.

Ellis, J. 1770. *Directions for bringing over seeds and plants from the East-Indies and other distant countries in a state of vegetation:Together with a catalogue of such foreign plants as are worthy of being encouraged in our American colonies, for the purposes of medicine, agriculture and commerce. To which is added the figure and botanical description of a new sensitive plant, called Dionaea muscipula:or, Venus's Fly-Trap.* London:L. Davis.

Elwes, H. J., and A. Henry. 1906. *The Trees of Great Britain and Ireland.* Vol 1. Edinburgh:privately printed.

Emerson, R. W. 1883. *Works.* Boston:Houghton Mifflin.

Endersby, J. 2008. *Imperial Nature:Joseph Hooker and the Practices of Victorian Science.* Chicago: University of Chicago Press.

Endo, S. 1942. "On the fossil flora from the Shulan coal-field, Jilin Province, and the Fushun coalfield, Fengtien Province." *Bulletin of the Central National Museum of Manchou Kuo* 3:33-47. In Japanese.

Etymology Dictionary, "Nuts." Etymology Dictionary Online. www.etymonline.com/index.php?term=nuts. Accessed September 5, 2011.

Evelyn, J. 1664. *Silva:or, a Discourse of Forest-Trees, and the Propagation of Timber in His Majesty's Dominions.* London:John Martyn.

Falconer, W. 1890. "Notes from Glen Cove, U.S.A. The ginkgo tree *(G. biloba).*" *The Garden:An Illustrated Weekly Journal of Horticulture in All Its Branches* 38:602.

Fan, X. X., L. Shen, X. Zhang, X. Y. Chen, and C. X. Fu. 2004. "Assessing genetic

———. 2000. "The evolution, ecology, and cultivation of *Ginkgo biloba*." In *Ginkgo* biloba. Ed. Van Beek, 7-23. Amsterdam:Harwood Academic Publishers.

———. 2007. "The phenology of sexual reproduction in *Ginkgo biloba*:Ecological and evolutionary implications." *Botanical Review* 73:267-278.

Del Tredici, P., H. Ling, and Y. Guang. 1992. "The *ginkgos* of Tian Mu Shan." *Conservation Biology* 6 (2):202-210.

Denk, T., F. Grímsson, R. Zetter, and L. A. Símonarson. 2011. *Late Cainozoic Floras of Iceland:15 Million Years of Vegetation and Climate History in the Northern North Atlantic.* Dordrecht:Springer.

Denk T., and D. Velitzelos. 2002. "First evidence of epidermal structures of *Ginkgo* from the Mediterranean Tertiary." *Review of Palaeobotany and Palynology* 120:1-15.

Dennell, R. 2010. "Palaeoanthropology:Early *Homo sapiens* in China." *Nature* 468:512-513.

Desmond, R. 1999. *Sir Joseph Dalton Hooker:Traveller and Plant Collector.* Woodbridge:Antique Collector's Club and Royal Botanic Gardens, Kew.

———. 2007. *The History of the Royal Botanic Gardens Kew.* 2nd ed. London:Royal Botanic Gardens, Kew.

Diamond, B. J., S. C. Shiflett, N. Feiwel, R. J. Matheis, O. Noskin, J. A. Richards, and N. E. Schoenberger. 2000. "*Ginkgo biloba* extract:Mechanisms and clinical indications." *Archives of Physical Medicine and Rehabilitation* 81:668-678.

Dillingham, W. H., and W. Darlington. 1851. *A Tribute to the Memory of Peter Collinson, with Some Notice of Dr. Darlington's Memorial of John Bartram and Humphry Marshall.* Philadelphia:William H. Mitchell.

Doyle, J. A., and M. J. Donoghue. 1986. "Seed plant phylogeny and the origin of angiosperms:An experimental cladistic approach." *Botanical Review* 52:321-431.

Drayton, R. H. 2000. *Nature's Government:Science, Imperial Britain, and the "Improvement" of the World.* New Haven:Yale University Press.

Drinnan, A. N., and T. C. Chambers. 1986. "Flora of the Lower Cretaceous Koonwarra fossil bed (Korumburra Group), South Gippsland, Victoria." *Memoirs of the Association of Australian Palaeontologists* 3:1-77.

Drinnan, A. N., and P. R. Crane. 1989. "Cretaceous paleobotany and its bearing on the biogeography of austral angiosperms." In *Antarctic Paleobiology and Its Role in the Reconstruction of Gondwana.* Ed. T. N. Taylor and E. L. Taylor, 192-219. New York:Springer.

Duke, J. A. 1989. *crc Handbook of Nuts.* Boca Raton:CRC Press.

———. 1997. *The Green Pharmacy:New Discoveries in Herbal Remedies for Common Diseases and Conditions from the World's Foremost Authority on Healing Herbs.* Emmaus,

Crane, P. R., and A. Kinzig. 2005. "Nature in the metropolis." *Science* 308:1225.
Crane, P. R., S. R. Manchester, and D. L. Dilcher. 1990. "A preliminary survey of fossil leaves and wellpreserved reproductive structures from the Sentinel Butte Formation (Paleocene) near Almont, North Dakota." *Fieldiana, Geology,* n.s. 20:1-63.
Crane, P. R., and A. Saltmarsh. 2003. "Lasting connections:Native plants of Japan and the gardens of Europe." *Japan Society* 139:5-21.
Critchfield, W. B. 1970. "Shoot growth and heterophylly in Ginkgo biloba." Botanical Gazette 131:150-162.
Crosby, S. 2008. "Gathering ginkgo nuts in New York." *Gourmet,* November 3, 2008. http://www.gourmet.com/food/2008/11/gingko-nuts.
Cullen, C. 1995. "Obituary:Joseph Needham (1900-1995)." *Nature* 374:597.
Dahl, E. 1990. "Probable effects of climatic change due to the greenhouse effect on plant productivity and survival in North Europe." In *Effects of Climate Change on Terrestrial Ecosystems.* Ed. J. I. Holten, NINA Notat 4:7-17. Trondheim:Norwegian Institute for Nature Research.
Dandy, J. E. 1958. *The Sloane Herbarium:An Annotated List of the Horti Sicci Composing It; with Biographical Accounts of the Principal Contributors.* London:British Museum.
Darwin, C. 1859. *On the Origin of the Species by Means of Natural Selection, or the Preservation of Favoured Races in the Struggle for Life.* London:John Murray.
———. 1876. *The Effects of Cross and Self Fertilization in the Vegetable Kingdom.* London:John Murray.
———. 1877. *The Different Forms of Flowers on Plants of the Same Species.* London:John Murray.
Darwin, F., and A. C. Seward, eds. 1903. *More Letters of Charles Darwin:A Record of His Work in a Series of Hitherto Unpublished Letters.* London:John Murray.
Dawkins, R. 1976. *The Selfish Gene.* Oxford:Oxford University Press.
Del Fueyo, G. M., and S. Archangelsky. 2001. "New studies on *Karkenia incurva* Archang. from the Early Cretaceous of Argentina. Evolution of the seed cone in Ginkgoales." *Palaeontographica Abt. B* 256:111-121.
Del Tredici, P. 1981. "The ginkgo in America." *Arnoldia* 41:150-161.
———. 1989. "Ginkgos and multituberculates:Evolutionary interactions in the Tertiary." *Biosystems* 22:327-339.
———. 1990. "The trees of Tian Mu Shan:A photo essay." *Arnoldia* 50:16-23.
———. 1991. "Ginkgos and people:A thousand years of interaction." *Arnoldia* 51:2-15.
———. 1992a. "Natural regeneration of *Ginkgo biloba* from downward growing cotyledonary buds (basal chi-chi)." *American Journal of Botany* 79 (5):522-530.
———. 1992b. "Where the wild ginkgos grow." *Arnoldia* 52:2-11.

Chase, M. W., D. E. Soltis, R. G. Olmstead, D. Morgan, D. H. Les, B. D. Mishler, M. R. Duvall, et al. 1993. "Phylogenetics of seed plants:An analysis of nucleotide sequences from the plastid gene rbcL." *Annals of the Missouri Botanical Garden* 80:528-580.

Chen, R. Y., W. Q. Song, and X. L. Li. 1987. "Study on the sex chromosomes of *Ginkgo biloba*." *Proceedings of Sino-Japanese Symposium on Plant Chromosome Research*:381-386.

Chick, E. 1903. "The seedling of *Torreya myristica*." *New Phytologist* 2:83-91.

Christianson, M. L., and J. A. Jernstedt. 2009. "Reproductive short-shoots of *Ginkgo biloba*:A quantitative analysis of the disposition of axillary structures" *American Journal of Botany* 96:1957-1966.

Clavell, J. 1975. *Shōgun:A Novel of Japan.* Vol. 1. New York:Atheneum.

Claxton, T. B. 1940. "*Ginkgo biloba* in Kentucky." *Trees* 3:8.

Cole, A. B. 1947. "The Ringgold-Rodgers-Brooke expedition to Japan and the North Pacific, 1853-1856." *Pacific Historical Review* 16:152-162.

Collinson, M. E. 1983. *Fossil Plants of the London Clay.* London:Palaeontological Association.

Collinson, M. E., S. R. Manchester, and V. Wilde. 2012. "Fossil Fruits and Seeds of the Middle Eocene Messel Biota, Germany." *Abhandlungen der Senckenberg Gesellschaft für Naturforschung* 570:1-251.

Conan Doyle, A. 1912. *The Lost World.* New York:Hodder and Stoughton.

Conifer Specialist Group. 1998. "*Pinus radiata*." *In iucn Red List of Threatened Species.* IUCN, 2011.

Cook, M. T. 1902. "Polyembryony in Ginkgo." *Botanical Gazette* 34:64-65.

———. 1903. "Polyembryony in *Ginkgo*." *Botanical Gazette* 36:142.

Coolidge, C. 1919. *Have Faith in Massachusetts:A Collection of Speeches and Messages.* Boston: Houghton Mifflin.

Corbeiller, C. L. 1974. *China Trade Porcelain.* New York:Metropolitan Museum of Art.

Cothran, J. R. 1995. *Gardens of Historic Charleston.* Columbia:University of South Carolina Press.

Crane, P. R. 1981. "Betulaceous leaves and fruits from the British Upper Palaeocene." *Botanical Journal of the Linnean Society* 83:103-136.

———. 1985. "Phylogenetic analysis of seed plants and the origin of angiosperms." *Annals of the Missouri Botanical Garden.* 72:716-793.

———. 2006. "Sex and the single ginkgo." *Kew Magazine* 53:15.

Crane, P. R., and W. N. Carvell. 2007. "The importance of history." *Curtis's Botanical Magazine* 24:134-154.

Board.

Buchanan-Wollaston, V. 1997. "The molecular biology of leaf senescence." *Journal of Experimental Botany* 48:181-199.

Buchholz, J. T. 1920. "Embryo development and polyembryony in relation to the phylogeny of conifers." *American Journal of Botany* 7:125-145.

Burress, C. 2008, "Cal wins big in battle over athletic center," *San Francisco Chronicle,* July 23, 2008.

Cai, M. 1994. "Images of Chinese and Chinese Americans mirrored in picture books." *Children's Literature in Education* 25:169-191.

Camerarius, R. J. 1694. *Ueber das Geschlecht der Pflanzen (De sexu plantarum epistola).* Leipzig: Wilhelm Engelmann.

Campbell-Culver, M. 2006. *A Passion for Trees:The Legacy of John Evelyn.* London:Transworld.

Carlyle, T. 1858. *Chartism:Past and Present.* London:Chapman and Hall.

Carson, R. 1962. *Silent Spring.* Cambridge:Houghton Mifflin.

Chabrier P. E., and P. Roubert. 1988. "Effect of Ginkgo biloba extract on the blood-brain barrier." In *Rökan, Ginkgo biloba:Recent Results in Pharmacology and Clinic.* Ed. E. W. Fünfgeld, 17-25. Berlin:Springer.

Chaloner, W. G. 1985. "Thomas Maxwell Harris. 8 January 1903-1 May 1983." *Biographical Memoirs of Fellows of the Royal Society* 31:229-260.

———. 2005. "The palaeobotanical work of Marie Stopes." *Geological Society, London, Special Publications* 241:127-135.

Chandler, M. E. J. 1961. *The Lower Tertiary Floras of Southern England. Vol. 1, Palaeocene Floras. London Clay Flora (Supplement). Text and Atlas.* London:British Museum (Natural History).

———. 1962. *The Lower Tertiary Floras of Southern England.* Vol. 2, *Flora of the Pipe-Clay Series of Dorset (Lower Bagshot).* London:British Museum (Natural History).

———. 1963. *The Lower Tertiary Floras of Southern England.* Vol. 3, *Flora of the Bournemouth Beds, the Boscombe, and the Highcliff Sands.* London:British Museum (Natural History).

———. 1964. *The Lower Tertiary Floras of Southern England.* Vol. 4, *A Summary and Survey of Findings in the Light of Recent Botanical Observations.* London:British Museum (Natural History).

Chaney, R. W., and D. I. Axelrod. 1959. *Miocene Floras of the Columbia Plateau.* Washington D.C.:Carnegie Institution of Washington Publications.

Charnov, E. L., J. J. Bull, and J. M. Smith. 1976. "Why be an hermaphrodite?" *Nature* 263:125-126.

New Phytologist 153:387-397.

Begović Bego, B. M. 2011. *Ginkgo biloba L. 1771.* Vol. 2, *Cultivars and Bonsai Forms.* Croatia: Branko M. Begović Bego.

Berlyn, G. P. 1962. "Developmental patterns in pine polyembryony." *American Journal of Botany* 49:327-333.

Berry, T. 2009. *The Christian Future and the Fate of Earth.* Ed. M. E. Tucker and J. Grim. Maryknoll:Orbis.

Birnbaum D., and M. Bracewell. 2005. *Gilbert and George:Ginkgo Pictures, Venice Biennale.* London: British Council.

Black, M. 1929. "Drifted plant-beds of the Upper Estuarine Series of Yorkshire." *Quarterly Journal of the Geological Society* 85:389-439.

Blankenship, R. E., D. M. Tiede, J. Barber, G. W. Brudvig, G. Fleming, M. Ghirardi, M. R. Gunner, et al. 2011. "Comparing photosynthetic and photovoltaic efficiencies and recognizing the potential for improvement." *Science* 332:805.

Blomfield, D. 1994. *Kew Past.* Chichester:Phillimore.

———. 2000. *The Story of Kew:The Gardens, the Village, the Public Record Office.* Kent:Leyborne.

Blunt, W., and W. T. Stearn. 2001. *Linneaus:The Compleat Naturalist.* Originally published in 1971 as *The Compleat Naturalist:A Life of Linnaeus.* London:Frances Lincoln.

Bockheim, J. G. 1974. *Nature and Properties of Highly Disturbed Urban Soils.* Philadelphia:Soil Science Society of America.

Bonakdar, R. A., ed. 2010. *The H.E.R.B.A.L. Guide:Dietary Supplement Resources for the Clinician.* Philadelphia:Lippincott Williams and Wilkins.

Bone, M. 2008. "Potential interaction of *Ginkgo biloba* leaf with antiplatelet or anticoagulant drugs:What is the evidence?" *Molecular Nutrition and Food Research* 52:764-771.

Boulter M. C., and Z. Kvaček. 1989. "The Palaeocene flora of the Isle of Mull." *Special Papers in Palaeontology* 42:1-149.

Bowerbank, J. S. 1840. *A History of the Fossil Fruits and Seeds of the London Clay.* London:John Van Voorst.

Briant, K. 1962. *Marie Stopes:A Biography.* London:Hogarth.

Brown, G. E., and T. Kirkham. 2004. *The Pruning of Trees, Shrubs, and Conifers.* London:Timber.

Brown, P. L. 2006. "New laws crack down on urban Paul Bunyans," *New York Times,* January 30, 2006.

Brown, Y. Y. 1992. *Engelbert Kämpfer:First Interpreter of Japan.* London:British Library

Angelou, M. 1990. "Address to Centenary College of Louisiana." *New York Times,* March 11, 1990.

APG(Angiosperm Phylogeny Group). 2009. "An update of the Angiosperm Phylogeny Group classification for the orders and families of flowering plants:APG iii." *Botanical Journal of the Linnean Society* 161:105-121.

Archangelsky, S. 1965. "Fossil Ginkgoales from the Tico flora, Santa Cruz Province, Argentina." *Bulletin of the British Museum (Natural History)* Geology 10:121-137.

Archangelsky, S. A., and R. Cúneo. 1990. "*Polyspermophyllum,* a new Permian gymnosperm from Argentina, with consideration about the Dicranophyllales." *Review of Palaeobotany and Palynology* 63:117-135.

Arnold, C. A. 1947. *An Introduction to Paleobotany.* New York:McGraw-Hill.

Arnott, H. J. 1959. "Anastomoses in the venation of *Ginkgo biloba.*" *American Journal of Botany* 46:405-411.

Ash, S. R. 2010. "Late Triassic ginkgoaleans of North America." In *Plants in Mesozoic Time: Morphological Innovations, Phylogeny, Ecosystems.* Ed. C. T. Gee, 172-185. Bloomington:Indiana University Press.

Ashland. 2012. "Flora:Wooded pastures and wilderness remnants." Ashland:The Henry Clay Estate. www.henryclay.org/ashland-estate/the-landscape/flora. Modified 2012.

Aulenback, K. R. 2009. *Identification Guide to the Fossil Plants of the Horseshoe Canyon Formation of Drumheller, Alberta.* Calgary:University of Calgary Press.

Ballowe, J., and M. Klonowski. 2003. *A Great Outdoor Museum:The Story of the Morton Arboretum.* Lisle, Ill.:Morton Arboretum.

Barghoorn, E. S., Jr. 1940. "Origin and development of the uniseriate ray in the Coniferae." *Bulletin of the Torrey Botanical Club* 67:303-328.

Barlow, C. 2002. *The Ghosts of Evolution:Nonsensical Fruit, Missing Partners, and Other Ecological Anachronisms.* New York:Basic.

Barlow, P. W., and E. U. Kurczyńska. 2007. "The anatomy of the chi-chi of *Ginkgo biloba* suggests a mode of elongation growth that is an alternative to growth driven by an apical meristem." *Journal of Plant Research* 120:269-280.

Bartram, W. S. 1791. *Travels through North and South Carolina, Georgia, East and West Florida, the Cherokee Country, the Extensive Territories of the Muscogulges, or Creek Confederacy, and the Country of the Chactaws.* Philadelphia:James and Johnson.

Bean, W. J. 1973. *Trees and Shrubs Hardy in the British Isles.* 8th ed., vol. 2. London:John Murray.

Becker, H. F. 1961. "Oligocene plants from the upper Ruby River Basin, Southwestern Montana." *Geological Society of America, Memoir* 82:1-127.

Beerling, D. J., and D. L. Royer. 2002. "Reading a CO2 signal from fossil stomata."

参考文献

Abrams, M. D., and G. J. Nowacki. 2008. "Native Americans as active and passive promoters of mast and fruit trees in the eastern USA." *The Holocene* 18:1123-1137.

Adams, W. 1896. *The Original Letters of the English Pilot, William Adams, Written from Japan Between A.D. 1611 and 1617:Reprinted from the Papers of the Hakluyt Society.* Yokohama:Japan Gazette Office.

Akhmetiev M. A., G. M. Bratoeva, R. E. Giterman, L. V. Golubeva, and A. I. Moiseyeva. 1978. "Late Cenozoic stratigraphy and flora of Iceland." *Transactions (Doklady) of the U.S.S.R. Academy of Sciences.* 316:188 pp. [In Russian; published in English by the National Research Council, Reykjavik, 1981.]

Allen, M. 1967. *The Hookers of Kew, 1785-1911.* London:M. Joseph.

Alvarez, L. W., W. Alvarez, F. Asaro, and H. V. Michel. 1980. "Extraterrestrial cause for the Cretaceous-Tertiary extinction." *Science* 208:1095-1108.

Anderson J. M., and H. M. Anderson. 1983. *Palaeoflora of Southern Africa:Molteno Formation (Triassic).* Vol. 1. Part 1. *Introduction.* Part 2. *Dicroidium.* Rotterdam:Balkema.

———. 1985. *Palaeoflora of Southern Africa, Prodromus of South Africa Megafloras, Devonian to Lower Cretaceous.* Rotterdam:Balkema.

———. 1989. *Palaeoflora of Southern Africa, Molteno Formation (Triassic). Vol. 2, Gymnosperms (Excluding Dicroidium).* Rotterdam:Balkema.

———. 2003. *Heyday of the Gymnosperms:Systematics and Biodiversity of the Late Triassic Molteno Fructifications.* Strelitzia 15. Pretoria:South African National Botanical Institute.

———. 2008. *Molteno Ferns:Late Triassic Biodiversity in Southern Africa.* Strelitzia 21. Pretoria: South African National Botanical Institute.

Anderson J. M., H. M. Anderson, and C. J. Cleal. 2007. *A Brief History of the Gymnosperms: Classification, Biodiversity, Phytogeography, and Ecology.* Strelitzia 20. Pretoria:South African National Botanical Institute.

Andersson, A., J. Keskitalo, A. Sj.din, R. Bhalerao, F. Sterky, K. Wissel, K. Tandre, et al. 2004. "A transcriptional timetable of autumn senescence." *Genome Biology* 5:R24.

Andrews, H. N. 1980. *The Fossil Hunters:In Search of Ancient Plants.* Ithaca:Cornell University Press.

Florida Museum of Natural History, University of Florida, Gainesville.

p.198 —— Image courtesy of Zhou Zhiyan, from material at the Field Museum, Chicago.

p.210 —— Illustration by Francisco Manuel Blanco (1778–1845), from material at the Real Jard.n Bot.nico of Madrid.

第 4 部扉（p.217）—— Drawing by Pollyanna von Knorring, based on Hori and Hori (1997, 391).

p.230 —— Andrew B. Leslie, compiled and redrawn from Tralau (1967).

p.249 —— Photograph by Ernest Henry Wilson (1914), © 2006, President and Fellows of Harvard College, Arnold Arboretum Archives, Jamaica Plain.

p.255 —— Drawing by Andrew B. Leslie.

第 5 部扉（p.259）—— Drawing by Pollyanna von Knorring, based on material from Kyushu Ceramics Museum, Japan.

p.283 —— Drawing by Pollyanna von Knorring, based on a model at the National Maritime Museum, Mokpo, Korea.

p.289 —— Image from Isaac Titsingh from material at National Library of the Netherlands, The Hague.

p.294 —— Photograph by Ashley DuVal from material of the Mertz Library at the New York Botanical Garden, New York.

p.311 —— Image by permission of the Linnean Society of London.

第 6 部扉（p.315）および第 7 部扉（p.365）—— Drawings by Pollyanna von Knorring, based on photographs by Peter R. Crane.

p.377 —— Illustration courtesy of Jim Xerogeanes.

p.398 —— Photograph courtesy of Andrew McRobb, © Royal Botanic Gardens, Kew.

図版出典

p.3 —— Drawing by Pollyanna von Knorring, based on a photograph taken at the Royal Botanic Gardens, Kew.

第 1 部扉（p.21）—— Drawing by Pollyanna von Knorring, from the Economic Botany Collection of the Royal Botanic Gardens, Kew.

p. 26, 35, 37, 47, 62, 68, 77, 84, 125, 175, 227, 244, 253, 266, 328, 339, 341, 349, 351, 356, 361, 391 —— Photographs by Peter R. Crane.

第 2 部扉（p.53）—— Drawing by Pollyanna von Knorring, from photographs in Hori and Hori (2005).

p.55 —— Scanning electron micrograph courtesy of Zhou Zhiyan and collaborators.

p.71 —— From Siebold and Zuccarini (1835–1870), vol. II, plate 136.

p.82 —— Photograph courtesy of Andrew McRobb, © Royal Botanic Gardens, Kew; artwork attributed to Chikusai Kato, 1878, from the Economic Botany Collection at the Royal Botanic Gardens, Kew.

p.87 —— Photograph by Elisabeth Wheeler.

p.97, 221 —— Photographs by Nancy Hines.

p.114（上）—— Photograph courtesy of Masaya Satoh.

p.114（下）—— Film still from *The Sea in the Seed*, Tokyo Cinema.

p.116 —— Photograph courtesy of Marie Stopes International.

第 3 部扉（p.129）—— Drawing by Pollyanna von Knorring, redrawn from Zhou and Zhang (1989, 1992) and from Zhou (2009).

p.133 —— Photograph by Peter R. Crane, from material at the Swedish Museum of Natural History, Stockholm.

p.138, 158, 160, 187 —— Andrew B. Leslie.

p.151 —— Drawing by Pollyanna von Knorring, redrawn from Anderson and Anderson (2003), 288.

p.164 —— Photograph courtesy of Meinte Boersma.

p.171 —— Photograph by Ghedoghedo, from material at the Pal.ontologische Museum, Munich.

p.180 —— Photograph by Andrew N. Drinnan.

p.182 —— Andrew B. Leslie, based on Drinnan and Crane (1989).

p.195 —— Image courtesy of Steven Manchester, paleobotanical collection of the

本書は単行本『イチョウ　奇跡の2億年史』（二〇一四年、小社刊）を文庫化したものである。

イチョウ　奇《き》跡《せき》の2億《おく》年《ねん》史《し》

二〇二一年一〇月一〇日　初版印刷
二〇二一年一〇月二〇日　初版発行

著　者　P・クレイン
訳　者　矢《や》野《の》真《ま》千《ち》子《こ》
発行者　小野寺優
発行所　株式会社河出書房新社
〒一五一－〇〇五一
東京都渋谷区千駄ヶ谷二－三二－二
電話〇三－三四〇四－八六一一（編集）
〇三－三四〇四－一二〇一（営業）
https://www.kawade.co.jp/

ロゴ・表紙デザイン　粟津潔
本文フォーマット　佐々木暁
印刷・製本　中央精版印刷株式会社

Printed in Japan　ISBN978-4-309-46741-2

自己流園芸ベランダ派

いとうせいこう　41303-7

「試しては枯らし、枯らしては試す」。都会の小さなベランダで営まれる植物の奇跡に一喜一憂、右往左往。生命のサイクルに感謝して今日も水をやる。名著『ボタニカル・ライフ』に続く植物エッセイ。

バビロンの架空園

澁澤龍彥　41557-4

著者のすべてのエッセイから「植物」をテーマに、最も面白い作品を集めた究極の「奇妙な植物たちの物語集」。植物界の没落貴族であるシダ類、空飛ぶ種子、薬草、毒草、琥珀、「フローラ逍遥」など収録。

私のプリニウス

澁澤龍彥　41288-7

古代ローマの博物学者プリニウスが書いた壮大にして奇想天外な『博物誌』全三十七巻。動植物から天文地理、はたまた怪物や迷宮など、驚天動地の世界に澁澤龍彥が案内する。新装版で生まれ変わった逸品！

植物はそこまで知っている

ダニエル・チャモヴィッツ　矢野真千子〔訳〕　46438-1

見てもいるし、覚えてもいる！　科学の最前線が解き明かす驚異の能力！視覚、聴覚、嗅覚、位置感覚、そして記憶――多くの感覚を駆使して高度に生きる植物たちの「知られざる世界」。

犬はあなたをこう見ている

ジョン・ブラッドショー　西田美緒子〔訳〕　46426-8

どうすれば人と犬の関係はより良いものとなるのだろうか？　犬の世界には序列があるとする常識を覆し、動物行動学の第一人者が科学的な視点から犬の感情や思考、知能、行動を解き明かす全米ベストセラー！

犬の愛に嘘はない　犬たちの豊かな感情世界

ジェフリー・M・マッソン　古草秀子〔訳〕　46319-3

犬は人間の想像以上に高度な感情――喜びや悲しみ、思いやりなどを持っている。それまでの常識を覆し、多くの実話や文献をもとに、犬にも感情があることを解明し、その心の謎に迫った全米大ベストセラー。

生物はなぜ誕生したのか

ピーター・ウォード／ジョゼフ・カーシュヴィンク　梶山あゆみ〔訳〕 46717-7

生物は幾度もの大量絶滅を経験し、スノーボールアースや酸素濃度といった地球環境の劇的な変化に適応することで進化しつづけてきた。宇宙生物学と地球生物学が解き明かす、まったく新しい生命の歴史！

イヴの七人の娘たち

ブライアン・サイクス　大野晶子〔訳〕 46707-8

母系でのみ受け継がれるミトコンドリアＤＮＡを解読すると、国籍や人種を超えた人類の深い結びつきが示される。遺伝子研究でホモ・サピエンスの歴史の謎を解明し、私たちの世界観を覆す！

アダムの運命の息子たち

ブライアン・サイクス　大野晶子〔訳〕 46709-2

父系でのみ受け継がれるＹ染色体遺伝子の生存戦略が、世界の歴史を動かしてきた。地球生命の進化史を再検証し、人類の戦争や暴力の背景を解明。さらには、衝撃の未来予測まで語る！

ヴァギナ　女性器の文化史

キャサリン・ブラックリッジ　藤田真利子〔訳〕 46351-3

男であれ女であれ、生まれてきたその場所をもっとよく知るための、必読書！　イギリスの女性研究者が幅広い文献・資料をもとに描き出した革命的な一冊。図版多数収録。

精子戦争　性行動の謎を解く

ロビン・ベイカー　秋川百合〔訳〕 46328-5

精子と卵子、受精についての詳細な調査によって得られた著者の革命的な理論は、全世界の生物学者を驚かせた。日常の性行動を解釈し直し、性に対する常識をまったく新しい観点から捉えた衝撃作！

人間はどこまで耐えられるのか

フランセス・アッシュクロフト　矢羽野薫〔訳〕 46303-2

死ぬか生きるかの極限状況を科学する！　どのくらい高く登れるか、どのくらい深く潜れるか、暑さと寒さ、速さなど、肉体的な「人間の限界」を著者自身も体を張って果敢に調べ抜いた驚異の生理学。

脳はいいかげんにできている

デイヴィッド・J・リンデン　夏目大〔訳〕　46443-5

脳はその場しのぎの、場当たり的な進化によってもたらされた！　性格や知能は氏か育ちか、男女の脳の違いとは何か、などの身近な疑問を説明し、脳にまつわる常識を覆す！　東京大学教授池谷裕二さん推薦！

触れることの科学

デイヴィッド・J・リンデン　岩坂彰〔訳〕　46489-3

人間や動物における触れ合い、温かい／冷たい、痛みやかゆみ、性的な快感まで、目からウロコの実験シーンと驚きのエピソードの数々。科学界随一のエンターテイナーが誘う触覚＝皮膚感覚のワンダーランド。

快感回路

デイヴィッド・J・リンデン　岩坂彰〔訳〕　46398-8

セックス、薬物、アルコール、高カロリー食、ギャンブル、慈善活動……数々の実験とエピソードを交えつつ、快感と依存のしくみを解明。最新科学でここまでわかった、なぜ私たちはあれにハマるのか？

内臓とこころ

三木成夫　41205-4

「こころ」とは、内蔵された宇宙のリズムである……子供の発育過程から、人間に「こころ」が形成されるまでを解明した解剖学者の伝説的名著。育児・教育・医療の意味を根源から問い直す。

生命とリズム

三木成夫　41262-7

「イッキ飲み」や「朝寝坊」への宇宙レベルのアプローチから「生命形態学」の原点、感動的な講演まで、エッセイ、論文、講演を収録。「三木生命学」のエッセンス最後の書。

生命科学者たちのむこうみずな日常と華麗なる研究

仲野徹　41698-4

日本で最もおもしろい生命科学者が、歴史にきらめく成果をあげた研究者を18名選りすぐり、その独創的で、若干むちゃくちゃで、でも見事な人生と研究内容を解説する。「『超二流』研究者の自叙伝」併録。

浄のセクソロジー

南方熊楠　中沢新一〔編〕　42063-9

両性具有、同性愛、わい雑、エロティシズム——生命の根幹にかかわり、生成しつつある生命の状態に直結する「性」の不思議をあつかう熊楠セクソロジーの全貌を、岩田準一あて書簡を中心にまとめる。

森の思想

南方熊楠　中沢新一〔編〕　42065-3

熊楠の生と思想を育んだ「森」の全貌を、神社合祀反対意見や南方二書、さらには植物学関連書簡や各種の論文、ヴィジュアル資料などで再構成する。本書に表明された思想こそまさに来たるべき自然哲学の核である。

人間の測りまちがい　上・下　差別の科学史

S・J・グールド　鈴木善次／森脇靖子〔訳〕　46305-6 46306-3

人種、階級、性別などによる社会的差別を自然の反映とみなす「生物学的決定論」の論拠を、歴史的展望をふまえつつ全面的に批判したグールド渾身の力作。

女の子は本当にピンクが好きなのか

堀越英美　41713-4

どうしてピンクを好きになる女の子が多いのか？　一方で「女の子＝ピンク」に居心地の悪さを感じるのはなぜ？　子供服から映画まで国内外の女児文化を徹底的に洗いだし、ピンクへの思いこみをときほぐす。

結果を出せる人になる!「すぐやる脳」のつくり方

茂木健一郎　41708-0

一瞬で最良の決断をし、トップスピードで行動に移すには“すぐやる脳”が必要だ。「課題変換」「脳内ダイエット」など31のポイントで、“ぐずぐず脳”が劇的に変わる！　ベストセラーがついに文庫化！

脳が最高に冴える快眠法

茂木健一郎　41575-8

仕事や勉強の効率をアップするには、快眠が鍵だ！　睡眠の自己コントロール法や“記憶力”“発想力”を高める眠り方、眠れない時の対処法や脳を覚醒させる戦略的仮眠など、脳に効く茂木式睡眠法のすべて。

世界一やさしい精神科の本

斎藤環／山登敬之　41287-0

ひきこもり、発達障害、トラウマ、拒食症、うつ……心のケアの第一歩に、悩み相談の手引きに、そしてなにより、自分自身を知るために——。一家に一冊、はじめての「使える精神医学」。

解剖学個人授業

養老孟司／南伸坊　41314-3

「目玉にも筋肉がある？」「大腸と小腸、実は同じ!!」「脳にとって冗談とは？」「人はなぜ解剖するの？」……人体の不思議に始まり解剖学の基礎、最先端までをオモシロわかりやすく学べる名・講義録！

人類が絶滅する6のシナリオ

フレッド・グテル　夏目大〔訳〕　46454-1

明日、人類はこうして絶滅する！　スーパーウイルス、気候変動、大量絶滅、食糧危機、バイオテロ、コンピュータの暴走……人類はどうすれば絶滅の危機から逃れられるのか？

この世界が消えたあとの　科学文明のつくりかた

ルイス・ダートネル　東郷えりか〔訳〕　46480-0

ゼロからどうすれば文明を再建できるのか？　穀物の栽培や紡績、製鉄、発電、電気通信など、生活を取り巻く科学技術について知り、「科学とは何か？」を考える、世界十五カ国で刊行のベストセラー！

海を渡った人類の遥かな歴史

ブライアン・フェイガン　東郷えりか〔訳〕　46464-0

かつて誰も書いたことのない画期的な野心作！　世界中の名もなき古代の海洋民たちは、いかに航海したのか？　祖先たちはなぜ舟をつくり、なぜ海に乗りだしたのかを解き明かす人類の物語。

宇宙と人間　七つのなぞ

湯川秀樹　41280-1

宇宙、生命、物質、人間の心などに関する「なぞ」は古来、人々を惹きつけてやまない。本書は日本初のノーベル賞物理学者である著者が、人類の壮大なテーマを平易に語る。科学への真摯な情熱が伝わる名著。

著訳者名の後の数字はISBNコードです。頭に「978-4-309」を付け、お近くの書店にてご注文下さい。